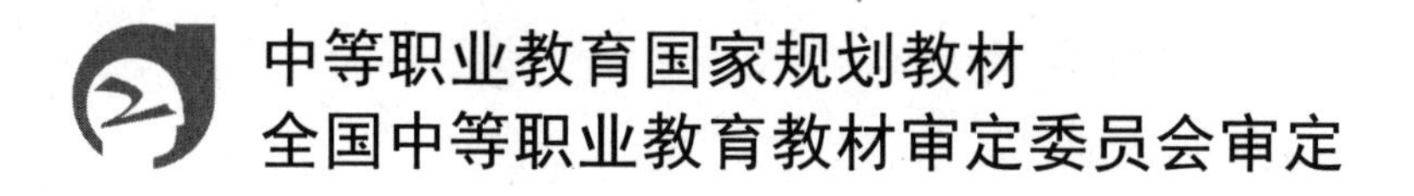

Internet 应用

（第 5 版）

主　编　黄洪杰

副主编　管荣平

電子工業出版社

Publishing House of Electronics Industry

北京·BEIJING

内 容 简 介

本书从基础知识和基础操作入手，简单介绍了计算机网络基础、Internet 基础、使用 Dreamweaver 制作网页、网站管理与发布等，内容循序渐进、直观明了、信息量大，配合大量的图片和实例，使读者可以在本书的指导下自己动手连接 Internet，学会浏览和搜索 Internet 资源，能够撰写、阅读和收发电子邮件，能够从 Internet 上搜索需要的软件并下载到计算机上，还可以学习防范网络病毒的方法，能够建立网站，制作和维护网页，并上传网页到 Internet 上。

本书采用的软件是 Windows 10 和 Dreamweaver CC。实际操作时，由于软件版本不同，可能操作界面略有不同，但影响不大。

本书可以作为中等职业学校教学用书，也可以作为具有中等文化程度的学生、计算机爱好者和工程技术人员自学的参考用书。

图书在版编目（CIP）数据

Internet 应用 / 黄洪杰主编. —5 版. —北京：电子工业出版社，2022.12

ISBN 978-7-121-43908-7

Ⅰ. ①I… Ⅱ. ①黄… Ⅲ. ①互联网络—中等专业学校—教材 Ⅳ. ①TP393.4

中国版本图书馆 CIP 数据核字（2022）第 118216 号

责任编辑：关雅莉　　文字编辑：张志鹏
印　　刷：三河市良远印务有限公司
装　　订：三河市良远印务有限公司
出版发行：电子工业出版社
　　　　　北京市海淀区万寿路 173 信箱　邮编　100036
开　　本：880×1 230　1/16　印张：20　字数：512 千字
版　　次：2014 年 2 月第 1 版
　　　　　2022 年 12 月第 5 版
印　　次：2023 年 5 月第 3 次印刷
定　　价：45.00 元

凡所购买电子工业出版社图书有缺损问题，请向购买书店调换。若书店售缺，请与本社发行部联系，联系及邮购电话：（010）88254888，88258888。

质量投诉请发邮件至 zlts@phei.com.cn，盗版侵权举报请发邮件至 dbqq@phei.com.cn。

本书咨询联系方式：（010）88254576，zhangzhp@phei.com.cn。

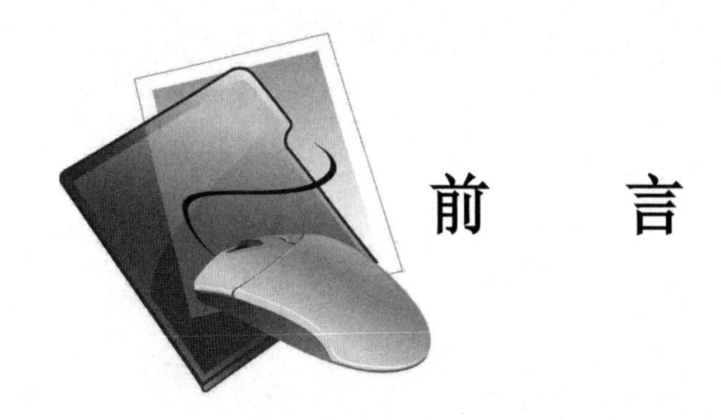

前　　言

党的二十大报告强调："统筹职业教育、高等教育、继续教育协同创新，推进职普融通、产教融合、科教融汇，优化职业教育类型定位。"职业教育不但支撑了受教育者终身可持续发展，更服务于国家战略需求和经济社会发展。

为了满足中等职业教育课程改革的需要，特别是满足学分制的模块式课程和综合化课程的需要，增强课程的灵活性、适用性和实践性，再版后的本书体系采用模块化结构、项目驱动的模式，通过对每个模块的学习，使读者掌握部分基本知识、学会一些操作技能，最后完成一个具体项目。几个项目形成一个模块，几个子项目组合成一个项目，以完成项目为手段，以实现教学目标为目的。

本书是在《Internet 应用（第 4 版）》的基础上修订的，保持了上一版的编写风格，并在软件版本上做了升级。

本课程的参考学时为 72 学时。本书共分 4 个模块。模块 1 为计算机网络基础，模块 2 为 Internet 基础，模块 3 为使用 Dreamweaver 制作网页，模块 4 为网站管理与发布。其中模块 2、模块 3 是本书的重点。相关课程的参考学时为 72 学时。

为了方便教师教学，本书配有电子教学参考资料包（教学指南、电子教案及习题答案），免费提供给教师使用。请有需要的教师登录华信教育资源网，注册后可免费下载，或者与电子工业出版社联系，E-mail：ve@phei.com.cn。

本书由黄洪杰担任主编，管荣平担任副主编，参加编写的还有钱力、王钰等老师。

编者旨在奉献给读者一本实用并具有特色的教材，由于水平有限，难免有疏漏和不足之处，敬请广大读者批评指正。

编　者

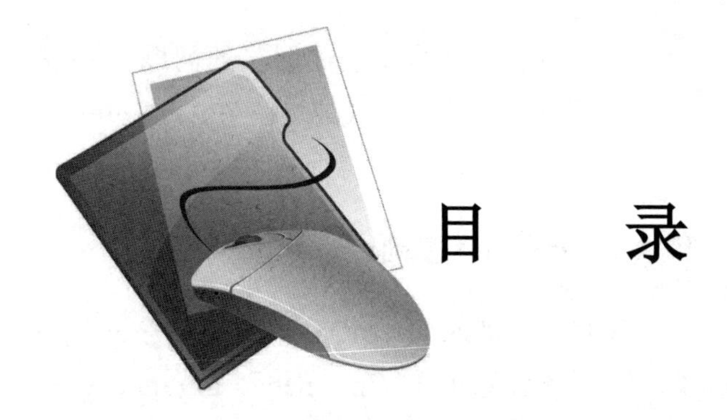

目　　录

模块 1　计算机网络基础 ……… 1

1.1　计算机网络概述 ……… 1

1.1.1　计算机网络的概念 ……… 1

1.1.2　计算机网络的形成 ……… 2

1.1.3　网络的功能和服务 ……… 3

1.1.4　计算机网络的应用 ……… 4

1.1.5　计算机网络技术的发展 ……… 5

1.2　计算机网络的组成和分类 ……… 6

1.2.1　计算机网络的组成 ……… 6

1.2.2　网络的分类 ……… 6

1.2.3　网络拓扑结构 ……… 8

1.3　数据通信基础 ……… 10

1.3.1　数据传输 ……… 10

1.3.2　数据通信的传输技术 ……… 13

1.3.3　数据传输介质 ……… 15

1.4　网络参考模型和网络协议 ……… 20

1.4.1　基本概念 ……… 20

1.4.2　网络体系结构 ……… 20

1.4.3　OSI 参考模型 ……… 21

1.4.4　TCP/IP 协议 ……… 25

1.4.5　其他常用的网络协议 ……… 27

1.5　局域网技术 ……… 28

1.5.1　局域网的分类 ……… 28

1.5.2　局域网的网络结构 ……… 30

1.5.3　局域网的组成 ……… 32

1.5.4　其他网络设备 ……… 35

1.6　网络管理和安全 ……… 39

1.6.1　网络管理 ……… 40

1.6.2 网络安全要解决的问题 ……41
1.6.3 防火墙技术 ……41
1.6.4 网络防病毒技术 ……43

模块2 Internet基础 ……47

项目1 接入Internet ……47
预备知识1 Internet和Intranet ……47
预备知识2 Internet的发展 ……48
预备知识3 Internet的管理结构 ……48
预备知识4 中国与Internet ……49
预备知识5 Internet服务 ……50
预备知识6 Internet的应用 ……52
预备知识7 连接Internet的重要概念 ……53
预备知识8 Internet连接方式 ……58
预备知识9 选择合适的ISP ……64
预备知识10 上网手续的办理 ……65
子项目1 建立Internet连接 ……65
子项目2 设置拨号连接 ……70
子项目3 设置无线路由器 ……73
项目2 使用浏览器 ……82
预备知识 与浏览器有关的概念 ……82
子项目1 启动浏览器 ……84
子项目2 浏览WWW ……86
子项目3 浏览器的使用技巧 ……89
子项目4 浏览器的基本设置 ……101
子项目5 网上信息搜索 ……111
项目3 使用电子邮件 ……121
预备知识 电子邮件概述 ……121
子项目1 申请免费电子邮箱 ……124
子项目2 使用浏览器收发和管理电子邮件 ……125
子项目3 Outlook信箱的设置 ……135
子项目4 电子邮件的接收和阅读 ……139
子项目5 电子邮件的撰写和发送 ……142
子项目6 电子邮件的使用技巧 ……143
项目4 下载文件 ……153
预备知识 网上提供的软件类型 ……153
子项目1 用浏览器直接从网上下载软件 ……154

子项目 2　用下载软件进行下载……160
子项目 3　文件的解压缩……163
项目 5　防治网络病毒……166
预备知识　网络病毒及网络杀毒软件……167
子项目 1　使用杀毒软件杀毒……168
子项目 2　使用安全卫士……171

模块 3　使用 Dreamweaver 制作网页……174

项目 1　建立网站……174
预备知识 1　网站与网页的基本概念……174
预备知识 2　HTML 语言……175
预备知识 3　网站工作原理……176
预备知识 4　静态网页与动态网页……177
预备知识 5　ASP 动态网页……178
预备知识 6　网页制作软件……179
子项目 1　熟悉 Dreamweaver 操作环境……180
子项目 2　规划网站……184
子项目 3　建立一个空站点……185
子项目 4　在网站中添加网页……187
子项目 5　更改网页标题……189
项目 2　设计网页的布局……192
预备知识 1　网站的风格与网页的布局……192
预备知识 2　网页布局实例……194
预备知识 3　网页布局注意事项……197
预备知识 4　画出网页布局草图……198
子项目 1　在网页中插入表格……198
子项目 2　使用表格规划网页布局……204
项目 3　使用文字与图片……207
子项目 1　设置文字的字体、字号与颜色……208
子项目 2　设置对齐方式与行间距……213
子项目 3　插入水平线……219
子项目 4　插入图片……223
子项目 5　设置网页背景……228
项目 4　创建超链接……233
子项目 1　创建文本超链接……234
子项目 2　创建电子邮件超链接……239
子项目 3　创建重新打开一个窗口的超链接……242

子项目4 创建整个图片超链接……242
子项目5 创建图片热区超链接……244
子项目6 制作网页书签……245
项目5 使用样式……249
预备知识 样式表及其分类……249
子项目1 使用CSS样式去掉超链接下画线……250
子项目2 使用CSS样式设置文字格式……252
项目6 使用“行为”……254
子项目1 使用“行为”交换图像……255
子项目2 使用“行为”弹出对话框……260
子项目3 使用“行为”弹出网页窗口……262
项目7 使用表单……265
子项目1 创建留言簿……266
子项目2 提交表单信息……276
子项目3 验证表单内容……277

模块4 网站管理与发布……280

项目1 管理网站……280
子项目1 对网站中的文件进行操作……280
子项目2 管理网页文件的链接……281
子项目3 注册域名……283
子项目4 选择存放网站的服务商……288
子项目5 申请免费网页空间……291
项目2 上传网站……292
子项目1 设置Web服务器IIS……292
子项目2 在Dreamweaver中上传网页……298
子项目3 更新网站中的文件……303
子项目4 使用FTP软件上传网页……305

模块 1　计算机网络基础

知识目标

- 了解计算机网络的产生、发展及功能。
- 了解常用的通信设备、网络传输介质和网络互联设备。
- 掌握计算机网络的基本概念、常用术语。
- 了解网络的体系结构。
- 理解计算机网络的各种分类。
- 了解局域网的组成和分类。
- 了解计算机网络协议的概念。
- 了解 ISO/OSI 参考模型。
- 了解 TCP/IP 协议。
- 了解网络管理的基本知识；
- 了解网络安全所要解决的问题。
- 了解常用的网络安全措施。

计算机网络是计算机技术与通信技术的结合，是当今计算机科学与工程中迅速发展的新兴技术之一，也是计算机应用中一个空前活跃的领域。人们可以借助计算机网络实现信息的交换和共享。如今，网络技术已经深入到人们日常工作、生活的每个角落，随时都可以感受到网络的存在，随时都可以享受网络给生活带来的便利。

1.1　计算机网络概述

1.1.1　计算机网络的概念

计算机网络是指把处于不同地理位置、具有独立功能的多台计算机和外部设备通过传输介质和连接设备连接起来，在相关软件的支持下，实现数据通信和资源共享等功能的信息系统。其中，具有独立功能的计算机并不单指普通意义上的计算机，智能手机和平板电脑也在此列，智能手机和平板电脑本质上就是计算机。外部设备包括打印机、扫描仪等，有的台式机还包括摄像头。传输介质主要指网线和光纤，对于无线上网来讲，传输介质是电磁波。计算机网络的连接设备也有很多，常见的有路由器、集线器、交换机等。至于计算机网络的软件，最常见的是 Windows。苹果手机的 iOS 和许多智能手机使用的安卓系统也属于计算机网络的软件系统。除了这些系统软件，还有大量的应用软件，这些应用软件能够按照我们的要求，实现数据通信和资源共享等功能。

计算机网络各种各样，小到家庭、办公室、实验室里几台计算机的连接，大到数家公司乃至多个国家的众多计算机联网，常说的 Internet 就是一个连接着世界各地计算机的大型网络系统。但不管怎样，计算机网络都应包含三个主要组成部分：若干台主机（Host）、一个通信子网和一系列的通信协议。

① 主机：向用户提供服务的各种计算机。

② 通信子网：进行数据通信的通信链路和节点交换机。

③ 通信协议：通信双方事先约定好的也是必须遵守的规则，保证主机与主机、主机与通信子网，以及通信子网中各节点之间的通信。

1.1.2 计算机网络的形成

计算机网络是计算机技术与通信技术相结合的产物。最初的计算机网络是一台主机通过电话线连接若干个远程的终端，这种网络称为面向终端的计算机通信网，是以单个主机为中心的星型网，效率低，功能也很有限。

第二代计算机网络在理念上发生了很大的变化，以 ARPANET（阿帕网）为代表的第二代计算机网络采用了以“通信子网”为中心的模式，即先构建一个通信子网，许多主机和终端设备在通信子网的外围再构成一个“资源子网”，如图 1.1 所示。由于通信子网可以采用租用的手段，加上多路复用技术的应用，不再使用类似于电话通信的电路交换方式，而是采用更适合于数据通信的分组交换方式，因而大大降低了计算机网络通信的费用。

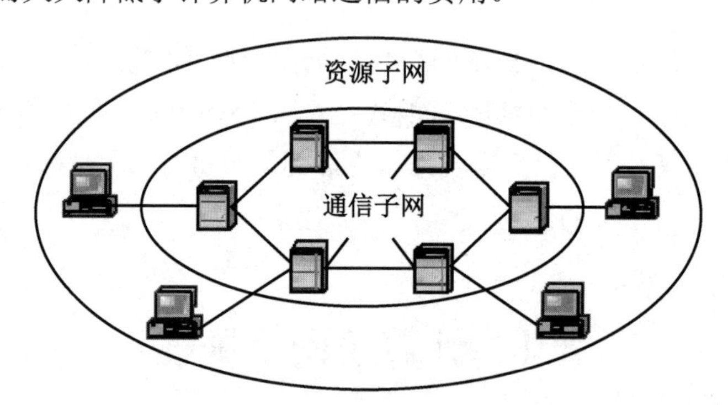

图 1.1　通信子网与资源子网

20 世纪 70 年代，由于人们对计算机网络的高度重视，形成了多家并举、群雄割据的局面。包括 IBM 在内的许多公司纷纷提出了自己的网络体系结构，这在很大程度上促进了计算机网络的发展，但也带来了相应的负面效应。例如，不同公司网络产品的连通就是一个大问题。为此，国际标准化组织（ISO）于 1977 年提出了一个试图使各种计算机网络在世界范围内互相连通的标准框架，即“开放系统互联参考模型”，简称 OSI/RM。这是第三代计算机网络的一个真正的开端。

Internet 出现在 20 世纪 80 年代中期，传入我国以后出现了各种各样的称呼，现在已经被规范地称为“互联网”或“因特网”。目前，世界上几乎所有的国家都连接了互联网，发展之快令人瞩目。Internet 并没有完全按照 OSI 网络体系结构运作，也就是说，它拥有自己的一套体系结构，不过仍然属于第三代计算机网络。

自 20 世纪 90 年代至今，计算机网络的发展更加迅猛。由于各种高速通信子网的建成和完善，实际上已进入了第四代计算机网络。由于普遍采用光纤作为传输介质，再加上网络设备、相应软件的发展，目前的计算机网络突出的特点就是一个“快”字。

1.1.3 网络的功能和服务

1．计算机网络的功能

计算机技术和通信技术结合而产生的计算机网络，不仅使计算机的作用范围超越了地理位置的限制，而且增大了计算机本身的威力，拓宽了服务，使得它在各领域发挥了重要作用，日益成为计算机应用的主要形式。计算机网络具有下述功能。

（1）数据通信

在计算机网络中，计算机与计算机之间、计算机与终端设备之间实现快速、可靠和安全的通信交往及信息传递，都离不开网络的数据通信功能，这是计算机网络最基本的功能。

（2）资源共享

入网的用户可以共享网络中的数据、数据库、软件及硬件资源，这是计算机网络的主要功能。资源共享，不但增强了网络上计算机的处理能力，提高了计算机软硬件的利用率，还可以节省投资，便于集中管理，避免和减少了重复投资。例如，在办公室或家庭中使用网络打印机，让同一网络中所有的资源都能够轻松进行打印，就是资源共享最好的一个例子。

（3）可提高系统的可靠性

由于计算机网络可以有多个中心点，用户可以借助硬件和软件的手段来保证系统的可靠性。当某个中心点的设备遭受攻击或者发生损坏时，其他的设备会保证计算机网络安全、可靠地运行。

（4）能进行分布处理

可以把工作分散到网络中的各个计算机上完成，这样既达到了处理大型任务的目的，又使得每台计算机不会负担过重，这在一定程度上提高了计算机的处理能力。例如，美国加州大学的“寻找外星智能”计划就是利用分布处理来工作的。它是通过几百万台计算机所组成的网络来实现分析和计算数据的，任何一个人，只要有一台能够连入互联网的计算机，都可以参与到计划中来。参与者只需安装并运行一个免费的程序，在计算机进入屏幕保护模式状态时，该程序就会自动运行，接收派发的数据包，分析外太空传输来的各种电信号，并将计算机结果上传，从而参与到这一庞大的计划中去。虽然这个计划六年后最终被停止了，但分布处理的方式还是取得了成功。

（5）可以集中控制、管理和分配网络中的软件、硬件资源

这主要是出于均衡负荷的目的，当计算机网络中的某一台计算机非常繁忙、响应变慢时，网络系统软件会把一定的任务分配给其他空闲的计算机来完成，这样就可以达到控制管理资源、平衡各计算机负载的目的。例如，一些软件下载时会提供多个下载地址，并注明各个下载地址的繁

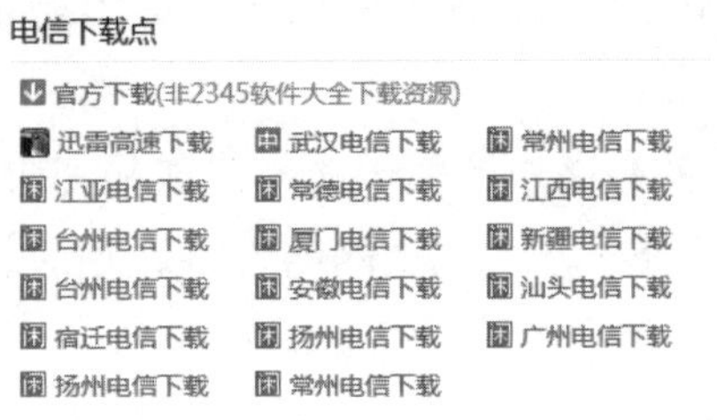

忙程度，为用户的选择提供依据。一个文件的多个下载地址如图 1.2 所示。

图 1.2　一个文件的多个下载地址

2．计算机网络的服务

为了方便用户，计算机网络在其基本功能的基础上又提供了以下几种有效的服务。

（1）文件服务与打印服务

文件服务可以有效地使用存储设备来管理一个文件的多次复制，对关键数据进行备份等。它是计算机网络提供的主要服务之一。

打印服务用来对打印设备进行控制和管理。它可以减少一个部门所需要的打印机数量，通过打印队列作业管理减少计算机传递打印作业的时间，有效地共享特定的打印机。

（2）消息服务

消息服务包括对二进制数据、图像数据及数字化声像数据的存储、访问和发送。消息服务的典型应用是网络电子邮件（E-mail）和即时通信软件。随着互联网的广泛应用，电子邮件和即时通信软件，如 QQ，已成为与世界上其他计算机用户进行通信的普遍方法。

（3）数据库服务

采用数据库服务提高了数据处理的效率，减少了网络传输，实现了数据共享，减少了数据冗余。

1.1.4　计算机网络的应用

计算机网络正处于飞速发展的阶段，网络技术的不断更新，性能和服务的日益完善，进一步扩大了它的应用范围。计算机网络可用于办公自动化、工业自动化、企业管理信息系统、生产过程实时控制、军事指挥和控制系统、辅助教学系统、医疗管理系统、银行系统、软件开发系统和商业系统等方面，其中主要应用如下。

（1）办公自动化

计算机在办公环境下的应用，最初只用于会计计算、文字处理。在局域网的环境下，计算机则更多地用于快速存储、传送和检索信息，改变了现有的办公通信模式，并发展了全新的信息处理策略，从而大大提高了办公自动化的能力。

办公自动化系统集计算机、数据库、计算机网络、声音、图像、文字技术于一体，除了传统的电话、电传，还使用即时通信、电子邮件、数据终端及图形终端等通信设备；在处理方式上，具有数据处理、文字处理、文件归档和检索等多项功能。

（2）工业自动化

这方面的应用包括生产自动化、计算机辅助设计、计算机辅助制造、计算机集成制造系统、生产过程实时控制等。

（3）校园网

网络在教育与教学方面的应用是一个重要的方面，学校通过高速主干网将各个部门的局域网连接起来，并通过 Internet 共享全球范围内的教学成果和科研成果。在管理方面，计算机网络的应用主要有人事管理、学生学籍管理、考试成绩管理、设备管理和教学科目管理等；在科研方面，计算机网络的应用主要有图书资料检索、科研规划制定、科研成果管理等；在教学方面，计算机网络的应用主要有计算机辅助教学和计算机辅助实验等。

（4）计算机协同工作技术

计算机协同工作技术是指地域分散的单个群体借助计算机网络技术共同完成一项任务。它包括群体工作方式研究和支持群体工作的相关技术研究两部分。建立协同工作环境，可以改善人们通信的方式，消除或减少在时间和空间上的障碍，从而节省工作人员的时间和精力，提高群体工作质量和效率。计算机协同工作技术将计算机技术、网络通信技术、多媒体技术，以及多种社会科学紧密结合起来，向人们提供一种全新的交流方式。例如，工作流程管理系统、多媒体计算机会议（视频会议）、协同编著和设计系统等。

1.1.5 计算机网络技术的发展

目前，计算机网络正处于飞速发展的阶段。在这一阶段中，计算机网络发展的特点，一个是 Internet 的广泛应用，另一个是高速网络技术的迅速发展。

Internet 是覆盖全球的信息基础设施之一。对于广大 Internet 用户来说，它好像是一个庞大的广域计算机网络。用户可以利用 Internet 来实现全球范围的电子邮件、WWW 信息查询与浏览、电子新闻、文件传输、语音与图像通信服务等功能。Internet 是一个由多个广域网和局域网互联的大型网际网，对推动世界科学、文化、经济和社会的发展有着不可估量的作用。

在 Internet 飞速发展与广泛应用的同时，高速网络的发展也引起了人们越来越多的注意。高速网络技术的发展主要表现在 ADSL、异步传输模式 ATM、高速局域网、交换局域网与虚拟网络上。

20 世纪 90 年代，世界经济进入了一个全新的发展阶段。世界经济的发展推动着信息产业的发展，信息技术与网络的应用已成为衡量 21 世纪综合国力与企业竞争力的重要标准。1993 年 9 月，美国宣布了国家信息基础设施（National Information Infrastructure，NII）建设计划，NII 被形象地称为“信息高速公路”。美国建设信息高速公路的计划触动了世界其他各国，人们开始认识到信息技术的应用与信息产业的发展将会对各国经济发展产生重要的影响，因此很多国家纷纷开始制订信息高速公路建设计划。国家信息基础设施建设的重要性已在各国形成共识，1995 年 2 月，全球信息基础设施委员会（Global Information Infrastructure Committee，GIIC）成立，目的是推动与协调各国信息技术与信息服务的发展与应用。从那时起，全球信息化的发展趋势已不可逆转。

建设信息高速公路就是为了满足人们在未来随时随地对信息进行交换的需要，在此基础上人们相应地提出了个人通信与个人通信网（Personal Communication Network，PCN）的概念，它将最终实现全球有线网与无线网的互联、邮电通信网与电视通信网的互联、固定通信与移动通信的结合。在现有的公用电话交换网（PSTN）、公用数据网（PDN）、广播电视网的基础上，利用无线通信、卫星移动通信、有线电视网等通信手段，可以使任何人在任何地方、任何时间，都能使用各种通信服务，并最终走向“全球一网”。

1.2 计算机网络的组成和分类

1.2.1 计算机网络的组成

计算机网络主要由网络硬件和网络软件组成。

网络硬件包括网络服务器、网络终端、传输介质和网络设备等。网络服务器是网络的核心，为用户提供了主要的网络资源。网络终端实际上就是一台入网的计算机，是用户使用网络的窗口。网络中服务器和终端之间通信线路的连接方式由网络的拓扑结构来决定。传输介质是网络通信用的信号通道。网络设备是构成网络的一些部件。

网络软件包括网络操作系统、通信软件和通信协议等。

一台计算机的运行依赖于操作系统的支持，操作系统用于管理、调度、控制计算机系统的多种资源，并为用户提供友好的界面。同样，计算机网络系统也需要有一个相应的网络操作系统来支持其运行。

计算机网络操作系统有四大主流：UNIX、Netware、Linux 及 Windows Server。UNIX 是一个可以同时管理微型机、小型机和大中型机的网络操作系统；Netware 则主要面向微机；Linux 因其开放源代码等特点也逐渐被人们所接受；Windows Server 是由微软公司推出的一种网络操作系统，可运行在微型机和工作站上，支持分布式数据，它依靠 Windows 的巨大市场份额而占据网络操作系统一席之地。

网络操作系统的主要部分存放在服务器上，其主要功能是服务器管理及通信管理。网络中使用的通信软件和通信协议一般都包含在网络操作系统中。

1.2.2 网络的分类

计算机网络种类繁多、性能各异，根据不同的分类原则，可以分为多种不同类型的计算机网络。例如，按覆盖范围分类，有局域网、城域网和广域网；按拓扑结构分类，有星型网、环型网、总线型网、树型网等；按传输带宽分类，有基带网和宽带网；按网络的结构分类，有以太网和令牌环网；按信息传输介质分类，有无线网、有线网和光纤网；按使用的传输技术分类，有广播式网络和点对点式网络。下面介绍按覆盖范围分类的三种计算机网络。

（1）局域网

局域网（Local Area Network，LAN）就是在一个有限的区域内将数台计算机或其他外围设备以某种网络结构连接起来的系统，它达到了彼此连通、互相传输数据并共享信息资源的目的。

局域网在距离上一般被限制在一定规模的地理区域内，如实验室、大楼、校园等。在校园内将各学科办公室、图书馆等若干台计算机连接在一起，以实现资源共享的网络称为校园网，如图 1.3 所示，这是比较典型的局域网。

局域网的主要优点是：数据传输可靠，不容易产生误码，而且网络数据传输率高。它结构简单，组建容易，随时可以添加新的设备进入网络。由于一般采用分布式的网络控制手段，减少了对某个计算机或服务器的依赖，避免了因一个服务器故障对整个网络的影响，因而可靠性也高。

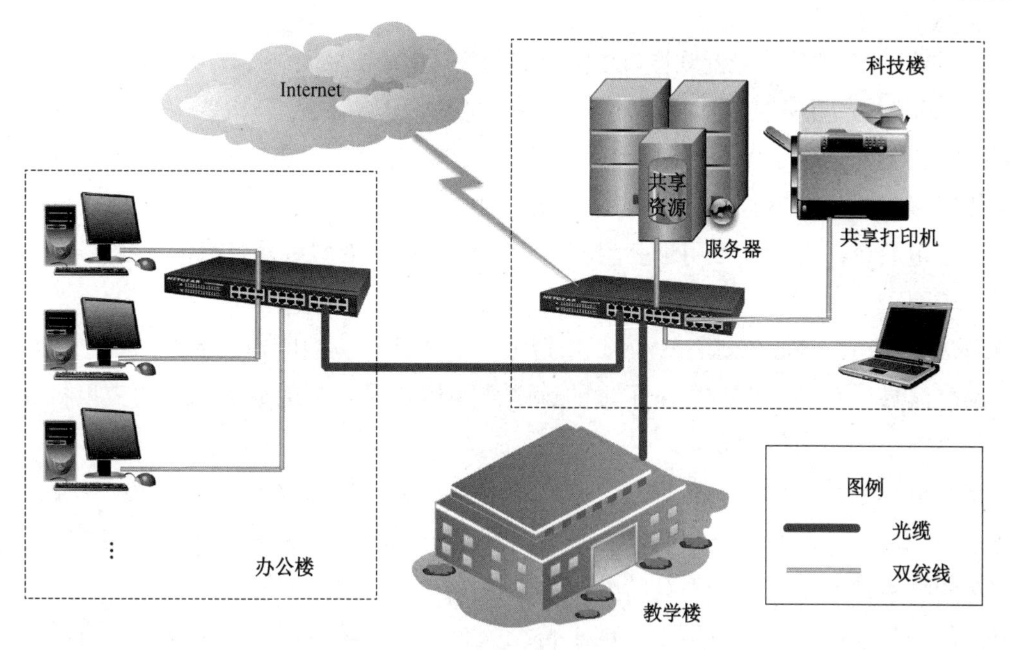

图 1.3　某校园网示意图

局域网一般是内部网，不受公共网络管理规定的约束，也容易进行设备更新、引用新技术、不断增强网络功能。

目前，局域网的建立和应用已经非常普遍，随着网络的普及，其应用范围也会越来越广，像公文发送、会议通知，甚至视频会议等都可以通过局域网来实现。

（2）城域网

城域网（Metropolitan Area Network，MAN）是介于局域网与广域网之间的一种高速网络。例如，将整个城市各个中小学的校园网络通过光纤连接起来就形成了一个覆盖整个城市范围的教育城域网，如图 1.4 所示。

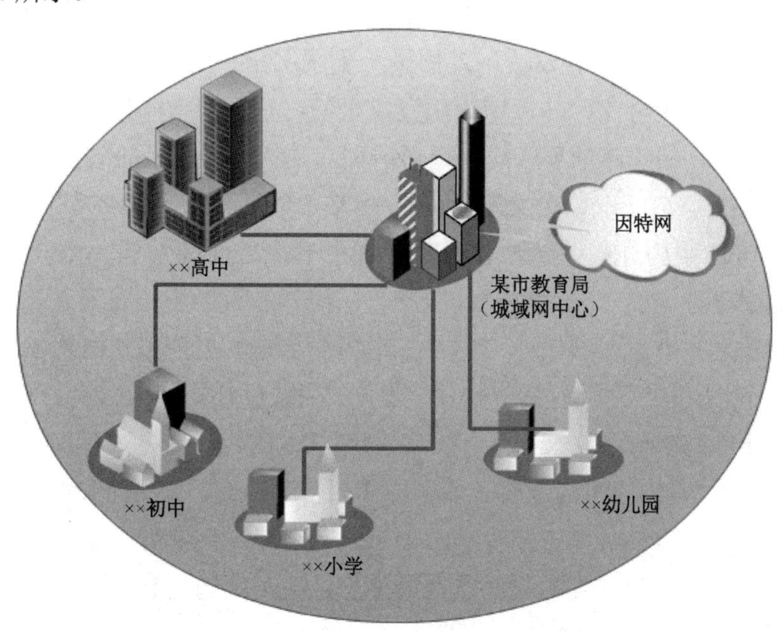

图 1.4　某市教育城域网示意图

最初，城域网的主要应用是互联城市范围内的许多局域网。今天，城域网的应用范围已大大拓宽，能用来传输不同类型的业务，包括实时数据、语音和视频等。

城域网能有效地工作于多种环境，其地理覆盖范围可达到 100km；网络中的计算机数量比较多，数据传输速率比局域网略低。城域网一般使用光纤来传输数据，既可用于专用网，也就是教育系统网、卫生系统网等，又可用于公用网，让普通民众享受城域网带来的快捷、方便。

（3）广域网

广域网（Wide Area Network，WAN）是指大、中型计算机间所构成的网络，它的连线范围不再局限于某个区域，可能是跨越数千千米的远距离通信，通常利用电信部门的交换机和通信线路等公共通信设施来作为通信的介质。

广域网最根本的特点就是机器分布范围广，一般从数千米到数千千米，因此网络所涉及的范围可以是一个城市、一个省、一个国家，乃至全世界。广域网中最著名、最大的就是互联网。

广域网的特点决定了它的一系列特性。单独建造一个广域网是极其昂贵和不现实的。因此，广域网常常借用传统的公共传输网来实现。传统的公共传输网包括有线电话网、有线电视网等。早期，由于电话网主要用来传递声音等模拟信号，这就使数据传输率比局域网和城域网低，再加上传输距离远，也容易产生误码。随着数字化的推广，特别是光纤的大幅使用，这一问题已经得到解决。此外，广域网的结构布局是不规则的，使得网络的通信控制比较复杂，这就要求连到网上的用户必须严格遵守各种标准和规程。这也使得广域网不像局域网那样灵活，采用新技术往往需要很长的时间来过渡。

1.2.3 网络拓扑结构

计算机网络设计的第一步就是要解决在给定计算机的位置及保证一定的网络响应时间、吞吐量和可靠性的条件下，通过选择适当的线路、线路容量、连接方式，使整个网络的结构合理，成本低廉。为了应付复杂的网络结构设计，人们引入了网络拓扑的概念。

拓扑学是几何学的一个分支，是从图论演变过来的。拓扑学首先把实体抽象成与其大小、形状无关的点，将连接实体的线路抽象成线，进而研究点、线、面之间的关系。

计算机网络的拓扑（Topology）结构，是指网络中的通信线路和各节点计算机之间的几何排列，表示网络的整体结构外貌，同时也反映了各个模块之间的结构关系。它影响着整个网络的设计、功能、可靠性和通信费用等方面，是研究计算机网络的主要环节之一。

常见的网络拓扑结构有总线型拓扑结构、环型拓扑结构、星型拓扑结构、树型拓扑结构、网状拓扑结构等。

（1）总线型拓扑结构

如图 1.5 所示，总线型拓扑结构是用一条电缆作为公共总线，入网的节点通过相应接口连接到线路上。网络中的任何节点都可以把要发送的信息送入总线，使信息在总线上传播，供目的节点接收。网络中的每个节点都既可接收其他节点的信息，又可发送信息到其他节点，它们处于平等的通信地位，属于分布式传输控制关系。

在这种网络拓扑结构中，节点的插入或拆卸都是非常方便的，易于网络的扩充。但可靠性不高，如果总线出了问题，则整个网络都不能工作，网络中断后查找故障点也比较困难。

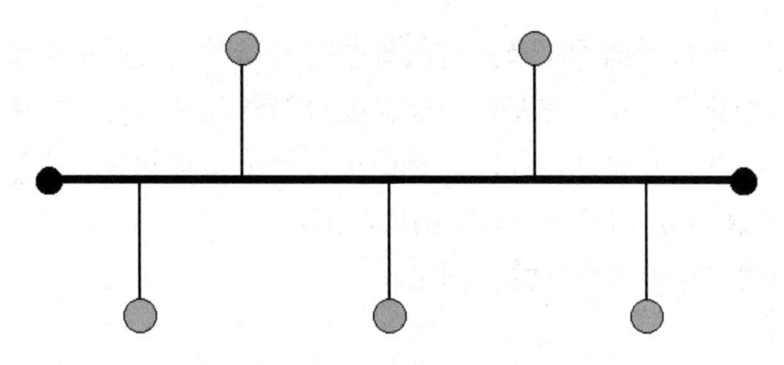

图 1.5　总线型拓扑结构

目前，采用总线型拓扑结构的计算机网络已经很少了。

（2）环型拓扑结构

在环型拓扑结构中，节点通过点到点通信线路连接成闭合环路，如图 1.6 所示。环中数据将沿一个方向逐站传递。环型拓扑结构简单，控制简便，结构对称性好，传输速率高，应用较为广泛。但是环中每个节点与连接节点之间的通信线路都会转为网络可靠性的瓶颈，环中任何一个节点出现线路故障，都可能造成网络瘫痪。为保证环的正常工作，需要较复杂的环维护处理，环中节点的加入和撤出过程比较复杂。

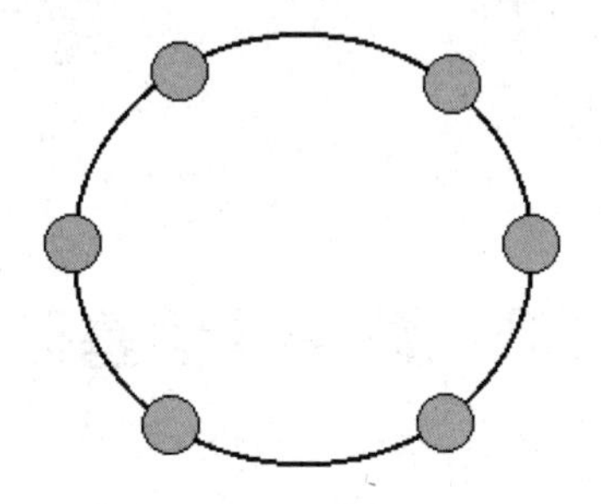

图 1.6　环型拓扑结构

为保证环型拓扑结构的可靠性，有人研发了双环型结构，以保障在某个节点发生故障时计算机网络能够继续工作。但在实际工作中，应用环形拓扑结构的计算机网络也在不断减少。

（3）星型拓扑结构

在星型拓扑结构中，节点通过点到点通信线路与中心节点连接，如图 1.7 所示。中心节点控制全网的通信，任意两节点之间的通信都要通过中心节点。星型拓扑结构简单，易于实现，便于管理，但是网络的中心节点是全网可靠性的瓶颈，中心节点的故障会造成全网瘫痪。

星型拓扑结构的优点显而易见，就是排查故障非常简单。哪个节点连不上网，就是哪个节点发生了故障；所有节点都连不上网，就是中心节点发生了故障。

星型拓扑结构是局域网中应用最广泛的一种拓扑结构。

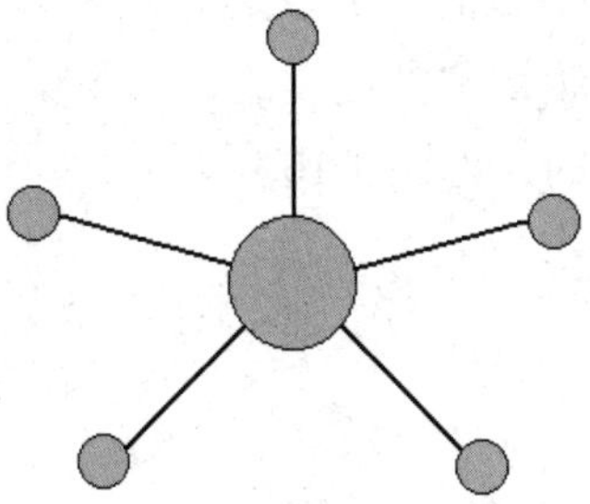

图 1.7　星型拓扑结构

（4）树型拓扑结构

在树型拓扑结构中，节点按层次进行连接，信息交换主要在上下节点之间进行，相邻及同层节点之间一般不进行数据交换。

树型拓扑结构虽有多个中心节点，但各个中心节点之间很少有信息流通，如图 1.8 所示。各个中心节点均能处理业务，但最上面的主节点有统管整个网络的能力。所谓统管就是通过各级中心节点去分级管理，从这个意义上说，它是一个建立在分级管理基础上的集中式网络，适宜于各种管理工作。树型拓扑结构的优点是通信线路连接简单，网络管理软件也不复杂，维护方便；缺点是资源共享能力差，可靠性低，如果中心节点出现故障，则和该中心节点连接的节点均不能工作。

树型拓扑结构一般用于中、大型计算机网络。

（5）网状拓扑结构

在网状拓扑结构中，节点之间是没有规律的，任意连通，如图 1.9 所示。这就使得整个网络的可靠性高，不容易发生网络阻塞问题。但它结构复杂，选择路由和进行流量控制比较麻烦。广域网多采用这种拓扑结构。

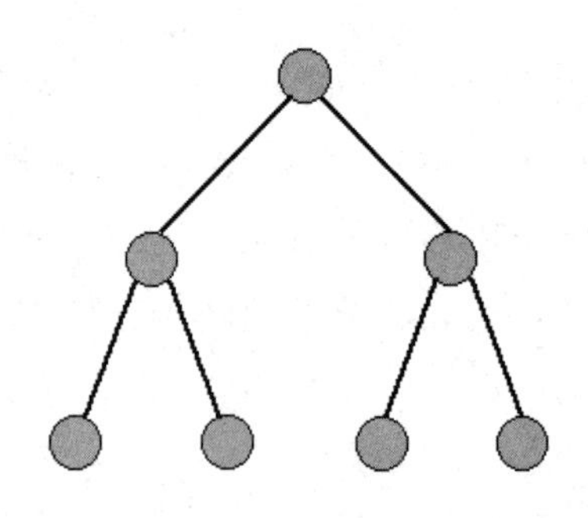

图 1.8　树型拓扑结构

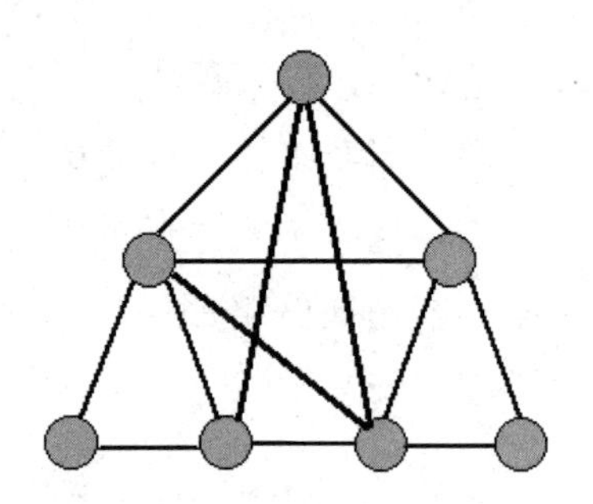

图 1.9　网状拓扑结构

1.3　数据通信基础

1.3.1　数据传输

1. 数据与数据通信

数据有模拟数据与数字数据之分，模拟数据是由传感器采集得到的连续变化的值，如温度、压力和声音。数字数据则是模拟数据经量化后得到的离散的值，如在计算机中用二进制代码表示的字符、图形、音频与视频数据。

以时间的表达方式来看，有表针的挂钟或手表表示的是模拟数据，因为从某一秒向下一秒的过渡肯定是连续的，而电子表表示的是数字数据，因为从某一秒的数字向下一秒的显示过程是突变的，如图 1.10 所示。

图 1.10　模拟数据与数字数据

数据通信是指通过适当的传输线路将数据信息从一台计算机、终端设备或其他任何通信设备传递到另一台计算机、终端设备或其他任何通信设备的全过程。数据通信包含了数据处理和数

据传输两方面的内容。在计算机网络中，数据处理主要由计算机系统来完成，而数据传输则依靠数据通信系统来实现。

数据通信中的数据可能是模拟数据也可能是数字数据，但计算机只接收数字数据，这就需要在终端设备上进行调制与解调，完成模拟数据与数字数据之间的转换。

2. 信号类型

在网络系统中，通过传输介质传输的数据称为信号。由于数据无法直接在网络中进行传输，必须借助某种媒介作为载体，所以无论一段文字、一首歌，还是一幅图像，要从一台计算机传递到另一台计算机上，都只能以信号的形式来实现。而由于传输介质的不同，信号也有多种不同的形式，如电信号、磁信号、光信号、微波信号等，但无论采用何种信号，数据从一台计算机传递到另一台计算机时，数据本身是不会发生变化的。

信号也有模拟信号和数字信号两种基本形式。

（1）模拟信号

模拟信号是波形圆滑且连续变化的信号，其波形图如图 1.11 所示。数据可以通过改变模拟信号的频率、幅度或相位来运载。传统的通信技术主要是传输模拟信号，如电话线传输的语音信号。

（2）数字信号

数字信号是一种按时间间隔取值的离散信号，取值为有限个 0 或 1 这样的数字，其波形图如图 1.12 所示。数字信号利用编码来反映数据信息。计算机所能处理的信号都是数字信号。

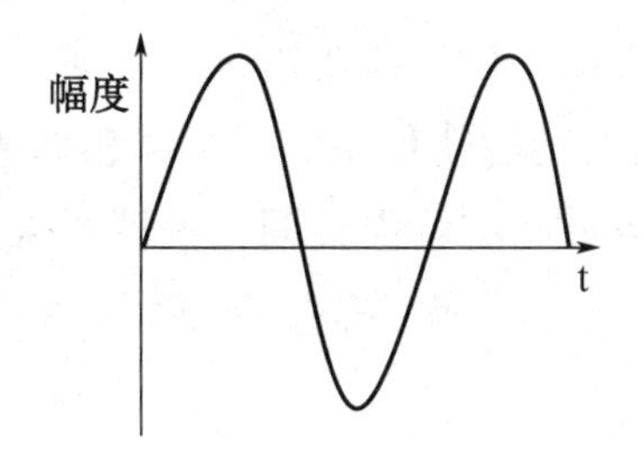

图 1.11　模拟信号波形图

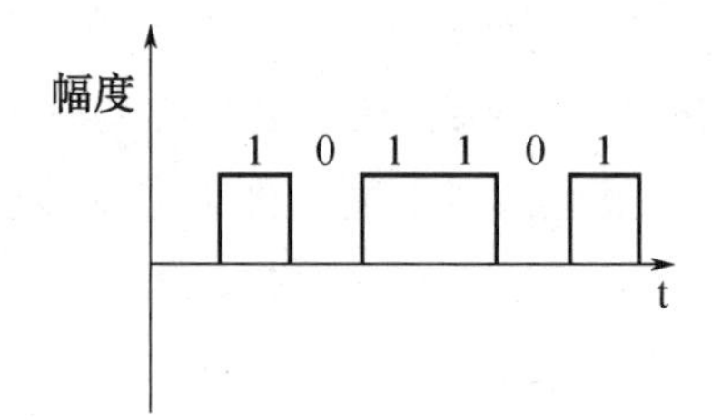

图 1.12　数字信号波形图

采用机顶盒的电视机接收的都是数字信号，特点是图像清晰。而一些偏远地区仍采用自备的天线来接收模拟信号，电视机接收的图像往往不够清晰，时常有“雪花”出现，如图 1.13 所示。

图 1.13　有“雪花”的图像

目前，我国正努力实现电视信号的数字化，大中城市基本实现了数字化信号的全覆盖。

3. 数据传输系统

在数据传输系统中，数据通信模型如图1.14所示。

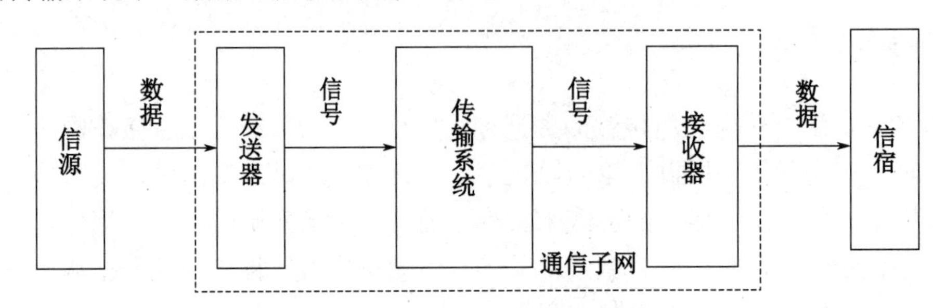

图1.14　数据通信模型

通常，为了将一个数据终端设备发出的数据传递到指定设备，不仅要经过很长的传输线路，而且还需要进行调制/解调、多路复用及交换等处理。数据传输系统由如下几个部分组成。

（1）传输线路

传输线路是信息的传输通路，由各种类型的传输介质和有关的中间通信设备组成。

（2）调制解调器（MODEM）

由发送端的数据终端设备所发出的数据，通常并不以其原有的形式直接传递，而是被转换成模拟信号，这一过程称为调制。当模拟信号传输到目标终端之后也需要再把它转换成适合数据终端设备接收的数字信号，这一过程称为解调。调制解调器的功能就是完成调制和解调两个过程的。

例如，通过电话线上网，由于电话线传输的是模拟数据，这就需要调制解调器来完成数据转换。而目前大城市里的小区宽带，直接使用网线传输数字数据，就不需要调制解调器了。

（3）多路复用器

为了提高传输线路的效率，使多个终端设备共用一条物理信道传输信息，就要增加一种设备——多路复用器。它将多个信源所发出的信号有序地纳入一条物理信道中进行传输，到达目的地后，再将物理信道中的多路信号分别送入对应的目标终端设备。多路复用器有时也叫多路转换器。

20世纪90年代，有一种上网设备叫作ISDN，它能在一根电话线上支持人们同时上网和打电话，这就属于多路复用技术。目前，常见的多路复用器为光纤多路复用器，用于提高光纤的传输效率。

（4）交换器

当许多终端设备要相互通信时，它们之间都采用固定的连接是不现实的。一种可行的方法是在任意两个要进行通信的终端之间建立临时连接，然后通过该连接，把信源终端发出的信息转换送至目标终端，通信结束后再拆除连接。交换器就是用来实现这种临时连接和传输信息的设备。

4. 数据传输有关术语

说明数据传输常常会用到一些术语，为了便于理解，我们将其中一些常用术语的含义简述如下。

（1）信道

信道是信号传输的通道，通常是一种抽象的描述。与传输介质相比，它更侧重逻辑上的含义。

（2）传输速率

传输速率又称比特率，是指单位时间内所传递二进制代码的有效位数量，单位是 b/s，读作比特每秒。传输速率是衡量数据通信的一个最重要指标，代表了数据通信的能力。

值得注意的是，传输速率衡量的是每秒钟传输二进制数字的能力，并不是每秒钟传输字符的能力。比特是计算机中最小的数据单位，代表一个二进制的数字，用小写字母“b”表示。比特对于使用者来说并没有什么实用意义，人们更愿意用字节来表示数据。一个字节可以表达一个字符，占 8 个比特，用大写的字母“B”表示。

当我们下载一个文件时，文件的大小是以字节“B”为单位的，而下载速度是以比特“b”为单位的，要注意它们之间的换算关系，否则计算出的下载时间是不准确的。另外，在计算机系统中，千字节的含义是指 1024 个字节，也就是 1KB=1024B。而在通信系统中，千比特就是 1000 比特，也就是 1Kb=1000b。这也是需要注意的地方。

（3）带宽

带宽本来是指模拟信道的频带宽度，也就是信道允许传递信号的最高频率与最低频率之差。

目前，带宽已经不再单纯地表示频带宽度，而是成为了表示网络中通信线路传输数据能力的一个单位。人们更愿意用带宽来表示网络中能够传输数字信号的最大传输率，也就是比特率。

（4）信道容量

信道容量是指一个信道能够传输数据的最大能力。也就是说，当传输速率大于信道所允许的数据速率时，信道就不能传输数据了。信道容量是一个极限参数，即不能超越的参数，所以在设计网络时，数据传输率一定要小于信道容量所规定的数值。

（5）信道延时

信道延时是指信号从发送端传递到接收端所需要的时间。由于计算机网络中的传输介质各不相同，信号的传输速度也不尽相同。特别是对于有线网络来说，信道延时和传输介质的物理特性及信号的特性参数都有相关性，必须考虑到相关因素，才能在保证传输速率不变的情况下确定最大的传输距离。

（6）误码率

误码率（Error Rate）是指数据传输中出错数据占被传输数据总数的比例，也是通信信道的主要性能参数。

1.3.2 数据通信的传输技术

1. 基带传输和频带传输

（1）基带传输

所谓基带（Base Band）是指电信号固有的基本频带，传输的是基带信号。基带信号是指信源发出的没有经过调制的原始电信号，也就是将计算机发送的数字信号“0”或“1”用两种不同的电压表示后，直接送到通信线路上进行传输。这要求信道频带足够宽。

基带信号的特点是频率较低，由于属于数字信号，传输速率快，但传输距离比较短。微机室、办公室中使用网线的计算机网络，传输的都是基带信号。

（2）频带传输

为了利用电话线一类的模拟通信线路进行数据传输，可以把数字信号调制成音频信号后再发送和传输，到达接收端后再把音频信号解调成原来的数字信号，这就是频带传输。它传输的是将基带信号经过调制后形成的复合模拟信号。

通过频带传输来进行高速传输，可以分解为多种信号在不同的逻辑子信道中进行传输。家庭中，通过电话线上网的 ADSL，传输的就是这种信号。需要指出的是，它是一种模拟信号，所以使用 ADSL 设备来上网，ADSL 设备的主要作用是完成模拟信号和数字信号之间的转换。

2. 异步传输和同步传输

由于发送端和接收端的速度可能不一样，这样就牵扯到双方是否同步的问题。所谓同步，就是要求通信双方在时间基准上保持一致。常用的同步技术分为同步传输和异步传输两种。

（1）同步传输

同步传输是指在传递数据时，以数据块为单位进行标记，分别在数据块的头部和尾部附加一个特殊的字符或二进制序列，用来标记数据块的开始和结束。由于采用同步传输方式是将整个字符组标记为数据块进行传输的，所以传输效率比较高，一般用于高速传输数据系统，如计算机系统。

同步传输的特点是以报文或分组为单位进行传输，也是目前网络中采用较多的一种传输方式。其缺点是控制复杂，如果传输中出现错误，则需要重新传递整个数据块的内容。

同步传输中还有一个位同步技术，使用一个专用通道发送接收时钟来保持同步，通过编码技术将时钟与数据编在一起，保证了接收端和发送端的严格一致，效率更高，应用也更广泛。

（2）异步传输

异步传输是指在传递数据时，在每个字符的前面增加一个起始位，表示字符代码的开始；在字符代码和校验位的后面增加一个或两个停止位，表示字符的结束。接收端计算机通过开始位和停止位来判断字符的开始和结束，从而使发送端和接收端保持同步。

这样，有数据需要发送的终端设备，可以在任何时刻向信道发送信号，而不管接收方是否知道它已开始做发送操作。每次仅发送一个小数据段，通常是一个字节，发送方在送出的每一段信号前面加一个起始位，后面加一个或两个停止位。显然，异步传输方式结构比较简单，如果传输有错，则只需重新发送一个字符。但由于每个字符都要增加起始位和停止位，这就使得整个传输的效率不高，一般在低速网络中使用。

3. 单工、半双工与全双工通信方式

（1）单工通信方式

单工通信方式是指信号只能沿一个方向进行传输。也就是说，通信双方中的一方只能发送信号，不能接收信号；而另一方只能接收信号，不能发送信号。单工通信的数据传输是单向的，而且方向不能改变。

电视和广播系统采用的就是单工通信方式。

（2）半双工通信方式

半双工通信方式是指通信双方都能发送和接收信号，但不能同时发送和接收信号。也就是说，一方发送信号时，另一方只能接收信号，不能双方一起发送信号。发送或接收信号通过一个开关进行切换。

对讲机采用的就是半双工通信方式。

（3）全双工通信方式

全双工通信方式是指通信双方可以同时发送和接收信号，相互之间没有干扰。显而易见，采用全双工通信方式需要两个信道，这种通信方式效率高，但相应的成本也比较高，结构也更复杂。

电话采用的就是全双工通信方式。

1.3.3 数据传输介质

数据传输介质用来载送计算机网络中的数据，所有的传输系统都建立在某种类型的传输介质上。计算机网络常用的传输介质有同轴电缆、双绞线和光纤等。此外，正在发展的无线传输技术采用电磁波或红外线作为传输介质。

1. 同轴电缆

同轴电缆由内外两个导体构成，如图 1.15 所示。内导体是一根或多股铜质导线，外导体是圆柱形铜箔或用细铜丝编织的圆柱形网，内外导体之间用绝缘物充填，最外层是保护性塑料外壳。

同轴电缆根据阻抗特性主要分为 75Ω 电缆和 50Ω 电缆。75Ω 电缆适用于宽带传输，主要用在有线电视网中；50Ω 电缆适用于基带传输，一般用在计算机网络中。

50Ω 电缆根据直径又分为粗同轴电缆（粗缆）和细同轴电缆（细缆）两种。粗同轴电缆直径为 10mm，在传输速率为 10Mbps 时，传输距离可达 500m。细同轴电缆直径为 5mm，在传输速率为 10Mbps 时，传输距离可达 185m。粗同轴电缆价格较高，安装较为复杂。

同轴电缆的抗干扰能力强，屏蔽性能好，常用于设备与设备之间的连接，或用于总线型网络拓扑中。同轴电缆采用 BNC 接头、T 型接头及终端匹配器（也称终端适配器）等和其他网络设备相连接组成网络。BNC 接头、T 型接头、终端匹配器如图 1.16～图 1.18 所示。

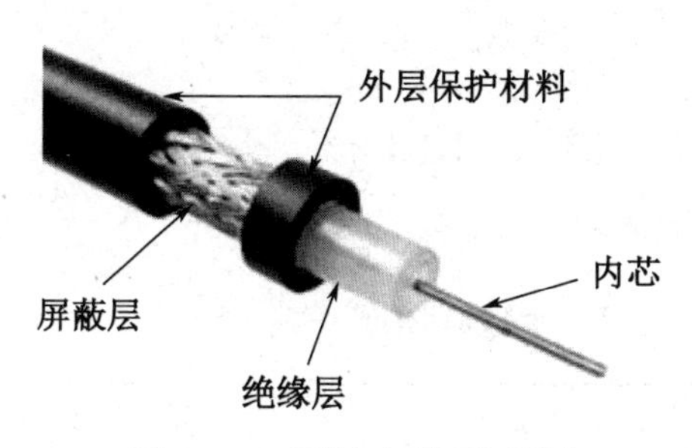

图 1.15　同轴电缆示意图

图 1.16　BNC 接头

图 1.17　T 型接头

图 1.18　终端匹配器

2．双绞线

双绞线由按规则螺旋结构排列的两根、四根或八根绝缘导线组成。为了降低信号的干扰程度，每对双绞线一般由两根绝缘铜导线相互缠绕而成，每根铜导线的绝缘层上都涂有不同的颜色，便于区别。

最常见的双绞线应用是电话系统，而在局域网布线中最常用的传输介质也是双绞线。双绞线既能传输模拟信号，又能传输数字信号。

双绞线分为非屏蔽双绞线（UTP）和屏蔽双绞线（STP）两大类。目前，屏蔽双绞线主要有 3 类和 5 类两种；非屏蔽双绞线主要有 3 类、4 类、5 类、超 5 类四种。

屏蔽双绞线电缆最大的特点在于封装在其中的双绞线与外层绝缘胶皮之间有一层金属材料，这种结构能减小辐射，防止信息被窃听，同时还具有较高的数据传输率（5 类屏蔽双绞线在 100m 内可达到 155Mbps，而非屏蔽双绞线只能达到 100Mbps）。但屏蔽双绞线电缆的价格相对较高，安装时要比非屏蔽双绞线困难，必须使用特殊的连接器，技术要求也比非屏蔽双绞线电缆高。与屏蔽双绞线相比，非屏蔽双绞线电缆外面只有一层绝缘胶皮，因而重量轻、易弯曲、易安装、组网灵活，非常适用于结构化布线。所以，在无特殊要求的计算机网络布线中，常使用非屏蔽双绞线电缆，采用 RJ-45 接口（俗称“水晶头”）和网络连接设备进行连接。UTP-5 非屏蔽双绞线如图 1.19 所示。RJ-45 接口如图 1.20 所示。

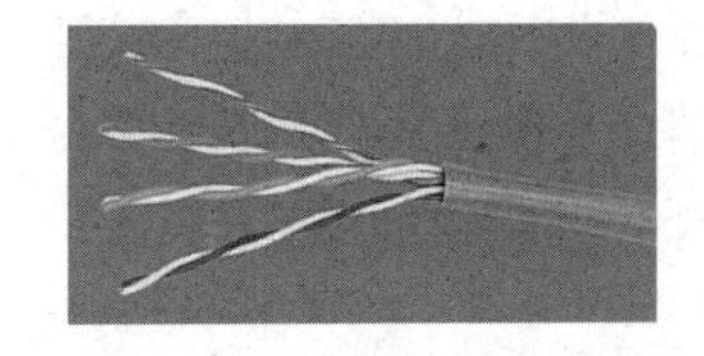

图 1.19　UTP-5 非屏蔽双绞线

图 1.20　RJ-45 接口

中、小型局域网一般使用非屏蔽双绞线进行网络的连接，表 1.1 列出了不同类型非屏蔽双绞线的主要技术参数和用途，以供参考。

表 1.1　非屏蔽双绞线的主要技术参数和用途

类　别	最高工作频率（MHz）	最高数据传输率（Mbps）	主 要 用 途
3 类	16	10	10M 网络环境
4 类	20	16	16M 网络环境
5 类	100	100	10M 和 100M 网络环境
超 5 类	200	155	10M、100M 和 1000M 网络环境

3．光纤

光纤又称光缆，用光束传输信号。20 世纪 80 年代初期，光纤开始进入网络布线。与双绞线和同轴电缆相比，光纤满足了利用网络长距离传输大容量信息的要求，在计算机网络中发挥着重要的作用，成为传输介质中的佼佼者。

光纤是一种直径为 50～100μm 的柔软、能传导光束的传输介质。多种玻璃和塑料可以用来制造光纤，其中使用超高纯度石英玻璃纤维制作的光纤可以得到最低的传输损耗。

光纤具有圆柱形的形状，主要由三个同心部分组成：光纤芯、包层和护套。光纤芯是最内层部分，由一根或多根非常细的玻璃或塑料制成的纤维组成。每一根纤维都由各自的包层包着，包层是一种玻璃或塑料的涂层，具有与光纤芯不同的光学特性。最外层是护套，它包着一根或一束已加包层的纤维。护套是由分层的塑料和其附属材料制成的，用来防止潮气、擦伤、压伤和其他外界带来的危害。光缆外观和横截面示意图如图 1.21 所示。

图 1.21　光缆外观和横截面示意图

根据传输点模数的不同，光纤分为单模光纤和多模光纤两种。

单模光纤的纤芯直径很小，为 2～8μm，采用激光二极管 LD 作为光源。单模光纤的传输频带宽、容量大，传输距离长，但需要激光源，成本较高，通常在建筑物之间或地域分散的环境中使用。单模光纤是当前计算机网络研究和应用中的重点。

多模光纤的纤芯直径较大，为 50～125μm，采用发光二极管 LED 作为光源。多模光纤的传输速度低、距离短，整体的传输性能差，但成本低，一般用于建筑物内或地理位置相邻的环境中。

与铜质电缆相比，光纤明显具有其他传输介质所无法比拟的优点：传输信号的频带宽，通信容量大；信号衰减小，传输距离长，抗干扰能力强，应用范围广；抗化学腐蚀能力强，适用于一些特殊环境下的布线等。

当然，光纤也存在着一些缺点，如质地脆、机械力度低、切断和连接技术要求较高等，这些缺点也限制了某些环境下光纤的普及应用。

4．无线传输介质

有线传输并不是在任何时候都能实现的。例如，通信线路要通过一些高山、岛屿时就可能因施工困难而无法铺设；再如，公司临时在一个场地做宣传而需要连网时，铺设有线线缆可能不符合公司的实际利益……特别是在通信距离很远，铺设电缆既昂贵又费事的时候，往往可以考虑采用无线传输介质进行网络连接。无线传输介质有多种，这里主要介绍微波、红外线和无线电波三种。

① 微波。微波是一种被广泛采用的无线传输介质。微波通信主要有地面微波通信（见图 1.22）和卫星微波通信两种形式。由于微波在空间中只能直线传播，而地球表面是一个曲面，因此其传输距离受到限制，一般只有 50km 左右，在远距离信号传输中，必须借助中继站才能将信号传递到目的地。

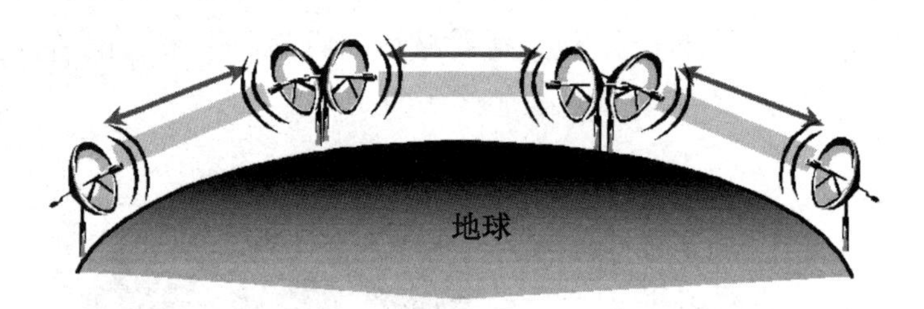

图 1.22　地面微波通信示意图

卫星通信的通信范围大，只要在卫星发射的电波所覆盖的范围内，任意两点之间都可进行通信。而且卫星通信不易受陆地灾害的影响，可靠性高。同时，可在多处接收，能经济地实现广播、多地址通信，可随时分散过于集中的话务量。卫星通信示意图如图 1.23 所示。

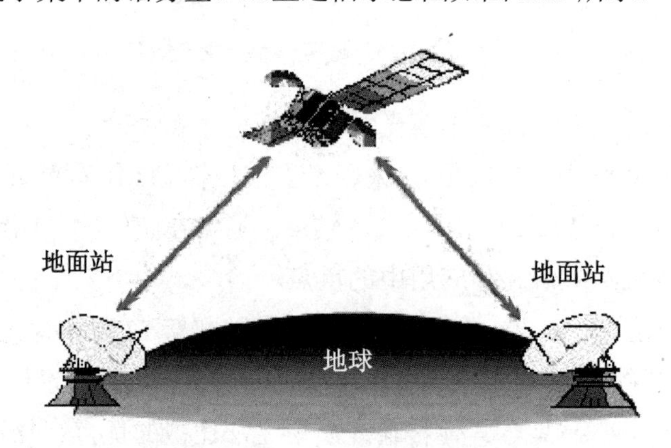

图 1.23　卫星通信示意图

② 红外线。红外线通信是一种廉价、近距离的无线通信方式。红外线作为传输介质，有较强的方向性，窃听困难，并且对邻近区域的类似系统也不会产生干扰。由于红外信号没有穿透墙壁和一些其他固体的能力，所以要求视距（直观可见；距离近）传输。基于这些特点，红外线常用来做近距遥控和无线局域网络接入，许多笔记本电脑和手机上都有红外接口，可以使用红外线来传递数据。如图 1.24 所示为手机上的红外接口。

③ 无线电波。采用无线电波作为无线网络的传输介质是目前应用最多的无线连接方式，这主要是因为无线电波的覆盖范围较广，具有很强的抗干扰、抗噪声、抗衰减能力，所以其通信安全性较好。

在无线网络接入中，通常使用S频段（2.4～2.4835GHz的频率范围）的无线电波，这个频段也叫作ISM（Industry-Science-Medical，即工业-科学-医疗）频段，不受无线电管理委员会的限制，属于自由辐射频段，人们可以自由使用。目前，应用广泛的无线电波有蓝牙、Wi-Fi和5G技术。

蓝牙（Bluefooth）技术属于ISM频段中的无线电波。它是于1998年由东芝、爱立信、IBM、Intel和诺基亚共同提出的一种近距离无线数据通信技术标准，传输距离约为10m。一台蓝牙设备可以同时与7台其他蓝牙设备建立连接，蓝牙设备间的连接不要求特别的通信方向和视角，在有效范围内可以绕过障碍物进行通信，采用蓝牙通信技术可以将多种通信设备、计算机，甚至是智能家电以无线的方式连接起来。多种设备的蓝牙互联示意图如图1.25所示。

图1.24　手机上的红外接口

图1.25　多种设备的蓝牙互联示意图

Wi-Fi全称是Wireless Fidelity，可以直接翻译为无线保真，但几乎没有人叫它的中文名称，而是习惯于直接称呼它的英文缩写Wi-Fi。Wi-Fi是基于IEEE 802.11b标准的一种无线局域网，目前已经成为通用的国际标准。目前，人们习惯用Wi-Fi称呼无线网络，而无线网络的真正英文名称WLAN反而被人们遗忘了。

搭建一个Wi-Fi非常简单，只需要一台无线路由器就可以，如果这台路由器能够接入互联网，那么这个局域网中的设备就能够直接接入互联网。

由于Wi-Fi具有搭建方便、功耗低、传输速率高等优点，一般速率在54Mbps以上，因而发展迅速，广受欢迎。特别是在许多运营商开发了“看广告免费用Wi-Fi”之类的应用后，使得Wi-Fi信号在车站、医院、机场等公共场所无处不在。目前，在一些城市的城区，已经做到了Wi-Fi全覆盖，甚至在公共汽车上、地铁上也有Wi-Fi信号。Wi-Fi标志如图1.26所示。

毫无疑问，Wi-Fi是应用最广泛的无线网络。但它也存在一个问题，就是每个热点的覆盖范围都有限，当位置频繁变换时，Wi-Fi就不如手机信号提供的无线网络技术稳定，如4G技术。

图1.26　Wi-Fi标志

5G是指第五代移动通信技术。和Wi-Fi不同，使用5G技术必须持有国家的电信牌照，所以普通用户是不能自己建立一个5G无线网络的，只能将手机信号模拟为一个Wi-Fi热点，建立一个Wi-Fi局域网，以实现共享上网。

5G融合多种无线通信技术，具有高速率、低时延和大连接的特点，下载速度可以达到1Gbps以上，延时低至1m以下，能够满足移动互联网应用、工业控制、远程医疗、自动驾驶、智慧城市的基本要求，是人机物互联的网络基础。

随着移动运营商对上网费用的降低和 5G 技术的发展，手机无线网站提供的功能与服务的多样化，使得几乎所有的互联网应用都已经在手机屏幕上得到实现，我们的信息网络正在逐渐经历从计算机桌面到掌上手机屏幕的转变。特别是智能手机和平板电脑的出现，个人移动终端成为新的信息门户终端，无线通信技术将进一步发展，满足人们的各种需求。目前，我国已经开始了 6G 技术的应用研究。

1.4 网络参考模型和网络协议

1.4.1 基本概念

（1）网络协议

计算机网络是由多个互联的节点组成的，节点之间需要不断地交换数据与控制信息。要做到有条不紊地交换数据，每个节点都必须遵守一些事先约定好的规则。这些规则明确地规定了所交换数据的格式和时序。这些为网络数据交换而制定的规则、约定与标准被称为网络协议。

网络协议是计算机彼此交流的一种“语言”，是网络通信的基础。网络中不同类型的计算机必须使用相同的协议才能进行通信。

网络协议由 3 个要素组成：语法、语义和时序。

① 语法规定了通信双方“如何讲”，确定用户数据与控制信息的结构与格式。

② 语义规定了通信双方准备“讲什么”，即需要发出何种控制信息，以及完成的动作与做出的响应。

③ 时序规定了通信双方“何时进行通信”，即对事件执行顺序的详细说明。

（2）层次

层次是人们对复杂问题处理的基本方法。人们对一些难以处理的复杂问题，通常分解为若干个较容易处理的、小一些的问题。在计算机网络中，采用的就是层次结构。将总体要实现的很多功能分配在不同的层次中，每个层次要完成的服务及服务实现的过程都有明确规定；不同的网络系统分成相同的层次；不同系统的同等层具有相同的功能；高层使用低层提供的服务时，并不需要知道低层服务的具体实现方法。这种层次结构可以大大降低处理复杂问题的难度，因此，层次是计算机网络体系结构中一个重要且基本的概念。

（3）接口

接口是同一节点内相邻层之间交换信息的连接点。同一个节点的相邻层之间存在着明确规定的接口，低层向高层通过接口提供服务。只要接口条件不变、低层功能不变，低层功能的具体实现方法与技术的变化就不会影响整个系统的工作。

1.4.2 网络体系结构

计算机网络系统通常采用结构化的分层设计方法，将网络的通信子系统分成一组功能分明、

相对独立和易于操作的层次，依靠各层之间的功能组合来提供网络的通信服务，从而减少网络系统设计、修改和更新的难度。

读一读：分层思想

如果两个国家的人进行远程交流，通常需要从三个方面来考虑：一是交流内容，也就是要谈什么；二是所用语言，就是要使用双方都能听懂的语言，如英语；三是通信手段，也就是如何实现通信。例如，可以选择打电话、发传真、发送电子邮件、网上聊天等。如果把这个交流过程分层的话，可以分为三层：内容层、语言层和传输层，如图 1.27 所示。

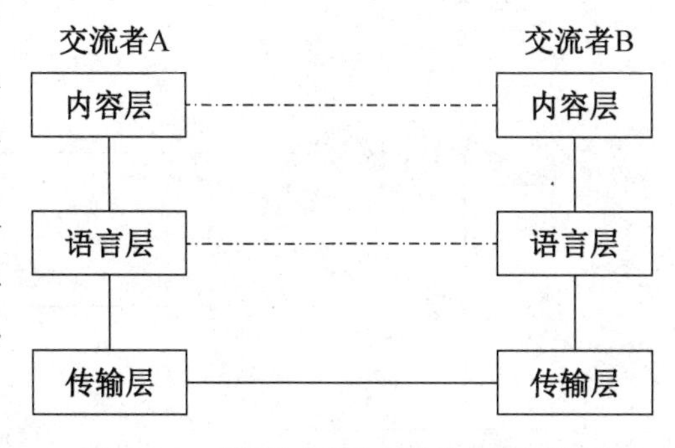

图 1.27　远程交流过程分层示意图

如果选择用打电话的方式来交流，那么电话拨号规则属于传输层，通话语言规则属于语言层，通话应答规则属于内容层。

通过上面的例子可以看出，这种分层思想有两个显著的优点：一是每层都相对独立，可分别实现不同的功能，且容易管理；二是各层可以相对独立地制定规则，而不影响其他层的规则。

网络协议对计算机网络是不可缺少的，一个功能完备的计算机网络需要制定一整套复杂的协议集。对于结构复杂的网络协议来说，最好的组织方式是层次结构模型，计算机网络协议就是按照层次结构模型来组织的。网络层次结构模型与各层协议的集合定义为网络体系结构。

网络体系结构对计算机网络应该实现的功能进行了精确的定义，而这些功能是用什么样的硬件与软件去实现的，则是具体实现的问题。

1.4.3　OSI 参考模型

通信网络的利用形式越来越多样化，应用领域也越来越广泛，人们开始认识到有必要把具有不同网络体系结构的计算机系统相互连接起来。为了降低设计的复杂性，增强通用性和兼容性，计算机网络一般设计成层次结构。网络中的计算机要通信，就必须经过一层一层的信息转换来实现。网络分层的优点在于，可在多种硬件系统和软件系统之间做出选择，组建网络，保证网络正常工作。

由于种种原因，计算机和通信工业界的组织机构和厂商，在网络产品方面制定了不同的协议和标准。为了协调这些协议和标准，提高网络行业的标准化水平，以适应不同网络系统的相互通信，CCITT（国际电报电话咨询委员会）和 ISO（国际标准化组织）认识到有必要使网络体系结构标准化，并组织制定了 OSI（Opening System Interconnection，开放式系统互联）参考模型。它兼容于现有网络标准，为不同网络体系提供参照，将不同机种的计算机系统联合起来，使它们之间可以相互通信。

当今的网络大多是建立在 OSI 参考模型基础上的。在 OSI 参考模型中，网络的各个功能层分别执行特定的网络操作。理解 OSI 参考模型有助于更好地理解网络，选择合适的组网方案，改进网络的性能。

OSI 参考模型共分七层：物理层、数据链路层、网络层、传输层、会话层、表示层和应用层，如图 1.28 所示。

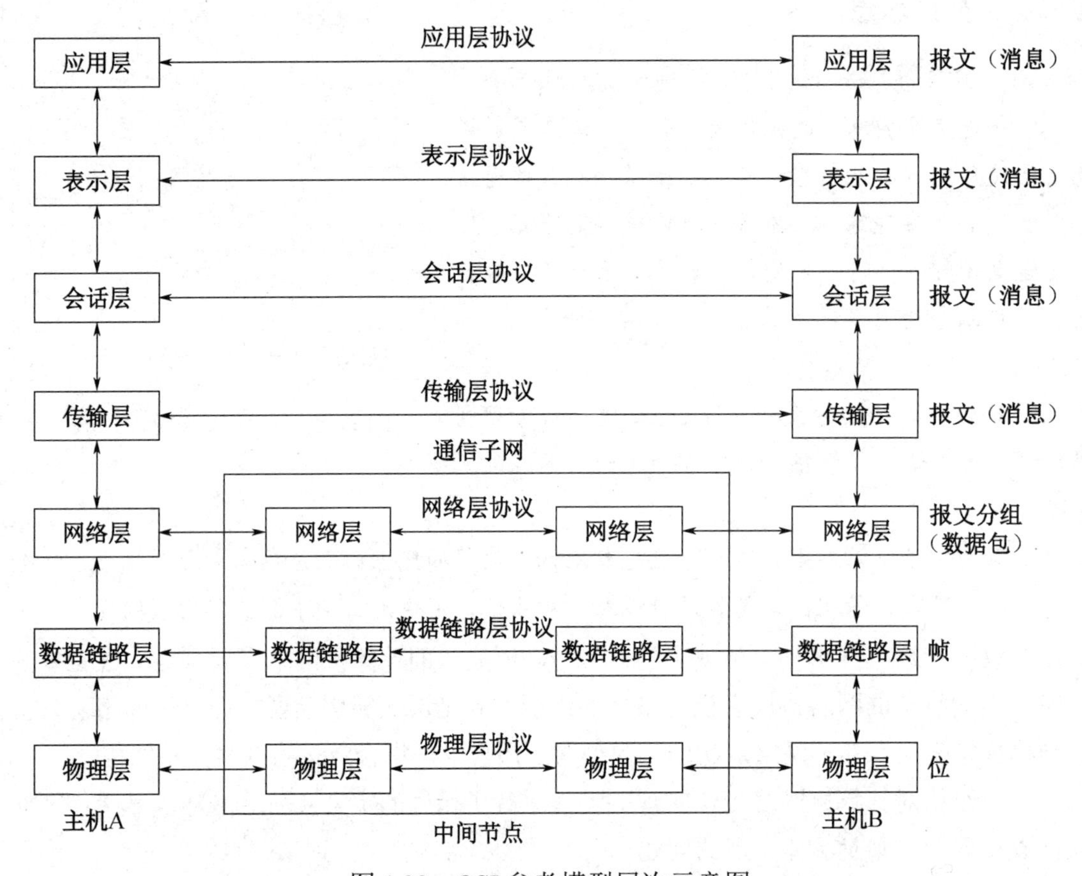

图 1.28　OSI 参考模型层次示意图

（1）物理层

该层为通信提供物理链路，实现数据流的透明传输。“透明”是一个很重要的术语，表示某一个实际存在的事物看起来好像不存在一样。这和我们日常生活中的描述恰恰相反。例如，我们说增加一件事的透明度一般意味着“让大家看清这件事”。而“透明地传递数据流”表示经实际电路传递后的数据流没有发生变化，因此，对传递数据流来说，这个电路好像没有对其产生什么影响，因而好像是看不见的。也就是说，这个电路对该数据流来说是透明的。这样，任意组合数据流都可以在这个电路上传递。物理层定义了与传输线及接口硬件的机械、电气、功能和过程有关的各种特性，以便建立、维护和拆除物理连接。在物理层上所传数据的单位是比特（bit）。当然，哪几个比特代表什么字符，多个字符表示什么意思，不是物理层所关心的。

（2）数据链路层

数据链路层负责在网络中的两个相邻节点间无差错地传递以帧为单位的数据。每帧都包括一定数量的数据和一些必要的控制信息。和物理层相似，数据链路层要负责建立、维持和释放数据链路的连接。在传递数据时，若接收节点检测到所传数据有差错，就要通知发送方重发这一帧，直到这一帧正确无误地传递到接收节点为止。

在每帧所包括的控制信息中，有同步信息、地址信息、差错控制及流量控制信息等。这样，数据链路层就把一条有可能出差错的实际链路，转变成为让网络向下看起来好像是一条不出差错的链路。

（3）网络层

在计算机网络中进行通信的两个计算机之间可能要经过许多个结点和链路，也可能还要经过好几个通信网。在网络层，数据的传递单位是分组或包。网络层的任务就是要选择合适的路由，使发送站的传输层所传下来的分组能够正确无误地按照地址找到目的站，并交付给目的站的传输层。这就是网络层的寻址功能。

这里要强调指出，网络层中的“网络”二字已是 OSI 的专用名词。它不是我们通常谈到的网络的概念，而仅仅是 OSI 参考模型中的第三层的名字而已。

对于由广播信道构成的通信子网，路由问题很简单，因此，这种子网的网络层非常简单，甚至可以没有。对于一个通信子网来说，最多只有到网络层为止的最低三层。

（4）传输层

在传输层，信息的传递单位是报文。当报文较长时，先要把它分割成好几个分组，然后再交给下一层（网络层）进行传输。传输层的任务是根据通信子网的特性最佳地利用网络资源，并以可靠和经济的方式为两个端系统（源站和目的站）的会话层建立一条运输连接，以便透明地传递报文。或者说，传输层向上一层（会话层）提供一个可靠的端到端的服务。它使会话层看不见传输层以下的数据通信细节。在通信子网中没有传输层，传输层只能存在于端系统（主机）之中。传输层以上的各层就不再管信息传输的问题了。正因为如此，传输层就成为计算机网络体系结构中最为关键的一层。

（5）会话层

这一层也称会晤层或对话层。在会话层及以上的更高层次中，数据传递的单位没有另外再取名字，一般都可称为报文。会话层虽然不参与具体的数据传输，但它却对数据传输进行管理。会话层在两个互相通信的应用进程之间建立、组织和协调其交互（interaction）。例如，确定是双工工作（每一方同时发送和接收），还是半双工工作（每一方交替发送和接收）。当发生意外时（已建立的连接突然断了），要确定在重新恢复会话时应从何处开始。

（6）表示层

表示层主要解决用户信息的语法表示问题。表示层将欲交换的数据从适合于某一用户的抽象语法（abstract syntax）变换为适合于 OSI 系统内部使用的传递语法（transfer syntax）。有了这样的表示层，用户就可以把精力集中在他们所要交谈的问题本身，而不必过多地考虑对方的某些特性，如对方使用的语言。对传递的信息加密（和解密）也是表示层的任务之一。由于数据的安全与保密这一问题比较复杂，在 OSI 参考模型的七层次中的其他一些层次也与这一问题有关。

（7）应用层

应用层是 OSI 参考模型中的最高层。应用层确定进程之间通信的性质以满足用户的需要（反映用户所产生的服务请求）；负责用户信息的语义表示，并在两个通信者之间进行语义匹配。应用层不仅要提供应用进程所需要的信息交换和异地操作，而且还要作为互相作用的应用进程的用户代理（user agent），来完成一些为进行语义上有意义的信息交换所必需的功能。在 OSI 参考模型的七个层次中，应用层是最复杂的，所包含的应用层协议也最多，有些还在研究和开发之中。

在ISO和CCITT的共同努力下，这七个层次的许多标准都已制定出来了。遵循这些标准的很多产品也已开发成功。但由于没有形成系统规模，因此暂时还只能作为一种理想化的标准。

读一读：生活实例

以下这个例子可以很好地说明OSI参考模型。

假设克拉玛依市A公司的买买提经理要给牡丹江市B公司的朴经理发一封信，但是买买提经理只懂维吾尔语，而朴经理只懂朝鲜语，按照OSI参考模型的分层思想，完成这个任务的过程如图1.29所示。

经理	买买提经理用维吾尔语写好信件 ↓				朴经理阅读信件 ↑	经理
秘书	把信件译成汉语并打印出来 ↓				拆信并将汉语译成朝鲜语，然后交给经理 ↑	秘书
办事员	把信件装入信封，并写上收信人地址、邮政编码、姓名等 ↓				把信件交给秘书 ↑	办事员
收发室	加上“航空”标志，把信送到邮局 ↓				把信件送到经理室 ↑	收发室
邮局	选择飞往北京的航班 ↓	检查是否到达目的地 →	邮局	选择飞往牡丹江的航班 ↓	将信件送到B公司的收发室 ↑	邮局
机场	将信件送上飞机 ↓	从飞机上取下信件 ↑	机场	将信件送上飞机 ↓	从飞机上取下信件 ↑	机场
飞机	将信件送到北京机场 →	到达北京 ↑	飞机	将信件送到牡丹江机场 →	到达牡丹江市 ↑	飞机

图1.29　与OSI参考模型类似的生活实例

在如图1.29所示的信息传递过程中，A公司经理执行“应用层”的功能，只处理商务工作本身；秘书执行“表示层”的功能，将维吾尔语译成汉语；办事员执行“会话层”的功能，从这一层开始，对于信息的传递而言，信件的内容就变得不重要了，关键是要把信件完好无损地送达目的地。

在以下各层中，每一层都给信件加上了“协议信息”后再交给下一层。例如，在第四层（传输层），A公司收发室要在信件上标明邮寄方式“航空”；在第三层（网络层），邮局要根据邮寄方式和目的地选择中转邮局和航班；在第二层（数据链路层），机场要对邮件进行检查，如果发现损坏（信封破损、地址模糊等），将及时进行补救；第一层（物理层）则用飞机运送邮件。

信件到达目的地后的处理方法与发送过程相反，在第六层（表示层），秘书将汉语译成朝鲜语交给经理；在第七层（应用层），朴经理就能收到并阅读买买提经理发来的信件了。

1.4.4 TCP/IP 协议

除 OSI 参考模型外，TCP/IP 网络体系结构因其在 Internet 中的使用，在计算机网络中也占有非常重要的地位。这是因为，尽管 OSI 参考模型的体系结构理论比较完善，但实际上完全符合各层次的商用产品却很少进入市场，远远不能满足用户的需求，因而 TCP/IP 网络体系结构反而成为主流。

TCP/IP（Transmission Control Protocol/Internet Protocol，传输控制协议/网际协议）最初是为美国 ARPA 网设计的，目的是使不同厂家生产的计算机能在共同的网络环境下运行。它涉及异构网的通信问题，后发展成为 Internet 采用的一种网络协议。它规范了网络上的所有通信设备，尤其是一台主机与另一台主机的数据往来格式及传递方式。

TCP 是传输控制协议，规定一种可靠的数据信息传递服务，主要作用就是使网络工作更可靠。

IP 协议又称互联网协议，是支持网与网互联的数据协议，详细地规定了计算机在通信时必须遵循的规则的全部细节。

尽管 TCP 和 IP 两个协议可以分开使用，但它们是作为一个系统整体来设计的，连接到互联网上的计算机既需要 TCP 协议，又需要 IP 协议。

1. TCP/IP 协议及其基本特点

TCP/IP 一开始就考虑了多种异构网的互联问题，有较好的网络管理功能，这些都是它的优点。当前，Internet 所使用的协议中最著名的就是传输层的 TCP 协议和网络层的 IP 协议。因此，现在常用 TCP/IP 表示 Internet 所使用的体系结构。

TCP/IP 协议的主要特点如下。

① 适用于多种异构网络的互联。例如，Internet 就是采用 TCP/IP 协议把各种互异的广域网和局域网在全球范围内互联而成的，所有网络与 Internet 互联必须遵守的规则就是 TCP/IP 协议。

② 可靠的端对端协议。IP 对应 OSI 参考模型的网络层协议，网际互联是 IP 设计的核心。TCP 对应 OSI 参考模型的传输层协议，是确保可靠性的机制，具有解决数据包丢失、损坏、重复等异常情况的能力，是一种可靠的端对端协议。

③ 与操作系统紧密结合。随着 TCP/IP 技术的成熟和互联网的大范围推广使用，操作系统与 TCP/IP 的结合越来越紧密。目前，流行的 UNIX、Windows、Windows Server 等都已将 TCP/IP 作为其内核的一部分。

④ 效率高。TCP/IP 虽然也分层次，但层次之间的调用关系不像 OSI 参考模型那样严格。在 OSI 参考模型中，两个实体的通信必须涉及下一层的实体，而 TCP/IP 则可跳过下一层而使用更低层提供的服务，这就减小了不必要的开销，提高了协议的效率。

⑤ TCP/IP 对面向连接服务和无连接服务并重，无连接服务的数据包传输对互联网中数据传递及话音通信都十分方便。

⑥ 有较好的网络管理功能。

2. TCP/IP 协议的组成

TCP/IP 与 OSI/RM 有不少差别。它一共有三个层次，最高的是应用层，相当于 OSI 参考模型中的最高三层。接下来与 OSI 参考模型传输层相当的是传输控制协议 TCP（或 UDP），再下面与 OSI 参考模型的网络层相当的是互联网协议 IP。TCP/IP 标准中并没有对最低两层做出规定，这是因为在设计时考虑到要与具体的物理传输介质无关。

TCP/IP 协议集的主要内容和组成如下，其中第四部分实际上不属于 TCP/IP 的范围。

（1）应用层

TCP/IP 的应用层对应 OSI 参考模型的应用层、表示层和会话层，也称“应用软件”。应用层包含的常用协议如下。

① 简单邮件传送协议（Simple Mail Transfer Protocol，SMTP）提供 ASCII 码电子邮件服务。非 ASCII 码电子邮件的传递需要使用“多用途 Internet 邮件扩充”（Multipurpose Internet Mail Extensions，MIME）。

② 域名系统（Domain Name System，DNS）提供主机名到 IP 地址的转换服务。

③ 远程登录协议为使用网络中的远程主机提供虚拟终端服务。

④ 文件传输协议（File Transfer Protocol，FTP）提供网络中不同计算机之间的文件传输（及其他文件操作）服务。

⑤ NetBIOS 提供 PC 机的通信服务等。

（2）传输层

TCP/IP 的传输层对应 OSI 的传输层。这一层的主要协议如下。

① TCP（Transmission Control Protocol）提供基于连接的、可靠的字节流传输服务。

② UDP（User Datagram Protocol）提供数据报传输服务。

③ NVP（Network Voice Protocol）提供声音传输服务。

传输控制协议 TCP 是一个完整的传输协议的典范，位于网际层协议 IP 之上，除了能提供进程通信能力，主要特点是可靠性很高，几乎可以解决所有的可靠性问题。TCP 提供面向连接的数据流管道传输。它所采用的最基本的可靠性技术有：确认和超时重传、流量控制、拥挤控制等。

（3）网际层

TCP/IP 的网际层对应 OSI 的网络层。这一层的主要协议如下。

① IP（Internet Protocol）为传输层提供网际传输服务。

② ICMP（Internet Control Message Protocol）因特网控制报文协议，它允许其他主机（或路由器）报告有关 IP 服务的状况。

③ ARP（Address Resolution Protocol）将 IP 地址转换成网络物理地址。

④ RARP（Reverse ARP）将网络物理地址转换成 IP 地址。

TCP/IP 技术是为了容纳物理网络技术的多样性而设计的，这种宽容性主要体现在 IP 层当中。各种网络技术的帧格式、地址格式等上层协议可见的因素差别很大。TCP/IP 的重要性之一就是通过 IP 数据包和 IP 地址将它们统一起来，达到屏蔽低层细节、向上层提供统一服务的目的。

IP 协议向上层（主要是 TCP 层）提供统一的 IP 数据包，使得各种物理帧的差异性对上层协议不复存在，这是 TCP/IP 迈向异种网互联的最重要的一步。

（4）网络接口和硬件

网络接口和硬件对应 OSI 的数据链路层和物理层，也叫作“物理网”。最常见的几种物理网如下。

① IEEE 802.3 以太网。

② X.25 公用数据网。

③ ARPANET。

④ 其他网络，如 SAN 网、DECNET 等。

1.4.5 其他常用的网络协议

一些公司根据国际标准和自己的产品特点制定了自己的网络协议，如 IBM 公司的 IBM DLC 协议，Microsoft 公司的 NetBEUI 协议、ATM Call Manager 协议，以及 Novell 公司的 IPX/SPX 协议等。

（1）IPX/SPX 及其兼容协议

IPX/SPX（Internetwork Packet Exchange/Sequences Packet Exchange，网际包交换/顺序包交换）是 Novell 公司的通信协议集。IPX/SPX 具有强大的路由功能，适合大型网络使用。

在 Novell 网络环境中，IPX/SPX 及其兼容协议是最好的选择。在 Windows 网络中，无法直接使用 IPX/SPX 通信协议。

Windows Server 中提供了两个 IPX/SPX 的兼容协议：NWLink IPS/SPX 兼容协议和 NWLink NetBIOS 协议，两者统称为“NWLink 通信协议”。NWLink 通信协议是 Novell 公司 IPX/SPX 协议在微软网络中的实现，在继承了 IPX/SPX 协议优点的同时，也适应了微软的操作系统和网络环境。Windows Server 网络可以利用 NWLink 通信协议获得 NetWare 服务器的服务。如果你的网络从 Novell 环境转向微软平台，或两种平台共存时，NWLink 通信协议是最好的选择。

NWLink 通信协议中的 NWLink IPX/SPX 兼容协议只能作为客户端协议实现对 NetWare 服务器的访问，离开了 NetWare 服务器，此兼容协议将失去作用；而 NWLink NetBIOS 协议不仅可以在 NetWare 服务器与 Windows Server 之间传递信息，也可以用于 Windows 计算机之间的通信。

（2）NetBEUI 协议

NetBEUI（NetBIOS Extended User Interface，用户扩展接口）由 IBM 于 1985 年开发完成，是一种体积小、效率高、速度快的通信协议。NetBEUI 也被微软广泛采用，微软在其早期产品（如 DOS、Windows 3.x）中主要选择 NetBEUI 作为自己的通信协议。在微软如今的主流产品中，NetBEUI 已成为其固有的缺省协议。

NetBEUI 是专门为由几台到百余台 PC 所组成的单网段部门级小型局域网而设计的，不具有跨网段工作的功能，即 NetBEUI 不具备路由功能。如果你在一个服务器上安装了多块网卡，或要采用路由器等设备进行两个局域网的互联时，不能使用 NetBEUI 通信协议。否则，与不同的网卡（每块网卡连接一个网段）相连的设备之间，以及不同的局域网之间无法进行通信。

虽然 NetBEUI 存在许多不尽人意的地方，但它也具有其他协议所不具备的优点。在三种通信协议中，NetBEUI 占用内存最少，在网络中基本不需要任何配置。

（3）PPP 和 SLIP 协议

PPP 是点对点协议（Point-to-Point Protocol）的缩写，是通过串行线路运行 TCP/IP 协议的标准。它能够在用户端到目的地址之间建立一条完整的线路连接，并且具有数据压缩和校验等功能，PPP 协议是一种被广泛认可的 Internet 标准，拨号上网使用的就是 PPP 协议。

SLIP 协议（Serial Line IP，串行线路 IP 协议）是 Internet 上一种较老的通信协议。由于不是国际标准，已逐步被 PPP 协议所取代。

1.5 局域网技术

1.5.1 局域网的分类

目前，人们一般按照网络的拓扑结构来给局域网分类。局域网有总线型、环型、星型及混合型拓扑结构。

（1）总线型拓扑结构

总线型拓扑结构是局域网最主要的拓扑结构之一。总线型拓扑结构局域网的计算机连接情况如图 1.30 所示。

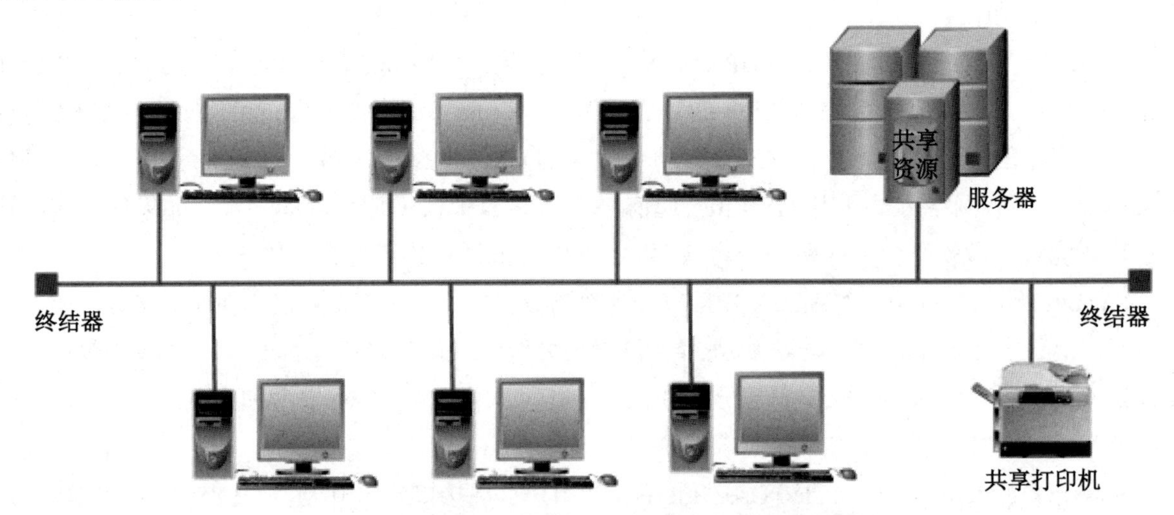

图 1.30 总线型拓扑结构局域网的计算机连接情况

早期的局域网大量使用同轴电缆作为传输介质，所以总线型拓扑结构局域网大行其道。总线型拓扑结构局域网凭借结构简单、实现容易、成本低廉的特点深受青睐。

总线型拓扑结构局域网通常采用同轴电缆作为传输介质，所有的节点都通过网卡直接连接到总线上，所有节点都可以通过总线来发送和接收数据，但在一定时间内只允许一个节点利用总线发送数据，由于所有节点共享传输介质，因此是一种共享型局域网。网络中的节点在发送数据时采用广播方式，即其他节点都可以接收到数据。但由于总线为多个节点共享，可能出现同一时刻有多个节点利用总线发送数据的情况，因此会出现冲突，造成传输失败。

总线型拓扑结构局域网的典型代表是著名的以太网，在以太网中通常采用 CSMA/CD，也就是冲突检测/载波侦听的介质访问控制方法来解决冲突。

总线型拓扑结构的优点是：结构简单，实现容易，易于扩展，可靠性较好。随着双绞线逐渐取代了同轴电缆作为传输介质，应用总线型拓扑结构局域网的计算机网络越来越少。

（2）环型拓扑结构

环型拓扑结构是一种有效的结构形式，采用分布式控制，控制简单，结构对称性好，传输速率高。如图 1.31 所示，环型拓扑结构由传输线路构成一个封闭的环，入网的计算机通过网卡连到这个环型线路上。

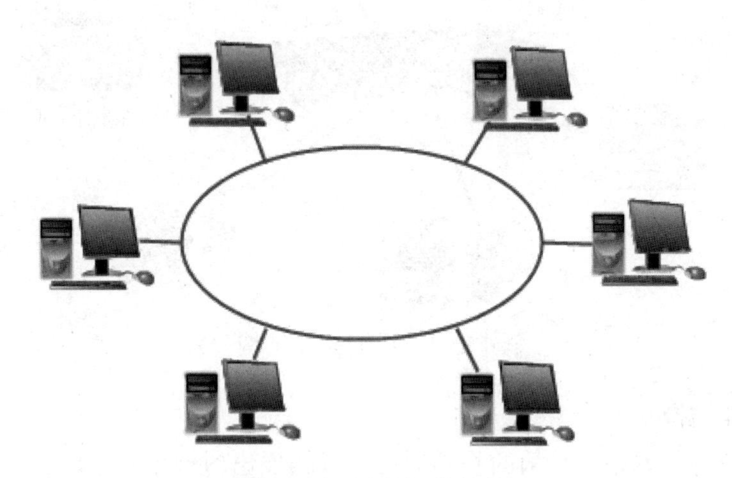

图 1.31　环型拓扑结构

在环型拓扑结构中，各计算机地位相等，网络中通信设备和线路比较节省。网络中的信息流是定向的，网络传输延迟也是确定的。由于无信道选择问题，所以网络管理软件比较简单。这种结构主要用于令牌网。在令牌网中，令牌在环中依次传递，和这个环相连的所有工作站、服务器和外部设备，拿到令牌就可以发送消息，没有拿到令牌的设备则不能发送消息。令牌网的主要好处就是传输速度较快，同时它的运行性能、效率也远比以太网优越。

环型拓扑结构也有其缺点，那就是可靠性较差，难以维护，节点的增加和减少都比较麻烦。目前，有些局域网的主干还保留环型拓扑结构，但整个网络都采用环形型拓扑结构的已经不多见了。

（3）星型拓扑结构

根据星型拓扑结构的定义，星型拓扑结构中存在着中心节点，每个节点都通过点到点线路与中心节点连接，任何两个节点之间的通信都要通过中心节点。如图 1.32 所示，网中的所有计算机都通过双绞线直接和集线器相连，从外部结构看其物理结构是星型的。在这种星型结构中，当某个工作站出现故障时，不会使整个网络瘫痪，只会影响到这根双绞线所连接的工作站，因此这种结构的连接可靠性很高。另外，由于星型拓扑结构本身的特点，对网络设备的添加、移动和减少也都很容易完成。

星型拓扑结构也有一个巨大的缺点，就是如果这个网络的中心节点，也就是集线器发生故障，那么整个网络将瘫痪。但它的维护相对容易，整网瘫痪就是中心节点出了问题，更换中心节点的设备立刻就可以解决问题。也就是说，哪一台设备不能上网，就查这一台设备有什么问题。所有的设备都上不了网，就查中心节点的设备出了什么问题。

在星型拓扑结构中采用的也是广播式的通信方法，当一个工作站发送信息时，网上所有的其他工作站都可以收到这些信息。

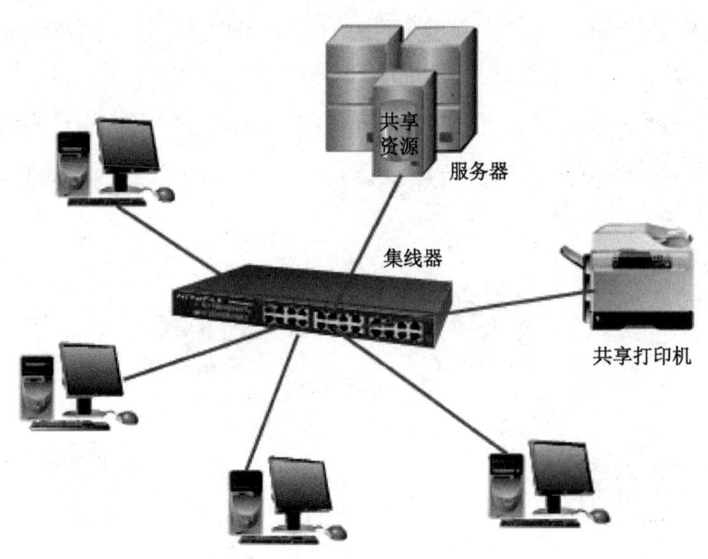

图 1.32 星型拓扑结构

（4）混合型拓扑结构

在前面介绍的三种基本拓扑结构的基础上还可以拓展出树型拓扑结构、星型环拓扑结构、网状拓扑结构等，人们一般把由这三种基本拓扑结构派生出来的拓扑结构统称为混合型拓扑结构。在实际组网中，往往采用混合型拓扑结构。例如，一个普通中学的校园网通常就是一个树型拓扑结构，如图 1.33 所示。

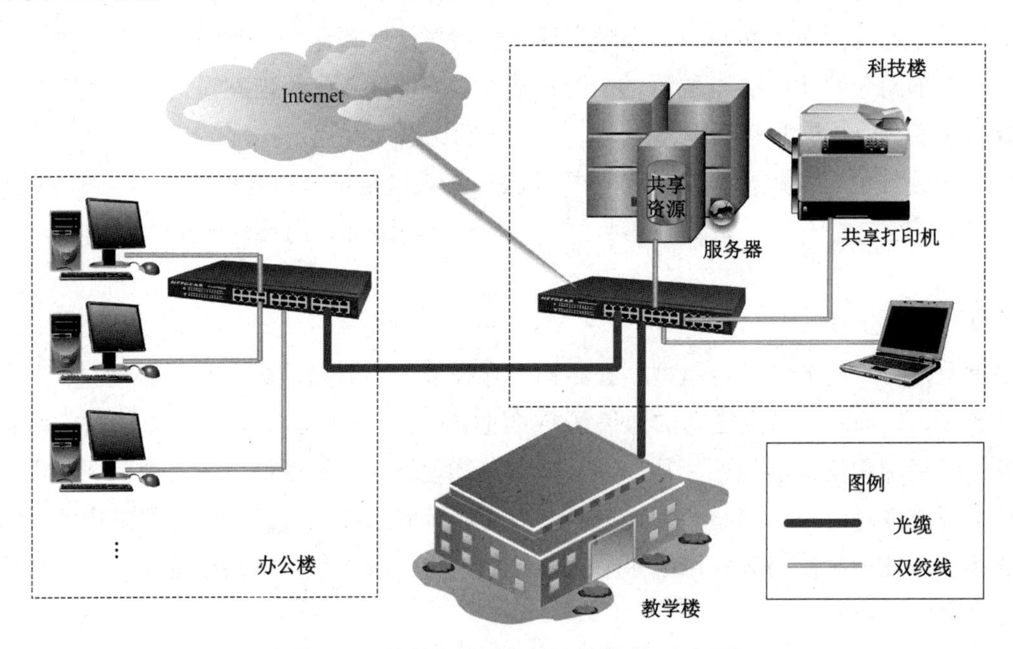

图 1.33 校园网的树型拓扑结构示意图

1.5.2 局域网的网络结构

按照建网后选用不同网络操作系统（NOS）所提供的不同使用功能，可以将局域网的网络结

构分为对等式网络结构和客户机/服务器网络结构两大类。这两种网络结构涉及用户存取和共享信息两种不同网络的方式。

（1）对等式网络结构

在对等式网络结构中，相连的机器都处于同等地位，它们共享资源，每台机器都能以同样方式作用于对方。首先，每台计算机都把自己的资源及使用权限告知网络，然后，在需要时，一台计算机可以登录到另一台计算机并访问这台计算机的信息。基本上可以说，所有计算机都可以既是服务器，又是客户机。对等式网络结构如图 1.34 所示。

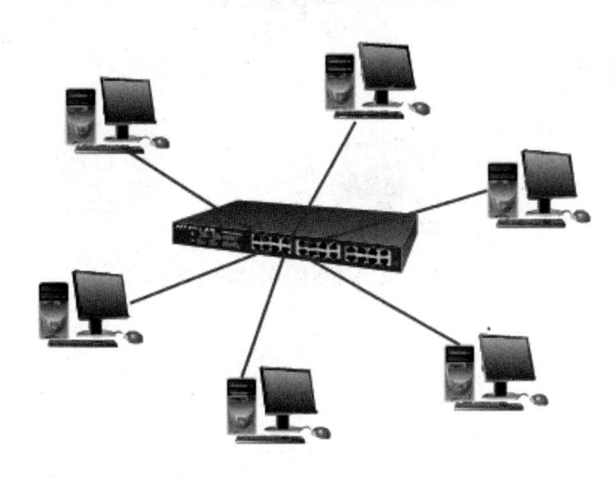

图 1.34 对等式网络结构

对等式网络结构是小型企业网络常用的结构。它不需要一个专用的服务器，每个工作站都有绝对的自主权。通过网络可以相互交换文件，也可以共享打印机、CD-ROM、Modem 等硬件资源。

当然，对等式网络结构也有其缺点，就是难以确定文件的位置，因为这些文件一般都散布在整个网络中的许多不同的机器上。对等式网络数据的分散性，使得网络服务难以管理。

Windows 本身是优良的操作系统平台，使用它们的网络功能可以节省购买其他网络操作系统的费用，同时它们与微软的其他操作系统及应用软件具有更好的兼容性，因此在组建对等式网络时可以首先考虑使用。

（2）客户机/服务器网络结构

客户机/服务器（Client/Server）网络是一种基于服务器的网络，与对等式网络相比，基于服务器的网络提供了更好的运行性能，并且可靠性也有所提高。在基于服务器的网络中，不必将工作站的硬盘与他人共享。实际上，如果想与其他用户共享一个文件，可以将文件复制到服务器的硬盘上（或者一开始就在服务器上生成该文件），这样别人就能访问这个文件了。共享数据全部集中存放在服务器上。客户机/服务器网络结构如图 1.35 所示。

客户机/服务器网络和对等式网络相比具有许多优点。首先，它有助于主机和小型计算机系统配置的规模缩小化；其次，由于在客户机/服务器网络中是由服务器完成主要的数据处理任务的，这样在服务器和客户机之间的网络传输就减少了很多。另外，在客户机/服务器网络中把数据集中起来，这种结构能提供更严密的安全保护功能，也有助于数据的保护和恢复。它还可以通过分割处理任务由客户机和服务器双方来分担任务，充分地发挥高档服务器的作用。

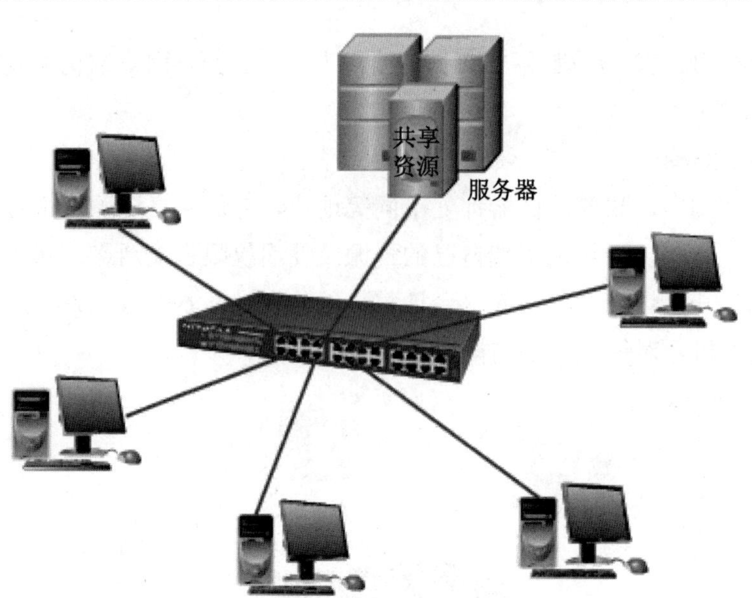

图 1.35　客户机/服务器网络结构

1.5.3　局域网的组成

局域网通常是由网络服务器、用户工作站、网络适配器、传输介质、附属设备和网络软件组成的。

1. 网络服务器

网络服务器（Server）是一台被工作站访问的计算机，通常由高性能的计算机担任。它的主要任务是运行网络操作系统和其他应用软件，为网络提供通信控制、管理和共享资源等。

（1）服务器在网络中的作用

每个独立的计算机网络中至少应该有一台网络服务器。网络服务器在网络中往往处于中心地位，主要为网络上其他计算机或设备提供各种服务。因此，服务器的性能会直接影响到网络的性能。服务器的基本任务是处理各个网络工作站提出的网络请求，包括文件服务、打印服务、WWW服务、电子邮件服务和 FTP 服务等。

在客户机/服务器模式中，服务器主要负责数据处理，而客户机则主要从服务器上请求信息。客户机/服务器模式的工作过程如图 1.36 所示。

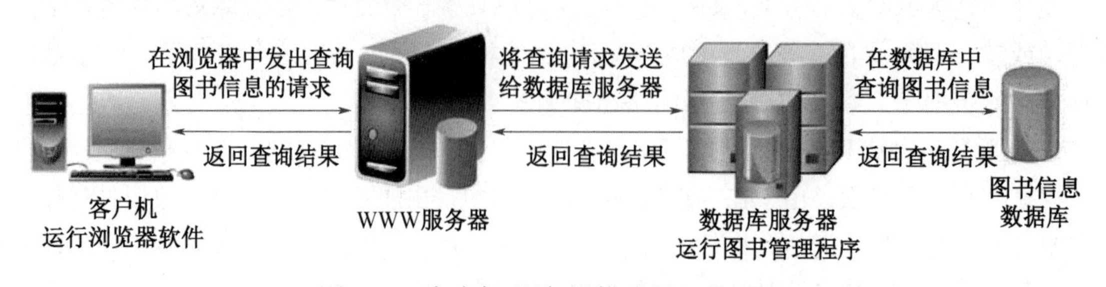

图 1.36　客户机/服务器模式的工作过程

（2）服务器的类型

服务器按用途可以分为以下几种类型。

① 文件打印服务器（File&Print Server）：主要负责文件的存取、共享、打印，当然还必须共享一定的应用程序，运行一定的网络操作系统（如 Windows Server），执行一定的通信功能。

② 数据库服务器（Database Server）：在客户机/服务器模式中，客户机使用命令将服务请求发送到数据库服务器，数据库服务器将每条命令的执行结果回送给客户机。在这个过程中，客户机和数据库服务器之间只需要传递服务请求命令与命令执行结果，而不需要传递任何数据库文件，这样可以减少网络负荷，提高网络的工作效率。

③ 应用程序服务器（Application Server）：因其用途不同又可分为 WWW 服务器、电子邮件服务器、FTP 服务器等。

（3）服务器与普通计算机的区别

服务器是大负荷的机器。因为在为整个网络服务时，服务器的工作量是普通工作站工作量的几倍甚至几十倍。服务器与普通计算机的主要区别如下。

① 运算速度快。

② 存储容量大（包括内存容量和硬盘容量）。

③ 可靠性和稳定性较高。

网络投入运行后服务器要长时间地运行，如果质量差，会导致服务器很快损坏；另外，为了保证资料的安全，防止由于硬件损坏导致资料的丢失，一般服务器都装有两套相同的硬盘，两套硬盘都工作于热备份状态。

2. 用户工作站

工作站（Workstation），也叫作客户机（Client），是连入网络且接收网络服务器控制和管理的共享网络资源的计算机。

工作站分别运行独立的操作系统，操作系统必须为服务器所认可。目前，主流的工作站大多使用 Windows 操作系统。工作站是用户使用网络的接口，是用户工作的真正平台。用户从工作站登录后，通过工作站向网络服务器发出请求，得到网络服务器响应后，从网络服务器取出程序和数据，传递到工作站，并在工作站上执行应用程序，对数据进行加工处理，然后又将处理结果传回到网络服务器中保存。网络中的所有工作站都能共享网络服务器上的程序和数据资源。

工作站可分为有盘工作站和无盘工作站。有盘工作站是指工作站本身配置磁盘驱动器。工作时，既可以使用本地硬盘，也可以使用服务器的硬盘。无盘工作站是指工作站本身并不配置磁盘驱动器，只使用服务器上的硬盘。尽管无盘工作站也有普通计算机的处理能力和足够的内存储器，但是因为它无本地磁盘，所以不能独立工作。无盘工作站的好处在于降低了网络成本，便于网络管理。

3. 网络适配器

网络适配器（Network Interface Card，NIC），简称网卡，是计算机网络中最基本和最重要的连接设备之一，计算机主要通过网卡接入网络。网卡在网络中的工作是双重的：一方面负责接收网络上传过来的数据包，解包后将数据通过主板上的总线传输给本地计算机；另一方面将本地计算机上的数据经过打包后送入网络。

根据网卡的工作速度不同可分为 10M 网卡、100M 网卡、10/100M 自适应网卡、1000M 网卡。

根据网卡总线类型的不同，主要分为 ISA 网卡、EISA 网卡和 PCI 网卡三大类，其中 ISA 网卡和 PCI 网卡较为常用。ISA 总线网卡如图 1.37（a）所示，其速度一般为 10Mbps。PCI 总线网卡如图 1.37（b）所示，PCI 总线网卡与 ISA 总线网卡相比主要是下方的接口有区别。PCI 网卡的速度一般从 10Mbps~100Mbps。

（a）ISA 总线网卡

（b）PCI 总线网卡

图 1.37　网卡

同样是 10M 网卡，因为 ISA 总线为 16 位，而 PCI 总线为 32 位，所以 PCI 网卡明显要比 ISA 网卡快。

为了实现与不同传输介质的连接，网卡也有 AUI 接口（粗缆接口）、BNC 接口（细缆接口）和 RJ-45 接口（双绞线接口）三种接口类型。只提供 AUI 接口的网卡目前基本上不使用了；同时具有 RJ-45（双绞线）接口和 BNC（细缆）接口的网卡目前较为常用。因此，在选用网卡时应注意网卡所支持的接口类型，即需要通过双绞线还是细缆连接，否则所购买的网卡可能不适用于网络。

4. 集线器

集线器（Hub）是一种能够改变网络传输信号，扩展网络规模，构建网络，连接 PC、服务器和外部设备的最基本的设备。集线器属于数据通信设备，主要用于共享网络的组建，是解决从服务器直接到桌面的最佳、最经济的方案。

根据速度的不同，目前市场上用于中小型局域网的 Hub 可分为 10M、100M 和 10/100M 自适应三个类型。根据配置形式的不同，Hub 可分为独立型 Hub、模块化 Hub 及堆叠式 Hub 三大类。

（1）独立型 Hub

独立型 Hub 是最早使用于 LAN 的设备，具有低价格、容易查找故障、网络管理方便等优点。但这类 Hub 的工作性能较差，尤其是速度上缺乏优势。独立型 Hub 如图 1.38 所示，适用于小型工作组规模的局域网。

图 1.38　独立型 Hub

（2）模块化 Hub

模块化 Hub 一般带有机架和多个卡槽，每个卡槽中均可安装一块卡，每块卡的功能都相当于一个独立型 Hub，多块卡通过安装在机架上的通信底板进行互联并进行相互间的通信。模块化 Hub 在较大的网络中便于实施对用户的集中管理，所以在大型网络中得到了广泛应用。

（3）堆叠式 Hub

堆叠式 Hub 如图 1.39 所示，由多个 Hub 串接在一起，提供大量的并列端口。堆叠式 Hub 的工作原理与独立型 Hub 没有本质上的区别，只要是从任意一个入口接收的信号，都可以通过底线，广播到所有端口。

图 1.39　堆叠式 Hub

根据接口数（所连接的计算机数目）的多少，Hub 一般可分为 8 口、16 口和 24 口。

1.5.4　其他网络设备

1. 网桥

图 1.40　网桥

网桥（Bridge）也称桥接器，是一个局域网与另一个局域网之间建立连接的桥梁，如图 1.40 所示。网桥可以将两个局域网连接起来，扩展网络的距离或范围，并且对数据的流通进行管理，以提高网络的性能、可靠性和安全性。

网桥可以对不同拓扑结构、不同网络操作系统、不同协议的局域网进行连接。

2. 交换机

交换机（Switch）与多端口网桥非常相似，具有多个端口，如图 1.41 所示，每个端口都具有桥接功能，可以连接一个局域网或一台高性能服务器。

图 1.41　交换机

在现代网络设计中，通过使用交换机来分割局域网，连接不同的局域网，对网络进行扩展，以增加网络覆盖范围，进一步提高整个网络的应用性能。

交换机还具有集线器的某些功能，所以有时又被称为交换式集线器。交换机与集线器的最大区别是交换机是以交换而不以共享方式处理端口资料的，就是说用交换机的时候其他端口不受影响，从而有效地提高了系统的带宽。

局域网交换机根据速率可以分为 10Mbps、100Mbps、10/100Mbps 及千兆位等类型的以太网交换机。根据使用的网络技术可以分为以太网交换机、令牌环交换机、FDDI 交换机、ATM 交换机、快速以太网交换机等。如果按交换机应用领域来划分，可分为台式交换机、工作组交换机、主干交换机、企业交换机、分段交换机、端口交换机、网络交换机等。

3．网关

网关（Gateway）又称协议转换器，是连接两个协议差别很大的计算机网络时使用的设备。它可以将具有不同体系结构的计算机网络连接在一起。

网关提供的服务是全方位的。它可以支持不同协议之间的转换，实现不同协议网络之间的互联。

在一个计算机网络中，如果连接不同类型且协议差别比较大的网络时，应选用网关设备。由于协议转换是一项复杂的工作，一般来说，网关只进行一对一转换，或者是少数几种特定应用协议的转换，很难实现通用的协议转换。例如，Windows Server 网络与 Netware 网络的互联、Windows Server 网络与 IBM 主机的连接。常见的网关设备都用在网络中心的大型计算机系统之间的连接上，为普通用户访问更多类型的大型计算机系统提供帮助。

网关有硬件和软件两种产品。通过软件也可以实现协议转换操作，并能起到与硬件类似的作用。但它是以损耗机器的运行时间来实现的。例如，电子邮件网关则是一种典型的应用程序网关，它能将不同电子邮件系统的数据格式相互转换。Internet 的电子邮件服务能在全球通用，就得益于那些电子邮件网关。目前，网关已是网络上每个用户都能访问大型主机的通用工具。

4．路由器

路由器（Router）主要用于将局域网与广域网进行连接，具有判断网络地址和选择路径的功能，如图 1.42 所示。它把网关、网桥、交换技术集于一体，其最突出的特性是能将不同协议的网络视为子网而互联，更能跨越 WAN 将远程的局域网互联成大网。

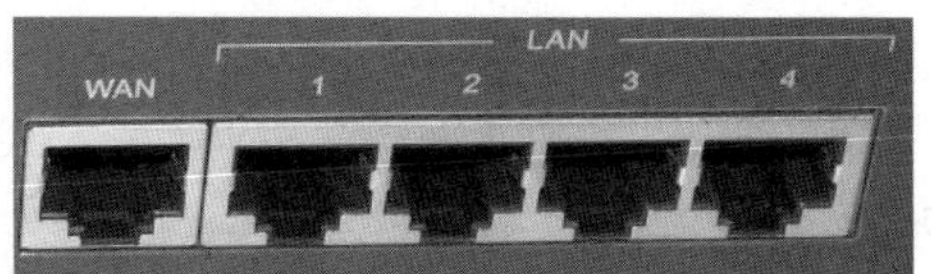

图 1.42　路由器（右侧图形为左侧图形红框部分的接口放大图）

路由器对于大型的网际网及采用远程通信连接的广域网非常关键。路由器能保证信息在复杂的网际网上按照原定的路径有效地传输。大型的网际网遍布全球，在远程通信时，可能包含多条重复的线路，路由器可以从中找到最佳的路径，能够在网络层中查找信息决定最佳路径。

路由器的主要工作就是为经过路由器的每个报文都寻找一条最佳传输路径，并将该数据有效地传递到目的站点。

路由器可以真正实现网络（子网）互联，它不仅可以实现不同类型局域网的互联，而且可以实现局域网与广域网的互联，以及广域网间的互联。一般异构网络互联与多个子网互联都应采用路由器来完成。

常见的路由器就是家庭中带有 Wi-Fi 功能的小型路由器，我们通过它来实现家庭中 PC 个人电脑、平板电脑、智能电视、智能手机接入互联网。

5. 电力猫

创建传统的有线局域网需要进行布线等施工，非常麻烦。于是，一种使用家庭供电线路的电力猫应运而生。电力猫分为母端和子端，将它们分别插入同一个电表下的电源插座中，就可以实现网络连接，如图 1.43 所示。数据直接在电线中传输，解决了网络布线的问题。但受技术的限制，这种技术只适用于小型的局域网。

图 1.43　电力猫

电力猫还支持 Wi-Fi 功能。值得一提的是，电力猫的母端必须部署在有网线的地方，以便接入互联网。第一次使用电力猫时，还需要对电力猫的母端进行设置，将母端与子端进行配对。配对成功之后，不再需要设置，随插随用。由于一个电力猫母端可以支持多个电力猫子端，因而极大地拓展了网络空间。

6. 无线网卡

随着无线技术的发展，无线局域网大行其道，计算机要发送和接收信息都需要无线网卡。早期的笔记本电脑采用 PCMCIA 无线网卡，如图 1.44 所示。台式机则采用 PCI 接口无线网卡，如图 1.45 所示。

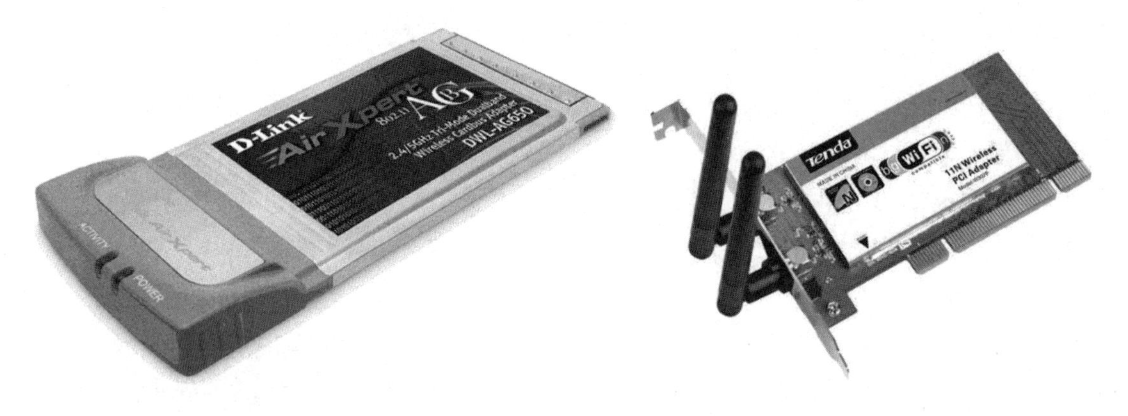

图 1.44　PCMCIA 无线网卡　　　　图 1.45　PCI 接口无线网卡

随着计算机技术的发展，特别是 Wi-Fi 技术的成熟，笔记本电脑已经放弃了 PCMCIA 无线网卡，而采用体积更小、功能更强大的 Wi-Fi 模块。Wi-Fi 模块安装在笔记本电脑的内部，直接和主板相连，如图 1.46 所示。智能手机上也有 Wi-Fi 模块，而且体积更小。

图 1.46　Wi-Fi 模块

台式机的主板上会集成普通的网卡，在默认的情况下是没有无线网卡的。目前，体积大、安装不方便的 PCI 接口无线网卡也逐渐被 USB 无线网卡所代替。USB 无线网卡即插即用，方便灵活，是台式机加入无线局域网的最佳选择，如图 1.47 所示。

值得注意的是，市场上还有一种 USB 上网卡，它是带有 SIM 插槽的，也就是说可以插入手机卡，通过 3G 或 4G 手机网络上网。无线 4G 上网卡如图 1.48 所示。这种无线上网卡主要用于接入互联网，并不用于组建局域网。

图 1.47　USB 无线网卡

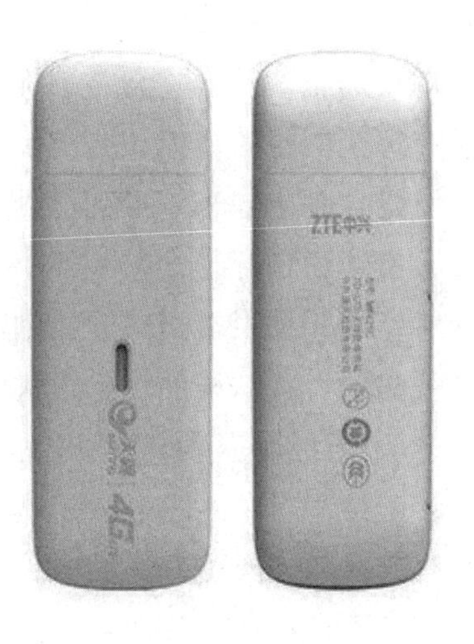

图 1.48　无线 4G 上网卡

7．无线路由器

就像有线局域网需要交换机和路由器等网络设备一样，无线局域网也需要无线路由器的支持。无线路由器会生成一个密码，为通过密码验证的计算机分配 IP 地址，从而建立一个局域网。无线路由器有多种规格，企业用无线路由器最多支持 200 个设备，如图 1.49 所示，家庭用无线路由器支持的设备则少得多，如图 1.50 所示。

图 1.49　企业用无线路由器

图 1.50　家庭用无线路由器

1.6　网络管理和安全

随着网络应用的发展，计算机网络在日常生活中的作用变得越来越重要，网络安全和网络管理等方面的问题也随之被人们重视起来。

1.6.1 网络管理

随着网络在社会生活中的广泛应用，支持各种信息系统的网络的地位也就变得越来越重要了。随着网络规模的不断扩大，网络结构也变得越来越复杂。用户对网络应用的需求不断提高，企业和用户对计算机网络的依赖程度也越来越高。在这种情况下，企业的管理者和用户对网络性能、运行状况及安全性也越来越重视，因此网络管理已成为现代网络技术中最重要的问题之一，也是网络设计、实现、运行与维护等各个环节中的关键问题之一。一个有效且实用的网络每时每刻都离不开网络管理。如果在网络设计中没有很好地考虑与解决网络管理问题，那么这个设计方案就是有严重缺陷的，按这样的设计组建的网络应用系统是十分危险的。一旦因网络性能下降，甚至因故障而造成网络瘫痪，将给企业造成严重的损失，这种损失有可能远远大于在网络组建时用于网络软件、硬件与系统的投资。因此，必须十分重视网络管理技术的研究与应用。

网络管理是指对组成网络的各种硬件、软件及通信设施的综合管理，以充分发挥这些设施的作用，提高效率，增加可靠性。

为了进行网络管理，网络中有一个称为网络管理中心（网管中心或网控中心）的虚拟机构。网管中心向网络中的各种设备（包括网络交换设备、集线器、线路设备，在局域网环境下甚至包括参与通信的各种用户结点设备）发出控制命令，这些设备执行命令并反馈结果。网管中心收集发送来的各种状态信息和报警信息，对其进行分析，及时反映给操作人员，并确定进一步的控制动作。

网络管理软件应具有足够强的功能，以保证能获得最佳的网络性能，它通常具有以下 5 个方面的功能。

（1）配置管理

配置管理就是定义、收集、监测和管理配置数据，使网络的规模、能力随需要而改变，使得网络性能达到最优。配置数据就是指设备资源的容量和属性及它们之间的关系。

（2）故障管理

网管中心定时地查询网络系统中各设备、部件和线路的工作状态，及时发现问题。对于网络系统中部件损坏或者环境影响所引起的异常情况，可以根据网络管理数据库中的信息确定其原因和位置，采取补救措施（如故障隔离），以使网络继续完成其预定的功能。对于严重的或无法恢复的故障，则给出报警信号，以便进行人工隔离和分析、排除故障。

（3）性能管理

性能管理主要是收集和统计数据，以便评价资源的运行状况和通信效率等网络性能。性能管理还包括网络的流量管理和路由管理。这些管理使得网络流量分配合理，网络有效吞吐量最高，避免网络超载和死锁等。

（4）计费管理

计费管理主要对用户使用网络资源的情况进行记录并核算费用。

在企业内部网中，内部用户使用网络资源并不需要交费，但是计费功能可以用来记录用户对网络的使用时间、统计网络的利用率与资源使用等内容。

通过计费管理，可以了解网络的真实用途，定义它的能力，使网络更有效。

（5）安全管理

安全管理功能是用来保护网络资源安全的。安全管理活动能够利用各种层次的安全防卫机制，使非法入侵事件尽可能少发生；能够快速检测未授权的资源使用，并查出侵入点，对非法活动进行审查与追踪；能够使网络管理人员恢复部分受破坏的文件。

在安全管理中可以通过使用网络监视设备，记录使用情况，报告越权，提供对高危险行为的警报。

1.6.2 网络安全要解决的问题

随着计算机网络的发展，网络中的安全问题也日趋严重。计算机网络面临的安全问题主要有以下几个方面。

（1）信息泄露

网络通信过程中如果不采取保密措施，那么很可能会发生信息泄露。例如，国防、科研、商业机密的泄露所造成的损失是不言而喻的。

（2）假冒用户

在网络中假冒他人进行非法活动，或使用假冒报文，都将对系统造成极大的危害，也会给合法的网络用户带来巨大的损失。

（3）篡改信息

网络本身容易遭受一些恶意的攻击，如计算机病毒、网络黑客等。

近年来发生的众多计算机犯罪到了令人发指的地步，据统计，美国每年计算机犯罪造成的损失是各种自然灾害造成的损失之和。因此，如何建设一个安全、可靠的网络，已成为计算机网络技术中的一个突出问题。

1.6.3 防火墙技术

1．防火墙的概念

防火墙（Firewall）是一类防范措施的总称，它使得内部网络与 Internet 或其他外部网络互相隔离、限制网络互访，用来保护内部网络。防火墙是一种隔离控制技术，它的作用是在某个机构的网络和不安全的网络（如 Internet）之间设置屏障，阻止对信息资源的非法访问，防火墙也可以被用来阻止保密信息从企业的网络上被非法传出。简单的防火墙可以用路由器实现，复杂的需要用主机甚至一个子网来实现。

设置防火墙的目的是在内部网与外部网之间设立唯一的通道，简化网络的安全管理。它能允许被网络管理人员“同意”的人和数据进入网络，同时将不被网络管理人员“同意”的人和数据拒之门外，阻止网络中的黑客访问企业的网络，防止他们更改、拷贝、毁坏企业的重要信息。

2．防火墙的作用

防火墙在内部网与外部网之间的界面上构造了一个保护层，并强制所有的连接都必须经过此保护层，并在此进行检查和连接。只有被授权的通信才能通过此保护层，从而保护内部网及外部网的访问。防火墙技术已成为实现网络安全策略的最有效的工具之一，并被广泛地应用到网络安全管理上。

防火墙的作用主要有以下几个。

① 可以对网络安全进行集中控制和管理。防火墙系统在企业内部网络与外部网络之间构筑的屏障，将承担风险的范围从整个内部网络缩小到组成防火墙系统的一台或几台主机上，在结构上形成一个控制中心，并在这里将来自外部网络的非法攻击或未授权的用户挡在被保护的内部网络之外，加强了网络安全，并简化了网络管理。

② 控制对特殊站点的访问。防火墙能控制对特殊站点的访问。例如，有些主机能被外部网络访问，而有些则要被保护起来，防止不必要的访问。

③ 防火墙可作为企业向外部用户发布信息的中心联系点。防火墙系统可作为 Internet 信息服务器（如 WWW、FTP 等服务器）的安装地点，对外发布信息。防火墙不仅可以配置允许外部用户访问这些服务器，还可以禁止外部未授权的用户对内部网络上的其他系统资源进行访问。

④ 节省网络管理费用。使用防火墙就可以将安全软件都放在防火墙上进行集中管理，而不必将安全软件分散到各个主机上去管理。

⑤ 对网络访问进行记录和统计。如果所有对 Internet 的访问都经过防火墙，那么，防火墙就能记录下这些访问，并能提供网络使用情况的统计数据。当发生可疑动作时，防火墙能够报警并提供网络是否受到监测和攻击的详细信息。

⑥ 审计和记录 Internet 使用量。网络管理员可以在此向管理部门提供 Internet 连接的费用情况，查出潜在的带宽瓶颈的位置，并能够根据机构的核算模式提供部门级的计费。

3．防火墙的部署

我们究竟应该在哪些地方部署防火墙呢?

第一，应该安装防火墙的位置是公司内部网络与外部 Internet 的接口处，以阻挡来自外部网络的入侵；第二，如果公司内部网络规模较大，并且设置有虚拟局域网（VLAN），则应该在各个 VLAN 之间设置防火墙；第三，通过公网连接的总部与各分支机构之间也应该设置防火墙，如果有条件，还应该同时将总部与各分支机构组成虚拟专用网（VPN）。

安装防火墙的基本原则是：只要有恶意侵入的可能，无论是内部网络还是与外部网络的连接处，都应该安装防火墙。

4．防火墙系统的局限性

防火墙系统存在以下局限性。

① 防火墙把外部网络当成不可信网络，主要是用来预防来自外部网络的攻击。它把内部网络当成可信任网络。然而事实证明，50%以上的黑客入侵都来自内部网络，但对此防火墙却无能为力。为此可以把内部网分成多个子网，用内部路由器安装防火墙的方法来保护一些内部关键区域。这种方法的维护成本和设备成本都很高，同时也容易产生一些安全盲点，但毕竟比不对内部网络进行安全防范要好。

② 通常，防火墙系统需要有特殊的较为封闭的网络拓扑结构来支持，对网络安全功能的加强往往以网络服务的灵活性、多样性和开放性为代价。

③ 防火墙系统防范的对象是来自网络外部的攻击，而不能防范不经由防火墙的攻击。例如，通过 SLIP 或 PPP 的拨号攻击绕过了防火墙系统而直接拨号进入内部网络。 防火墙系统对这样的攻击很难防范。

④ 防火墙只允许来自外部网络的一些规则允许的服务通过，这样反而会抑制一些正常的信息通信，从某种意义上说大大削弱了 Internet 应有的功能，特别是对电子商务发展较快的今天，防火墙的使用很容易错失商机。

1.6.4　网络防病毒技术

随着计算机技术的不断发展和日益普及，计算机已经在人们日常生活和企业运作中起着举足轻重的作用，给个人的工作、生活及公司的发展带来了前所未有的方便和高效。尤其是以 Internet 为代表的网络技术的迅速发展，使人们的信息交流突破了地域的限制，达到了空前的广度和深度。与此同时，计算机病毒也可以通过网络广泛传播，这就需要不断地提升网络防病毒技术。

1．计算机病毒的概念

计算机病毒是指破坏计算机功能或者毁坏数据，影响计算机使用，并能自我复制的一组计算机指令或者程序代码。与生物病毒一样，计算机病毒具有传染和破坏的特性；但与之不同的是，计算机病毒不是天然存在的，而是一段比较精巧严谨的代码，按照严格的秩序组织起来，与所在的系统或网络环境相适应并与之配合，是人为编写的程序。

2．计算机病毒的特征

计算机病毒有以下明显的特征。

① 计算机病毒是一种程序，可以直接或间接地运行，并能隐蔽在其它程序和数据文件中而不易被发现。

② 计算机病毒具有传染性。是否具有传染性是衡量一种程序是否为计算机病毒的首要条件。计算机病毒程序一旦进入系统并与系统中的程序连接在一起，它就会在运行这一被传染的程序之后开始传染其他程序。这样，计算机病毒就会很快地传染到整个计算机系统。

③ 计算机病毒具有潜伏性。一个编制巧妙的计算机病毒，可以隐藏在合法文件之中几周、几个月甚至几年，对其他系统进行传染而不被人们发现。计算机病毒的潜伏性与传染性相辅相成，潜伏性越好，在系统中存在的时间越长，病毒的传染范围也就越大。

④ 计算机病毒一般有一个触发条件，或者触发其传染，或者在一定条件下激活计算机病毒的表现部分或破坏部分。触发实质上是一种条件控制，计算机病毒可以按照设计者的要求，在某种特定条件下激活并对系统发起攻击。

⑤ 计算机病毒具有破坏性。任何计算机病毒只要侵入系统，都会对系统及应用程序产生不同程度的影响。轻者会降低计算机工作效率，占用系统资源，重者可导致系统崩溃。根据此特性可将计算机病毒分为良性计算机病毒与恶性计算机病毒。良性计算机病毒可能只发出声音、显示些

画面或无聊的语句，没有任何破坏动作，但会占用系统资源。恶性病毒则有明确的目的，或破坏数据、删除文件，或加密磁盘、格式化磁盘，会对数据造成不可挽回的破坏。

⑥ 计算机病毒具有针对性。现在，世界上出现的计算机病毒，并不是对所有计算机系统都进行传染。例如，有的针对 Windows 系统，有的针对 Macintosh 系统（苹果公司的产品），有的针对 Windows Server 或 Unix 操作系统。

⑦ 计算机病毒具有衍生性。由于计算机病毒本身是一种程序，而这种程序的设计思想及程序模块本身很容易被病毒自己或其他模仿者所修改，使之成为一种不同于原病毒的计算机病毒。

3. 网络病毒的特点

随着网络和 Internet 的发展，一个传播范围更广、危害更大的新型病毒应运而生。这就是所谓的网络病毒，即在网络环境下流行的病毒。网络病毒是充分利用了网络的缺陷来设计和传播的，这是所有网络病毒的共性，所以一旦传播开来，它的破坏力是非常大的。

随着 Java 的流行，现在出现了所谓的 Java 网络病毒，电子邮件的广泛应用又引出了隐藏在邮件中的 E-mail 病毒，还有蠕虫病毒，包含在 HTML 文件中的 HTML 病毒等。

除具有计算机病毒的共同特征外，网络病毒还具有以下特点。

① 破坏性强。一旦文件服务器的硬盘被病毒感染，就可能造成网络服务器无法启动，导致整个网络瘫痪，造成不可估量的损失。

② 传播性强。网络病毒普遍具有较强的再生机制，一接触就可通过网络扩散与传染。根据有关资料介绍，在网络上病毒传播的速度是在单机上的几十倍。

③ 扩散面广。由于网络病毒能通过网络进行传播，所以其扩散面很大，一台个人计算机的病毒可以通过网络感染与之相连的众多机器。

4. 网络防病毒软件

面对网络病毒的日趋泛滥，利用网络防病毒软件对病毒进行防护是十分必要的。

网络防病毒软件的基本功能是：对文件服务器和工作站进行查毒扫描、检查、隔离、报警，当发现病毒时，由网络管理员负责清除病毒。

网络防病毒软件一般允许用户设置三种扫描方式：实时扫描、预置扫描、人工扫描。

实时扫描方式要求连续不断地扫描从文件服务器读/写的文件；预置扫描方式可以在预先选择的日期和时间扫描服务器，预置的扫描频度可以是每天一次、每周一次或每月一次；人工扫描方式可以在任何时候扫描指定的卷、目录和文件。

5. 网络病毒的防范

随着网络技术的不断发展，网络反病毒技术将成为计算机反病毒技术的重要方面，也是计算机应用领域中需要认真对待的问题，这将成为网络管理人员及用户的长期任务，只有做好这项工作，才能保证计算机网络长期安全稳定地运行。

防病毒软件除了要具有自我诊断、自我保护的高可靠性，查毒、消毒、预防的多功能性，以及低误报率、高检测率、能够适用于网络等特点，还要具有多级跨平台防毒系统的特点，这是病

毒的多样性给防病毒软件提出的新要求，也是防病毒软件今后的发展趋势。

在计算机网络还很不发达的时代，计算机病毒主要靠被感染的软盘传播，病毒类型也只有引导区型、文件型两种。但是随着网络的发展和分布式计算机的增长，出现了许多新兴的技术和应用，如宏、群件系统、Java、分布式对象存储技术（如DCOM、COBRA）等。这些新的应用和技术被病毒用作传播媒介，使病毒变得越来越复杂。对大型企业来说，由于其拥有多种操作系统，普遍采用分布式或客户机/服务器（Client/Server）系统，并且通过网络共享、电子邮件和Internet进行数据文件自由交换，因此病毒防御是一项复杂和困难的工作。

面对如此复杂的病毒传播模式和种类繁多的病毒，只具备单一功能的防病毒软件已经远远不能满足要求。为了阻止病毒的传播和扩散，网络管理者如果不设置多级进入点的保护，就无法抗击快速增长的病毒感染的威胁。网络计算及简单文档的宏脚本编辑、群件等新技术和Internet本身的广泛采用使得建立一套完善的、多级的防病毒系统非常必要。

一般来说，阻止病毒对网络的攻击可分为以下3个步骤来完成。

① 保证网络中每个用户在每次启动系统并登录到网络前，都已正确地运用反病毒工具进行反病毒检查。

为使最终网络用户尽量少受反病毒扫描过程的干扰，应该考虑选择一个能够起到连续保护作用的实时反病毒产品。这种产品在首次安装时，会在自己复制到系统的同时，对系统进行彻底清查，并向用户报告可能的病毒感染情况。当它完成初始安装并对系统彻底扫描之后，该软件就能始终作用于最终用户的系统中，并对用户的程序与数据提供连续、实时的保护。

② 对经常从FTP或Web站点下载文件及经常收发电子邮件的用户，需要安装自动反病毒工具，如病毒防火墙等，对上传/下载过程进行自动扫描，防止在网上下载和上传过程中感染病毒。

病毒防火墙能够对上传/下载的数据进行实时自动化的病毒过滤，还能够在用户发出电子邮件的瞬间过滤掉邮件中可能携带的病毒。

③ 当我们完成了每台客户机的反病毒工作后，接下来的任务就是给所有的网络服务器系统提供反病毒保护措施——这是最重要的。前两步仅仅是解决了“病从口入”的问题，真正做到提高网络整体对病毒的防护能力，就只有在网络服务器上下功夫。

即使在客户端建立了再完备的防护体系，用户也难免有操作失误的时候，这时网络整体防护水平就会大幅度下降。所以应该在网络服务器上建立最根本的防线，以保证即使工作站反病毒水平下降，也不至于危害到整个网络。也就是说，要在服务器上建立实时的反病毒体系，通过实时性的反病毒技术对服务器进行动态、实时的监控，保证整个网络的安全。

习题

1. 什么是计算机网络？
2. 计算机网络有哪些基本功能？
3. 计算机网络由几个部分组成？
4. 计算机网络体系结构的含义是什么？
5. 简述广域网和局域网的区别。

6. 什么是网络拓扑结构？它分为几种？
7. 局域网有哪两种结构？各有什么特点？
8. 服务器和工作站有什么区别？服务器在网络中的作用是什么？
9. 网卡、集线器、交换机、网桥、路由器、网关在网络中的作用各是什么？
10. 局域网的典型传输介质有哪几种？各自的特点是什么？
11. 什么是协议？它的作用是什么？
12. TCP/IP 协议的作用是什么？
13. OSI 参考模型的含义是什么？有几个层次？
14. 什么是防火墙？它的作用是什么？
15. 我们应该在哪些地方部署防火墙？
16. 计算机病毒有哪些特征？
17. 网络病毒有什么特点？
18. 简述造成网络感染病毒的主要原因。
19. 简述计算机病毒的危害。
20. 如何阻止病毒对网络的攻击？

模块 2　Internet 基础

项目 1　接入 Internet

知识目标

1. 了解 Internet 的产生、发展与应用的基础知识。
2. 了解 WWW、FTP、E-mail、搜索引擎等 Internet 服务的含义。
3. 理解 IP 地址和域名系统的形式及含义。
4. 掌握主机、服务器及 DNS 服务器的含义。

技能目标

1. 掌握家庭用无线路由器的配置方法。
2. 掌握虚拟拨号连入 Internet 的方法。

项目描述

根据提供的联网数据，配置无线路由器，接入 Internet。

预备知识 1　Internet 和 Intranet

Internet 是世界上最大、覆盖面最广的计算机互联网络，将不同国家、不同地区、不同部门和机构的不同类型的计算机及各种计算机网络（国家主干网、广域网、城域网、局域网等）连接在一起形成一个全球性网络，中文名称为互联网。

在这个全球性的网络上，几乎无所不能，同时也是无国界的。它将五花八门的信息，如菜单食谱、政治论坛、科学知识等，通过网络的连接，使所有的人共享这些信息。它是知识、信息和概念的巨大集合，已成为人类的宝库，被称为“赛博空间”（Cyberspace）。

用户只要把自己的计算机连接到与 Internet 互联的任何一个网络，或与 Internet 上的任何一台服务器连接，就可以进入 Internet。世界上任何地方的任何一台计算机，只要连接到 Internet，就可以查阅信息资源，与网络上其他的计算机或用户交换信息，获得网络提供的各种信息服务。

Intranet 也称企业内部网，就是建立于公司内部的 Internet。Internet 从诞生之日起，就是一个公用网络，谁都可以上网漫游，而 Intranet 不是公用网络，但它应用的是 Internet 技术，因而它又和普通的公司内部网不同。

预备知识 2　Internet 的发展

1969 年美国国防部研究计划署（Advanced Research Projects Agency，ARPA）开始建立一个命名为 ARPAnet 的网络，把位于美国的几个军事及研究用的计算机主机连接起来，这就是 Internet 的雏形。

1983 年，ARPA 和美国国防部通信局研制成功了用于异构网络的 TCP/IP 协议，美国加利福尼亚伯克莱分校把该协议作为其 BCD Unix 的一部分，使得该协议得以在社会上流行起来，从而诞生了真正的 Internet。

1985 年，美国国家科学基金会（NSF）以 6 个为科研教育服务的超级计算机中心为基础，建立了 NSFnet，其目的是使学校和全国学术研究单位共享信息资源，NSF 用 ARPAnet 网上的 IP 技术以 56Kbps 的电话线将各计算机中心连接，并且在各地建立局域网。学校、研究单位可以与最邻近的局域网连接，局域网又由网点与一个超级计算机中心相连。采用这样的结构，每台计算机都可与网上的其他计算机进行对话式通信，这就是最早的 Internet。现在，NSFnet 已成为 Internet 的骨干网之一。

1989 年，CERN（欧洲粒子物理研究所）开发了 WWW，为 Internet 实现广域超媒体信息索取和检索奠定了基础。

1990 年，ARPAnet 网在完成其历史使命后停止运作，同年，由 IBM、MCI 和 MERIT 三家公司组建的 ANS 公司建立了一个新的网络，即目前的 Internet 主干网 ANSnet，它的传输速度达到 45Mbps，是被取代的 NSF 主干网容量的 30 倍。

Internet 在美国是为了促进科学技术和教育的发展而建立的，因此在 1991 年以前，无论是在美国还是在其他国家，Internet 的连接与使用都被严格限制在科技和教育领域。1991 年，美国分别经营着自己的 CERFnet、PSInet、ALTERnet 网络的三家公司，组成了“商用 Internet 协会”（CIEA），宣布用户可以把他们的 Internet 子网用于任何商业用途，从此商业进入 Internet。

自 20 世纪以来，由于 Internet 在美国获得了迅速发展和巨大成功，世界各国纷纷加入 Internet 的行列，使 Internet 成为全球性的、最大的计算机网络。随着用户的急剧增加，Internet 的规模迅速扩大，其应用领域也走向多元化，除了科技和教育，文化、政治、经济、新闻、体育、娱乐、商业及服务也都加入 Internet。网上商业应用的高速发展和面向社会公众的普及性应用的开发，使 Internet 迅速普及和发展。

预备知识 3　Internet 的管理结构

Internet 由几万个子网根据自愿原则互联起来，是一个以平等、互利、合作、安全为原则的民间团体，不属于任何机构和个人。

为了确保Internet的正常运行和不断发展，需要有一个机构负责协调、组织新技术标准的研究与传播，以及域名和地址的分配。

Internet的最高组织是Internet网络协会，该协会成立于1992年，是一个非营利的组织，由与Internet相连的各组织和个人自愿组成，下分Internet网络体系结构研究会（IAB）和其他几个研究会。IAB下面又有IETF（Internet网络工程组）负责工程实施与技术支持；IRTF（Internet网络技术研究组）负责新技术标准的研究和审定；IANA（Internet 网络编号管理局）专门负责用户的注册编号管理。RIPE NIC是欧洲网络信息中心，InterNIC是美国和其他地区的网络管理中心，亚太地区的注册登记工作由APNIC（亚太地区网络信息中心）负责，总部在日本。我国的有关事务由中国互联网络信息中心（CNNIC）负责管理。

预备知识4　中国与Internet

目前，我国国内互联网的四个骨干网络是中国教育和科研计算机网（CERNet），中国科技网（CSTNet），中国公用计算机互联网（ChinaNet），中国金桥信息网（ChinaGBN）。前两个网络是以公益性为主，主要面向科研和教育单位及个人；后两个网络是以经营为目的，属于商业网。

中国科技网CSTNet是以中国科学院的NCFC和CASNet网为基础，连接了中国科学院以外的一批中国科技单位而构成的网络。目前，接入CSTNet的有农业、林业、医学、电力、地震、气象、铁道、航空航天、环境保护等近30个科研部门，以及国家自然科学基金委、国家专利局等科技管理部门。

国家教育部的CERnet网，以清华大学为中心并分别在北京、上海、广州、沈阳、成都、武汉、西安、兰州等8个城市设立了网络区域中心，连通1000多所大学院校。邮电部于1995年2月，开通北京和上海两个国际出口。后来省会级城市开通ChinaNet，以及163、169全国漫游专号，极大地促进了互联网的推广。

由于我国的Internet发展势头迅猛，从事Internet入网服务的商业公司（Internet Services Provider，ISP）也纷纷成立。它们通常是自己建立一个网络服务中心，再通过专线租用国际出口，为用户提供Internet接入等有关服务。

根据中国互联网络信息中心（CNNIC）的统计，截至2016年12月，我国网民规模达7.31亿人，相当于欧洲人口总量，互联网普及率达到53.2%。我国网民中有95.1%的用户用手机上网。“.CN”域名总数达2061万个，占我国域名总数的比例为48.7%。我国手机网民规模达6.95亿人，增长率连续三年超过10%。我国网民用台式电脑、笔记本电脑上网的比例均出现下降，手机正不断超过其他的设备成为上网的首选。

预备知识5　Internet服务

从用户角度来看，Internet是一套通过网络来完成通信任务的应用程序。其提供的服务如下。

（1）超媒体信息服务 WWW

WWW 是 World Wide Web 的缩写，又称 W3、3W 或 Web，中文译为全球信息网或万维网。

WWW 具有多媒体集成能力，能提供一个具有声音、图形、动画及视频魅力的界面与服务。WWW 通过超文本把多媒体呈现出来，只要单击画面关键字或图片上一点，就可以连接到你想要去的地方。Internet 能够风靡全球，WWW 丰富的功能是一个重要的因素。

（2）文件传输服务 FTP

FTP 是文件传输协议（File Transfer Protocol）的缩写，它通过 FTP 程序（服务器程序和客户端程序）在 Internet 上实现远程文件的传输。

FTP 可以在 Internet 上不同类型的计算机之间传输文件，是在 Internet 上使用最早、应用最广的服务，直到今天仍是最重要和最基本的应用之一。

Internet 上提供 FTP 服务的服务器称为 FTP 服务器，上面存有各种各样极为丰富的信息资源。但访问 FTP 服务器和浏览 WWW 服务器是不同的，WWW 服务器通常是可以随意浏览的，除个别的可能收取少许费用外，绝大部分 WWW 服务器均可以自由进出。而要访问一个 FTP 服务器上的信息资源，一般要先在该服务器上进行注册，以获得合法的用户账号，包括用户名（Username）和口令（Password）。

（3）电子邮件 E-mail

电子邮件（Electronic Mail）是 Internet 提供的最主要的服务之一，是一种通过计算机联网与其他用户进行联系的现代化通信手段。

与普通邮件相比，电子邮件高速、价廉、方便，还可以传递声音、图像等各种多媒体信息。

（4）远程登录 Telnet

Telnet 是一种终端仿真程序，是 Internet 常用的工具软件之一。当通过 Telnet 连接登录到网络上的一台主机时，就可以像使用自己的计算机一样来使用该主机的所有资源了。

通过 Telnet 可以登录到网络电子公告板（BBS），自由发表自己的见解、和远方的朋友聊天，也可以登录到软件查询服务器，检索 FTP 服务器的资源目录等。

（5）网络新闻组 Netnews

网络新闻组也称新闻论坛（Usenet），但和“新闻”几乎没有关系，它是为了人们针对有关的专题进行讨论而设计的，是人们共享信息、交换意见和知识的地方。

在新闻组中不但可以学习各类计算机的使用与新知识，也可获取各种影视娱乐、运动休闲的讨论与新闻。新闻组是 Internet 上的一个重要资源，通常每个专题都有常见问题和解答（FAQ），如果你有问题，通常可以在 FAQ 中找到答案。

新闻组的信息由新闻服务器发送到世界各地，人们可以用 Outlook Express 等程序来管理新闻组，用户可以选择订阅、回复和发送新闻组邮件。

（6）电子公告栏 BBS

电子公告栏（Bulletin Board System，BBS）也称联机信息服务系统或计算机在线信息服务。

BBS 是在 Internet 上设立的电子论坛，一般用匿名的方式向公众提供远程访问的权利，使得公众可以以电子信息的方式来发表自己的观点。

BBS 连接方便，可以通过浏览器登录，也可以通过 Telnet 登录。目前，Telnet 登录的 BBS 正逐渐被浏览器版本的网络论坛所取代，只有一些大学还在坚持 BBS。如图 2.1 所示为上海交通大学的 BBS 论坛。

图 2.1　上海交通大学的 BBS 论坛

（7）搜索引擎

搜索引擎（Search Engine）意为信息查找发动机。它以一定的方式、周期性地在互联网上收集新的信息，并对其进行提取、组织、处理和储存，这样在搜索引擎所在的计算机中，就建立了一个不断更新的“数据库”。用户在搜索特定信息时，实际上是借助搜索引擎在这个数据库中进行查找的。

搜索引擎由存放信息的大型数据库、信息提取系统、信息管理系统、信息检索系统和用户检索界面组成。信息提取系统负责在互联网上搜索 WWW 服务器或新闻服务器上的信息，并为它们制作索引，索引内容甚至信息本身则存放在搜索引擎的大型数据库中。信息管理系统负责对信息进行分类处理。信息检索系统负责将用户输入的检索词与存放在大型数据库系统中的数据进行匹配，并根据内容对检索结果进行排序。用户检索界面负责通过网页接收用户的搜索请求，用户输入搜索内容后，网页上将显示出搜索结果。

互联网上有很多站点提供搜索引擎，这些站点被称为搜索站点。有的站点以提供搜索引擎为主要服务，如搜狗、百度等，人们干脆将这些站点称为搜索引擎。百度网站的主页如图 2.2 所示。

图 2.2　百度网站的主页

预备知识 6　Internet 的应用

Internet 发展至今，在人类社会生活的方方面面都得到了广泛的应用，下面简单介绍一下它的一些重要的应用领域。

（1）教育科研

教育科研领域是 Internet 最早的应用领域。社会的发展使得科学研究不可能局限于封闭的小圈子，研究人员需要不断地和外界交流，吸收和了解他人的研究成果，掌握新的发展动态，Internet 为科研人员提供了非常好的交流信息的平台。研究人员可以随时把自己的研究成果在网上发布，也可以随时在网上查询自己需要的资料。对于教育领域来说，利用 Internet 可以实现网上教学，现在有一些学校建立了“网上学校”，使得一些没有条件到学校学习的人也可以得到教学经验丰富、教学效果好的名师的指点，这种新的教学方式可以使学生不受时间、地点的限制，学生可以根据自己的条件有针对性地学习，可以多次重复学习过程，弥补传统教学的不足，Internet 已经变成一所没有围墙的学校。

（2）新闻出版

新闻出版的目的是尽快地把信息发布给读者或观众，传统的传播媒体是报纸、杂志和广播电视。Internet 本身就具有信息的发布和传输能力，所以 Internet 和出版业结缘是水到渠成的事。和传统的新闻出版媒体相比，Internet 具有它们无法比拟的优点。例如，Internet 的发布范围广，信息传播速度快。世界上许多报社和新闻单位都开发了电子刊物，放在 Internet 上供用户浏览。

（3）金融证券

Internet 在金融证券业倍受重视，美国已经在 Internet 上开设了“虚拟银行”，并开展银行业务。利用 Internet 可以减少现金的发行量，人们在家里就可以存钱或取钱，可以异地存取，购物消费时可以使用电子结算方式，也许未来的银行不再是高大的建筑物而是由几台大型计算机构成的。证券业利用交互性可以开展网上股票交易，股民们不必到交易现场，也不必用现金交易。目前，我国的多数大、中城市都开展了这项工作。

（4）医疗卫生

在医疗卫生领域，Internet 有着广泛的应用前景，利用互联网联通医疗机构的计算机后可以进行卫生咨询，可以预约医生，医院利用 Internet 可以进行远程会诊等。

（5）计算机技术

Internet 以计算机技术为基础，同时它的发展又对以计算机技术为代表的整个信息产业提供了新的需求和挑战。计算机系统的工作模式经历了从 IBM 的主机终端模式到“客户机/服务器”模式的转变，伴随着 Internet 的发展，又转变到以网络为中心的发展方向，“网络就是计算机”就是这一趋势的最好解释。Internet 的发展也促进了计算机程序设计语言的发展，SUN 提出的 Java 语言，以其面向对象、与硬件平台无关、结构简单等优点受到计算机行业的青睐，被认为是计算机语言发展的方向。

（6）娱乐

Internet 对娱乐业的影响也是非常巨大的，电影、电视或者游戏中都可以看到 Internet 的影子。Internet 的交互性是电影、电视无法比拟的，通过 Internet 可以从网站上挑选自己喜爱的影视节目。利用 Internet 可以使游戏迷们跳出自我封闭的圈子，通过互联网和远方的朋友玩网络游戏。

（7）贸易

Internet 在国际贸易中最出色的应用莫过于无纸贸易，即电子商务 EC（Electronic Commerce）。电子商务是指当代信息技术和 Internet 技术在商务领域的应用，是一个以电子数据处理、环球网络、数据交换和资金汇兑技术为基础的，集订货、发货、运输、报关、保险、商检和银行结算为一体的综合商贸信息处理系统。该系统的实现不但方便了商贸业务的手续、加速了业务开展的全过程，而且规范了整个商贸业务的发生、发展和结算过程，因而受到了各国企业和商贸组织的普遍欢迎，成为当今社会商贸处理领域的热门技术之一。

预备知识 7　连接 Internet 的重要概念

1. 主机

与 Internet 相连的任何一台计算机，不管是最大型的还是最小型的，都被称为主机。

有些主机是为成千上万用户提供服务的大型机或巨型机，有些是为小型工作站或单用户提供服务的 PC 机，还有些是专用计算机。从 Internet 的角度来说，所有计算机都是主机。

2. 服务器

在 Internet 上存储并提供信息的主机称为网络服务器（Net Server）或宿主机（Host computer），它们都有自己唯一的地址，并用 TCP/IP 协议互相连接和传输数据。Internet 中常见的服务器如下。

① SMTP server：电子邮件发送服务器。

② POP server：电子邮件接收服务器。

③ News server：新闻（又称网络论坛）服务器。

④ PPP/SLIP server：拨号连接服务器。

⑤ FTP server：文件传输服务器。

⑥ WWW server：全球信息网（万维网）服务器。

⑦ BBS server：电子公告栏服务器。

⑧ DNS server：域名服务器。

3. IP 地址

就像电话网中的电话机必须有一个唯一的号码一样，连入计算机网络的计算机也必须有一个“号码”用于识别。计算机网络通过 IP 地址来识别每台计算机。

为了使连入网络的计算机在进行通信时能够相互识别，网络中的每台主机都分配有一个唯一的 32 位地址，该地址称为 IP 地址，也称网际地址。

每个 IP 地址都由 32 位二进制的数来表示，但直接使用二进制的数，无论是书写还是读写都不方便，如 11001010.01100110.10000110.01000100。这个 IP 地址非常难以识别，更别说记忆了。于是，把每八个二进制的数用一个十进制的数表示，各数之间用一个圆点分开，上例就变为 202.102.134.68，显然好记得多了。

由于 8 位二进制的数中最大的是 11111111，换算成十进制数就是 255。所以，我们也可以这样来形容 IP 地址：由 4 个小于等于 255 的数组成，中间用圆点隔开。

4. 网络号与主机号

在固定电话的命名规则中，还有两个重要的概念就是区号和国家（或地区）代码。当拨打另一个城市的固定电话时，需要先拨打区号，再拨打电话号码。同样地，在拨打国际长途时，需要先拨打国家代码，再拨打区号和电话号码。这一规则还有一个好处，就是可以通过来电显示，轻松地判断电话是从哪里打来的。

IP 地址也采用相似的规则：每个 IP 地址都由网络号和主机号组成。IP 地址中的网络号用于识别一个计算机网络，IP 地址中的主机号用于识别网络中的一台主机。针对网络号的不同，可以将 IP 地址分为 A、B、C、D、E 五类，其分类规则如图 2.3 所示。

位号：	0	1	2	3	4 5 6 7	8 … 15	16 … 23	24 … 31
A类：	0	网络号				主机号		
B类：	1	0	网络号				主机号	
C类：	1	1	0	网络号				主机号
D类：	1	1	1	0	组播地址			
E类：	1	1	1	1	0 保留地址			

图 2.3　IP 地址分类规则

仔细观察上图可以发现：IP 地址中第一个二进制的数是 0 的为 A 类地址，IP 地址中前两个二进制的数是 10 的为 B 类地址，IP 地址中前三个二进制的数是 110 的为 C 类地址，IP 地址中前四个二进制的数是 1110 的为 D 类地址，IP 地址中前五个二进制的数是 11110 的为 E 类地址。

关于这五类地址的详细信息如下。

（1）A 类 IP 地址

A 类 IP 地址用前 8 位表示网络号，后 24 位为主机号。A 类 IP 地址的网络号有限，使用 A 类 IP 地址的是主机数多的大型网络。

由于 A 类 IP 地址的网络号首位必须以 0 开头，所以网络号的范围是 00000001～01111111，也就是十进制的 1～127。

由此可知，在 A 类网络中只有 1～127 这 127 个网络号。实际上，A 类 IP 地址中的网络号只有 1～126 这 126 个网络号可以自由使用，以 127 开头的任何 IP 地址都不能分配给主机使用。以 127 开头的 IP 地址有特殊的作用，用来做回环地址测试。例如，本机网络测试地址为 127.0.0.1，一般使用命令“ping 127.0.0.1”来测试本机网络硬件的驱动是否正常工作。测试本机 IP 地址，如图 2.4 所示。

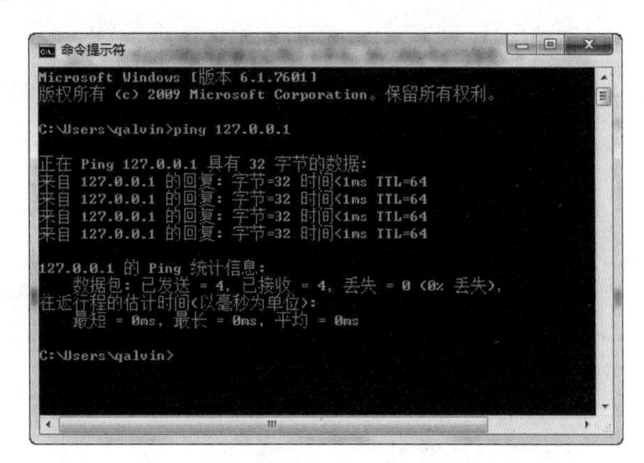

图 2.4　测试本机 IP 地址

相应地，A 类 IP 地址的主机号用 24 位二进制的数字，也就是 3 个字节来表示。由于主机号不能全是 0，也不能全是 1，所以每个网络中最多可以有 16,777,214 个 IP 地址。在 A 类 IP 地址中，有一些地址被划为有特殊用途的地址，不能随便使用，所以实际上一个 A 类网络只有 16,387,064 台主机。即便如此，这也是一个非常庞大的网络。

（2）B 类 IP 地址

B 类 IP 地址用前 16 位表示网络号，其余 16 位为主机号。B 类 IP 地址适用于网络数目中等、主机数目中等的中型网络。

由于 B 类 IP 地址的前两位必须以“10”开头，所以其网络号的范围是 10000000.00000000～10111111.11111111，也就是十进制的 128.0～191.255。由此可见，B 类 IP 地址网络号的第一个数是 128～191。

与 A 类 IP 地址同样的道理，在 B 类 IP 地址中，最多可以有 65,535 个 IP 地址，去掉有特殊用途的 IP 地址，实际上可以容纳 64,516 台主机。

（3）C 类 IP 地址

C 类 IP 地址用前 24 位表示网络号，后 8 位为主机号。使用 C 类 IP 地址的是主机数目较少的小型网络。

与 A 类 IP 地址和 B 类 IP 地址的计算方法相似，通过计算可以知道，在 C 类 IP 地址中，最多可以容纳 254 台主机。

（4）D 类和 E 类 IP 地址

D 类 IP 地址是组播地址，不分网络地址和主机地址。D 类 IP 地址第 1 个字节的前 4 位固定为 1110，地址范围是 224.0.0.1～239.255.255.254，被用在多点广播中。

E 类 IP 地址是保留地址，仅作为 Internet 实验和开发使用，不在真实的 Internet 上使用。E 类 IP 地址也不分网络地址和主机地址，它的第 1 个字节的前 5 位固定为 11110，地址范围是 240.0.0.1～255.255.255.254。

值得注意的是，并不是所有由 0～255 之间的数组成的 IP 地址都能够使用，有一些有特殊的用途。例如，IP 地址中，主机号的所有位都为“0”的地址是保留给网络本身的，主机号的所有位都为“1”的地址用作广播，也就是说网络 IP 地址中，一个合法的 IP 地址的主机号不能全为“0”，也不能全为“1”。例如，“192.168.1.0”这样的 IP 地址是不能分配给主机使用的。

从以上的分类可以看出，网络 IP 地址是一个比较复杂的系统。当一台主机得到一个 IP 地址时，可以通过计算并判断出该地址位于哪个网络，其网络号、主机号是什么等信息。作为使用者，只需要掌握 A 类、B 类、C 类这三类 IP 地址的命名规则就可以了。

5．子网掩码

在掌握了 IP 地址的规则之后，通过计算可以很快得知该 IP 地址的网络号，进而判断哪些计算机在一个网络中。但在实际的操作过程中，经常会将 A 类或 B 类网络划分为几个子网。例如，对于 B 类 IP 地址 138.129.5.26 来说，138.129 是网络号，5.26 是主机号。但如果在该网络中再划分出几个子网络，那么后两位中的 5 就变成一个子网络号，只有 26 才是主机号。显然，这就造成一个非常混乱的局面，网络号和主机号发生了混乱。

计算机网络引入了“子网掩码”这个概念来解决类似问题。

子网掩码是一串 32 位的二进制数字，对应于 IP 地址的 32 位数值。IP 地址的网络号部分，子网掩码使用二进制的 1 填满位数。IP 地址的主机号部分，子网掩码使用二进制的 0 填满位数。

由于二进制不好记忆和书写，子网掩码也使用十进制数来表示。

图 2.5　某计算机的 IP 地址

如图 2.5 所示，某计算机的 IP 地址为 202.120.10.6，其子网掩码是 255.255.255.0。利用子网掩码和主机 IP 地址进行逻辑“and”运算后，“网络号”就被自动识别出来，从而表明了主机所在的网络。

首先，将 IP 地址和子网掩码从十进制换算成二进制。202.120.10.6 换算成二进制为 11001010.01111000.00001010.00000110。子网掩码 255.255.255.0 换算成二进制为 11111111.11111111.11111111.00000000。接下来进行逻辑“and”运算，运算过程如下。

IP 地址	11001010.	01111000.	00001010.	00000110
子网掩码	11111111.	11111111.	11111111.	00000000
and 运算后	11001010.	01111000.	00001010.	00000000

运算结果换位十进制　　202.　　120.　　10.　　0

这样可以很容易得到 IP 地址 202.120.10.6 的网络号是 202.120.10。

请注意：子网掩码不能单独存在，需要和 IP 地址结合起来使用。最常用的子网掩码 255.255.255.0 一般应用在 C 类网络中。

6．域名

对于用户来说，使用数字式的 IP 地址来传递电子邮件或访问 Internet 上成千上万的主机显然很不方便，因此人们使用一组简短的用英文表示的名字——域名（Domain Name）来表示每台主机。

例如，前例中主机的 IP 地址是 202.102.134.68，域名为 public.qd.sd.cn，这显然要比用数字表达的 IP 地址更容易记忆。

域名是由圆点分隔开的一串单词或缩写组成的，每个域名都对应一个唯一的 IP 地址，这一命名方法称为域名管理系统（Domain Name System，DNS）。

域名是按从右到左的顺序来描述的，最右边的部分为顶层域，最左边则是具体的主机名。域名示例如图 2.6 所示。

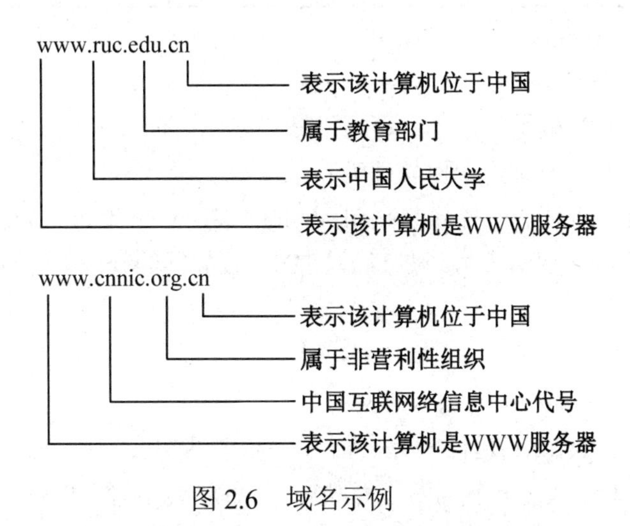

图 2.6　域名示例

顶层域分为网络机构和网络地理位置（国家或地区）两大类。

网络机构也称为非地理域，主要源于 Internet 的发源地美国，一般用 3 个字母组成，如表 2.1 所示。

表 2.1　常见的 Internet 网络机构

顶 层 域 名	含　义
com	商业机构
edu	高等教育机构
gov	政府部门
mil	非保密军事网点
net	网络机构
org	其他机构

地理域名采用国际标准指定的两个字母表示国家（或地区）名称，如表 2.2 所示。

表 2.2　Internet 地理域名一览表

域名	国家或地区	域名	国家或地区
au	澳大利亚	it	意大利
be	比利时	jp	日本
br	巴西	kr	韩国
ca	加拿大	mo	中国澳门
cl	智利	my	马来西亚
cn	中国	nl	荷兰
de	德国	pl	波兰
dk	丹麦	pt	葡萄牙
es	西班牙	ru	俄罗斯
fr	法国	sg	新加坡
gr	希腊	tw	中国台湾
hk	中国香港	uk	英国
in	印度	us	美国

7．DNS 服务器

一台主机既可以用 IP 地址表示，也可以用域名表示。但计算机只能直接识别用二进制数表示的 IP 地址，当用户输入域名时，如何处理呢？

Internet 上专门负责将域名（如 public.qd.sd.cn）转换成 IP 地址（如 202.102.134.68）的主机称为 DNS 服务器（也称域名服务器），只有经过 DNS 服务器的处理，才能通过域名找到 Internet 上的主机。

8．调制与解调

计算机使用的是像 0,1,0,1 这样的数字信号，而电话线传递的是正弦波形的模拟信号，因此数字信号不能直接在电话线上传输。为了能利用电话线传递计算机所用的数字信号，必须先将数字信号转换为电话线所能传递的模拟信号（称为调制）。同样，在通信的另一端，计算机在接收数据时，也必须先将电话线传来的模拟信号转换为数字信号（称为解调）。

调制和解调均需通过一个专用设备来完成，称为调制解调器，其英文缩写为 MODEM。

目前，调制解调器已经基本被淘汰，但一些地区使用的 ADSL 上网设备，仍然采用调制和解调的方式来接入互联网，只是速度要比普通的调试解调器快很多。

预备知识 8　Internet 连接方式

将用户的计算机连入 Internet 有很多种方式，这些方式有着各自的优点和局限性。下面介绍几种比较常见的连接方式。

1．拨号上网

用户通过电话线、调制解调器与 Internet 服务供应商（Internet Service Provider，ISP）的服务

器连接，传输速率较低，一般连接速率为 14.4～56Kbps，主要适用于数据传输量较小的单位和个人，拨号上网示意图如图 2.7 所示。

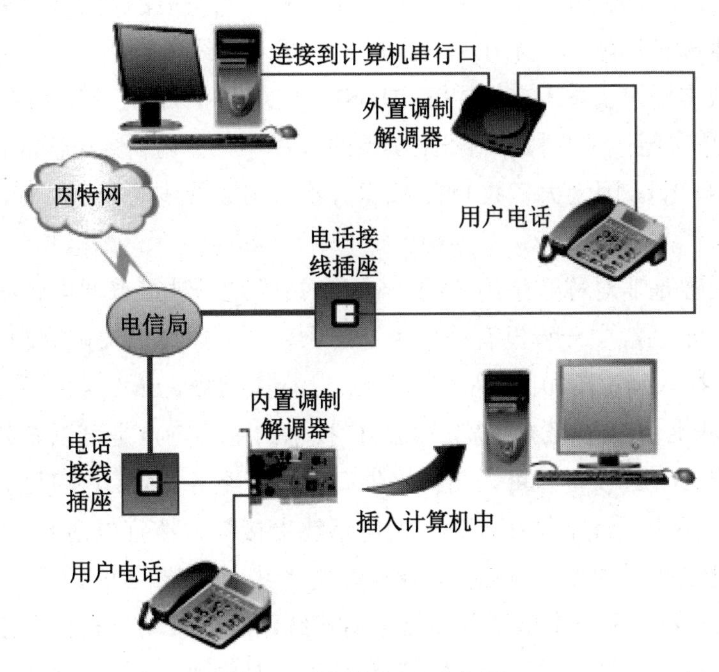

图 2.7　拨号上网示意图

SLIP/PPP 方式是拨号上网使用最广泛的一种拨号连接方式。 SLIP/PPP 是指两种不同的协议 SLIP 和 PPP，它们都应用于两台计算机之间的连接和通信，都使用串行端口。不同的是 SLIP 需要进行网络掩码的设置，而 PPP 则不需要。

当用户采用 SLIP/PPP 方式连接 Internet 时，所需要的连接设备主要有 PC 机、调制解调器和普通电话线。使用 SLIP/PPP 方式时，用户需要使用拨号程序来拨通 Internet 服务供应商的电话号码，线路连通后，用户和 Internet 服务供应商之间就建立了完全的连接。用户连接成功后，用户的计算机就拥有一个动态 IP 地址（每次上网时可能有所不同），成为 Internet 上的一台独立主机，可以访问 Internet 上的所有资源。

由于上网速度太慢，这种上网方式已经被淘汰了，调制解调器接口已经不是笔记本电脑的标准接口了。

2. ISDN 上网

ISDN 的中文名称是综合业务数字网，俗称“一线通”。“一线通”采用数字传输和数字交换技术，将电话、传真、数据、图像等多种业务综合在一个统一的数字网络中进行传输和处理。ISDN 包括两个能独立工作的 B 信道（64Kbps）和一个 D 信道（16Kbps）。其中 B 信道一般用来传输语音、数据和图像，D 信道用来传输信令和分组信息。

用户选择“一线通”2B+D 接口的一个 B 通道上网，速度可以达到 64Kbps，与拨号上网相比速度大大提高。另外，在上网的同时还能通过另一个 B 通道进行电话交流或收发传真。例如，将两个 B 通道捆绑成一个通道使用，速度将达到 128Kbps。

和普通电话线拨号接入互联网一样，由于速度太慢，这种上网方式也已经被淘汰了。

3. ADSL 上网

数字用户线络 DSL（Digital Subscriber Line）是一种不断发展的宽带接入技术，该技术采用更先进的数字编码技术和调制解调技术在常规的用户铜质双绞线上传递宽带信号。目前已经比较成熟并且投入使用的数字用户线技术有 ADSL、HDSL、SDSL 和 VDSL 等。所有这些 DSL 都统称为 xDSL。这些方案都是通过一对调制解调器来实现的，其中一个调制解调器放置在电信局，另一个调制解调器放置在用户侧。因为大多数 DSL 技术并不占用双绞线的全部带宽，因而还为语音通道留有空间。

ADSL 的中文名称是非对称数字用户线，ADSL 技术是一种在普通电话线上进行高速传输数据的技术，它使用了电话线中一直没有被使用过的频率，所以可以突破调制解调器 56Kbps 传输速度的极限，ADSL 接入示意图如图 2.8 所示。ADSL 支持 1.5～8Mbps 的下行数据传输速率（带宽）和 16Kbps～1Mbps 的上行数据带宽。ADSL 技术的主要特点是可以充分利用现有的电话网络，在线路两端加装 ADSL 设备即可为用户提供高速宽带服务。ASDL 的另一个特点在于它可以与普通电话共存于一条电话线上，在一条普通电话线上接听、拨打电话的同时进行 ADSL 传输而又互不影响，而且上网无须支付电话费。在现有电话线上安装 ADSL，只需一台 ADSL 终端设备（也称 ADSL Modem）和一个电话分离器，用户线路不必改动，非常方便。ADSL 还可以实现视频点播、家庭办公、远程医疗、远程教学等功能，是中小型企业、机关等部门连接 Internet 较经济的方案之一。

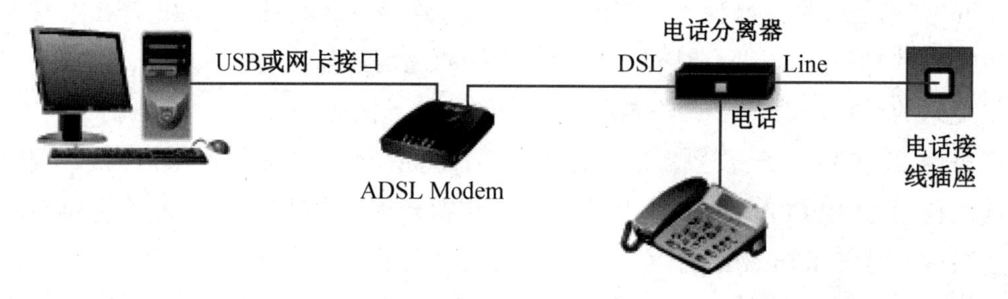

图 2.8　ADSL 接入示意图

ADSL 接入 Internet 有虚拟拨号和专线接入两种方式。采用专线接入的用户只要开机即可接入 Internet。采用虚拟拨号的用户需要采用类似拨号上网和 ISDN 的拨号程序，在使用上与原来的方式没有什么不同。虚拟拨号是指用 ADSL 接入 Internet 时同样需要输入用户名和密码，但 ADSL 接入的并不是具体的接入号码。

目前，随着光纤技术的发展，特别是小区宽带大行其道，虚拟拨号 ADSL 接入方式正逐渐淡出互联网的连接舞台。

4. DDN 上网

DDN 即数字数据网（Digital Data Network），是采用数字传输信道传输数据信号的通信网，可提供点对点、点对多点透明传输的数据专线出租电路，为用户传输数据、图像、声音等信息。数字数据网以光纤为中继干线网络，组成 DDN 的基本单位是节点，节点间通过光纤连接，构成网状的拓扑结构，用户的终端设备通过数据终端单元（DTU）与就近的节点机相连。

DDN 专线就是市内或长途的数据电路，电信部门将它们出租给用户作资料传输使用后，它们就变成用户的专线，直接进入电信的 DDN 网络，因为这种电路是采用固定连接的方式，不需经过交换机房，所以被称为固定 DDN 专线。常见的固定 DDN 专线按传输速率可分为 14.4K、28.8K、64K、128K、256K、512K、768K、1.544M（就是常说的 T1 线路）及 44.763M（T3）九种，目前，DDN 可达到的最高传输速率为 155Mbps。

过去这种所谓专线的技术单纯用来连接相隔两地的区域网络，现在利用它直接进入电信主干数据网，应用范围获得了极大扩展。例如，利用它实现高速上网，ISP 公司拉上几条专线就可以经营 ISP 服务，网吧也可以利用专线使客户享受高速上网的乐趣。

因为 DDN 的主干传输为光纤传输，采用数字信道直接传递数据，所以传输质量高。采用专线连接的方式直接进入主干网络而不必选择路由，所以时延小、速度快。14.4K 的 DDN 绝对比 14.4K 的拨号上网快得多，并且采用点对点或点对多点的专用数据线路特别适用于业务量大、实时性强的用户。

DDN 专线需要铺设专用线路从用户端进入主干网络，所以使用专线和使用拨号上网一样要付两种费用：一是电信月租费，就像拨号上网要付电话费一样；另一种费用则是网络使用费，另外还有电路租用费等费用，用户端还需要专用的接入设备和路由器，其花费对于普通用户来说是承受不了的。例如，中国电信 14.4K 的 DDN 一个月就需要数千元费用，所以 DDN 不适合普通的互联网用户。

DDN 用于宽带接入，相同的带宽，费用却是其他上网方式的数百倍甚至上千倍，唯一的好处就是它接在主干网络上反应较快。随着 ADSL 等技术的普及，DDN 的未来还是一个未知数。

5. 小区宽带上网

以小区为单位的宽带接入方式称为小区宽带，小区宽带通常采用 FTTB+LAN 宽带网接入技术[简称 FTTB]，小区宽带接入方式示意图如图 2.9 所示。

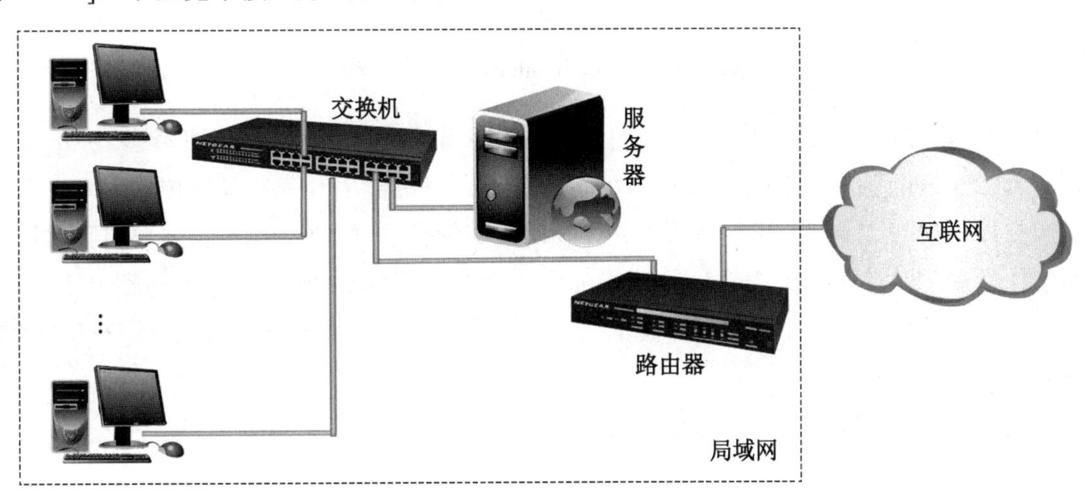

图 2.9　小区宽带接入方式示意图

FTTB 是一种基于优化高速光纤局域网技术的宽带接入方式，采用光纤到楼、网线到户的方式实现用户的宽带接入，这是一种合理、实用、经济有效的宽带接入方式。小区宽带接入采用单模光纤高速网络实现千兆到社区、局域网百兆到楼宇，十兆到用户。由于小区宽带仿佛是互联网里面的一个局域网，所以使用小区宽带不需要拨号，并且小区宽带专线接入互联网，用户只要开机即可接入 Internet。小区宽带上网只有快或慢的区别，不会产生接入遇忙的情况，因为小区宽带上网并不经过电话交换网接入 Internet，只占用宽带网络资源，用小区宽带浏览互联网时，不产生电话费。

小区宽带对硬件要求和普通局域网的要求一样：计算机和 10M 以太网卡，对用户来说硬件投资非常少。小区宽带高速专线上网，用户不但可以享用 Internet 的所有业务，即通过互联网查询信息、寻求帮助、邮件通信、电子商务、股票证券操作，而且还可以享用 ISP 另外提供的诸多宽带增值业务，即远程教育、远程医疗、交互视频（VOD、NVOD）、交互游戏、广播视频等，并且小区宽带和线缆方式上网相比可以充分保证每个用户的带宽，因为每个用户最终的 10M 带宽是独享的。

目前，小区宽带上网是最常见的接入互联网的方式。提供小区宽带接入服务的 ISP 很多，比较大的 ISP 有中国电信、中国联通、长城宽带等。

6．线缆（Cable Modem）上网

所谓 Cable Modem 即电缆调制解调器，又称线缆调制解调器，是一种将数据终端设备（计算机）连接到有线电视网（Cable TV），使用户能够进行数据通信，访问 Internet 等信息资源的设备。它是近年来随着网络应用的扩大而发展起来的，主要用于通过有线电视网进行数据传输，Cable Modem 接入示意图如图 2.10 所示。

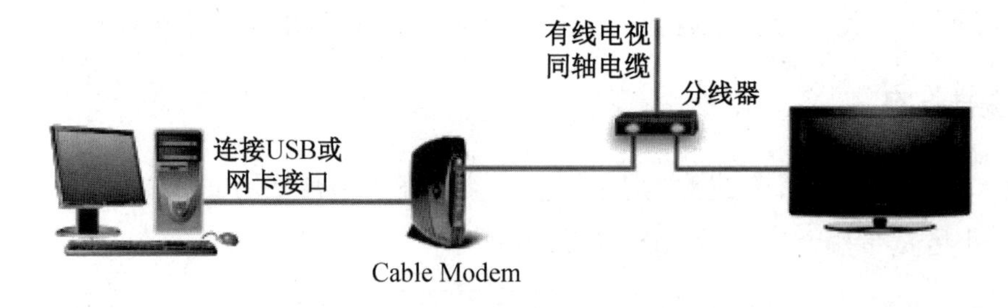

图 2.10　Cable Modem 接入示意图

Cable Modem 彻底解决了由于声音、图像的传输而引起的阻塞，其上行速率达 10Mbps 以上，下行速率为 38Mbps。但是，目前尚无 Cable Modem 的国际标准，各厂家产品的传输速率也不相同。

利用有线电视网络上网的优点是可以充分利用现有的有线电视网络，不需要再单独架设网络，并且速度比较快。但它的缺点是 Cable Modem 上行 10M 下行 38M 的信道带宽是整个社区用户共享的，一旦用户数增多，每个用户所分配的带宽就会急剧下降，而且其致命的缺陷在于它的网络安全性较差。

目前情况来看，线缆上网也难逃被淘汰的命运。

7．无线上网

无线上网的方式有多种，如卫星上网、GPRS 上网等。尽管采用的技术方法和上网的方式有所不同，但都是利用无线连接设备将用户的终端连接到 Internet 的。

卫星上网是指用户通过计算机卫星调制解调器、卫星天线和卫星配合接入 Internet。它是一种

非对称的接入方式，可以向用户提供400Kbps的互联网下载速度，传输速率最高可达3Mbps，可进行卫星广播式服务，如大文件投递、多媒体广播、网页广播等。卫星上网服务覆盖范围广泛，可覆盖全国。

GPRS是通用分组无线服务技术（General Packet Radio Service）的简称。它使通信速率从56Kbps上升到171.2Kbps，并且支持计算机和移动用户的持续连接。

GPRS基于GSM的无线通信技术，是互联网在无线应用上的延伸。GPRS使用户可以在手持设备和笔记本电脑上实现WWW浏览、E-mail、视频会议等互联网应用。

尽管利用无线上网方式可以将用户的固定终端甚至局域网连接到Internet，但由于技术、费用等因素，目前的无线上网主要指移动终端设备（如笔记本电脑、PDA等）以无线方式接入Internet。

移动设备的无线上网可以用五种方式实现：笔记本电脑或iPad等终端设备的内置无线功能（Wi-Fi）上网；通过外置无线Modem上网、通过内置Modem的红外移动电话上网、通过一种可以安装移动电话SIM卡的无线上网，以及通过串行数据电缆连到移动电话上网。

目前，由于无线热点的增多，使用笔记本电脑，打开Wi-Fi上网功能，就可以寻找到三大无线运营商的Wi-Fi信号。中国移动的随e行功能如图2.11所示，在浏览器中打开中国移动相关网页，输入手机号码，通过短信验证确认后就可以实现无线上网，上网费用将由手机负担。

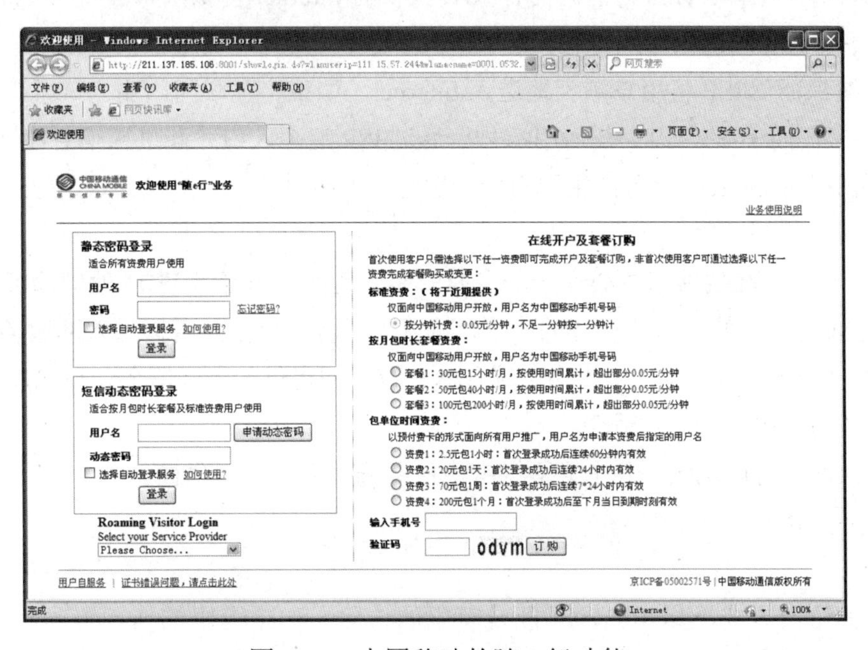

图2.11 中国移动的随e行功能

除了使用无线热点，目前使用最广泛的无线上网方式是使用无线上网卡。用户只需将自己的移动电话SIM卡插入，即可实现笔记本电脑的无线数据传输。它无需专用的连接设备，没有对手机型号的限制，操作比较简单。USB接口无线上网卡如图2.12所示。

无线上网的特点在于可以实现真正意义上的移动办公，有效地解决了移动终端接入Internet必须依赖网线或电话线的束缚，可以让用户借助笔记本电脑或PDA等移动设备灵活地接入互联网或企业网，随时随地轻松接收及发送信息、娱乐或进行移动办公，非常适合商务人士和集团客户的移动办公需求。目前，4G网络的成熟发展，智能手机和平板电脑的广泛应用，为无线上网提供了广阔的场景。未来必定是一个无线网络的时代。

图 2.12　USB 接口无线上网卡

预备知识 9　选择合适的 ISP

提供 Internet 访问和信息服务的公司或机构，称为 Internet 服务供应商（Internet Services Provider，ISP）。ISP 的主要工作就是配置用户与 Internet 相连所需的设备，并建立通信连接，为用户提供信息服务。

用户要想连入 Internet，一般情况下，不可能直接由自己来完成和 Internet 主干网的连接工作，而是由 ISP 来协助完成的，通常 ISP 具备和 Internet 主干网络相连的高速通信线路，或者直接拥有自己的高速国际线路出口。此外，他们拥有 NIC 授权的 Internet 资源，如 IP 地址、域名等。另外，ISP 一般还具备提供 Internet 服务所需的较为昂贵的设备，如高速线路、主机系统、路由设施等。这些设备和资源保证了 ISP 将用户顺利地送入 Internet。如果将互联网比喻为一条信息高速公路，那么，ISP 就像高速公路的入口，任何用户只有通过 ISP 这个入口才能进入信息高速公路。

当前在国内提供 Internet 服务的主要有中国联通、中国电信、中国移动等，另外还有一些提供服务的网络公司。

除此之外，一些高校的网络中心和一些专业的网络通信公司都是 ISP，他们都可以向用户提供接入 Internet 的业务。学校和科研单位的职工，可以先了解本单位是否提供入网服务。目前，全国已有 1000 多所大学与 Internet 直接连通，选择本校校园网提供的入网服务，可以享受很多校内的优惠，而且其资源和服务也比较适合。

其他用户入网，可以从如下几个方面来考虑所要选择的服务提供商。

1．访问方式

ISP 提供的访问方式不尽相同，可能是有限的访问。一个有限的访问账号不能提供全部的 Internet 服务和资源，可能只提供电子邮件服务或访问有限的 Internet 站点。也可能是全功能访问，即可以利用全部的 Internet 服务和资源。大多数 ISP 都提供这种方式的服务。

2．良好的信誉

用户选择 ISP 希望保持一定的稳定性，一旦改变 ISP，就要重新申请服务账号、E-mail 地址等用户信息，因此应选择信誉良好的 ISP，当出现问题或纠纷时可以得到及时解决，而无须更换 ISP。

3．优质的服务

要选择一个服务好、有良好发展前景的 ISP。选择一个服务好的 ISP 会给你减少很多麻烦。大部分的 ISP 都提供入网全套服务：赠送上网设备、上门安装和配置网络、入网免费培训、上门解决问题等。

由于 Internet 用户是全天候上网，因此 ISP 能否提供 24 小时技术支持热线服务也是一个要素，如果 ISP 只提供正常工作时间的技术支持，则不利于用户解决随时可能发生的问题。

4. 较高的性能

ISP 提供的服务器性能是否稳定、是否支持高速率的接入都直接影响用户的使用质量和效率，如果 ISP 的服务器不能很快地为用户传递信息或数据传输率较低，用户端计算机的性能再好、上网设备的速度再快也无济于事。

ISP 性能主要从以下几个指标来衡量。

① 带宽。ISP 有足够的带宽才能确保在上网人数较多的时间不至于造成线路阻塞，这是非常关键的因素。选择高速率的带宽既节省费用，还节省时间，从而提高效率。

② 中继线数目。中继线的数目与 ISP 平均上网人数之比关系到拨号上网的成功率，要看 ISP 是否有充足的中继线为用户服务，一般一条线最多供 20～30 个用户使用。

预备知识 10 上网手续的办理

用户上网必须要使用 ISP 的硬件资源（线路、上网设备、远程通信服务器、电子邮件所占用的硬盘存储空间、国际联网线路等）和软件资源（网络服务供应商的本地信息服务、月租费等），因此用户要支付上网费。

目前，常用的上网账号有以下几种。

① 固定账号：到电信部门或 ISP 处申请。

② 上网卡账号：账号和密码都附在销售的各类上网卡上。

③ 公用主叫账号：通过一些主叫电话号码直接使用，不需要申请，上网费和通信费均由拨号上网的电话账号承担，每月与普通电话费一起缴纳。例如，用户可以搜到的许多 WLAN 网络。

在我国，如果是商业用户或个人用户，只需携带身份证或有效证件到商业 ISP 或代理机构办理即可。填写入网登记表，并且签写入网安全协议。ISP 提供的数据大致相同，这些数据与 Internet 连接有直接关系，要仔细阅读。

项目实施步骤

子项目 1 建立 Internet 连接

Windows、Unix 等操作系统平台都可以连接 Internet。本书以 Windows 10 中文版为例介绍通过虚拟连接的方式接入 Internet 的方法。

注意：在建立连接之前，需要知道 ISP 提供的用户名和密码，然后把 ISP 引入的网线插入计算机的网卡接口中。如果使用 ADSL 上网，需要将电话线插入 ADSL 设备上，然后从设备上连接一根网线到计算机上。

建立 Internet 连接步骤如下。

① 打开 Windows 10 开始菜单，选择“设置”选项，如图 2.13 所示。

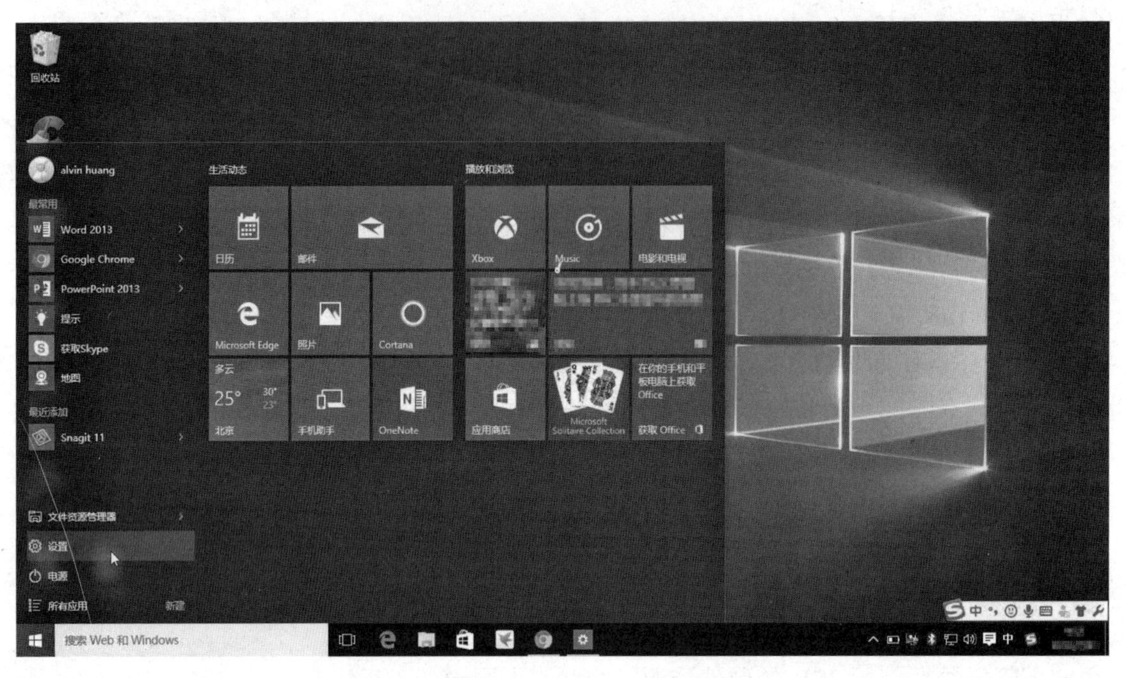

图 2.13 Windows 10 开始菜单

② 在弹出的“设置”对话框中，选择“网络和 Internet”选项，如图 2.14 所示。

图 2.14 “设置”对话框

③ 在“网络和 INTERNET”窗口中，先选择左侧的“拨号”选项，再选择右侧的“设置新连接”选项，如图 2.15 所示。

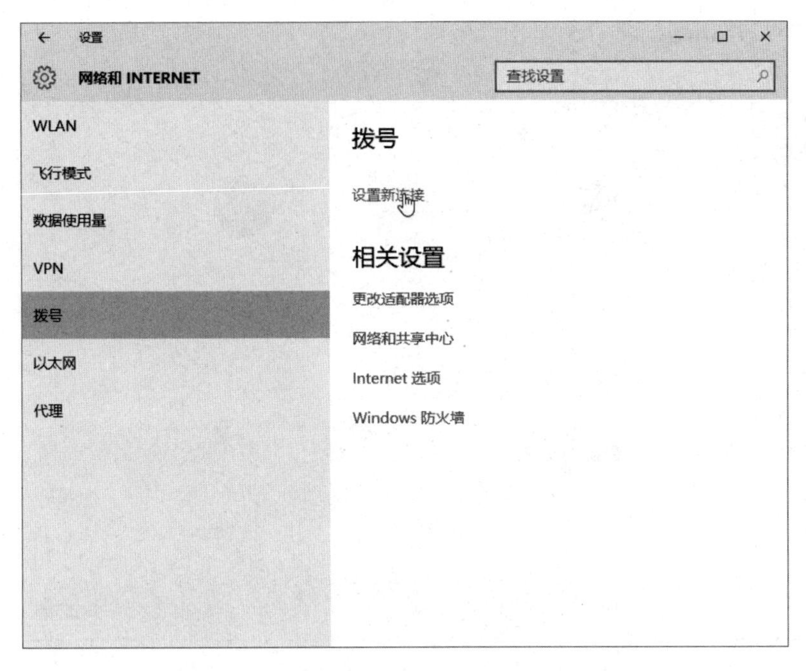

图 2.15 “网络和 INTERNET”对话框

注意：此处的连接和使用调制解调器通过电话线拨号时是不同的，并不会出现拨打电话时的声音和动作，仅是一种虚拟拨号行为。

④ 在弹出的“设置连接或网络”对话框中，选择“连接到 Internet”选项，单击下一步按钮，如图 2.16 所示。

图 2.16 “设置连接或网络”对话框

⑤ 在弹出的“连接到 Internet”对话框中，选择“设置新连接”选项，如图 2.17 所示。

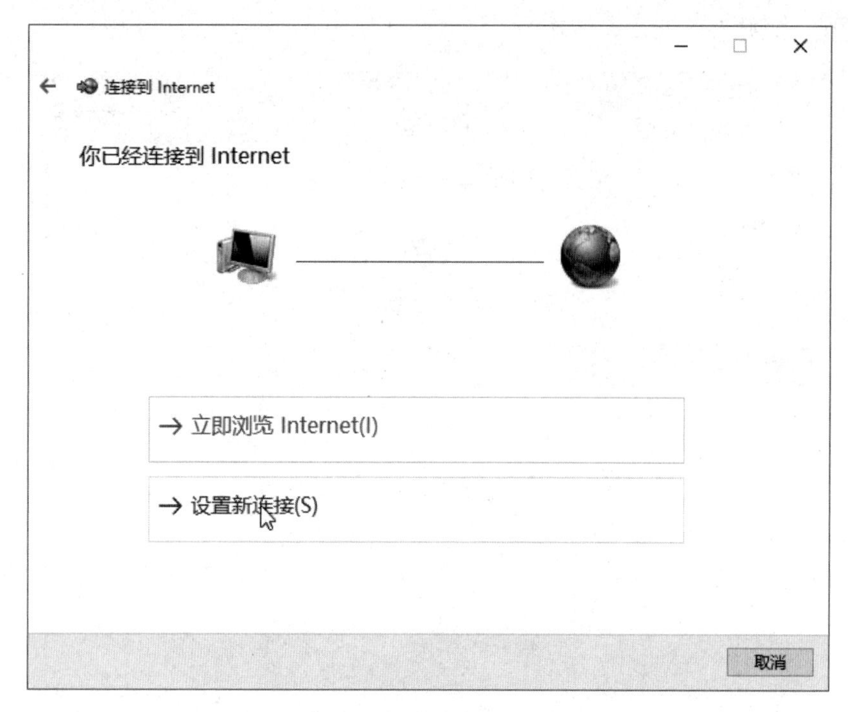

图 2.17 “设置新连接”选项

⑥ 在弹出的“连接到 Internet”对话框中，选择“宽带（PPPoE）”选项，如图 2.18 所示。

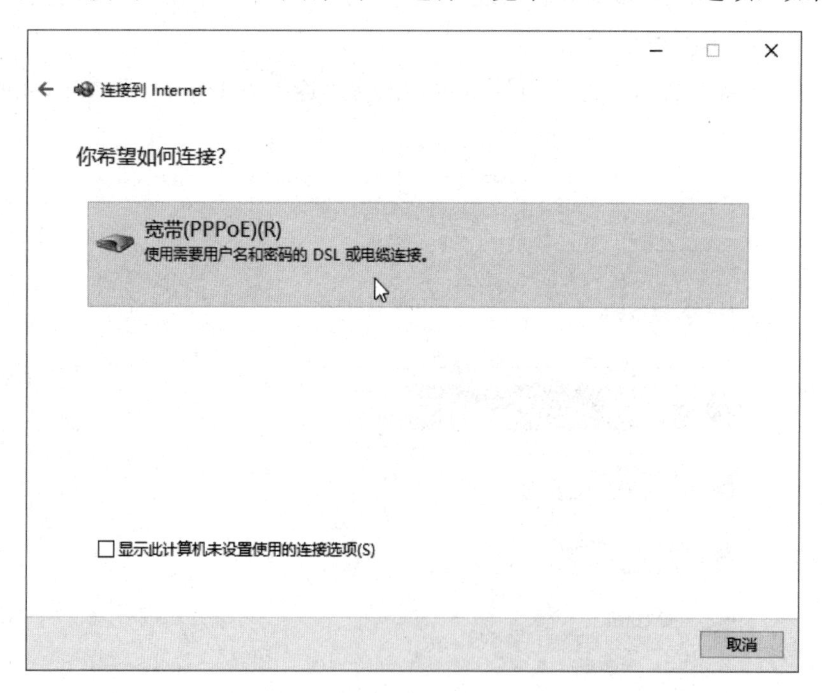

图 2.18 “宽带（PPPoE）”选项

PPPoE 基于以太网的点对点网络协议，一般用于宽带的连接和计费。它利用以太网将大量主机组成网络，通过一个远端接入设备连入 Internet，并对接入的每个主机实现控制、计费功能。所以使用 PPPoE 连接，需要使用用户名和密码。

同样是通过网线接入 Internet，家庭上网和学校微机室里的计算机是不一样的。因为不牵涉到计费的问题，学校微机室里的计算机只需正确配置 IP 地址就可以接入 Internet 了。而家庭上网，由于要计费，就需要通过 PPPoE 来完成接入 Internet 的过程，而 IP 地址由连接的路由器或服务器来随机分配。

⑦ 在如图 2.19 所示的"连接到 Internet"对话框中，输入 Internet 服务提供商提供的用户名和密码，连接的名称可以使用默认名称"宽带连接"，也可以修改成其他名称。最后，单击"连接"按钮。

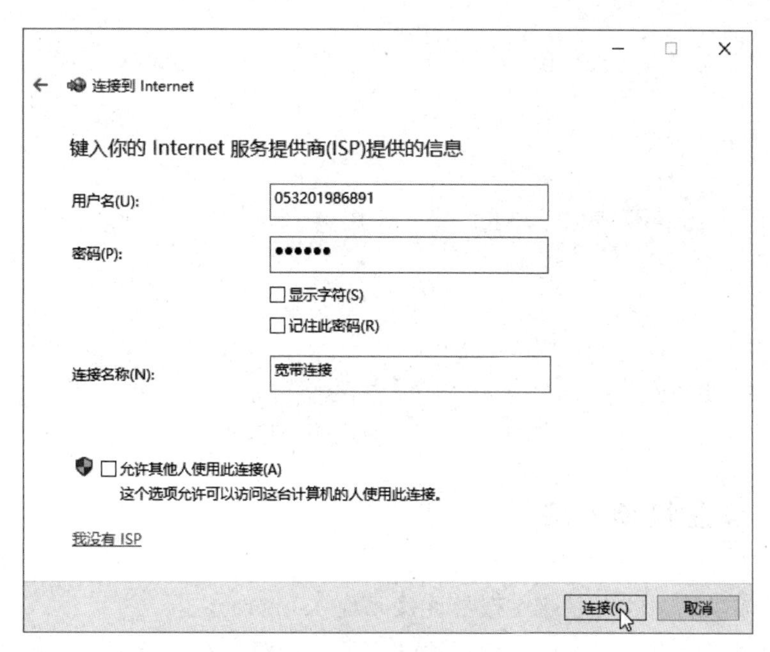

图 2.19　"连接到 Internet"对话框

⑧ 此时，计算机会自动完成连接到 Internet 的过程，如图 2.20 所示。

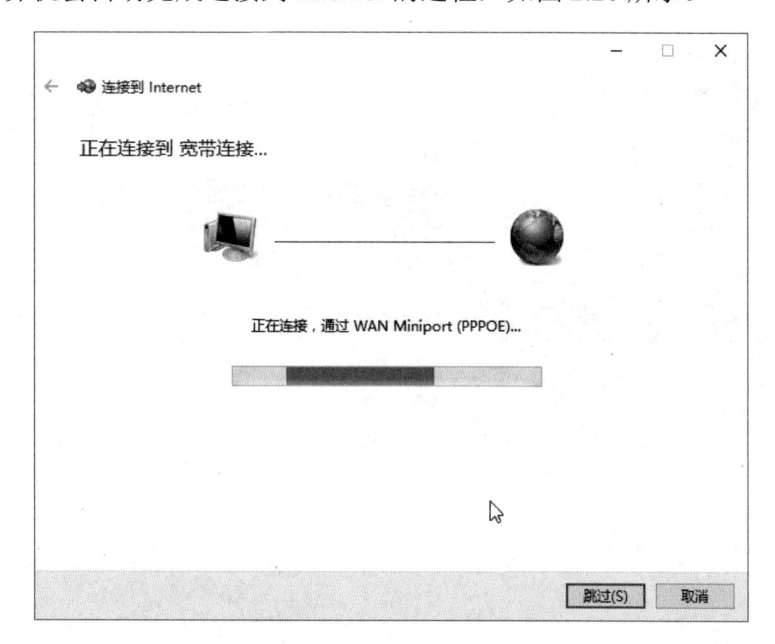

图 2.20　连接到 Internet

⑨ 当出现如图 2.21 所示的对话框界面时，就表示宽带连接成功了。此时可以选择“立即连接”选项接入 Internet，也可以单击“关闭”按钮，关闭对话框。

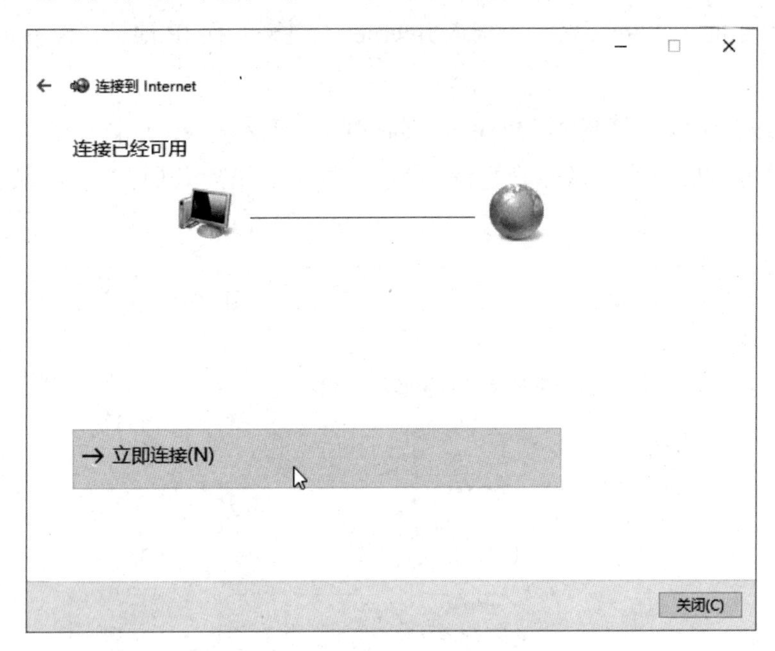

图 2.21 “立即连接”选项

子项目 2 设置拨号连接

在宽带连接完成以后，就可以通过拨号连接来连入 Internet 了。

在开始菜单中选择“设置”选项，然后在弹出的“设置”对话框中，选择“网络和 Internet”选项，打开“网络和 INTERNET”窗口，如图 2.22 所示。在窗口的左侧选择“拨号”选项，可以发现右侧出现了一个名为“宽带连接”的选项。

图 2.22 “网络和 INTERNET”窗口

选择“宽带连接”选项，会出现“连接”“高级选项”“删除”3 个按钮，如图 2.23 所示。单击“连接”按钮可以连入 Internet；单击“删除”按钮可以将“宽带连接”的设置删除。

单击“高级选项”按钮，弹出“宽带连接”窗口如图 2.24 所示。在这个窗口中可以查看连接的属性，以确定是否对其进行修改。

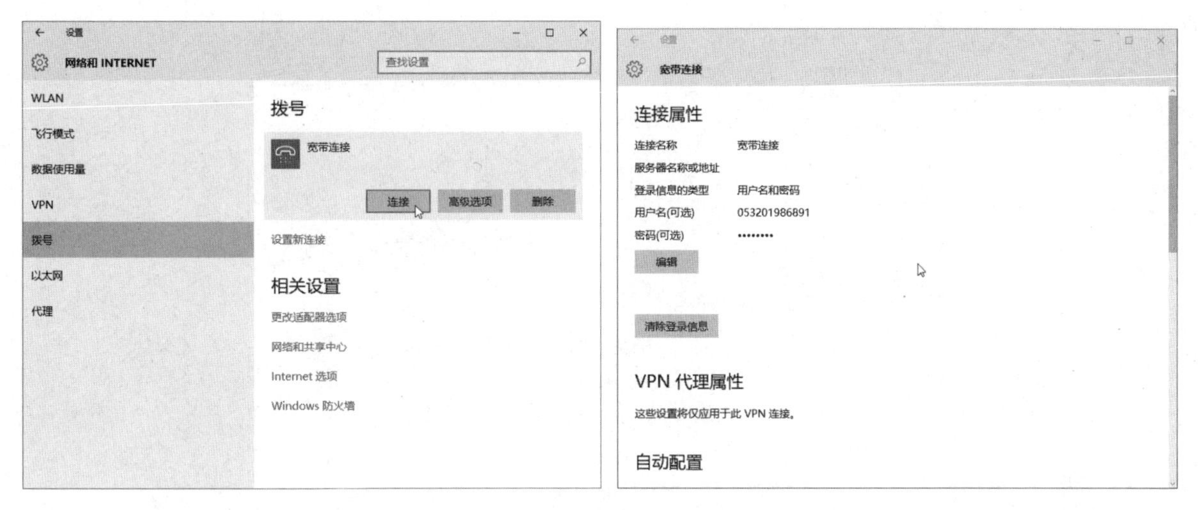

图 2.23 “宽带连接”选项　　图 2.24 “宽带连接”窗口

单击“编辑”按钮，弹出“编辑 VPN”窗口，如图 2.25 所示，可以对用户名和密码等进行修改。单击“保存”按钮，修改的配置将被保存，在下一次连入 Internet 时生效。

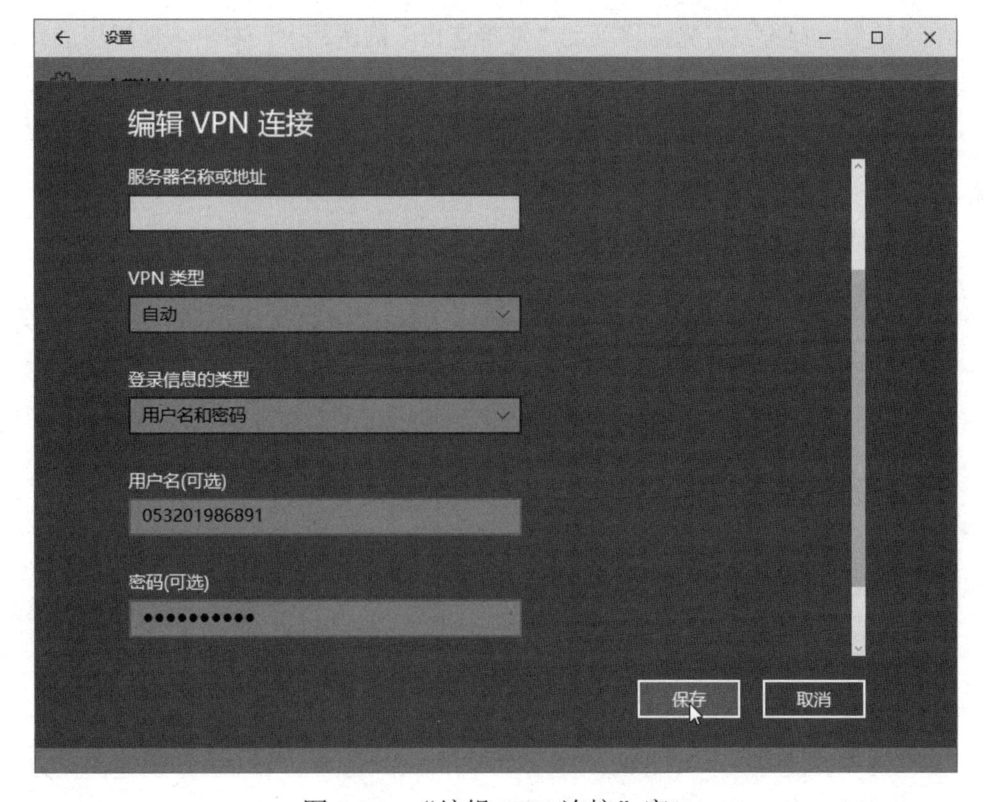

图 2.25 “编辑 VPN 连接”窗口

使用设置拨号连接的方法连入 Internet 是一个非常麻烦的过程，每次都要进入设置，打开“网络和 INTERNET”窗口，执行相关操作。在桌面上建立一个“宽带连接”的快捷方式，可以使这一过程变得非常简单。

首先还是在开始菜单中选择“设置”选项，其次选择“网络和 Internet”选项，再次在左侧选择“拨号”，最后在右侧选择“更改适配器选项”选项，如图 2.26 所示。

图 2.26　“更改适配器选项”选项

在“网络连接”窗口中，将光标移动到“宽带连接”的图标上，右击，在弹出的快捷菜单中，选择“创建快捷方式”选项，如图 2.27 所示。

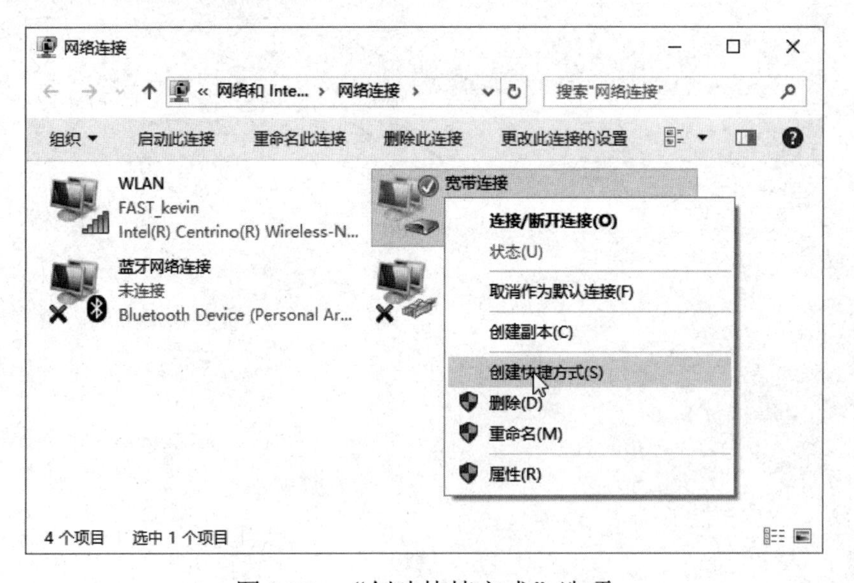

图 2.27　“创建快捷方式”选项

这时，会弹出“快捷方式”警告框，提示“Windows 无法在当前位置创建快捷方式”，如图 2.28 所示，该对话框提示快捷方式会建立在桌面上。单击“是”按钮。桌面上就会出现一个名为“宽带连接-快捷方式”的图标，如图 2.29 所示。双击该图标就可以连入 Internet 了。

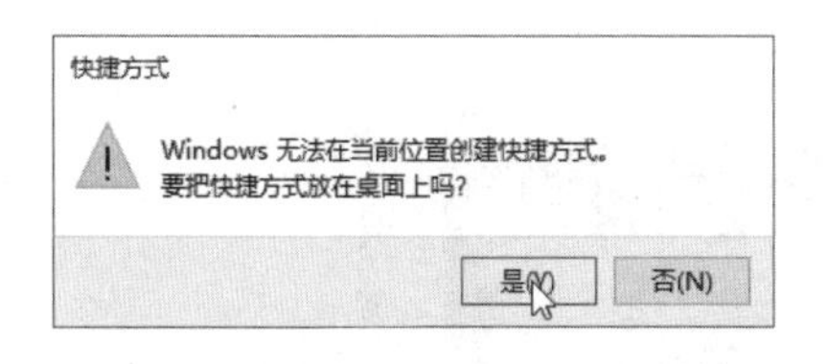

图 2.28　“快捷方式”警告框

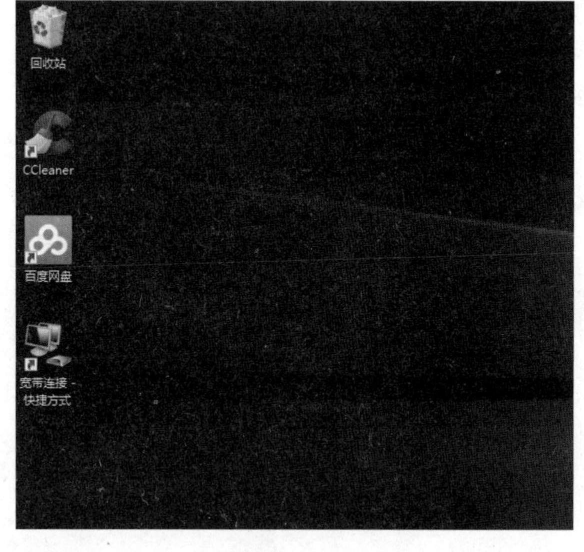

图 2.29　“宽带连接-快捷方式”的图标

单击“断开”按钮，可以随时中断与网络的连接。

子项目 3　设置无线路由器

随着智能手机、平板电脑的普及，无线网络大行其道。无线路由器，特别是家庭用的小型无线路由器，因为价格便宜，设置简单，深受用户欢迎。

因为路由器一接通电源，就会自动进行拨号连接，不需要在计算机上的拨号过程，所以非常方便。一般家庭，都是把从户外进入家庭的网线先接入路由器，然后将其他设备通过路由器来接入 Internet。下面以设置家庭用小型无线路由器为例，简单介绍设置无线路由器的方法。

1．设置路由器前的准备工作

首先，要将路由器和计算机连接起来。无线路由器背面的接口如图 2.30 所示。

图 2.30　无线路由器背面的接口

如图 2.30 所示，该路由器共有 5 个可供双绞线连接的接口，1 个标记为 WAN，另外 4 个

标记为 LAN，这 5 个接口一般用两种颜色进行区分。其中 WAN 是用来接入互联网的，也就是从楼道小区宽带中接入家中的双绞线接入 WAN 接口。而 LAN 是用来通过双绞线和计算机的网卡接口相连的。

然后，对路由器的 IP 地址进行设置。将双绞线一头插入计算机的网卡接口，另一头接入路由器任意的一个 LAN 接口。

要想对网络中的设备进行访问，除了通过传输介质进行有效的连接，还需要保证 IP 地址在同一个网段中。所以接下来还需要设置一下 IP 地址。

无线路由器出场时，厂家为它设置了一个 IP 地址，这个 IP 地址被印刷在产品铭牌上，如图 2.31 所示，该无线路由器的 IP 地址是 192.168.1.1。

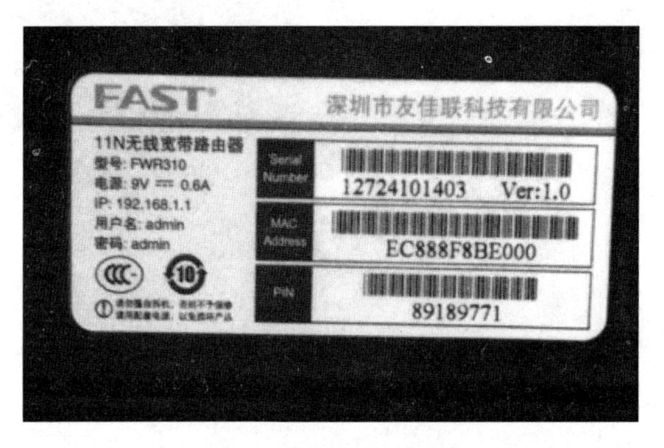

图 2.31　无线路由器的铭牌

这样，我们需要将计算机的 IP 地址改为 192.168.1.2～192.168.1.253 之间的任一个。也就是说最后一个数字可以更改，其他数字不要更改。

其次，在“开始”菜单中选择“设置”选项，单击“网络和 Internet”按钮。在“网络和 Internet”窗口的左侧选择“以太网”选项，然后在右侧选择“更改适配器选项”选项，如图 2.32 所示。

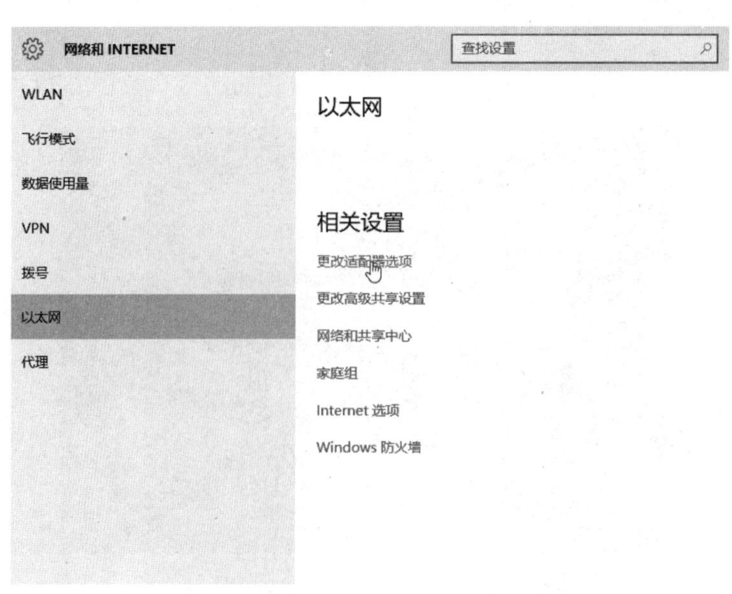

图 2.32　“更改适配器选项”选项

在弹出的窗口中，将光标移动到“以太网”的图标上，右击，在弹出的快捷菜单中选择“属性”选项，如图 2.33 所示。注意，如果“以太网”图标上有红色的“×”，说明双绞线的连接有问题，或者路由器的电源没有打开，需要检查一下，排除存在的问题。

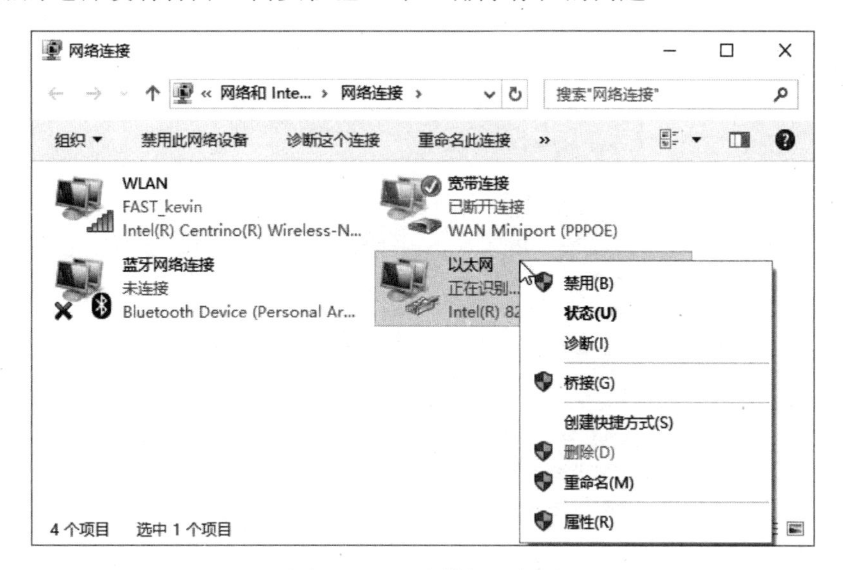

图 2.33　“属性”选项

在弹出的“以太网 属性”对话框中，勾选“Internet 协议版本 4（TCP/IPv4）”复选框，单击“属性”按钮，如图 2.34 所示。

图 2.34　“以太网 属性”对话框

在“Internet 协议版本 4（TCP/IPv4）属性”对话框中，单击“使用下面的 IP 地址”单选按钮，在“IP 地址”文本框中输入“192.168.1.2”，在“子网掩码”文本框中输入“255.255.255.0”，在“默认网关”文本框中输入“192.168.1.1”，单击“确定”按钮，如图 2.35 所示。

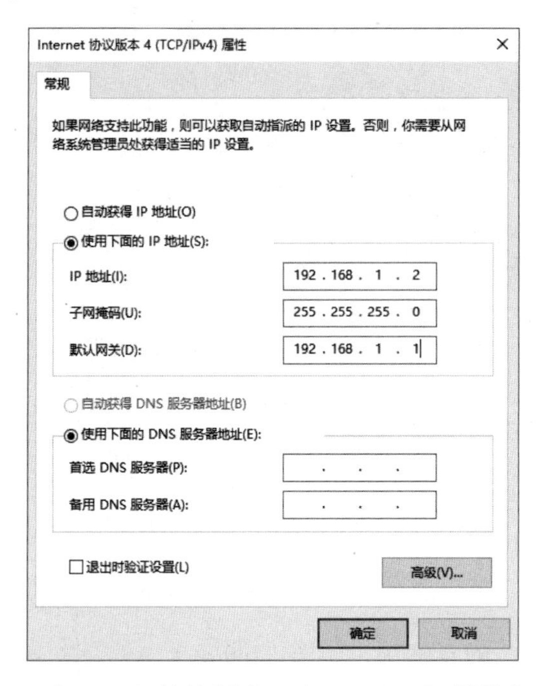

图 2.35　“Internet 协议版本 4（TCP/IPv4）属性”对话框

最后，依次关闭“Internet 协议版本 4（TCP/IPv4）属性”对话框、“以太网 属性”对话框，关闭“设置”窗口，完成 IP 地址的设置。

2．设置路由器

在完成连接工作之后，就可以对路由器进行设置了。家庭用的无线路由器提供了两种设置方式，一种是自动设置，这种方式比较简单，只需输入几个值就可以了。另一种是手动配置，这种方式相对麻烦，但可以实现许多特定的功能。

（1）自动设置路由器

打开 IE 浏览器，在地址栏输入路由器的 IP 地址 192.168.1.1，按回车键后弹出“Windows 安全”对话框，如图 2.36 所示，按要求输入登录的用户名和密码。

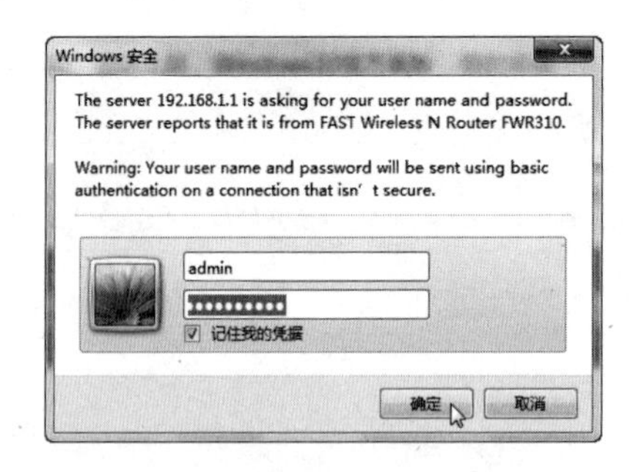

图 2.36　“Windows 安全”对话框

注意，这个用户名和密码并不是接入互联网的用户名和密码，而是登录到路由器，对路由器进行设置的用户名和密码。路由器默认的用户名和密码都是 admin。输入 admin 后，单击“确定”

按钮，弹出路由器设置界面，如图 2.37 所示。

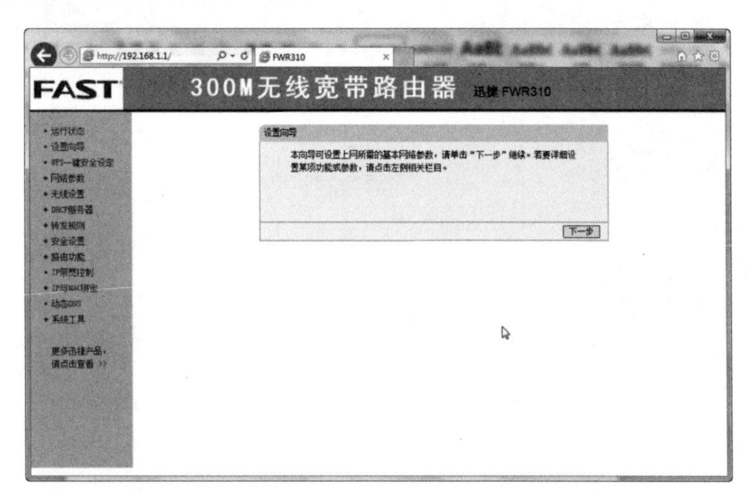

图 2.37　路由器设置界面

注意：因为大多数路由器的登录用户名和密码都是 admin，因而建议修改密码，以免黑客劫持路由器。

在默认情况下，路由器会打开设置向导，帮助用户对路由器进行自动设置，只需单击“下一步”按钮即可。如果设置向导没有运行，可以单击左侧的“设置向导”将其打开。

第一步是设置上网方式，如图 2.38 所示。一共有 3 种上网方式可供选择，根据 ISP 提供的方式选择相应的选项，单击“下一步”按钮即可。选择动态 IP 方式不需要特殊设置；选择静态 IP 方式，需要输入服务商提供的 IP 地址；选择 PPPoE 方式，需要输入网络服务商提供的 ADSL 上网账号和上网口令。

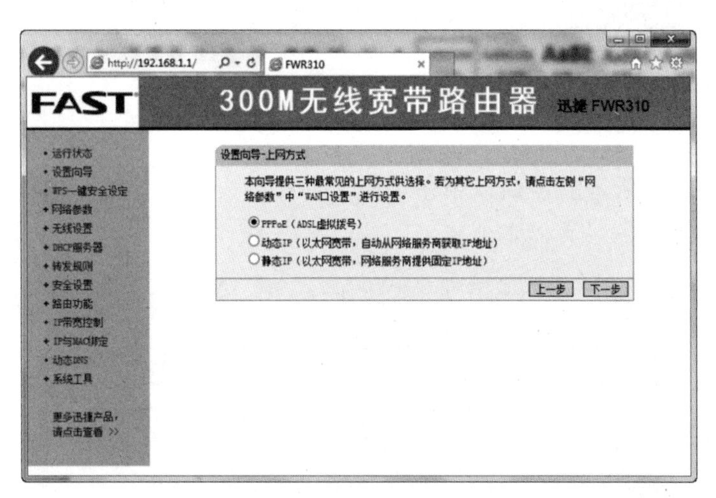

图 2.38　设置上网方式

选择 PPPoE 方式，在弹出的窗口中输入 ISP 提供的上网账号和上网口令，如图 2.39 所示。

第二步，需要对无线网络进行设置，其中 SSID 是无线网络名字，PSK 密码是其他设备通过无线路由器接入互联网所需的 Wi-Fi 密码，其他的可以直接采用默认值即可。出于信息安全的考虑，对 SSID 和密码进行了遮挡，如图 2.40 所示。

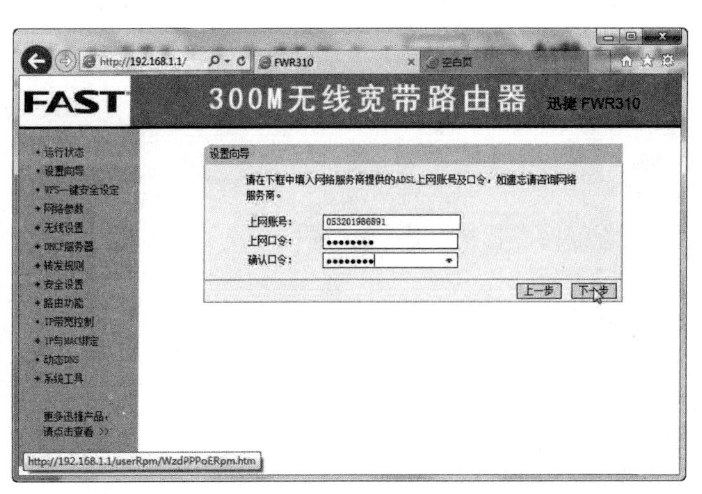

图 2.39　服务商提供的上网账号和上网口令

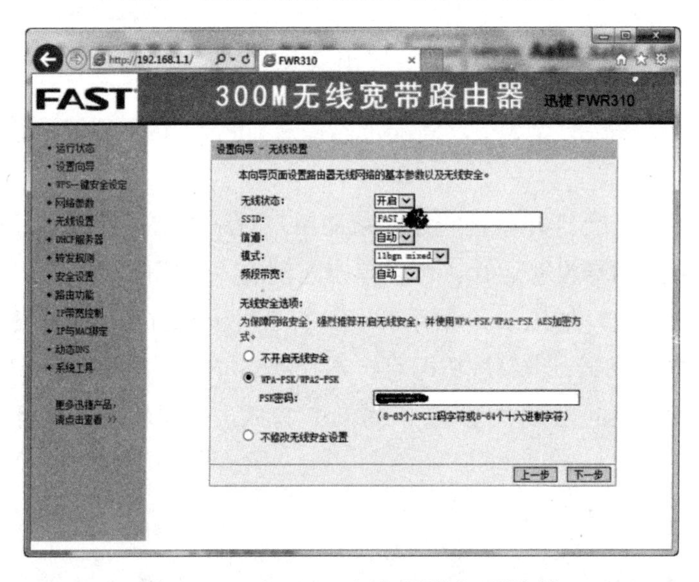

图 2.40　对 SSID 和密码进行了遮挡

此时，弹出如图 2.41 所示的窗口，单击“重启”按钮，路由器重新启动，完成整个路由器的设置。

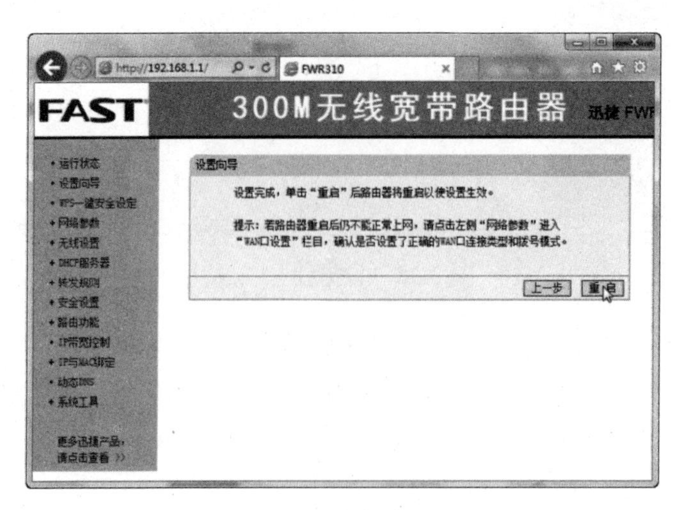

图 2.41　重启路由器

（2）手动设置路由器

在通过运行向导对路由器进行设置之后，常常需要对路由器进行手动设置，使得路由器更符合个人的使用习惯。

在设置路由器的界面中，选择“运行状态”选项，可以查看当前路由器的运行状态，如图 2.42 所示。

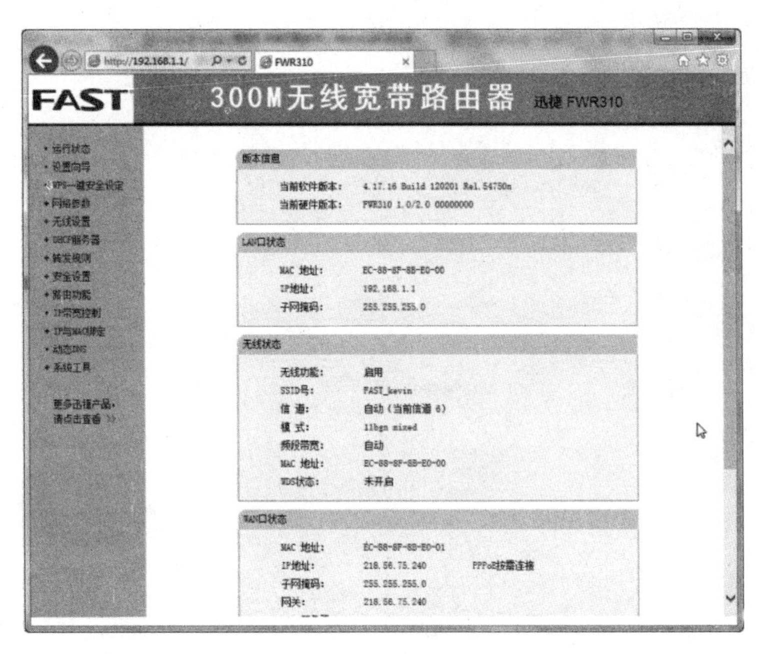

图 2.42　当前路由器的运行状态

选择“网络参数”选项，可以对 LAN 口、WAN 口等进行设置。“WAN 口设置”界面如图 2.43 所示，对上网账号和上网口令进行更改。

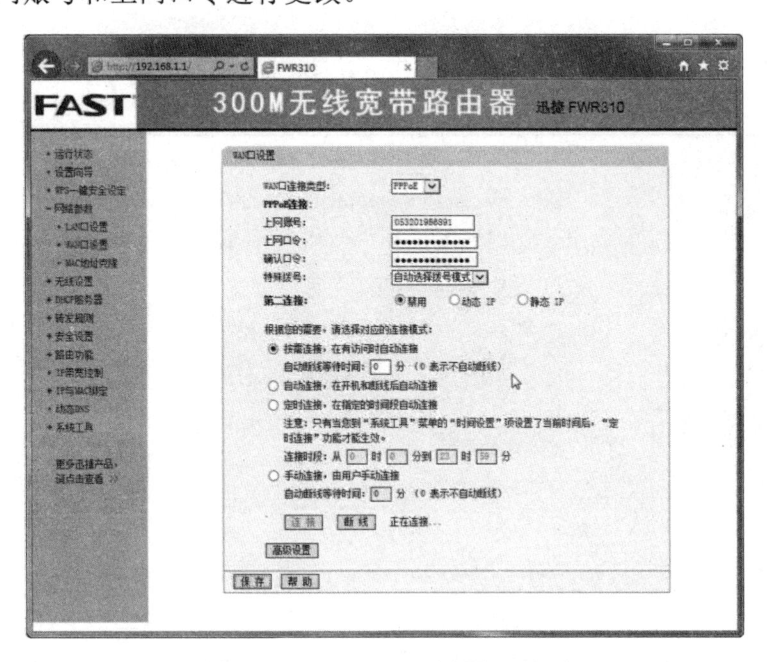

图 2.43　“WAN 口设置”界面

选择“无线设置”选项，可以对无线安全进行设置，如修改 Wi-Fi 密码。“无线网络安全设置”

界面，如图 2.44 所示。

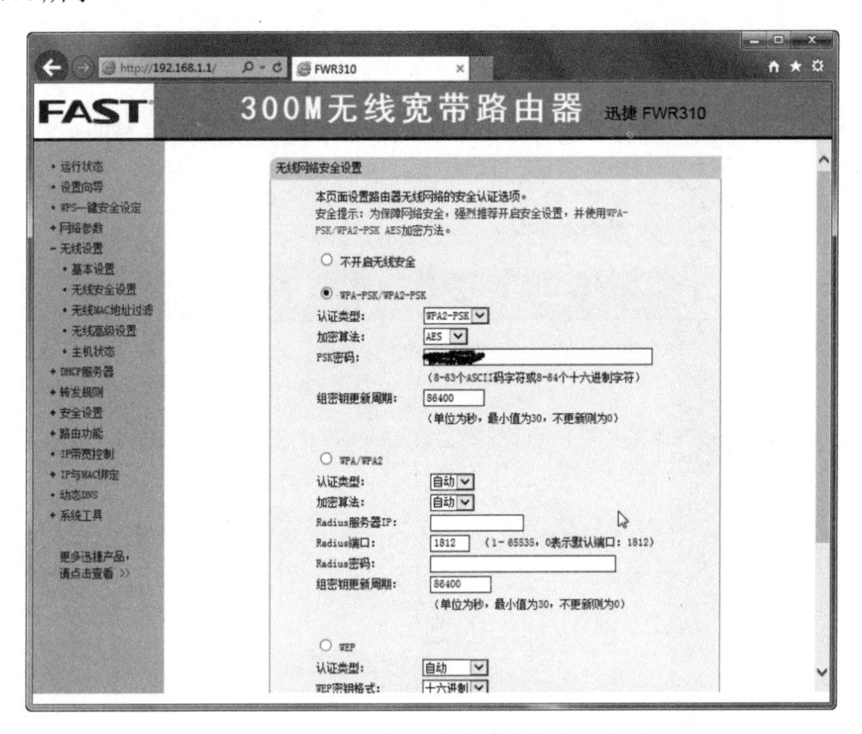

图 2.44 “无线网络安全设置”界面

选择“DHCP 服务器”选项，可以对“DHCP 服务”进行设置。因为对于无线网络来说，接入的设备往往是变化的，也就不适合定制 IP 给特定的设备，启用 DHCP 服务器可以让无线路由器自动为接入的设备分配一个 IP 地址。“DHCP 服务”界面，如图 2.45 所示，将分配给无线用户的 IP 地址限定为 192.168.1.100～192.168.1.199。

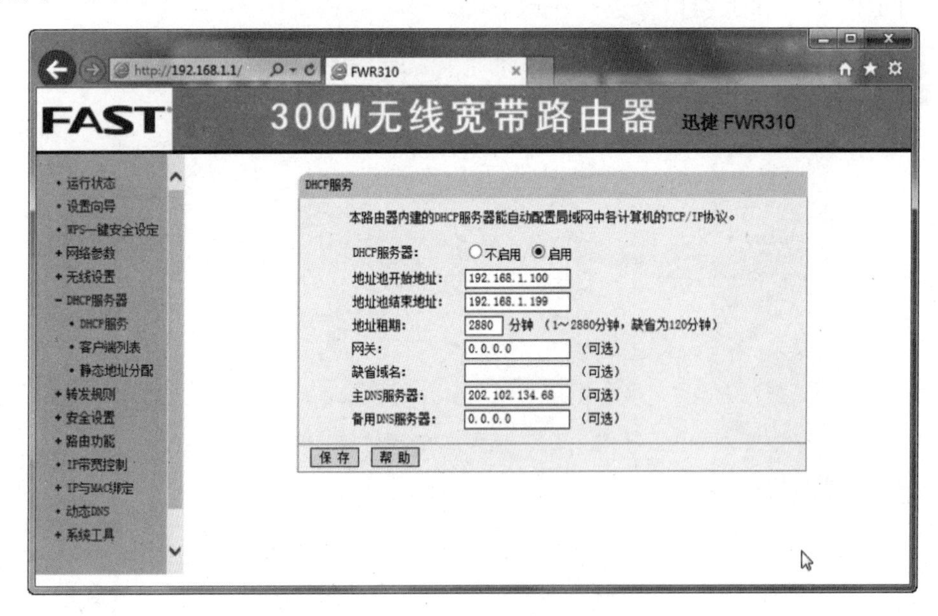

图 2.45 “DHCP 服务”界面

路由器还提供了多个系统工具，如时间设置、软件升级、恢复出厂设置、重启路由器等。“路由器登录口令”界面，如图 2.46 所示，更改路由器登录密码可以防止黑客绑架路由器。

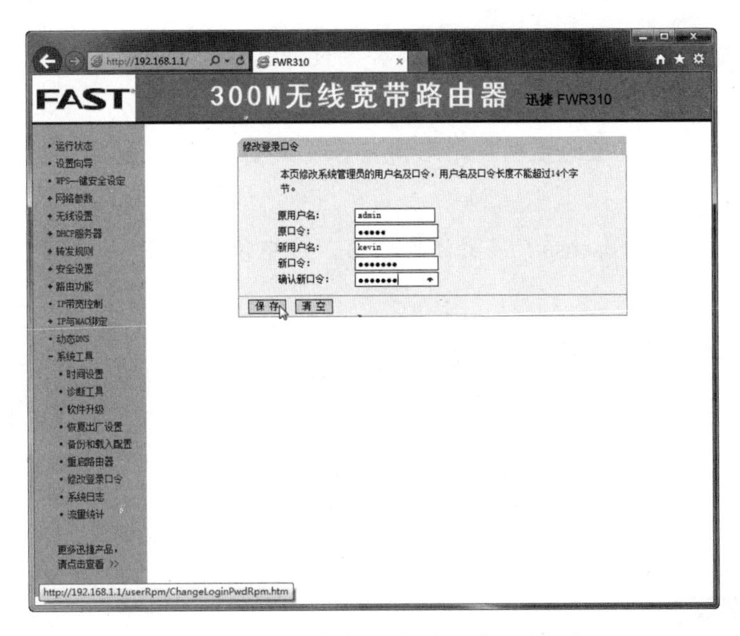

图 2.46　“路由器登录口令”界面

设置完路由器，就可以使用智能手机、平板电脑或带有无线网卡的计算机搜索 Wi-Fi 信号，连入 Internet 了。

3. 智能路由器

目前，随着计算机网络技术的发展，市场上出现了智能路由器，这种路由器安装了独立的操作系统，就像一台计算机一样，因而有普通路由器不具备的特殊功能。

智能路由器的用户体验是吸引人们的一个重要因素。例如，使用者可以通过安装在手机或平板上的 App 轻松地对远在异地的智能路由器进行设置，摆脱了必须在同一个局域网中进行设置的方式。智能路由器还备有存储空间，可以在远程让智能路由器下载需要的文件并存储下来，用户回到家就可以直接使用，等等。

可以预见的是，由于智能路由器具有更方便的设置与管理、更高速的传输速度、支持 U 盘等强大扩展能力及可以安装应用等优点，必将成为路由器的主流。

习题

1. Internet、Intranet 有何联系和区别？
2. 请说出你家可以有几种方法连接到 Internet，哪种方法性价比最佳？
3. 一家跨国公司所需的设备及部件要在若干国家组织生产，要连接 Internet 采用哪种方式较好？
4. 根据你的了解，说出 Internet 服务中 3 个使用最多的项目。
5. PC 机和 Macintosh（苹果）计算机是不兼容的，是否都能连接到 Internet，为什么？
6. 我的笔记本电脑通过虚拟拨号方式连接到 Internet，它是 Internet 主机吗？
7. 说明主机、服务器、IP 地址、子网掩码、域名、DNS 几个术语的含义。

8. 没有 DNS 服务器，能否访问 Internet，会导致什么后果？

9. 有人说 IP 地址等于域名，这种说法对吗？为什么？

10. 一台拥有 A 类 IP 地址的主机肯定比拥有 B 类或 C 类 IP 地址的主机性能高，这种说法是否正确？

11. 如果请你给海信（Hisense）集团注册域名，应申请什么样的域名最好？给你所在学校注册呢？

12. 连接 Internet 是否需要安装并设置网卡？

项目 2　使用浏览器

知识目标

1. 了解浏览器的概念和 WWW、HTML、HTTP 的含义。
2. 掌握超文本、链接、网页、主页、网站的含义。
3. 掌握 URL 的概念和使用方法。
4. 掌握使用浏览器浏览信息的方法及技巧。
5. 掌握浏览器的基本设置方法。
6. 了解搜索引擎的含义、作用和分类。

技能目标

1. 熟练掌握浏览 WWW 网站的方法，了解浏览器的设置方法。
2. 掌握将 URL 添加到收藏夹的方法，会利用收藏夹进行浏览。
3. 熟练掌握在 Internet 搜索信息的方法。

项目描述

1. 打开浏览器浏览信息，将 www.phei.com.cn 添加到收藏夹，然后从收藏夹中选择一个站点浏览。

2. 设置浏览器的默认页面，保存表单项，清除上网历史记录。

3. 搜索有关“藏羚羊”的相关知识。

预备知识　与浏览器有关的概念

1. 浏览器

进入 Internet 以后，通常需要通过一个专门的客户服务程序来浏览 WWW，这个程序称为浏览器。

最早的浏览器软件是美国国家超级计算应用中心（NCSA）开发的 Mosaic，网景公司的 Netscape 也曾风靡一时。目前，使用最多的浏览器是微软公司的 Internet Explorer，它是凭借 Windows 的巨大影响力而占据市场份额的。微软推出 Windows 10 以后，Internet Explorer 浏览器已经被 Microsoft Edge 取代，随着 Windows 10 的普及，Internet Explorer 必将成为历史。另外，谷歌公司的 Google Chrome、Firefox、Opera 等浏览器的应用也比较广泛。

2．WWW

WWW 是 World Wide Web 的缩写，也称 Web 或 3W，中文译为万维网。

1990 年，欧洲核子研究中心（CERN）的研究人员为了使分布在世界各地的高能物理学家能够有效地传递信息和研究成果，提出了 WWW 的设想并局部实现。1991 年，WWW 初次出现在 Internet 上，由于 WWW 的界面非常友好且使用极为方便，因此受到用户的热烈欢迎。现在，WWW 服务器成为 Internet 上最大的计算机群。

3．网站与网页

通常将提供信息服务的 WWW 服务器称为 WWW（或 Web）网站，也称网点或站点。

WWW 中的信息资源主要由一篇篇 Web 页组成，这些 Web 页均采用超级文本（Hyper Text）的格式。

WWW 网上的各个超文本文件就称为网页（Page），一个 WWW 服务器上的诸多网页中为首的一个称为主页（Home Page）。主页是服务器上的默认网页，也就是浏览该服务器而没有指定文件时首先看到的网页，通过它可以再连接到该服务器的其他网页或其他服务器的主页。

4．超链接和超文本

在一个超文本文件中，可以有一些词、短语或小图片作为“连接点”，这些作为“连接点”的词或短语通常被特殊地显示为其他颜色并加下画线，被称为超链接（Hyper Link），简称链接。

通过这些链接可以方便地连接到文件的其他部位，或者连接到其他形式的文件（如图片文件、声音文件、视频文件等），也可连接到 Internet 上任意一个 WWW 服务器上的文件。

这些被链接的文件还可以是超文本文件，而这些超文本文件内也有链接可以连接到更多的超文本文件，如此链接下去就形成了巨大的“信息链”。

每个超文本文件都可以有若干“连接点”，像章鱼的腕一样链接到许多超文本文件中，把所有这些信息链连接起来，就形成了一张巨大的 WWW 网。

超文本除了文字，可能还含有图形、图像、声音、动画等，也称超媒体（Hyper Media）。

5．HTML

几乎所有的网页都是采用一种相同标准的语言 HTML（Hyper Text Markup Language，超文本标记语言）来创建的。HTML 对网页的内容、格式及链接进行描述，而浏览器的作用就是读取 WWW 站点上的 HTML 文档，再根据此类文档中的描述组织并显示相应的网页。

HTML 文档本身是文本格式的，用任何一种文本编辑器都可以对它进行编辑。

6. HTTP

HTTP（Hyper Text Transfer Protocol，超文本传输协议）是浏览器与 WWW 服务器之间进行通信的协议。

7. URL

URL（Uniform Resource Locator，统一资源定位符）是进入 Internet 后查阅信息的有效途径，是指明资源地址的手段。用于在 Internet 中按统一方式来指明和定位一个 WWW 信息资源的地址，即 WWW 是按每个资源文件的 URL 来检索和定位的。

每个网页都有自己不同的 URL 地址，每个 URL 地址由其所使用的传输协议、域名（或 IP 地址）、文件路径和文件名 4 部分组成。

此处的协议可以是超文本传输协议 HTTP、文件传输协议 FTP 等，协议后面必须紧跟一个“:”和两个“/”。

路径与 DOS 路径的表示方法类似，唯一的区别是 DOS 使用“\”而 URL 使用的是“/”。

URL 中，前两部分是最主要的，不能省略，后两部分则可以从后向前省略。

8. 在线

与 Internet 连通后称为在线，也称上网，使用 Internet 通常都要处于在线状态，同时 ISP 也按在线时间计收上网使用费。

9. 离线

中断与 Internet 的连接后称为离线，也称脱机方式或下网。离线方式只能使用部分 Internet 服务，如阅读电子邮件、离线浏览等。

子项目 1　启动浏览器

Microsoft Edge 是 Microsoft（微软）公司的产品，内置在 Windows 10 的操作系统中，是一款免费的浏览器。它的出现是为了替代此前在 Windows 其他版本中为人所熟识的 Internet Explorer。Internet Explorer 虽然一度占有非常大的市场份额，但已经不适应当前 Internet 的发展现状了。微软希望 Microsoft Edge 能够继续引领 Internet 浏览器的潮流。

本书采用 Windows 10 自带的 Microsoft Edge 浏览器来介绍使用浏览器在 Internet 上获取信息的方法，其他的浏览器使用起来和 Microsoft Edge 浏览器大同小异，可以触类旁通。

单击任务栏上的“Microsoft Edge”浏览器图标，可以打开 Microsoft Edge 浏览器。Microsoft Edge 的图标和 Internet Explorer 很相似，是一个蓝色的字母“e”，如图 2.47 所示。

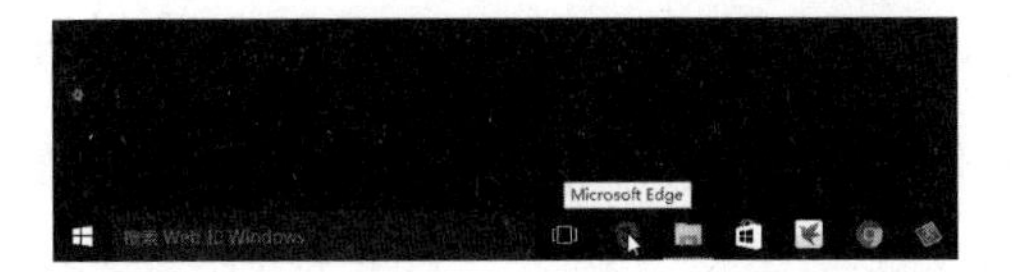

图 2.47 “Microsoft Edge”浏览器图标

如果计算机还没有连接到 Internet，Microsoft Edge 无法打开任何网页，此时浏览器窗口如图 2.48 所示。

图 2.48 离线状态的浏览器窗口

如果计算机已经连接到 Internet，Microsoft Edge 浏览器会连接到默认的网站并下载网页。第一次使用 Microsoft Edge 浏览器时，会打开导航页面，如图 2.49 所示。

图 2.49 导航页面

注意：启动浏览器时自动连接并下载的网页是可以设置的，因此，不同的浏览器主页不尽相同。

Microsoft Edge 浏览器窗口与浏览器之前版本的样子有了很大的变化，从上至下依次如下。

① 标题栏：显示浏览器图标和网页标题。

② 工具栏和网址栏：窗口中间的文本框是网址栏，又称 URL 文本框，在此处可以输入、修改或搜索 URL 地址。其他的是一些浏览时常用的操作项目。

③ 浏览窗口：浏览器显示网页的窗口，如果不能完整显示网页，可用鼠标拖动窗口右边和下边的滑块使网页在窗口中移动。

浏览器窗口可以显示超文本文件，可以显示多种字体的文字，多种形式的图形、图像，以及播放声音和视频图像等。

当网页下载完毕，就可以在显示窗口看到完整的网页内容，文字颜色与其他文字颜色不同或带有下画线的就是链接。某些图片也可能是链接，图片链接不像文字链接那样明显，但只要移动鼠标，当光标变成手状时，则该处为链接，只要单击链接，就可以跳转到所链接的地址及文件上，如图 2.50 所示。

图 2.50　图片链接

子项目 2　浏览 WWW

浏览网页时，每次都从浏览器默认的主页（Home Page）连接到其他的主页上，特别是默认主页是没有提供链接的主页，可能要几经周折才能连接，很不方便。

如果我们从报纸杂志或其他渠道得到了一些有趣的网页地址，要想直接浏览这个网页，可以通过输入 URL 地址来进行浏览。

1. 通过地址栏浏览网页

例如，我们要浏览电子工业出版社的主页，只要双击地址栏，地址栏网址部分就会变为蓝色背景显示，键盘输入该主页的 URL（如 www.phei.com.cn）后按回车键，就会自动连接到指定的主页，如图 2.51 所示。

图 2.51　在地址栏输入 URL

多次使用浏览器以后，在地址栏输入 URL 时，如果所输入的 URL 与以前浏览过的网址相似，浏览器会自动将其显示出来供用户选择。如图 2.52 所示，在地址栏输入“www.p”，浏览器自动显示与之相近的两个网址，单击某个网址，就可以自动连接到该网站。

图 2.52　显示与输入网址相近的 URL

注意：如果不输入 URL 的协议部分，浏览器会自动添加上 http://。如果只输入域名（如 www.phei.com.cn），将自动下载其主页。也可以在域名后加上目录和文件名直接浏览指定的网页。

如果 URL 输入错误，或者尽管 URL 没有错误，但该网站出现问题也会导致无法浏览，网站无法浏览如图 2.53 所示。

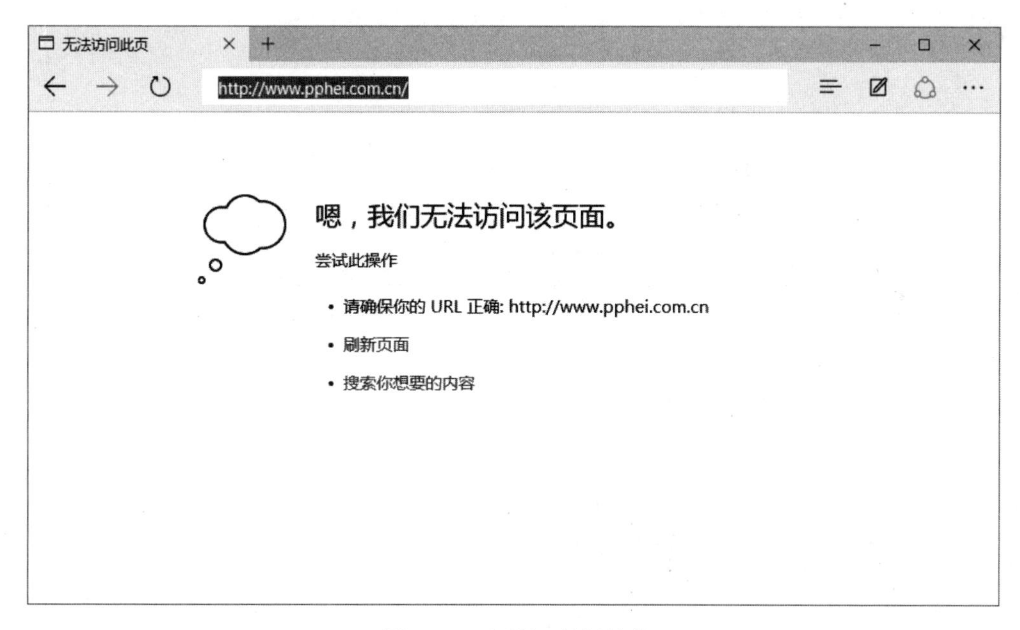

图 2.53　网站无法浏览

2. 通过超链接浏览

在打开的网页上，将光标移动到要进一步浏览的内容上，如果光标变成手状，则表明该部分为超链接，单击即可进入一个新的网页。单击电子工业出版社主页上“科技”类的“计算机”超链接时，网页会自动更新成该超链接下网页的内容，单击超链接打开新的网页，如图 2.54 和图 2.55 所示。

图 2.54　单击超链接打开新的网页 1

图 2.55　单击超链接打开新的网页 2

通过网页上的超链接可以从一个网页进入另一个网页，也可以从一个网站链接到另一个网站，从而将 Internet 所有的网站链接在一起，形成一个蜘蛛网状的 WWW 网络世界。

3．通过工具按钮浏览

使用浏览器的工具按钮，可以快速实现网页之间的浏览转换。例如，先后浏览过新浪网和网易两个网站，目前正在浏览网易的网页，要想快速返回到前面浏览的新浪网站，单击地址栏左侧的“←”（“后退”）按钮返回即可，如图 2.56 所示。

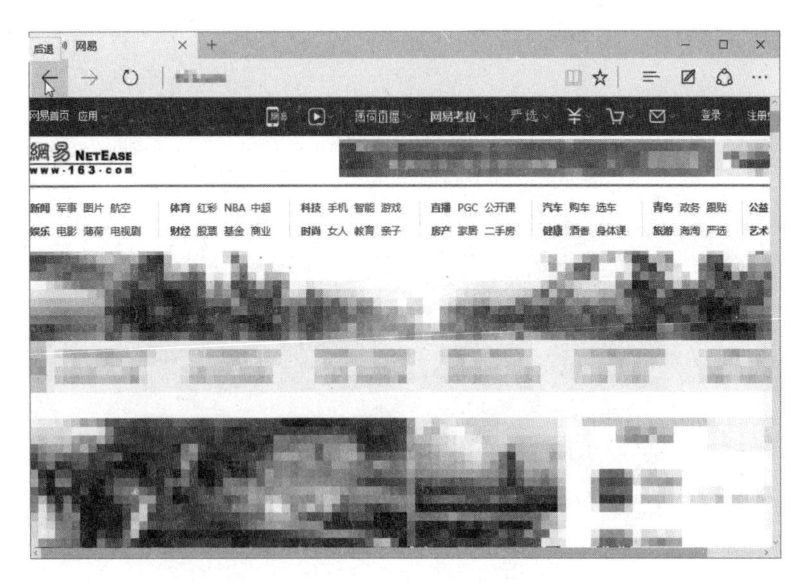

图 2.56　“←”按钮

“→”按钮是“前进”按钮，功能与“←”按钮相反。例如，在前面返回新浪网站后，再单击“→”按钮，如图 2.57，又可以浏览网易网站。

图 2.57　“→”按钮

注意：如果“→”或“←”按钮呈灰色显示，就说明已经到了最后一个网页，不能再向这个方向翻页了。

子项目 3　浏览器的使用技巧

1. 同时浏览多个网页

Microsoft Edge 的标签功能可以在一个浏览器窗口中同时打开多个页面进行浏览。如图 2.58 所示，单击工具栏的“新建标签页”按钮，即可打开一个新的标签页页面。

图 2.58　打开新的标签页页面

在默认情况下，新建的标签页显示导航页面。在地址栏输入要浏览的网址并按下回车键，网页内容就会在新的标签页中显示出来。例如，在地址栏输入网易的网址后显示网易的主页，如图 2.59 所示。

图 2.59　显示网易的主页

单击浏览器窗口的标签页名称，可以在两个或多个网页之间快速切换，实现一个浏览器窗口同时浏览多个网页。

注意：在一个浏览器窗口中同时浏览多个网页，与打开多个浏览器窗口浏览多个网页相比具有很大的优势，其浏览速度快且方便，又占用比较少的系统内存资源。在需要同时获取多个网页信息时，这种方法也比前面讲过的使用“→”“←”工具按钮要快捷得多，特别适合在多个网页间频繁切换浏览的情况下使用。

单击网页标签页上的“关闭标签页”按钮，即可关闭标签页，如图 2.60 所示。

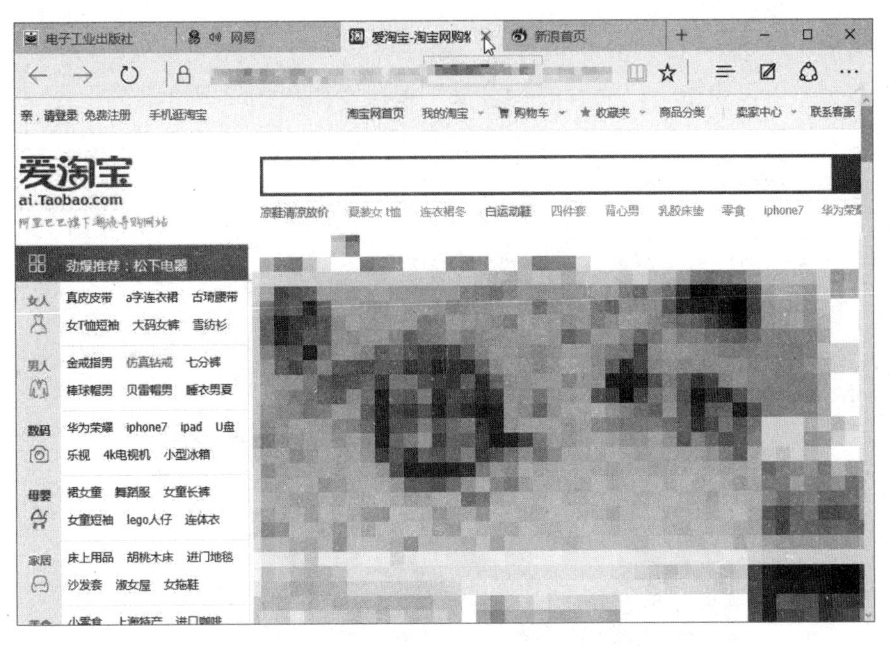

图 2.60　关闭标签页

2. 搁置标签页功能

当打开的标签页过多时，可以通过关闭标签页的方式来清理。但如果短时间内还要浏览，就需要再次输入网址，非常麻烦。Microsoft Edge 提供了搁置标签页功能，可以很方便地解决这个问题。

例如，在 Microsoft Edge 中同时打开了 4 个标签页，现在要将它们搁置起来。在窗口的左上角有两个按钮，分别叫作“已搁置的标签页”“搁置这些标签页”按钮。单击“搁置这些标签页”按钮，如图 2.61 所示。

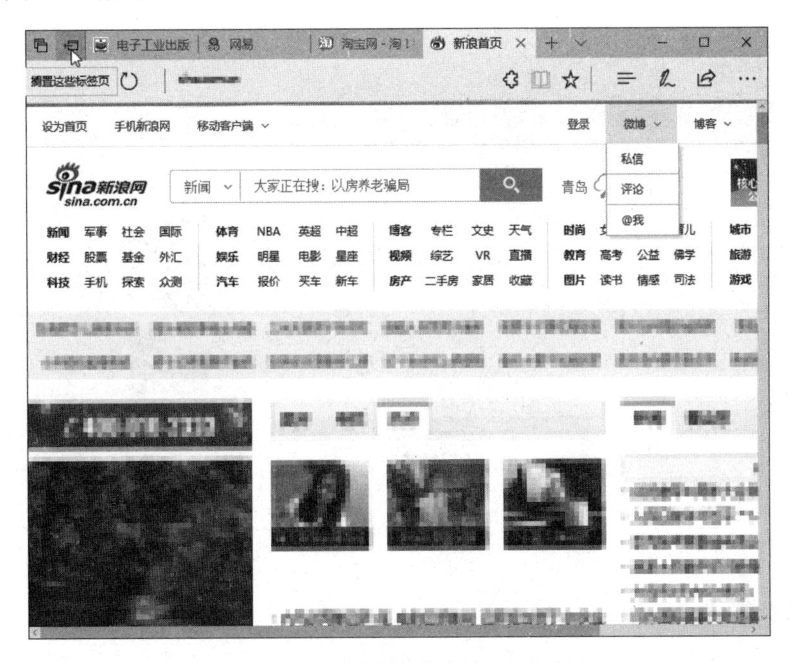

图 2.61　“搁置这些标签页”按钮

搁置标签页后，Microsoft Edge 默认打开“新建标签页”，显示导航页的内容。如果要打开某个被搁置的标签页，可以单击“已搁置的标签页”按钮，如图 2.62 所示。

图 2.62　“已搁置的标签页”按钮

此时，被搁置的标签页会以缩略图的形式被打开，单击“还原标签页”按钮，会还原所有被搁置的标签页。双击任意一个被搁置的标签页，则只还原这一个标签页。已搁置的标签页如图 2.62 所示。

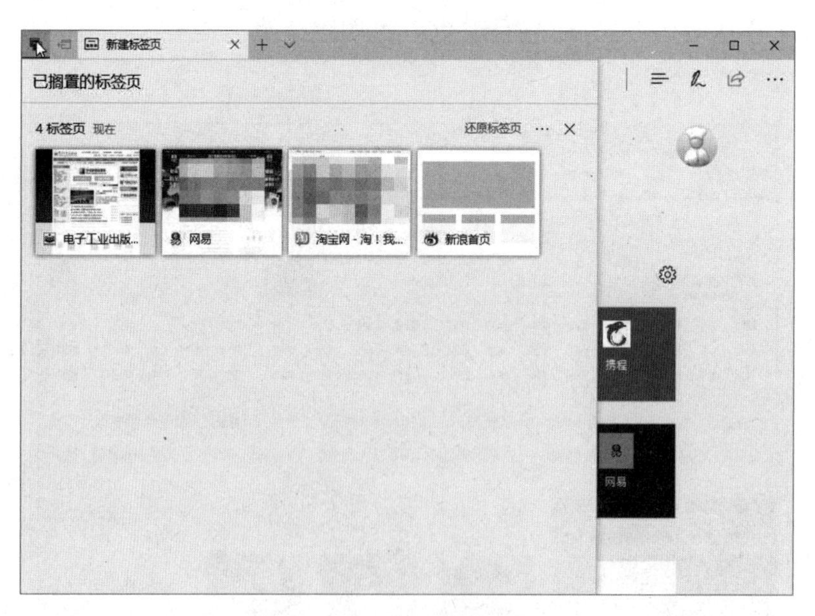

图 2.63　已搁置的标签页

3. 组织个人收藏夹

（1）将网页地址添加到收藏夹

在浏览 Internet 时，若浏览到喜欢的网页，可以将其 URL 保存到浏览器的个人收藏夹中，以后可以随时访问该网页，而不必每次都输入一长串 URL。

如果要收藏正在浏览的网页，可以单击地址栏右边的“添加到收藏夹或阅读列表”按钮，如图 2.64 所示。

图 2.64　“添加到收藏夹或阅读列表”按钮

在弹出的“收藏夹”菜单中可以发现，浏览器已经自动输入了网站的名称，如图 2.65 所示。

图 2.65　“收藏夹”菜单

单击“添加”按钮，该网页即可添加到收藏夹中。

重复上面的操作，可以依次将“网易”“淘宝网”“新浪首页”等网址的首页存入收藏夹。

（2）显示收藏夹中的网页地址

单击“中心”按钮，可以存放收藏夹、阅读列表、历史记录、下载项的内容，如图 2.66 所示。单击该“中心”按钮，会弹出一个下拉框，分别显示收藏夹、阅读列表、历史记录、下载项。单击“收藏夹”按钮，如图 2.67 所示，就可以看到收藏夹里的内容了。

图 2.66　“中心”按钮

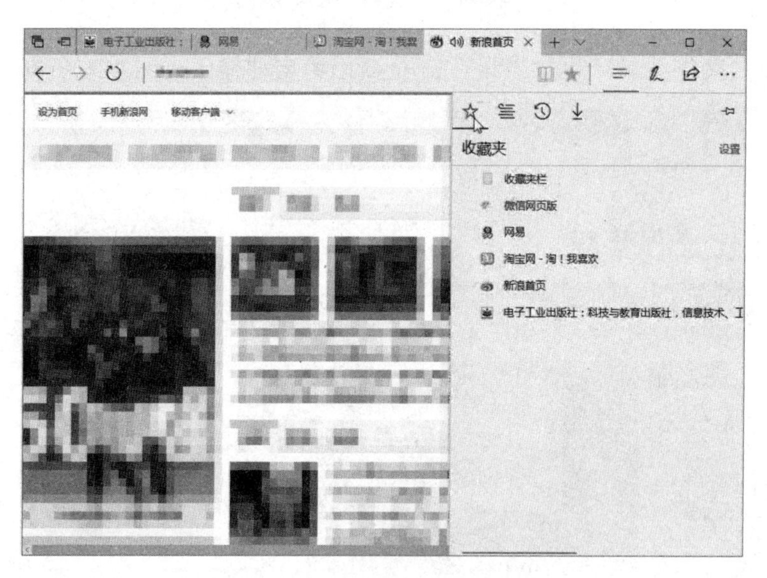

图 2.67　“收藏夹”按钮

（3）整理收藏夹

收藏夹中的网址是可以进行编辑的。选中一个收藏的网址，右击，在弹出的快捷菜单中，可以发现“在新标签页中打开”“创建新的文件夹”“按名称排序”“重命名”“删除”等选项，如图 2.68 所示。

图 2.68　收藏夹中网址的快捷菜单

选择“在新标签页中打开”选项，选中的网页将会在一个新的标签页中打开。选择“创建新的文件夹”选项，可以新建一个文件夹来存放收藏的网页。如果收藏的地址较多，使用起来不方便，可以建立一些子文件夹，将同类的网页集中存放在一个文件夹中，如图 2.69 所示，创建“电子商务平台”文件夹。

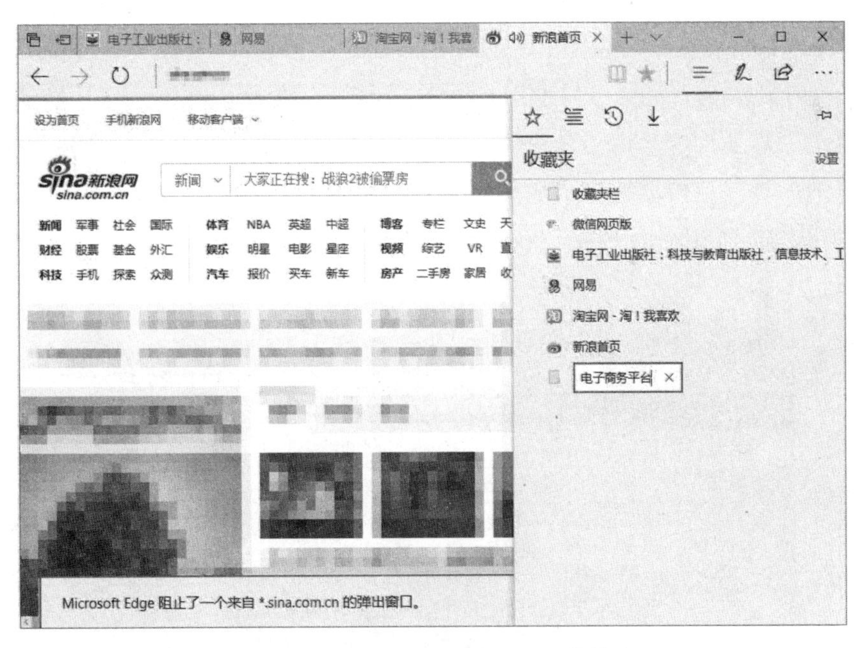

图 2.69　“电子商务平台”文件夹

选择“按名称排序”选项，可以将收藏夹中的网页按照名称进行排序。对于常用的网页或重要的网页，也可以通过拖动的方法，进行次序的调整。例如，将“新浪首页”拖动到“网易”的前面，此时“新浪首页”就排在“网易”的前面了，如图 2.70 所示。注意，此时只有“新浪首页”是黑色的，其他网页都是灰色的。

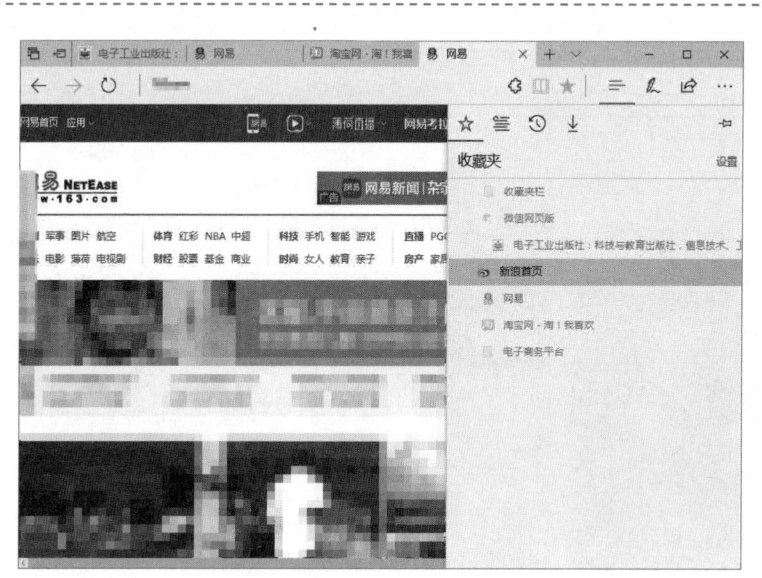

图 2.70　排序收藏夹中的网页

采用拖动的方法，可以将其他网页都移动到相应的文件夹中，方便查找。

此外，Microsoft Edge 还支持对收藏夹中的文件夹或网页进行“重命名”“删除”等操作，只要选中要操作的文件夹或网页，单击相应的命令进行操作即可。

收藏夹整理完成后，直接在浏览器窗口空白处单击，即可关闭收藏夹栏。

4．历史记录

在使用 Microsoft Edge 时，可以随时通过单击“后退”按钮和“前进”按钮打开不久前操作的网页。但如果想打开几天前，甚至一星期前打开的网页呢？Microsoft Edge 在用户用浏览器浏览网页时，会自动将最近几星期、几天、几小时访问过的 Web 地址保存在历史记录文件夹中。用户需要再次访问这些网页时，就可以通过“历史记录”栏来访问。

单击地址栏右侧的“中心”按钮，在弹出的快捷菜单中单击“历史记录”按钮，如图 2.71 所示。

图 2.71　“历史记录”按钮

打开“历史记录”菜单，此时可以看到“过去 1 小时”浏览过的网页地址、“今天早些时候”浏览过的网页地址、“昨天”浏览过的网页地址等。选择相应选项，就可以打开过去浏览过的网页。如图 2.72 所示。

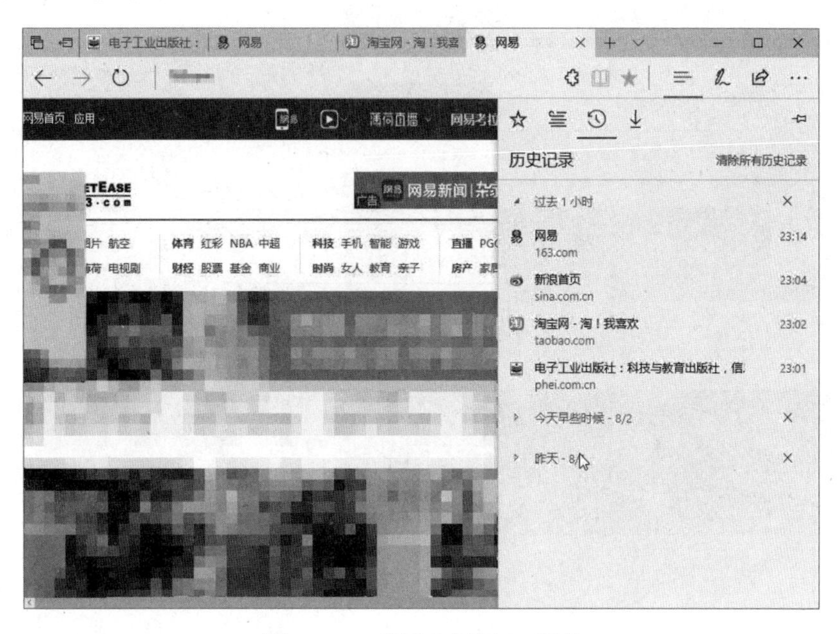

图 2.72 “历史记录”菜单

如果不希望他人看到自己浏览过某个网页的记录，可以将该网址从历史记录中删除。选中这个网址，右击，在弹出的快捷菜单中可以发现有“删除”“删除对某某的所有访问”选项，如图 2.73 所示。选择“删除”选项，可以将选中的网址删除；选择“删除对某某的所有访问”选项，可以将历史记录中所有对该网址的访问全部删除。

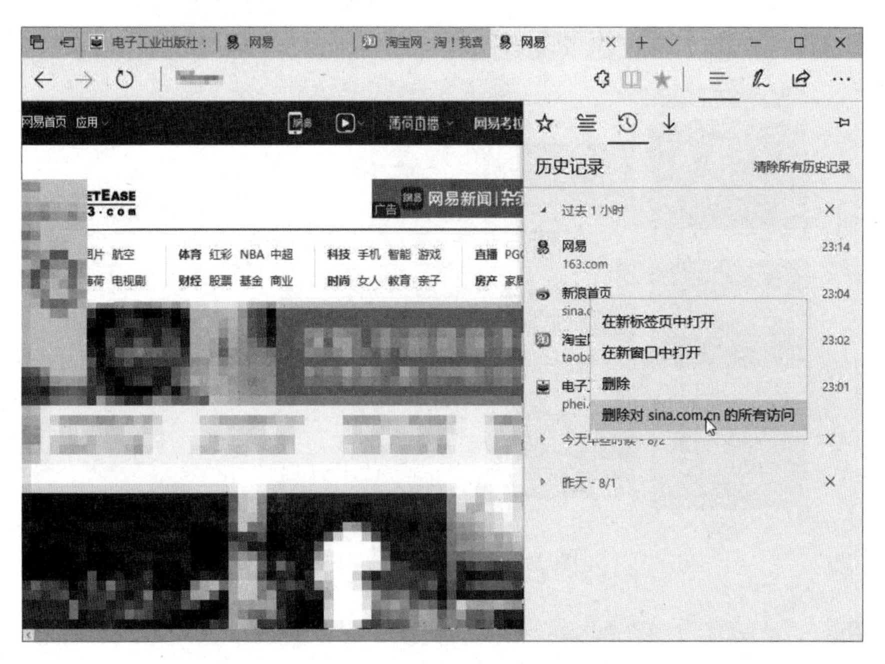

图 2.73 历史记录中网址的快捷菜单

单击“清除所有历史记录”命令，可以将历史记录全部清除，如图 2.74 所示。在公用电脑上使用这个命令，可以一步删掉自己的历史记录，保护自己的隐私。

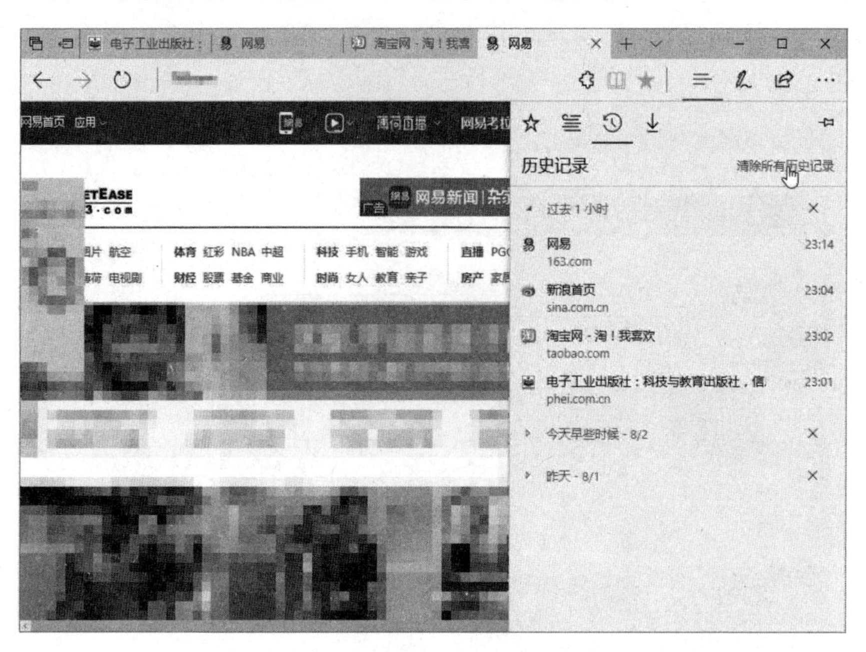

图 2.74　清除所有历史记录

5. 阅读视图

在网上阅读博客等文字内容时，需要阅读的文字常常只占网页的一部分，这样的阅读体验就非常不好。Microsoft Edge 提供了阅读视图功能，可以只显示需要阅读的文字，使阅读更方便。

单击在地址栏右侧的“阅读视图”按钮，可以打开阅读视图，如图 2.75 所示。

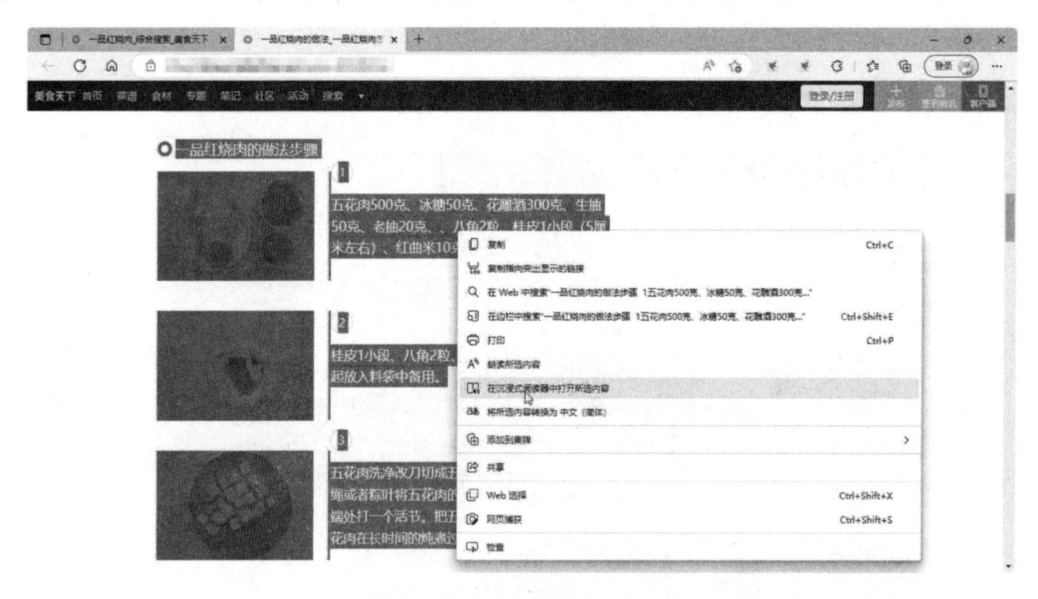

图 2.75　打开阅读视图

如图 2.76 所示，是博客内容在阅读视图下的情景。可以发现，这种形式更有利于文字的阅读。

注意：并不是所有的网页都支持阅读视图。当网页不支持阅读视图时，“阅读视图”图标会变成灰色，如图 2.77 所示，单击“阅读视图”按钮，会弹出“阅读视图不适用于此页”的提示。

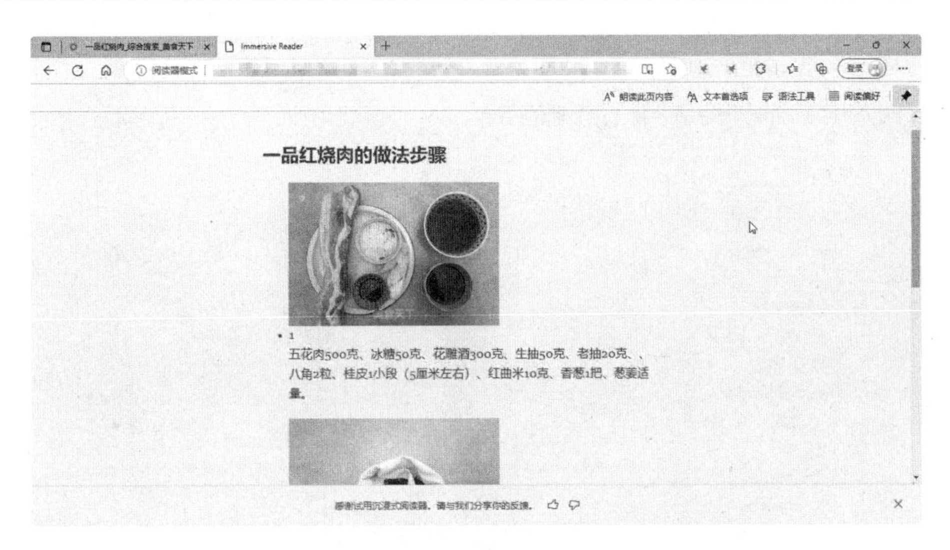

图 2.76　阅读视图下的网页

图 2.77　“阅读视图”图标

6．保存网页中的图片

微软公司的 IE 和其他大多数浏览器都支持把网页保存在计算机的硬盘上，Microsoft Edge 取消了这个功能。原因之一是使用这个功能的人越来越少，几乎没有人会想把整个网页保存下来，而且动态网页技术使得无法把一个网页完整保存下来。即便如此，仍然可以把网页中有用的资源保存下来。

下面的操作是把网页中一幅熊猫的图片保存下来。首先，在网页中选中要保存的图片，然后右击，在弹出的快捷菜单中选择“将图片另存为”选项，如图 2.78 所示。

图 2.78　“将图片另存为”选项

弹出“另存为”对话框，如图 2.79 所示，根据需要选择存放图片的文件夹，在“文件名”文本框中输入该图片的名称，单击“保存”按钮。

图 2.79 “另存为”对话框

在文件资源管理器中，打开存放图片的文件夹，查看已保存的图片，如图 2.80 所示。

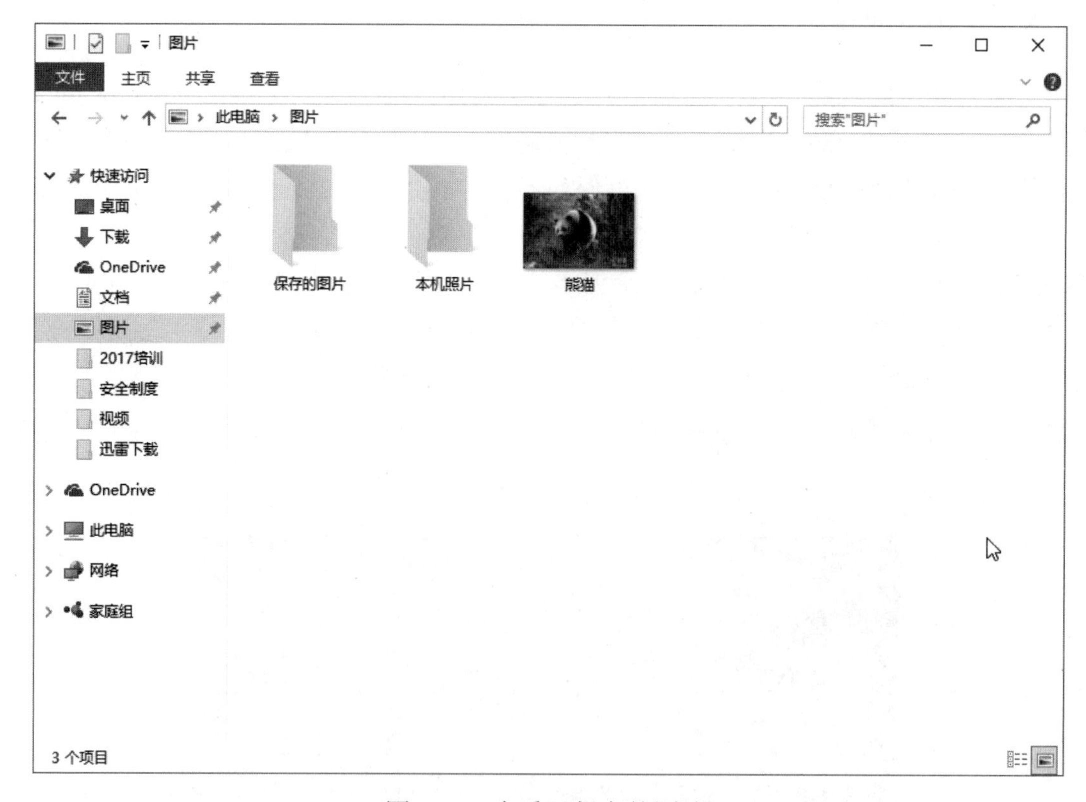

图 2.80 查看已保存的图片

双击该图片文件，系统会自动调用默认的图片处理软件来打开该文件，如图 2.81 所示。

图 2.81　打开图片文件

子项目 4　浏览器的基本设置

1. 设置浏览器默认网页

每次打开 Microsoft Edge 时，都会显示默认网页。可以修改默认网页，使得一打开 Microsoft Edge，就显示指定的网页。例如，将电子工业出版社的网页设置为默认网页的操作步骤如下。

在地址栏和工具栏的最右边有一个画着 3 个点的按钮，叫作“设置及其他”按钮，如图 2.82 所示。

图 2.82　“设置及其他”按钮

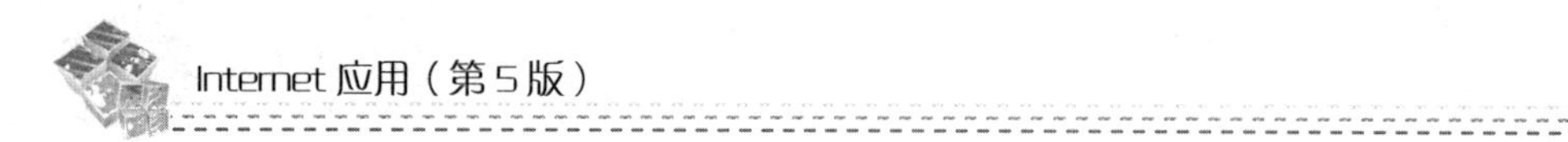

单击“设置及其他”按钮，在弹出的下拉菜单中，选择“设置”选项，如图 2.83 所示。

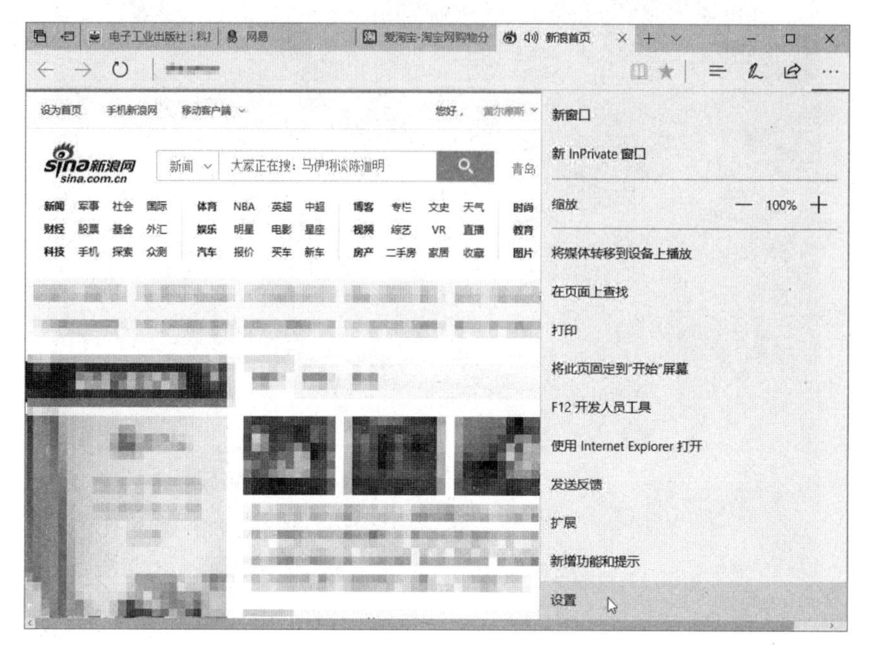

图 2.83　“设置”选项

此时可以发现，在 Microsoft Edge 打开方式的下面有一个网址，这个网址就是默认打开的网址。单击该网址右侧的“删除”按钮，将其删除，如图 2.84 所示。

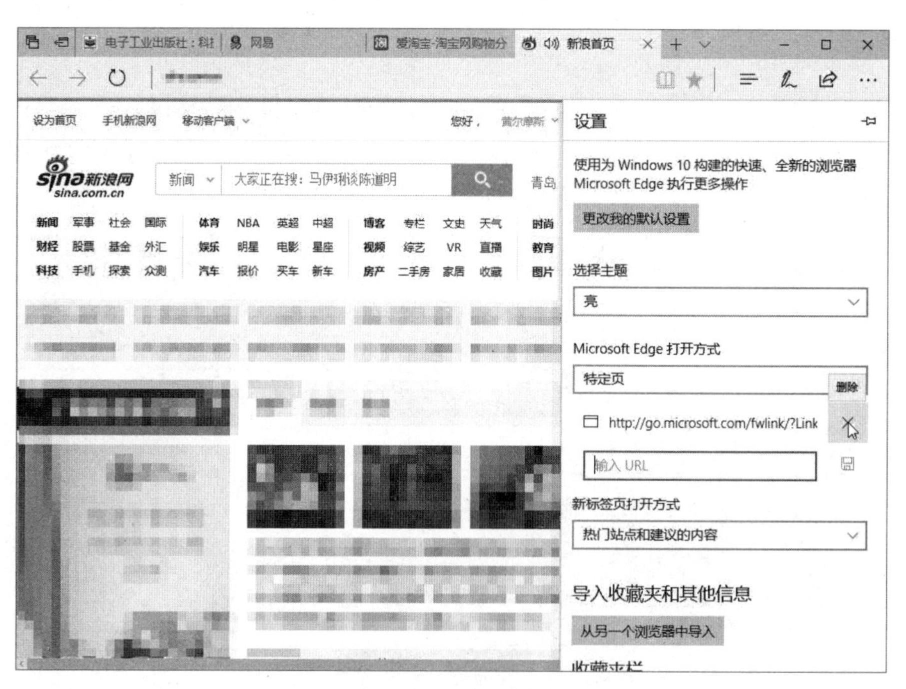

图 2.84　将默认网址删除

此时会弹出一个空的文本框，用于输入新的默认网址。在文本框中输入电子工业出版社的网址，单击“保存”按钮，如图 2.85 所示。

图 2.85　输入新的默认网址

此时关闭并重新打开 Microsoft Edge，会发现电子工业出版社的首页被自动打开了，如图 2.86 所示。

图 2.86　新的默认网页被打开

如果需要经常打开电子工业出版社的首页，可以在 Microsoft Edge 的工具栏上设置“主页”按钮，只要单击“主页”按钮，就可以打开电子工业出版社的首页了。

首先，单击“设置及其他”按钮，打开“设置”对话框，然后，拖动滚动条到底部，单击“查看高级设置”按钮，如图 2.87 所示。

图 2.87 “查看高级设置”按钮

在“高级设置”对话框中，将“显示主页按钮”开关，拨到“开”的位置，如图 2.88 所示。此时发现在浏览器地址栏左侧出现一个画着小房子的按钮，这个按钮就是显示主页按钮。

图 2.88 将“显示主页按钮”打开

在下拉菜单中选择“特定页”选项，如图 2.89 所示。

图 2.89　“特定页”选项

在显示的“输入 URL”文本框中输入电子工业出版社的网址，然后单击“保存”按钮，如图 2.90 所示。

图 2.90　文本框后面的保存按钮

重新打开 Microsoft Edge，打开任意网页，然后单击工具栏上的“主页”按钮，如图 2.91 所示，电子工业出版社的首页被打开。

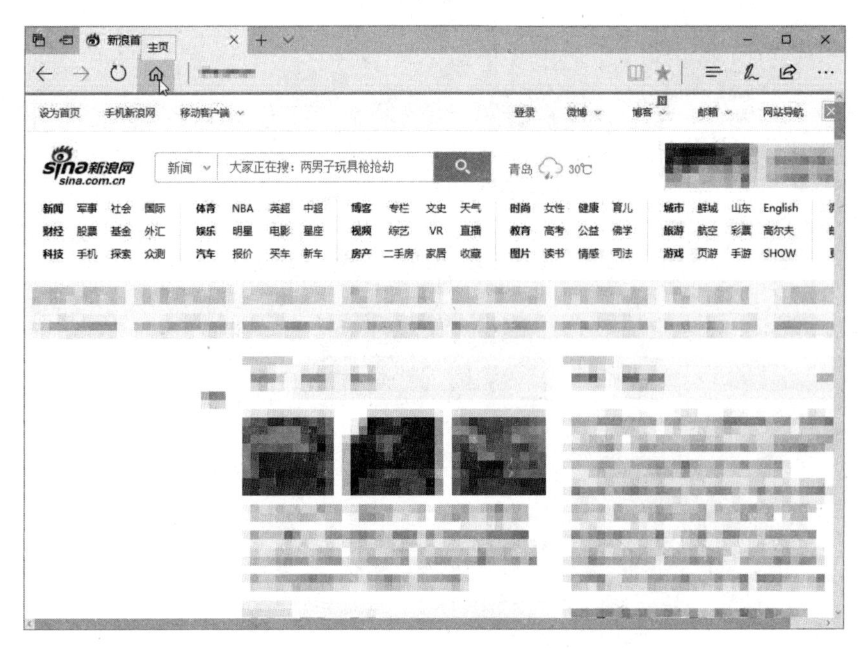

图 2.91 “主页”按钮

2. 设置弹出窗口屏蔽

在网上浏览网页时，常常会弹出一些广告窗口，不仅影响浏览效果，还占用内存。Microsoft Edge 提供了弹出窗口屏蔽功能，可以解决这个问题。单击“设置及其他”按钮，在弹出的快捷菜单中选择“设置”选项。在“设置”对话框中，拖动滚动条到底部，单击“查看高级设置”按钮，如图 2.92 所示。

图 2.92 “查看高级设置”按钮

在“高级设置”对话框中，可以看到“阻止弹出窗口”开关，如图 2.93 所示。拨到“开”后，再打开网页不会有窗口弹出了。

注意：这个功能只能阻止弹出的窗口形式广告，对于网站上其他形式的广告是没有作用的。

图 2.93 “阻止弹出窗口”开关

3.“保存表单项”功能

自动完成功能是指在网页上填写表单时，让浏览器自动记录所填写的内容，下次填写同样的表单时，浏览器可以自动调出以前填写的内容。

自动完成功能非常实用，在网站填写各类申请表单，当单击“提交”按钮后，经常会由于某个表单项填写的内容没有通过网站的数据校验而被要求重新填写。如果设置了自动完成，就可以单击表单项调出以前输入的数据，避免重复输入。

如图 2.94 所示，当在网页的搜索框中输入“计算机”3 个字时，Microsoft Edge 会自动弹出最近搜索过的“计算机应用基础”“计算机网络教程”“计算机网络安全”等书名。如果这 3 本书都不是要搜索的内容，可以继续输入文字。如果其中有要搜索的书名，单击需要搜索的书名，就可以快速搜索出需要的书籍，省去了输入文字的麻烦。

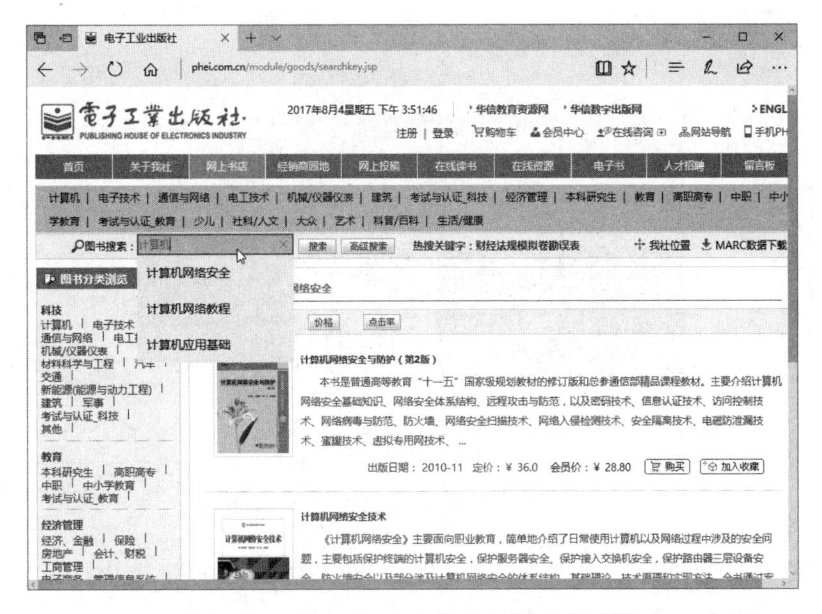

图 2.94 弹出与“计算机”相关的书名

在默认情况下，Microsoft Edge 的“保存表单项”开关是打开的，这固然能够为我们提供很多便利。但如果计算机不是个人使用，那么就有可能会泄露隐私，最好的办法是关闭这个开关。

单击工具栏右侧的“设置及其他”按钮，在弹出的快捷菜单中选择“设置”选项，如图 2.95 所示。

图 2.95　“设置”选项

在“设置”对话框中，拖动滚动条到底部，单击“查看高级设置”按钮，如图 2.96 所示。

图 2.96　“查看高级设置”按钮

在“高级设置”对话框中，将“保存表单项”开关拨到“关”，如图 2.97 所示。在浏览器任意位置单击，快捷菜单被隐藏，完成设置。

图 2.97　将“保存表单项”开关拔到关

如果需要“保存表单项”功能，重复上面的操作，将“保存表单项”开关拨到“开”，就可以继续保存浏览器中表单项输入的内容了。

4．清除上网记录

用户在上网时，浏览器会将上网记录保存下来，方便下次上网时使用，这虽然方便了用户上网，但无疑也会造成用户个人隐私信息的泄露，因此应及时清除上网记录。

单击工具栏右侧的“设置及其他”按钮，在弹出的快捷菜单中选择“设置”选项，如图 2.98 所示。

图 2.98　“设置”选项

在“设置”对话框中，拖动滚动条，选择“清除浏览数据”选项，单击其下面的“选择要清除的内容”按钮，如图 2.99 所示。

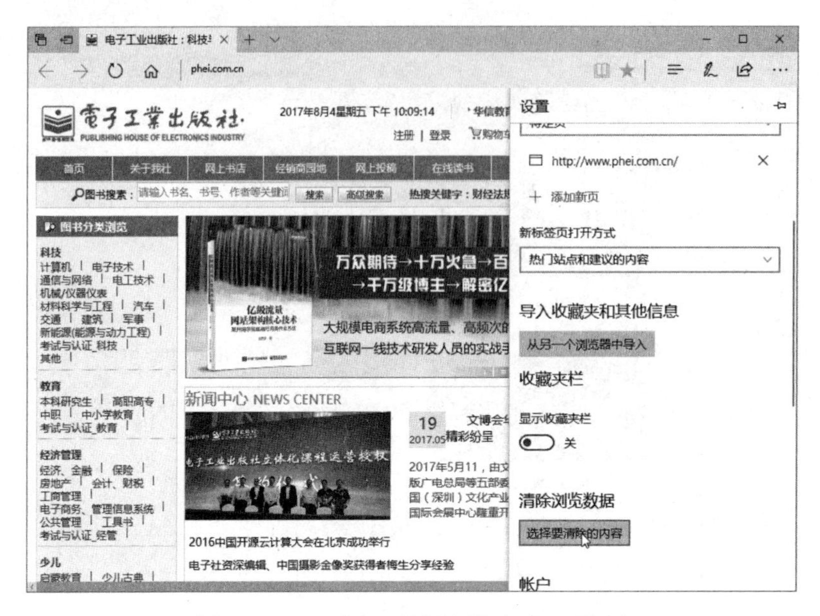

图 2.99 “选择要清除的内容”按钮

此时会出现 7 个复选框，勾选哪个复选框，就可以把哪项内容清除。“浏览历史记录”指的是曾经打开过的那些网页；“Cookie 和保存的网站数据”指的是储存在计算机、平板电脑等终端上的用户信息，可以帮助用户无须经过登录界面而自动登录；“缓存的数据和文件”是指缓存在终端设备上的网页文件，如图片等，它们的主要用处是提高网页显示的速度；“我已搁置的或最近关闭的标签页”是指已搁置的或最近关闭的标签页信息；“下载历史记录”是指记录下载文件和下载网址的信息；“表单数据”是指在浏览器表单中输入的内容；“密码”是指允许浏览器记住的密码，已完成自动登录。

选择要清除的浏览器数据，然后单击“清除”按钮，如图 2.100 所示，完成清除。

图 2.100 “清除”按钮

也可以将“关闭浏览器时始终清除历史记录”开关拔到“开”，这样只要关闭浏览器，在浏览器中存储的历史记录、缓存数据、表单项、密码等都会被自动删除。这种方式非常适合在公用电脑上使用。

子项目5 网上信息搜索

1. 搜索引擎的分类

（1）按搜索机制分类

按搜索机制分类，搜索引擎可以分为目录型、关键词型和混合型3类。

① 目录型搜索引擎是把搜索到的信息资源按照一定的主题分门别类，建立多级目录。大目录下包含子目录，子目录下又包含子目录……依此类推，建立多层具有包含关系的目录。用户查找信息时，采取逐层浏览打开目录，逐步细化，从而查找到所需要的信息。随着网络技术的发展，这种搜索引擎已经不多见了，早期的雅虎是这种搜索引擎的代表。

② 关键词型搜索引擎是通过用户输入关键词来查找所需要的信息资源，这种方式方便直接，而且可以使用逻辑关系组和关键词，限制查找对象的地区、网络范围、数据类型、时间等，可对满足选定条件的资源准确定位。如图2.101所示为通过百度搜索关键词“天宫一号”的结果。

图2.101　通过百度搜索关键词“天宫一号”的结果

③ 混合型搜索引擎兼有关键词型和目录型两种查找方式，既可以直接输入关键词查找信息，也可以浏览目录，了解某个领域范围的资源。随着目录型搜索引擎越来越少，混合型搜索引擎也不多见了。

（2）按搜索内容分类

按搜索内容分类，搜索引擎可以分为综合型、专业型和特殊型3类。

① 综合型搜索引擎对搜集的信息资源不限制主体范围和数据类型，因此，利用它可以查找到几乎任何方面的信息。百度、必应等都是综合型搜索引擎。百度产品大全如图2.102所示。它所涵盖的范围非常广泛。

图 2.102　百度产品大全

② 专业型搜索引擎只搜集某一行业或专业范围内的信息资源，因此，它在提供专业信息资源方面要远远优于综合型搜索引擎。如果要查找某一方面的专业信息，最好到专业搜索引擎网站。例如，工作搜索引擎 Careerjet，它会自动抓取关于各个公司或职位的中介网站的资料，求职者只需要输入关键字，如行业、工作地点等，就可以搜索到符合条件的招聘信息，careerjet 首页如图 2.102 所示。

图 2.103　Careerjet 首页

注意：搜索引擎只是提供有关招聘的信息，至于招聘信息是否属实、是否涉及虚假宣传，还需要求职者自己判断。

③ 特殊型搜索引擎是专门搜集特定的某一方面信息的。例如，专门搜集电话、人名、地址、股市信息等。在携程网搜索从北京到上海的单程机票，如图 2.104 所示。

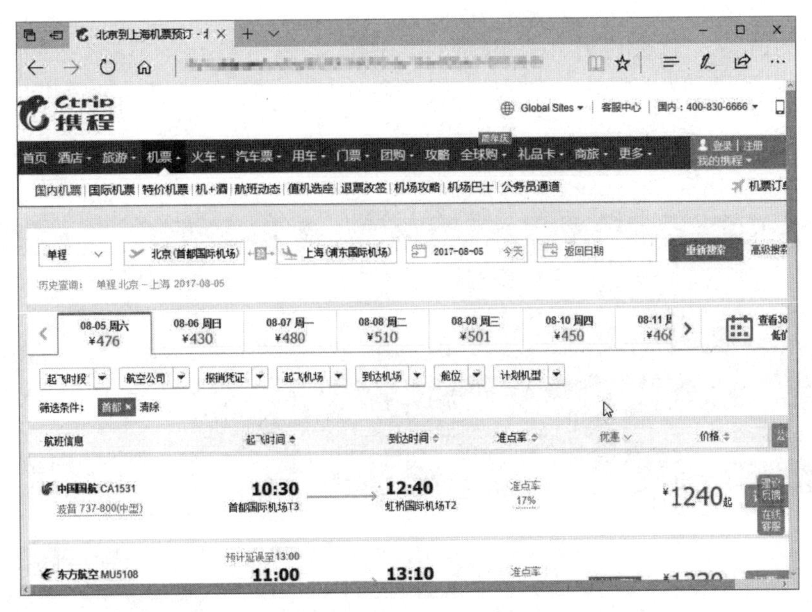

图 2.104　在携程网搜索从北京到上海的单程机票

2. 在 Internet 上搜索信息

目前，常用的搜索引擎有必应、百度、搜狗、新浪等。

目前，我国使用率排名第一的搜索引擎是百度。它以符合用户的使用习惯、搜索中文信息更迅速、涵盖面广等优点吸引了大批用户。

本书以在百度上搜索信息为例，讲解如何在 Internet 上搜索信息。

（1）按关键词搜索

在百度搜索引擎的主页中有一个文本框，在这个文本框中可以输入要查找的关键词，单击文本框右端的“百度一下”按钮，搜索引擎就会把含有该关键词的网页找出来。通过百度搜索“藏羚羊”的有关信息如图 2.105 所示。

图 2.105　通过百度搜索“藏羚羊”的有关信息

单击搜索到的链接，就会打开相应的网页。例如，单击第一条链接，显示如图 2.106 所示的网页。

图 2.106　打开搜索到的网页

温馨提示：如果是多个关键词同时进行搜索，可以用空格把这些关键词隔开，搜索引擎会把含有这些关键词的网页找到。关键词“藏羚羊 可可西里”的搜索结果如图 2.107 所示。

图 2.107　关键词“藏羚羊 可可西里”的搜索结果

（2）分类搜索

直接搜索关键词，可以最大限度地把符合条件的信息找出来，但这样也同时把一些自己不需要的信息找出来了。采用分类搜索可以解决此问题。

还是以搜索“藏羚羊”为例，在搜索文本框的下方会出现“网页”“新闻”“贴吧”“知道”“音乐”“图片”“视频”“地图”“文库”等类别，选择“更多”可以得到其他可供选择的类别。选择相应的类别可以筛选相应的内容，提高搜索的效率，如图 2.108 所示。

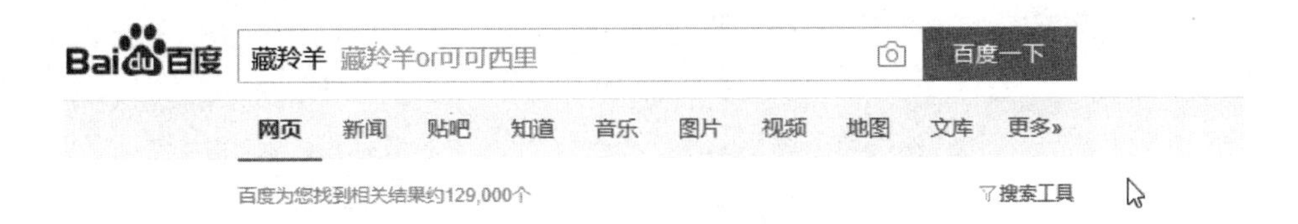

图 2.108　多类别可供选择

选择“图片”的搜索结果如图 2.109 所示。

图 2.109　选择“图片”的搜索结果

也可以在搜索之前先确定下搜索的类别，再输入关键词进行搜索。

3. 网上搜索技巧

搜索引擎就是用来搜索网上信息的，当输入关键字后，可能会出现成千上万个搜索结果，但这些结果中可能并没有多少想要的信息，这并不是搜索引擎不好用，而是没有很好地驾驭它，没有掌握它的使用技巧。

想要轻松地搜索到所需要的信息，需要掌握一些搜索技巧。

（1）选择合适的搜索引擎

每种搜索引擎都有不同的特点，只有选择合适的搜索引擎才能得到较好的效果。一般来说，如果需要查找非常具体或特殊的问题，用网页搜索比较合适；如果希望浏览某方面的信息、专题或查找某个具体的网站，分类目录会更合适；如果需要查找的是某些特定类型的信息，如 IT 类信息、地图等，最好使用专业搜索引擎。用百度地图搜索引擎搜索“上海东方明珠电视塔”的结果如图 2.110 所示。

图 2.110 用百度地图搜索引擎 搜索“上海东方明珠电视塔”的结果

百度地图搜索引擎并不仅仅提供位置信息，还有许多其他的服务。在搜索文本框中输入“上海东方明珠电视塔附近酒店”，上海东方明珠电视塔附近的酒店就会显示出来，同时还有网络评分和价格，如图 2.111 所示。

图 2.111　搜索“上海东方明珠电视塔附近酒店”的结果

百度地图搜索引擎还可以规划线路，右击目的地标识，在弹出的菜单中选择“以此为终点”选项，如图 2.112 所示。

图 2.112 “以此为终点”选项

在弹出的文本框中输入起点“上海虹桥国际机场”，交通方式选择“公交”。搜索引擎会自动规划出可供选择的几条线路，并有加粗的线路标识，同时左侧会有详细的文字介绍。选择地铁 2 号线的详细行程如图 2.113 所示。

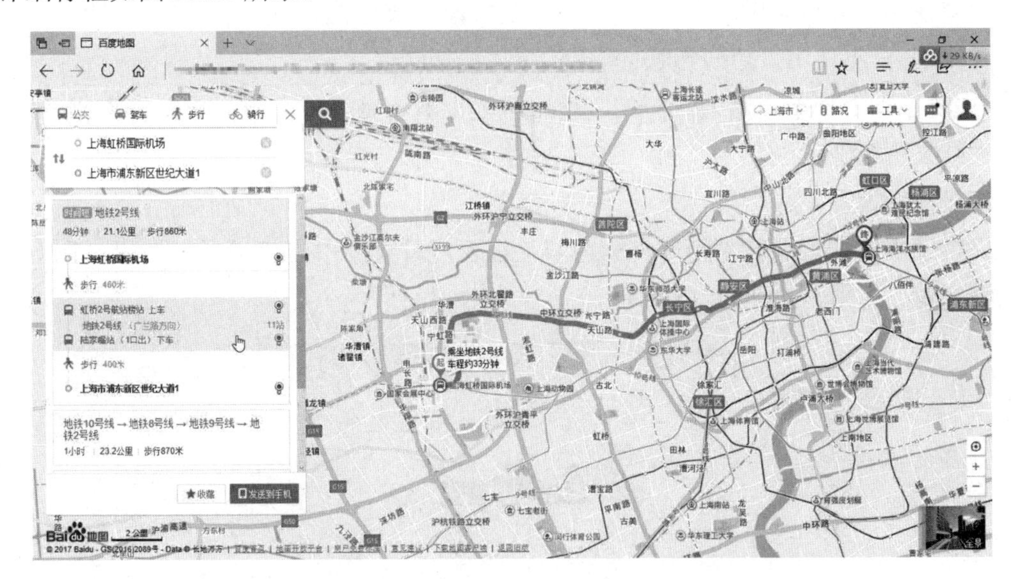

图 2.113 选择地铁 2 号线的详细行程

如果去陌生的城市旅行，使用搜索引擎提前规划行程会减少很多麻烦。

（2）使用正确的关键字

目前，多数搜索引擎都支持容错搜索，但注意不使用错别字还是可以提高搜索效率的。例如，错误输入“青岛弟一海水浴场”仍然可以搜索到“青岛第一海水浴场”的信息。容错搜索如图 2.114 所示。

图 2.114　容错搜索

使用关键字搜索，选择合适的关键字非常重要。如果关键字选择不当，搜索的结果会返回大量的无用信息，或者是有用的信息被淹没在大量的冗余页面中。

在搜索时，选择合适的关键字，可以充分体现搜索的主题，得到更精确的搜索结果，从而迅速找到自己所需要的信息。

选择关键字时应注意以下两点。

① 应注意避免使用普通词汇作为关键字，尽量对关键字进行细化。例如，查找“元搜索引擎”时，关键词要使用“元搜索引擎”，不使用“搜索引擎”或“搜索”；查找“防火墙”时，关键字要使用“防火墙”，不使用“防病毒软件”或“网络安全”。

② 给关键字加上修饰限定词。例如，使用“笔记本电脑”或“手提电脑”来代替“电脑”，可以使搜索结果更精确。

（3）高级搜索设置

百度提供了高级搜索功能来精确搜索内容，在百度首页中单击“设置”按钮，在下拉菜单中选择“高级搜索”选项，如图 2.115 所示。

图 2.115　“高级搜索”选项

接着在高级搜索页面中输入搜索结果全部包括的关键词、可以包括的关键词、不包括的关键词，以及搜索结果的形成时间、文档格式等。搜索最近一年，关于清华大学，但不包含美术学院的设置如图 2.116 所示。

图 2.116　搜索最近一年，关于清华大学，但不包含美术学院的设置

单击“高级搜索”按钮后，显示的搜索结果如图 2.117 所示。可以发现关于清华大学美术学院的信息全部被屏蔽了。仔细观察可以发现，搜索文本框中的关键字变成了“清华大学-（美术学院）”。

图 2.117　搜索结果

（4）使用元搜索引擎

目前，中文搜索引擎大多是单搜索引擎。搜索信息时，如果用户在第一个搜索引擎没有找到满意的结果，就要到第二、第三个……搜索引擎进行搜索，既费时又费力。为了使用户可以快速、全面、准确地搜索到自己所需要的信息，集成化的搜索引擎应运而生。集成搜索引擎也称元搜索引擎，将多个单搜索引擎汇集在一起，提供一个统一的搜索界面，用户只需进行一次搜索，元搜索引擎将用户的搜索要求进行适当处理后提交给不同的搜索引擎搜索，然后将返回的搜索结果进

行整理，合并为一个页面返回给用户。

“在线搜”元搜索引擎如图 2.118 所示。

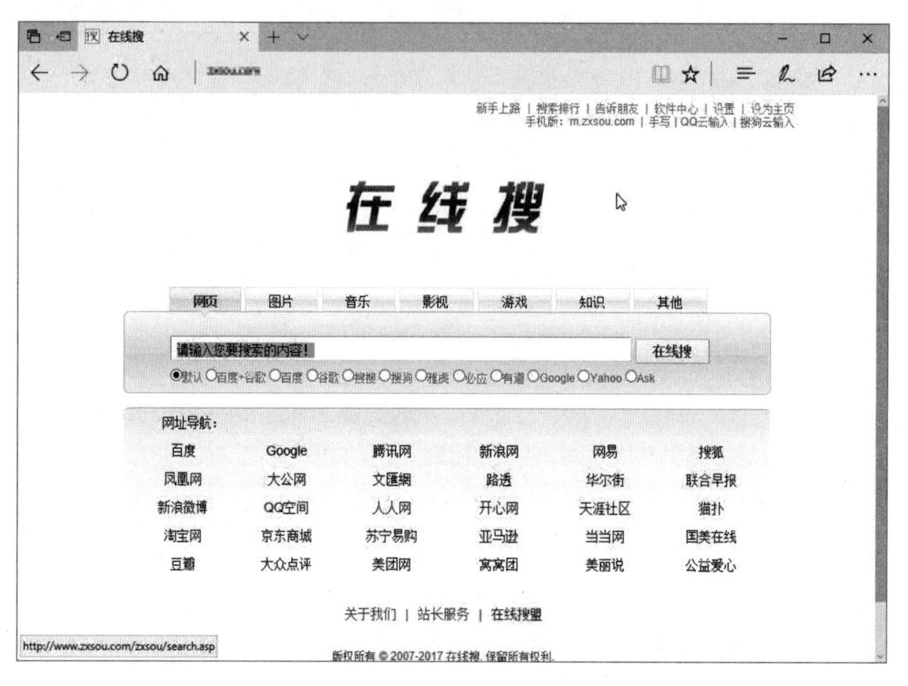

图 2.118　“在线搜”元搜索引擎

使用“在线搜”搜索“清华大学”的结果如图 2.119 所示。元搜索引擎返回的搜索结果可以是几个搜索引擎的搜索结果。

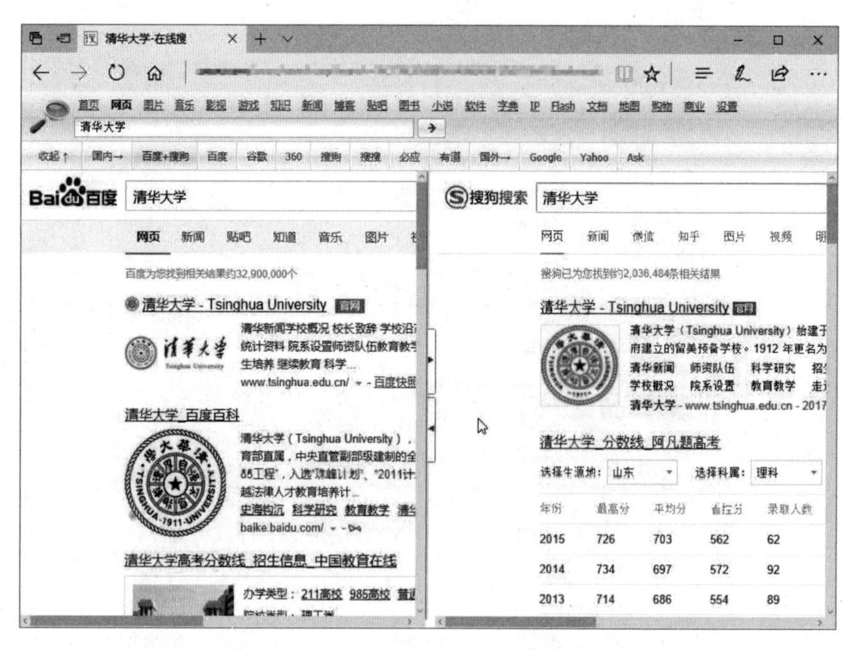

图 2.119　使用“在线搜”搜索“清华大学”的结果

元搜索引擎可以大大节省搜索时间，提高搜索效率，搜索的结果也更全面，但不适合进行复杂搜索。由于百度的搜索功能非常强大，因而，中文元搜索引擎较少。

习题

1. 超文本、超媒体、超链接有何区别？
2. 什么是网站？什么是网页？两者有什么关系？
3. 什么是 HTML？中文含义是什么？
4. URL 的中文名称是什么？它有什么作用？
5. 搁置标签页有什么作用？
6. 什么是搜索引擎？
7. 搜索引擎可以分为哪几类？
8. 元搜索引擎和混合型搜索引擎是否相同，有何区别？

项目 3　使用电子邮件

知识目标

1. 了解电子邮箱、邮件服务器的含义。
2. 了解 IMAP、SMTP、POP3 的概念及区别。
3. 掌握电子邮件地址的形式及含义。

技能目标

1. 熟练掌握用浏览器管理电子邮件的方法。
2. 掌握电子邮件客户端账户的设置方法。
3. 熟练掌握接收、阅读中英文电子邮件及附件的方法。
4. 熟练掌握撰写、回复、发送电子邮件及附件的方法。
5. 掌握通讯簿的管理方法。
6. 熟悉邮件的转发及删除方法。

项目描述

1. 申请一个免费电子邮箱，用浏览器登录信箱并给自己发送一个邮件。
2. 设置电子邮件账户，上网接收和阅读邮件，将接收到的邮件地址加入通讯簿。

预备知识　电子邮件概述

电子邮件（E-mail）是 Internet 上使用最为普遍的功能，和普通邮件的用途相同，但比普通邮件的传递速度要快得多，从用户计算机寄到世界各地，通常几分钟之内就可以到达。据统计，每天约有 5000 万人在世界各地发送电子邮件，尽管电子邮件大多采用文本形式，但是也可以传递图片和声音文件。

使用电子邮件必须有提供收发电子邮件的服务器、负责收发电子邮件的程序和电子邮件地址。

（1）邮件服务器

为用户提供电子邮件收发服务的计算机主机称为邮件服务器（Mail server）。邮件服务器的功能就像一个邮局，我们将信件投递到邮局后，由邮局寄出。收信时邮件也是先到达邮局，再由邮局投递给用户。邮件服务器通常由 ISP 提供。

邮件服务器分为邮件发送服务器和邮件接收服务器，前者负责电子邮件的发送，后者负责电子邮件的接收。有时这两种服务由同一主机负责，但要分开设置，只是设置为同一主机地址。

（2）SMTP 和 POP3

SMTP 和 POP3 是两种协议，SMTP 和 POP3 服务器就是使用这两种协议的服务器。

SMTP(Simple Mail Transfer Protocol)即简单邮件传输协议。它是电子邮件服务器之间发送电子邮件的通信协议，电子邮件程序也在客户端使用 SMTP 来发送邮件给服务器。SMTP 协议属于 TCP/IP 协议簇，帮助每台计算机在发送或中转信件时找到下一个目的地。SMTP 服务器就是遵循 SMTP 协议的邮件发送服务器。

POP(Post Office Protocol)即邮局协议，而 POP3 是其第 3 个版本，是规定了怎样将个人计算机连接到 Internet 的邮件服务器和下载电子邮件的电子协议。它是 Internet 电子邮件的第一个离线协议标准。简单地说，POP3 就是一个简单而实用的邮件信息传输协议。

（3）邮件接收方式

电子邮件程序在客户端从邮件服务器接收邮件有 POP 和 IMAP 两种方式。

POP（也称 POP3）方式是将邮件下载并保存在本地硬盘上，邮件下载后服务器不再保留，如果想在接收邮件后仍让服务器保留邮件，可以通过设置实现。

IMAP 方式是将邮件总保留在服务器上，接收邮件时只把邮件的主题下载到硬盘，只有在阅读时才下载。

（4）电子邮箱

邮件服务器的硬盘就好像是邮局，上面划分出的若干个区域称为电子邮箱。用户寄出的邮件通过 Internet 投递到对方的电子邮箱，而接收的邮件也将存放在用户的电子邮箱中。由于邮件服务器是 24 小时开机的，无论用户是否开机或上网，所有寄给用户的邮件都将正常地投递到电子邮箱中，上网后在电子邮箱中打开就可以阅读了。

电子邮箱通常由 ISP 提供，也有很多商业网站提供电子邮箱服务，如新浪邮箱（如图 2.120）、网易免费邮箱（如图 2.121）、QQ 邮箱（如图 2.122）、搜狐闪电邮箱（如图 2.123）等都提供免费电子邮箱服务。只要连接到网站填写申请表并得到确认即可拥有一个免费电子邮箱，这种电子邮箱对于使用公用账户的上网者最为方便。

图 2.120　新浪邮箱

图 2.121　网易免费邮箱

图 2.122　QQ 邮箱

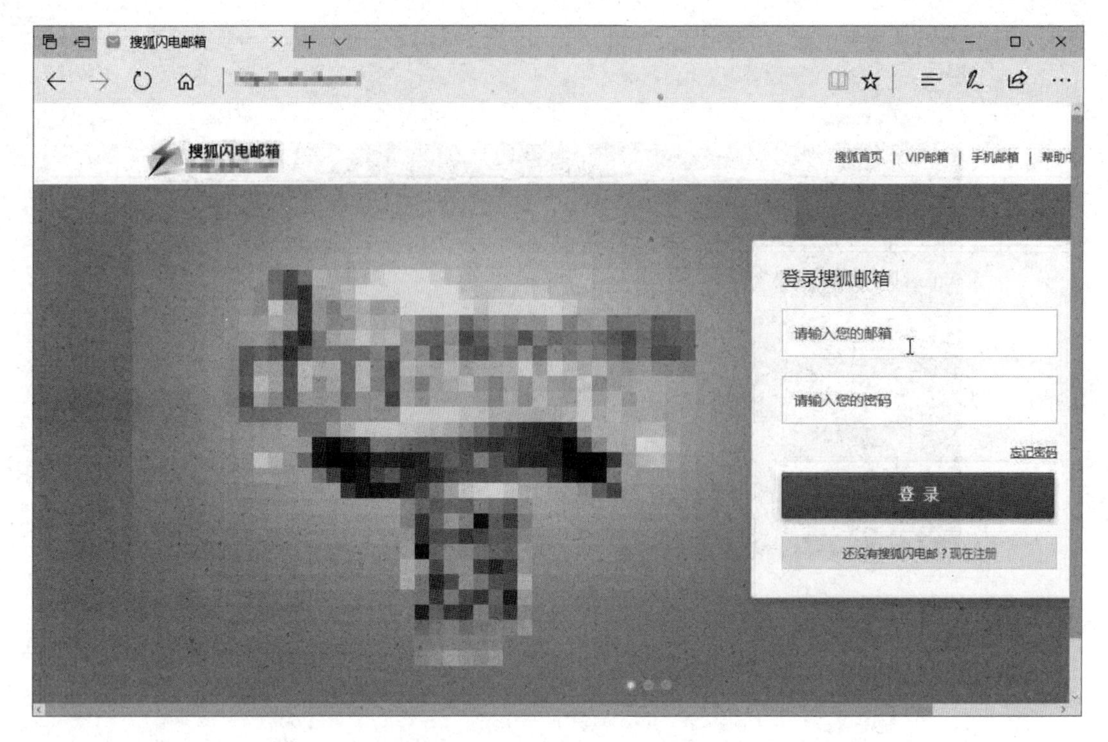

图 2.123　搜狐闪电邮箱

（5）电子邮件（E-mail）地址

和寄发普通邮件一样，电子邮件也要填写收件人的地址，对方才能收到。电子邮件地址的形式如下。

jianjun@public.qd.sd.cn

sunny@163.com

其中@的意义是 at，前面的部分通常是用户名或用户账号，后面部分是收发邮件的主机域名地址。

子项目 1　申请免费电子邮箱

Internet 提供电子邮箱服务的网站很多，提供的电子邮件服务各有特色，电子邮箱的容量也不尽相同，但基本服务项目没有大的差异。但应注意，国外网站大多只提供英文邮件服务。

目前的电子邮箱有付费电子邮箱和免费电子邮箱两种，对于普通用户，申请免费电子邮箱即可。值得注意的是，所有有 QQ 号的用户，腾讯公司都自动赠送一个带 QQ 号的邮箱。例如，QQ 号是 123456789，那么该用户就自动得到一个地址为 123456789@qq.com 的免费邮箱，也就不必再去申请免费电子邮箱了。下面以申请网易的免费电子邮箱为例，说明申请免费电子邮箱的过程。

登录到网易免费电子邮箱的主页，单击“去注册”按钮，如图 2.124 所示。

图 2.124　“去注册”按钮

在“邮件地址”栏，首先输入邮箱用户名，如果该用户名已经被注册，系统会提示你换一个名字。然后输入邮箱的密码，为避免误操作，系统会要求输入两遍。只有两次输入的密码一致，系统才会允许进入下一个项目。最后需要输入手机号，这是出于实名认证的需要。输入手机号后，单击“免费获取验证码”按钮，此时手机会收到一条短信，短信会提供一个动态验证码。输入动态验证码。勾选“同意‘服务条款’和‘隐私权相关政策’”复选框，单击“立即注册”按钮，完成注册，如图 2.125 所示。

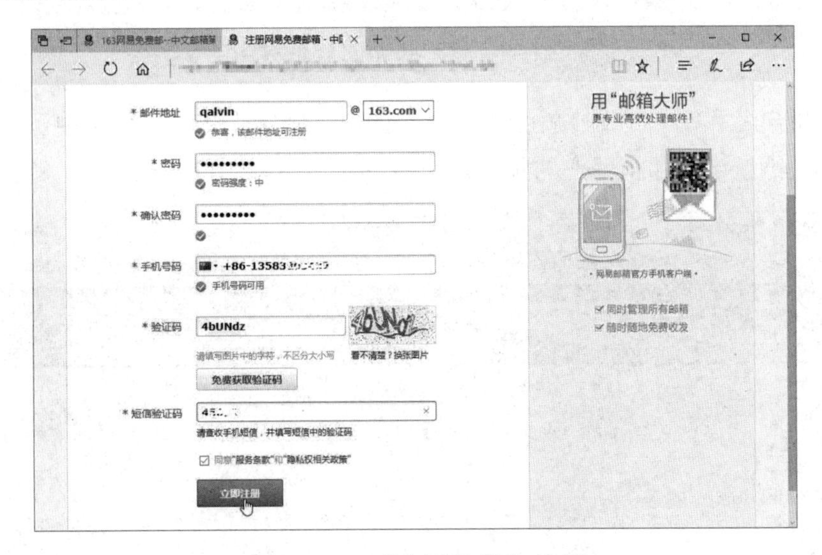

图 2.125　“立即注册”按钮

子项目 2　使用浏览器收发和管理电子邮件

拥有自己的电子邮箱后，无论身处何地，只要连接到 Internet，就可以自由地收发电子邮件了。收发电子邮件，可以通过 Outlook Express、Foxmail 等电子邮件服务程序来进行，也可以使用浏览器直接登录网站进行。前者需要对程序进行一些初始设置才能正常使用，适合使用固定计算机上网的用户。后者虽然不需要设置，但所有的操作都要求在线进行，适合移动办公和不使用固定计算机上网的用户。

随着计算机网络的发展，网速大幅提升，上网的费用也大幅降低。更多的人直接选择在浏览器中收发邮件，或者直接在手机上完成对电子邮件的操作。

1. 登录电子邮箱

在浏览器地址栏输入提供电子邮箱服务的网站地址，跳转到电子邮箱的登录页面，如图 2.126 所示。输入用户名和密码，单击“登录”按钮。

图 2.126　电子邮箱的登录页面

如果输入的用户名和密码正确，就会进入用户的电子邮箱。此时收件箱中已经有电子邮件了，这是电子邮局发送给新申请邮箱用户的邮件及一些广告，如图 2.127 所示。

图 2.127　个人电子邮箱的页面

2. 查阅邮件

选择“收件箱”选项，就会看到接收到的邮件目录，没有阅读过的邮件标题采用粗体显示，收件箱后面也会标注未阅读邮件的数目，如图 2.128 所示。

图 2.128　收件箱页面

单击邮件“主题”，该邮件就会自动打开，可以阅读新邮件，如图 2.129 所示。

图 2.129　阅读新邮件

邮件阅读后，邮件的粗体显示自动消失，如图 2.130 所示。

有的邮件带有附件，邮件右侧会显示一个小回形针符号，如图 2.131 所示。

单击该邮件主题，打开并阅读邮件，邮件阅读页面会显示附件的文件名，单击文件名左侧的附件符号，打开附件。用户可以选择“下载”“打开”“预览”“存网盘”等方式打开附件，如图 2.132 所示。

图 2.130　邮件阅读后的效果

图 2.131　带附件的电子邮件

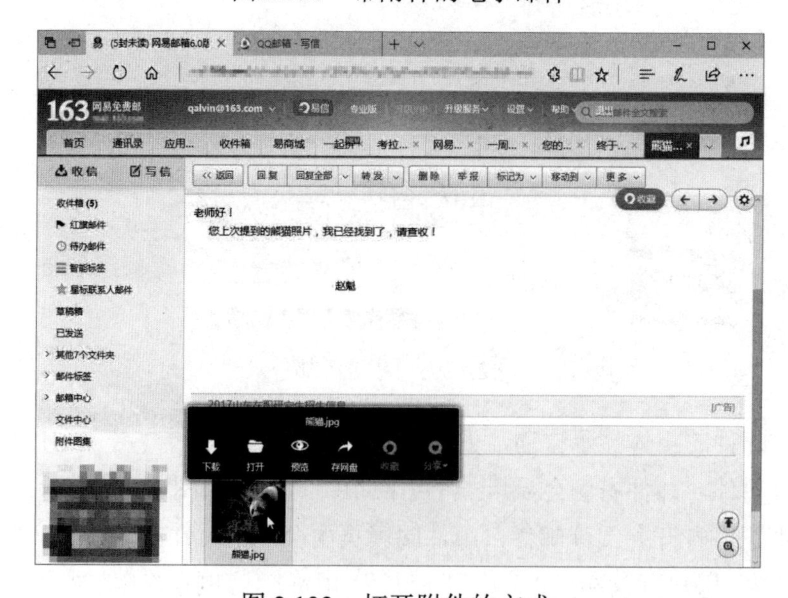

图 2.132　打开附件的方式

如果用户的计算机安装了可以打开附件的应用程序，单击“打开”按钮，就可以显示附件的内容。打开的附件如图 2.133 所示。

图 2.133　打开的附件

如果用户的计算机无法打开附件，可以选择“下载”，将附件下载到用户的计算机上，通过合适的程序打开附件。

3．撰写和发送邮件

在网站上撰写和发送邮件非常简单，只要单击“写信”按钮，如图 2.134 所示，就会弹出“写信”标签。

图 2.134　“写信”按钮

此时，需要依次输入收件人邮件地址、主题、邮件正文等内容。

① 发件人是指发送邮件人的电子邮件地址，系统会自动填充。当同时存在多个电子邮箱时，在打开某个账户的情况下单击“+新邮件”按钮，发件人就是那个账户的电子邮件地址。

② 收件人是指接收邮件人的电子邮件地址，可以输入一个或多个，如果输入的地址是多个，每个地址之间要用 “;”隔开。单击“抄送和密件抄送”按钮，可以将电子邮件抄送给其他的电子邮件地址。

③ 主题是指发送电子邮件的主题，使收件人不打开信件就可以了解邮件的主要内容。

电子邮件撰写完成后，单击“发送”按钮，即可发送该电子邮件，如图 2.135 所示。

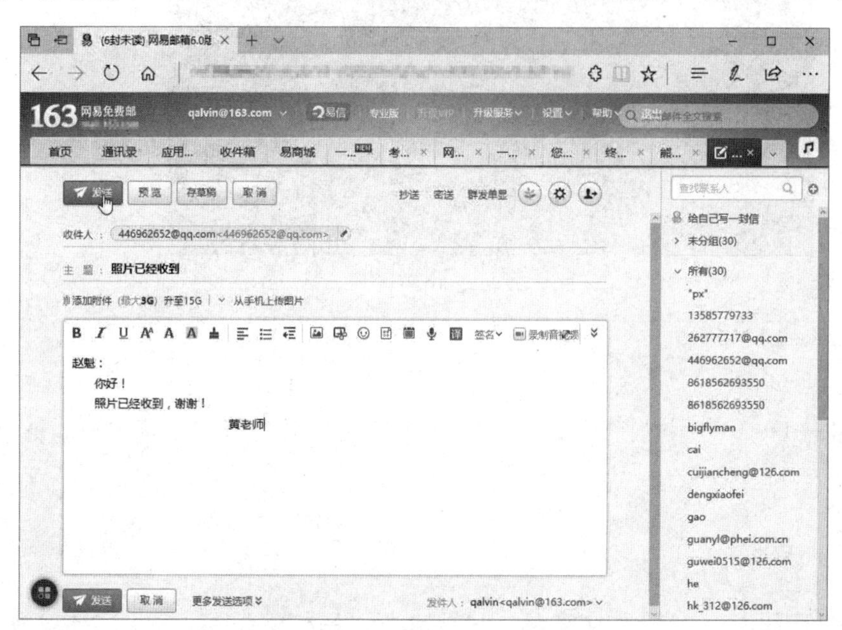

图 2.135　发送电子邮件

注意：如果需要添加附件，可以单击“附件”按钮进行添加。

电子邮件发送成功后，会显示如图 2.136 所示的页面。

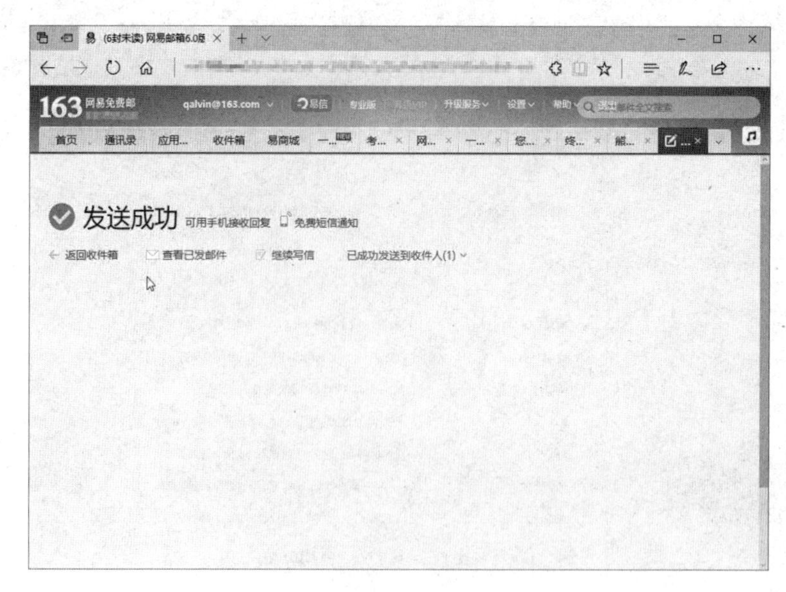

图 2.136　电子邮件发送成功

试验一下：自己发送给自己一个测试邮件，发送成功后，单击“收信”按钮，收件箱中即可看到该邮件。

用户申请并设置了一个新电子邮箱后，通常是首先撰写一个测试邮件发送给自己，如果可以收到并阅读，说明电子邮箱可以正常使用。

4．删除邮件

电子邮箱的空间都是有限的，对一些没有用的电子邮件，应将其删除。删除电子邮件的方法非常简单，只要选中要删除的电子邮件，单击“删除”按钮，该电子邮件就会被删除，如图 2.137 所示。

图 2.137　删除收件箱中的电子邮件

被删除的电子邮件，并没有完全删除，而是移到了“已删除”文件夹中，如图 2.138 所示。系统会保存这个邮件 7 天，七天后这封邮件才真的被删除了。

图 2.138　被删除的邮件

如果要彻底删除邮件，可以在“已删除”文件夹中选中该邮件，单击“删除”按钮，如图 2.139 所示。在弹出的对话框中单击“确定”按钮，如图 2.140 所示，该邮件将被彻底删除。

图 2.139　在“已删除”文件夹中删除邮件

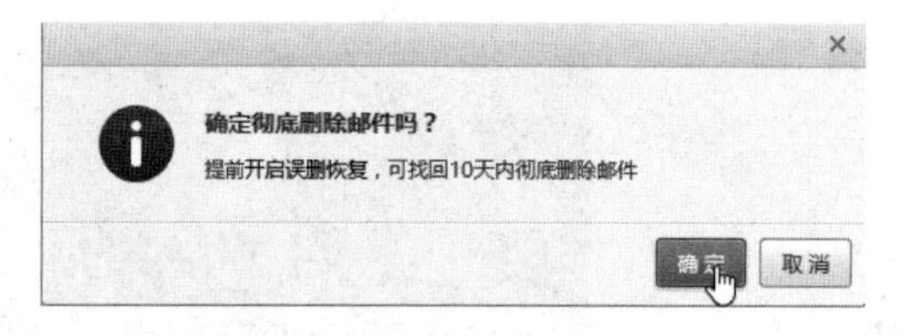

图 2.140　“确定”按钮

注意：选中邮件后，单击“彻底删除”按钮，如图 2.141 所示，可以一次将多个“已删除”文件夹中的邮件彻底删除。

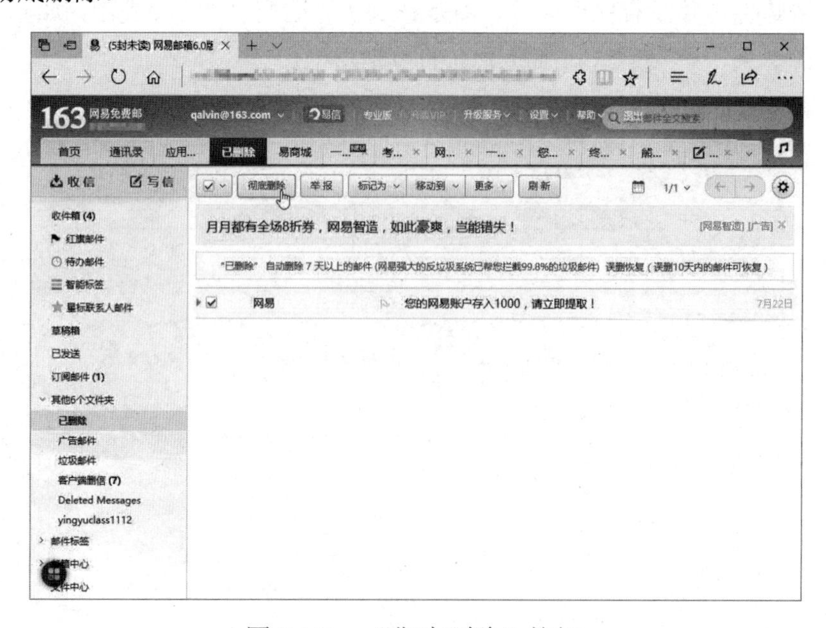

图 2.141　“彻底删除”按钮

5．加入通讯录

对一些经常联系的人，可以将其电子邮件地址存入通讯录，这样在撰写和发送电子邮件时，无需每次都输入地址，直接在通讯录中选择收件人即可。一来非常方便，二来也避免因输入错误造成电子邮件无法正常发送给收件人。

（1）新建联系人

单击页面左上方的“通讯录”按钮，打开通讯录，如图 2.142 所示。

图 2.142 “通讯录”按钮

单击“新建联系人”按钮，如图 2.143 所示。

图 2.143 “新建联系人”按钮

在弹出的“新建联系人”对话框中，输入联系人的有关信息，单击“确定”按钮，如图 2.144 所示，该联系人的信息就被存入通讯录中。

图 2.144　“新建联系人”对话框

（2）将发件人加入通讯录

在阅读邮件时，将光标移动到发件人的名称上，会弹出一个快捷菜单，在该快捷菜单中选择“编辑联系人”选项，如图 2.145 所示。

图 2.145　“编辑联系人”选项

在弹出的“快速修改联系人”对话框中，输入发件人的其他信息，单击“确定”按钮，如图 2.146 所示，该发件人的信息就被存入通讯录中。

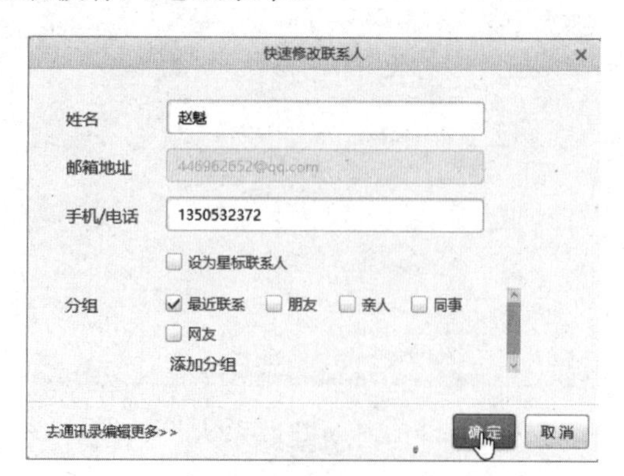

图 2.146　“快速修改联系人”对话框

（3）使用通讯录

单击“通讯录”按钮，可以打开通讯录，将光标移动到某个联系人的名称上，可以看到“写信”“编辑”和“删除”三个按钮。单击这些按钮，可以完成对应的操作，如图 2.147 所示。

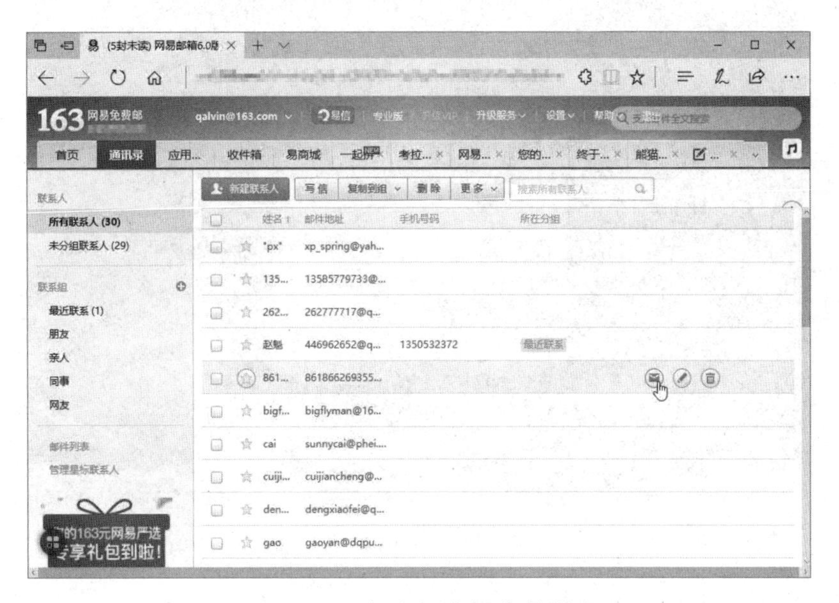

图 2.147　完成相应操作的按钮

子项目 3　Outlook 信箱的设置

Outlook 是 Windows 10 自带的一个电子邮件客户端，全面支持 SMTP、POP3 等信息传递标准，HTML 的阅读及编辑功能，使用户能够传递更加丰富、更加具体的信息。使用 Outlook 可以快捷地对电子邮件进行操作，使用起来比在浏览器中的操作更方便，非常适合在私人计算机上使用。

在 Windows 的其他版本中提供了一款软件叫作 Outlook Express，两者的使用方法比较相似。

1．启动 Outlook

单击“开始”按钮，在弹出的快捷菜单中选择“生活动态”选项，单击“邮件”磁贴，如图 2.148 所示。

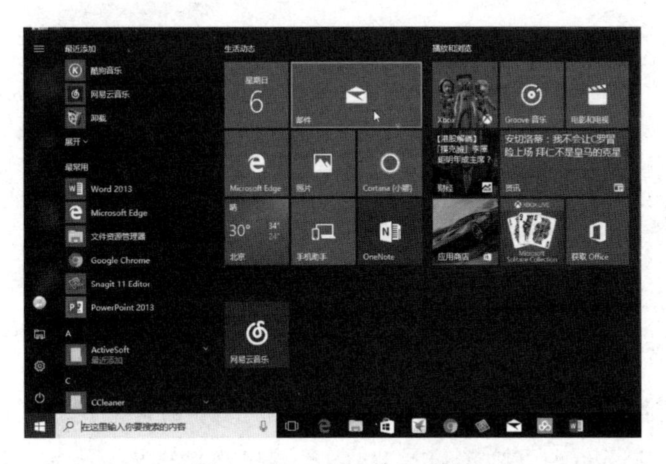

图 2.148　“邮件”磁贴

在弹出的设置窗口中，选择“添加账户”选项，如图 2.149 所示。

图 2.149 “添加账户”选项

Outlook 必须对邮件账户进行正确设置才能够正常接收和发送电子邮件，在第一次启动 Outlook 时，必须进行配置。通过“添加账户”对话框可以发现，Windows 10 默认有微软的 Hotmail、MSN 等电子邮箱，还有 Google、Yahoo、苹果的 iCloud 等，并没有网易等中文邮箱。单击“其他账户”按钮，如图 2.150 所示。

在弹出的对话框中，输入电子邮件地址、邮件显示的发件人名称和邮箱密码，单击“登录”按钮，如图 2.151 所示。如果不输入密码，每次使用 Outlook 都需要再次输入密码，比较麻烦。如果计算机只有一个用户，建议输入密码，这样系统可以自动登录，帮助用户检查是否有新邮件，并及时通知用户。

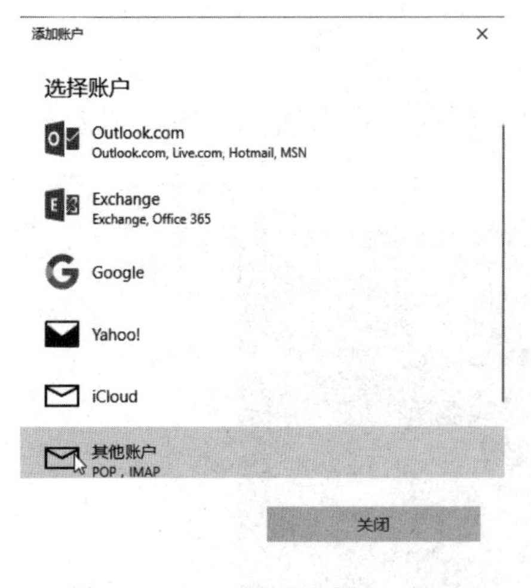

图 2.150 “其他账户”按钮

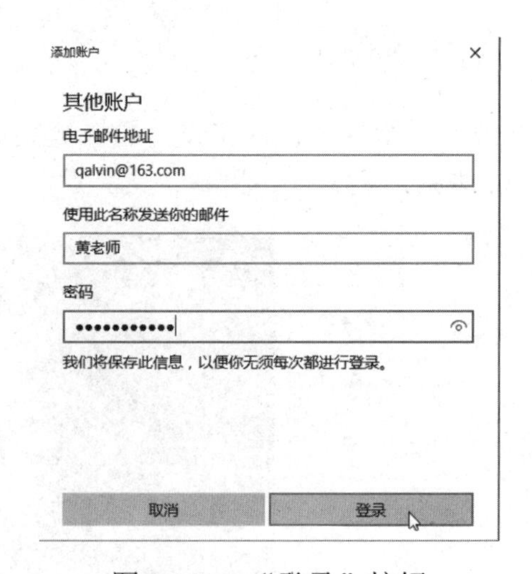

图 2.151 “登录”按钮

此时，系统将登录邮箱，自动查找 SMTP 服务器和 POP3 服务器，联系服务器如图 2.152 所示。

在早期的 Outlook Express 版本中，SMTP 服务器和 POP3 服务器是需要用户手动输入的，常常会因为输入错误而无法发送或收到邮件，Windows 10 的 Outlook 改进了这一点，一切都通过自动来实现，非常方便。

成功连接邮箱，弹出“已全部完成！”对话框，单击“完成”按钮，完成设置，如图 2.153 所示。

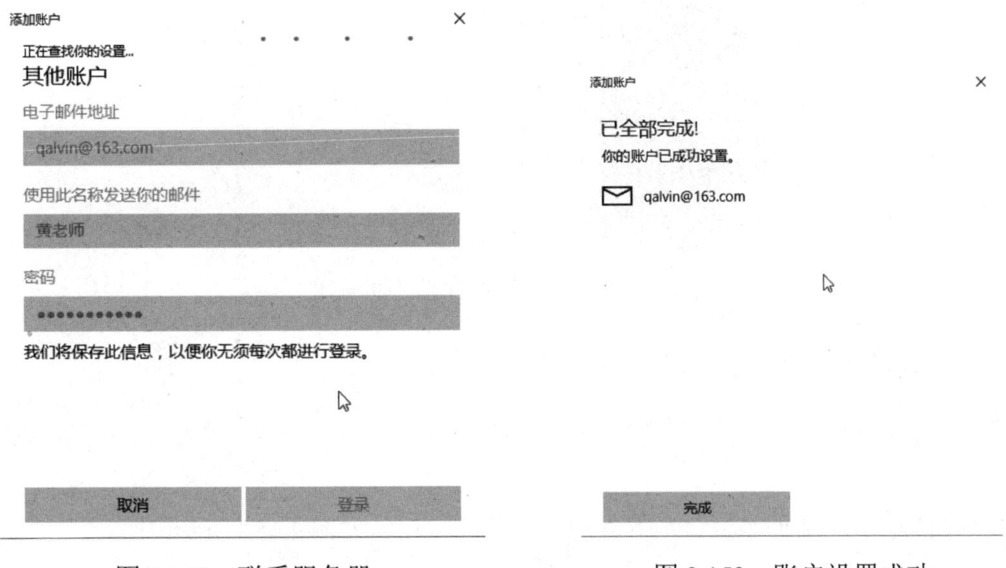

图 2.152　联系服务器　　　　图 2.153　账户设置成功

Outlook 支持多个邮件账户同时使用，按照上面的步骤可以逐一添加。

2. 打开邮箱

账户设置成功后，在返回的“邮件”对话框中，可以发现已经添加了的 163 账户，单击“转到收件箱”按钮，如图 2.154 所示，可以打开收件箱。

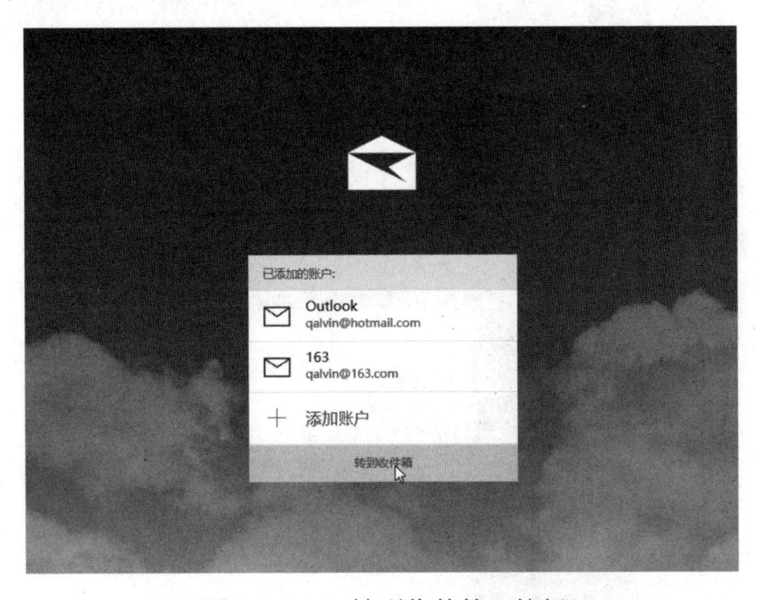

图 2.154　“ 转到收件箱”按钮

在“收件箱-163-邮件”窗口的左侧，选择“163”选项，右侧显示出收件箱中的邮件，如图 2.155 所示。

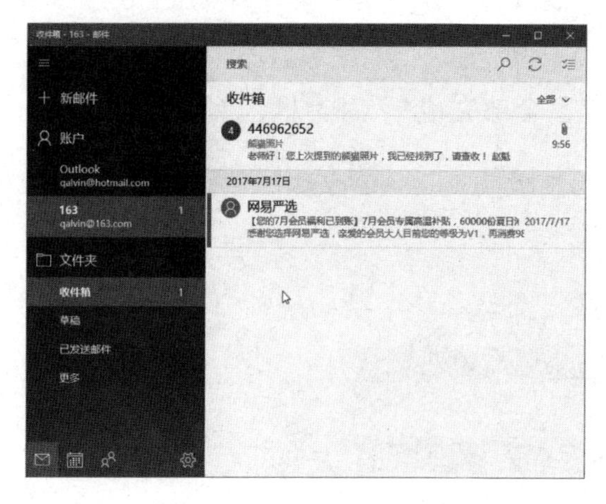

图 2.155　显示出收件箱中的邮件

3．编辑邮件账户

邮件账户添加成功后，如果要对密码进行修改，或者删除不用的邮件账户，可以对账户进行编辑。

单击“收件箱-163-邮件”窗口左下方的“设置”按钮，如图 2.156 所示。

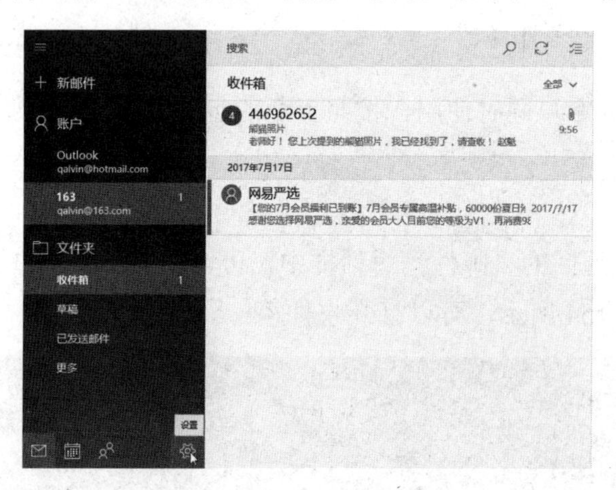

图 2.156　“设置”按钮

在弹出的“设置”菜单中，选择“管理账户”选项，如图 2.157 所示。

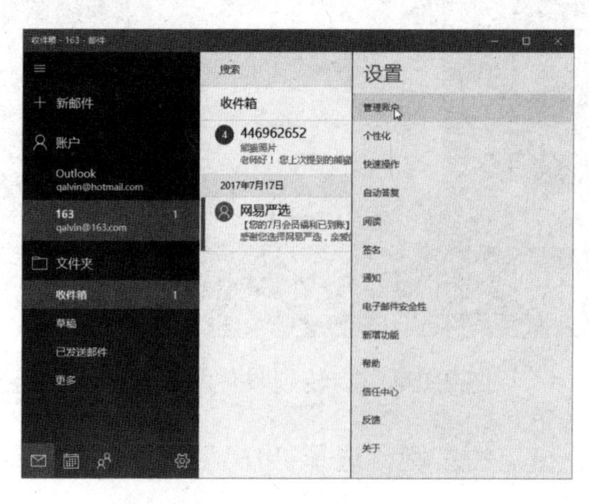

图 2.157　“管理账户”选项

在显示的账户中，选择要管理的账户，本例选取的是“163”账户。选择账户“163”选项，如图 2.158 所示。

新邮件
账户
Outlook
qalvin@hotmail.com
163
qalvin@163.com
文件夹
收件箱
草稿
已发送邮件
更多
搜索
收件箱
446962652
2017年7月17日
网易严选
管理账户
选择要编辑设置的账户。
Outlook
qalvin@hotmail.com
163
qalvin@163.com
链接收件箱
添加账户

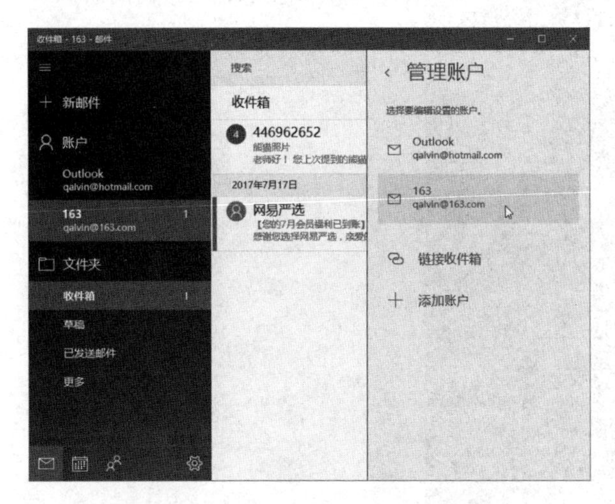

图 2.158　选择账户“163”选项

在弹出的“账户设置”对话框中，就可以修改账户的密码了，甚至可以删除账户，如图 2.159 所示。单击“保存”按钮，完成设置。

注意：此处更改的密码是在电子邮件服务提供商那里注册的密码，如果要更改登录邮箱的密码，还需要在登录电子邮件提供商的网页进行修改。同时，还要将 Outlook 上的密码按照以上步骤更改过来。否则，Outlook 将无法收到邮件。

邮件账户设置成功后，就可以正常接收和发送电子邮件了。

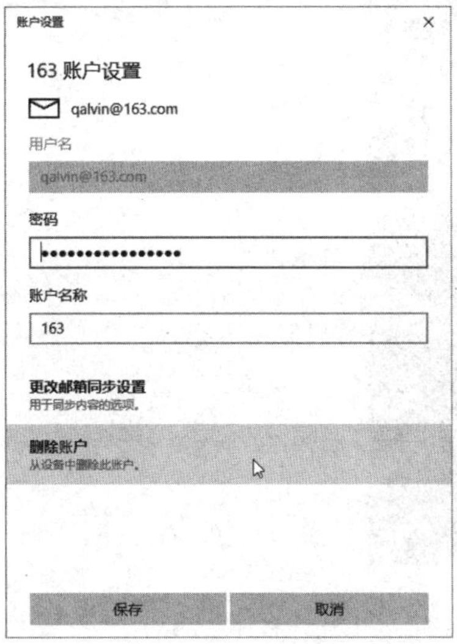

账户设置
163 账户设置
qalvin@163.com
用户名
qalvin@163.com
密码
账户名称
163
更改邮箱同步设置
用于同步内容的选项。
删除账户
从设备中删除此账户。
保存
取消

图 2.159　“账户设置”对话框

子项目 4　电子邮件的接收和阅读

1. 接收新邮件

在“收件箱-163-邮件”窗口中，单击右侧的“同步此视图”按钮，系统将开始连接邮件服务器并下载邮件，如图 2.160 所示。

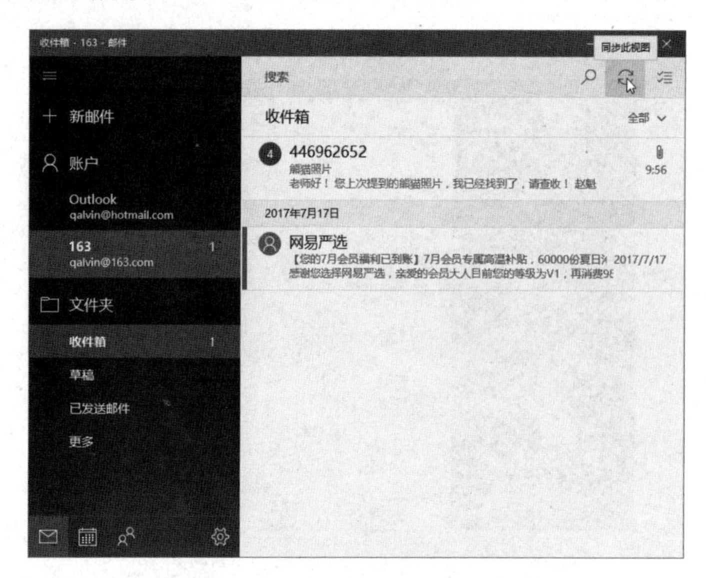

图 2.160　连接邮件服务器并下载邮件

注意：由于本例中设置了两个电子邮箱，接收邮件时会按顺序依次接收，接收的邮件都将存放在收件箱中。

如图 2.161 所示为刚接收还没有阅读的邮件，其右侧有一个蓝色的竖条。同时，窗口左侧的“163”账户也会显示未阅读邮件的数目。

图 2.161　未阅读邮件

2．阅读邮件

在窗口中，可以看到邮件的简略内容，要想阅读邮件的全部内容，需要将它打开。单击要阅读的邮件，其邮件内容就会显示在窗口中，阅读邮件窗口如图 2.162 所示。

单击“在新窗口中打开邮件”按钮，将打开一个新窗口供用户阅读邮件，如图 2.163 所示。采用这种方式可以同时打开多个邮件，便于多个邮件内容的对比等操作。

图 2.162　阅读邮件窗口

图 2.163　邮件在新窗口中被打开

此时可以发现，在“收件箱-163-邮件”窗口中，标志邮件未阅读的蓝色竖条已经消失，左侧的未阅读邮件数目也自动减少一个，如图 2.164 所示。

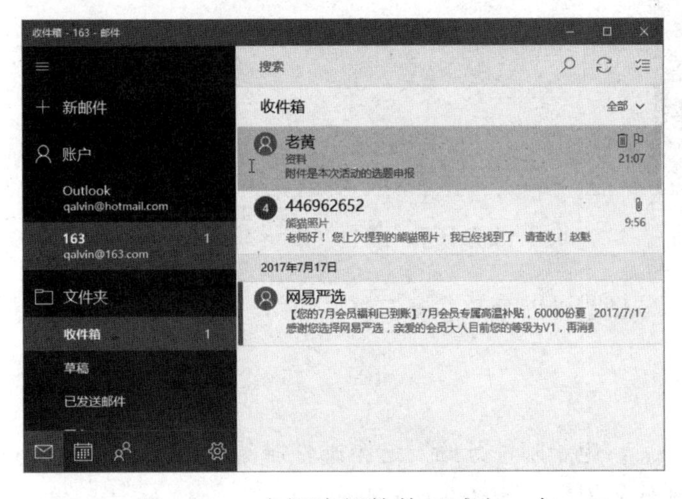

图 2.164　未阅读邮件数目减少一个

子项目 5　电子邮件的撰写和发送

1．撰写电子邮件

在“收件箱-163-邮件”窗口中单击“+新邮件”按钮，如图 2.165 所示，可以创建一个新电子邮件。

图 2.165　“+新邮件”按钮

依次填写收件人的地址、主题、邮件正文，单击“发送”按钮，电子邮件即被发出，如图 2.166 所示。如果不想发送，可以单击“放弃”按钮，则新邮件被放弃。

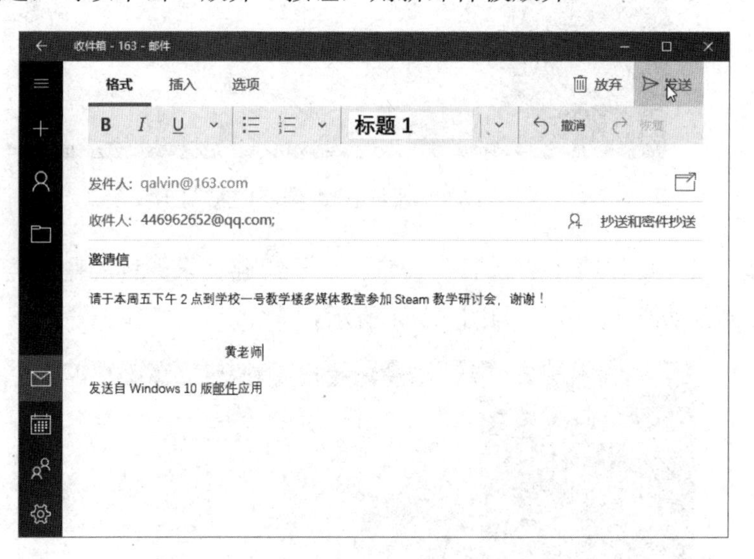

图 2.166　撰写并发送新邮件

窗口的顶端还有一些格式可供选择，如加粗、倾斜、下画线、项目编号等。

2．发送电子邮件

单击“发送”按钮后，电子邮件开始发送至邮件服务器；发送成功后，在“已发送邮件”文件夹中，会出现那封邮件的副本，如图 2.167 所示。

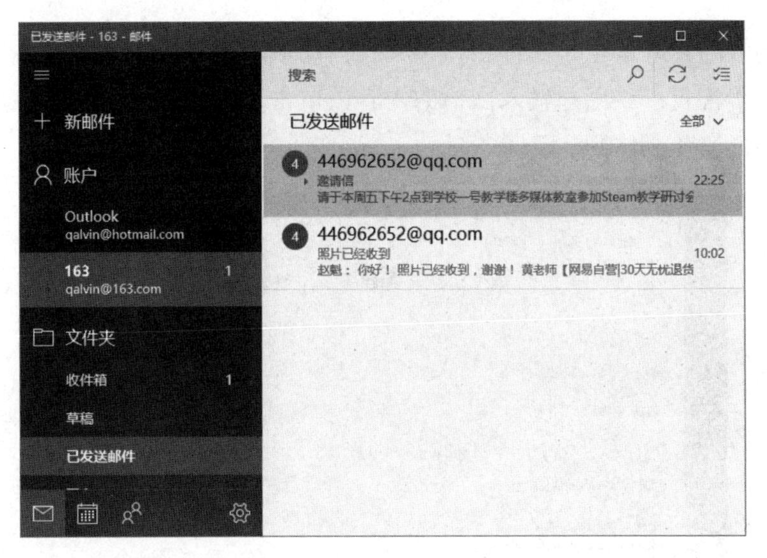

图 2.167 发送邮件成功后的“已发送邮件”副本

如果收件人地址正确无误，电子邮件将由邮件服务器发送至收件人。如果地址有误，该电子邮件将退回发件人，并显示退回的原因。

注意，有时用户输入的电子邮件地址有误，但该电子邮件地址恰巧有人使用，邮件服务器会作为正常邮件发送到该地址。

子项目 6 电子邮件的使用技巧

1. 电子邮件的答复和转发

当收到一个电子邮件后，可能要回信或将收到的电子邮件转寄给其他人。在电子邮件系统中，回信称为答复，转寄给他人称为转发。

（1）只给寄件人回信

在打开电子邮件的窗口中单击“答复”按钮即可只给寄件人回信，如图 2.168 所示。

图 2.168 “答复”按钮

此时，系统会自动打开新电子邮件窗口，并且自动填写收件人的地址和主题，主题为原电子邮件的主题前面加“答复:”。用户输入回信的内容，单击“发送”按钮，就完成了回信的过程。撰写答复电子邮件，如图 2.169 所示。

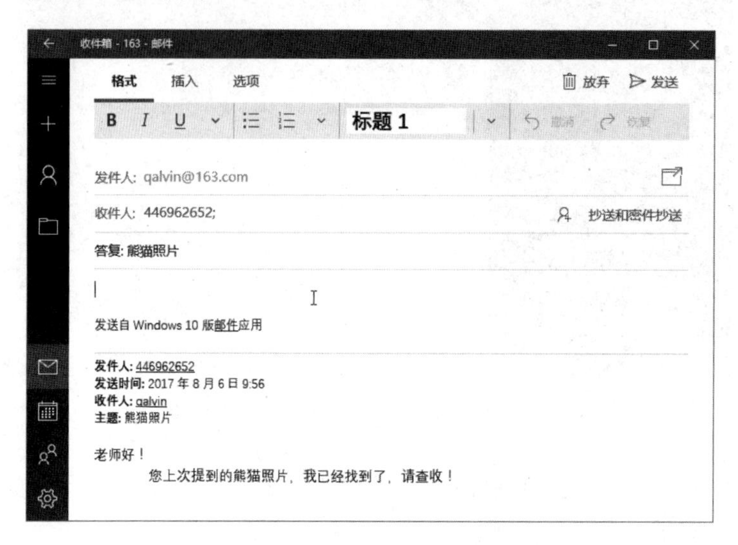

图 2.169　撰写答复电子邮件

如果收到一个寄给许多人的电子邮件，要回信给所有人时，可以选择“全部答复”选项。系统除了将寄件人的地址填写在“收件人”栏，还会将其他收件人的地址一起填入“抄送”栏。输入回信内容，单击“发送”按钮，就完成了给多人回信的任务。

（2）转发

如果想把收到的电子邮件转发给其他人，可以在打开的邮件窗口中单击“转发”按钮，转发电子邮件，如图 2.170 所示。

图 2.170　转发电子邮件

此时，系统会自动打开新邮件的窗口，新邮件包含原有电子邮件的所有内容，主题为原电子邮件的主题前面加“转发:”。将要转发的电子邮件地址填写在“收件人”文本框中。如果用户需要在转发的电子邮件中撰写新内容，可以直接在正文窗口中输入。单击“发送”按钮，完成转发，如图 2.171 所示。

图 2.171　“发送”按钮

2．附件的发送和查看

在发送电子邮件时，除了正文，还可以包含附件，如图像文件、声音文件等。

发送中文电子邮件时，将中文信函作为附件发送可以避免由于收信人的电子邮件程序方面的问题而导致的乱码。也可以使用“画图”软件直接将中文信函存为图形文件，这样即使对方没有中文平台也不影响其阅读。

（1）插入附件

附件必须在撰写电子邮件时才能插入。在新邮件窗口，选择“插入”选项，可以发现“文件”“表格”“图片”“链接”4 种插入形式。本例插入的附件是一个 RAR 的文件，选择“插入”选项，单击“添加文件”按钮，给邮件插入附件如图 2.172 所示。

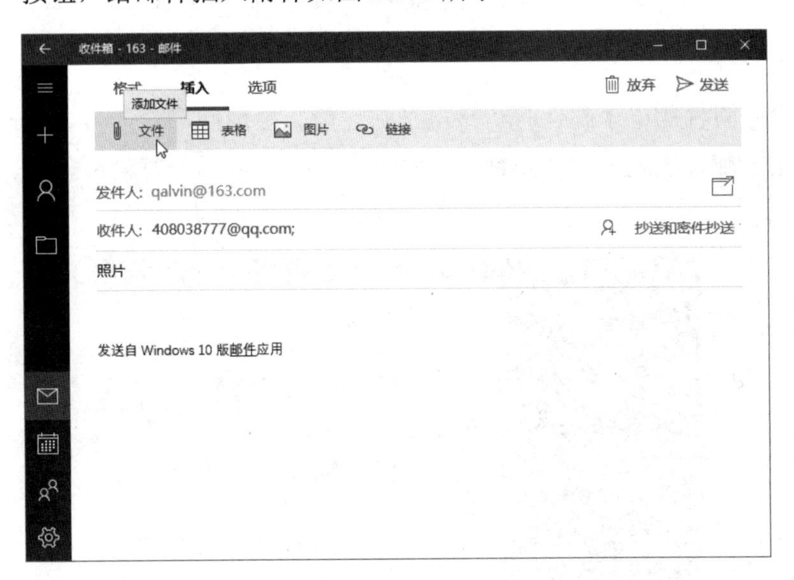

图 2.172　给邮件插入附件

在弹出的“打开”对话框中，找到存放附件的文件夹，选中要插入的附件，单击“打开”按钮，完成操作，如图 2.173 所示。

图 2.173　选中要插入的附件

此时可以发现，附件已经被插入新邮件中，如图 2.174 所示。单击“发送”按钮，附件将随同电子邮件一起发送给收件人。

图 2.174　已插入附件的新邮件

（2）查看附件

当我们收到含有附件的电子邮件时，该电子邮件前会出现回形针符号。当选中这封含有附件的电子邮件时，电子邮件主题上的回形针符号将消失，被垃圾桶的符号所代替，带附件的电子邮件如图 2.175 所示。

图 2.175　带附件的电子邮件

打开电子邮件后，可以在电子邮件正文中看到附件的文件清单，单击附件中的文件名，打开附件，如图 2.176 所示。

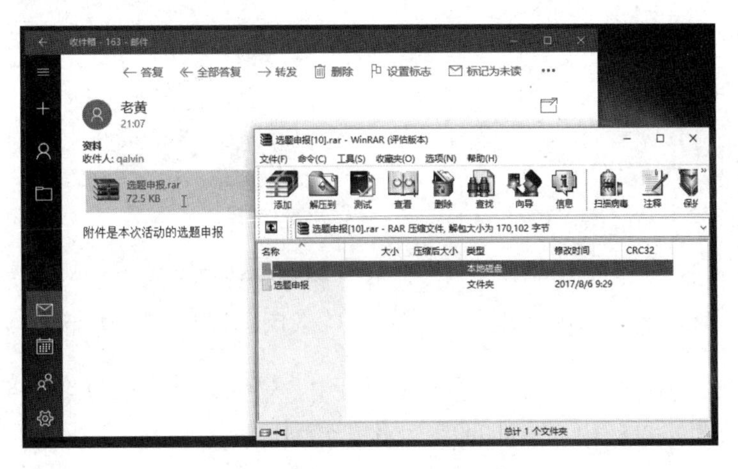

图 2.176　打开附件

如果系统不能识别附件的文件类型，将要求用户将此文件与相关程序建立关联，指定打开此类文件的程序。

3．使用“人脉”

在发送电子邮件时，每次都输入电子邮件地址会非常不方便，而且容易因输入错误使电子邮件不能正确发送。目前，电子邮件程序都提供了通讯簿，用户可以将经常联系的电子邮件地址存放在通讯簿中，发送电子邮件时直接选择使用。

Windows 10 中是使用“人脉”按钮来完成类似操作的。在“收件箱-163-邮件”窗口中，单击“切换到‘人脉’”按钮，可以打开“人脉”窗口，如图 2.177 所示。

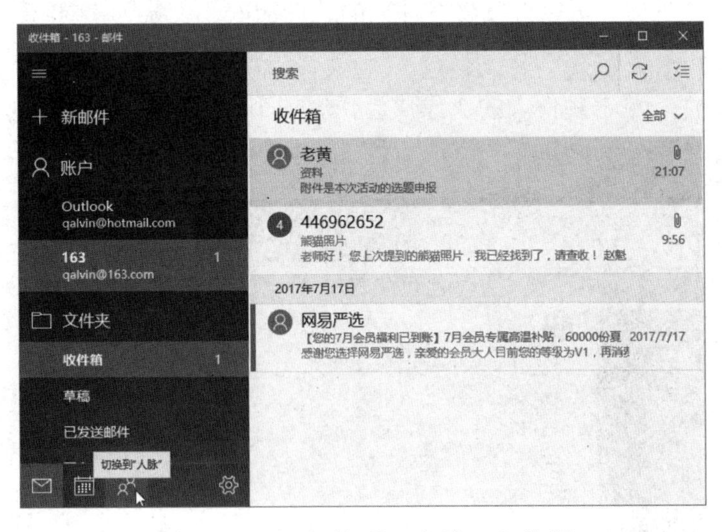

图 2.177　“切换到‘人脉’”按钮

在打开的“人脉”窗口中，可以看到联系人对应的电子邮件地址，如图 2.178 所示。

（1）新建联系人

在“人脉”窗口中，单击“+”，也就是“新建联系人”按钮，如图 2.179 所示。

图 2.178　打开的“人脉”窗口

图 2.179　“新建联系人”按钮

在“新建 Outlook（邮件和日历）联系人”项目中，输入联系人的姓名、手机号码、个人电子邮件等信息，单击“保存”按钮，完成设置，如图 2.180 所示。

此时，在“人脉”窗口中，可以看到联系人已经加入了“人脉”，如图 2.181 所示。

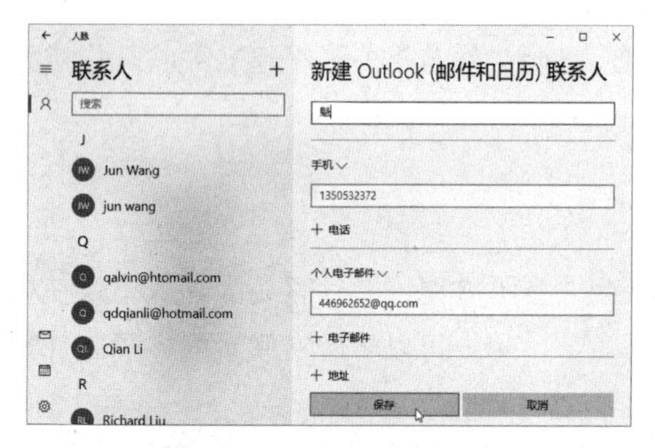

图 2.180　“保存”按钮

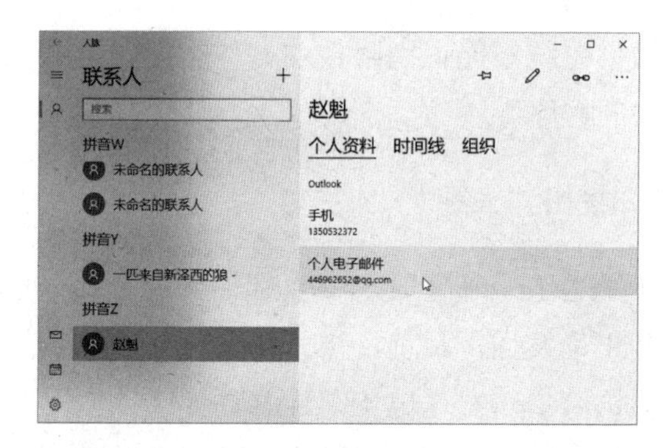

图 2.181　联系人已经加入了“人脉”

当阅读一封电子邮件时，可以直接将发件人的地址加入“人脉”。这样要比用键盘一个一个输入快捷方便得多。

打开一封电子邮件，单击发件人的头像，会弹出一个小对话框，选择“打开联系人列表”选项，如图 2.182 所示。

图 2.182　“打开联系人列表”选项

此时可以发现，该电子邮件发件人的地址已经出现在“人脉”窗口中，同时显示了该联系人最后一次发电子邮件进行联系的时间。单击“保存”按钮，如图 2.183 所示。

然后在弹出的联系人列表中，单击“+”按钮，如图 2.184 所示。

图 2.183　“保存”按钮

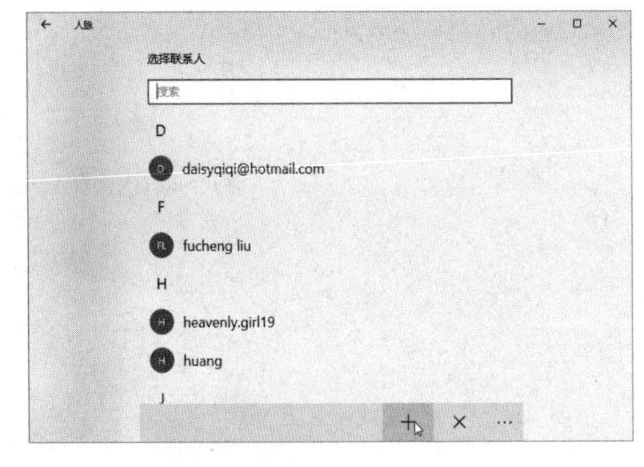

图 2.184　“+”按钮

此时，会弹出“新建 Outlook（邮件和日历）联系人”窗口，如图 2.185 所示。电子邮件地址和名字已经自动填好，单击“保存”按钮，联系人被添加到“人脉”中。

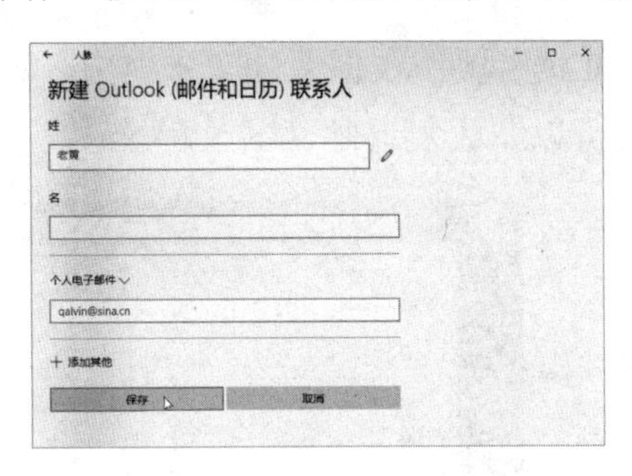

图 2.185　“新建 Outlook（邮件和日历）联系人”窗口

（2）使用“人脉”发送电子邮件

在新邮件窗口中，单击收件人右侧的“添加联系人”按钮，如图 2.186 所示，可以打开“人脉”窗口。

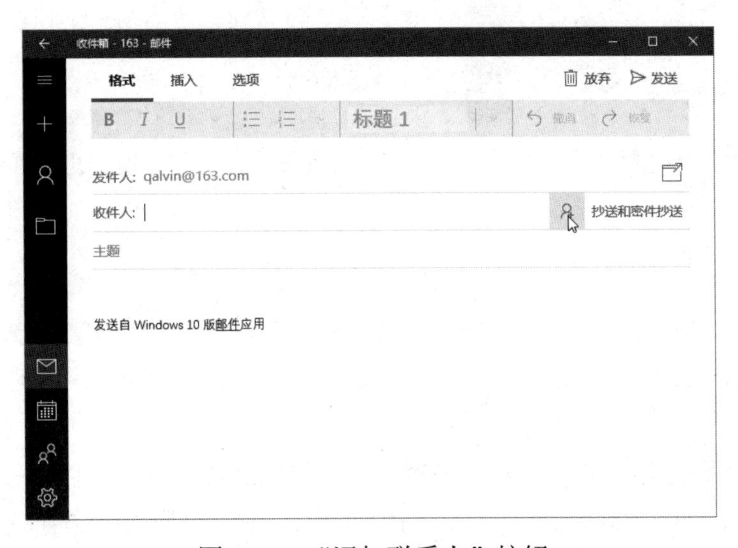

图 2.186 “添加联系人”按钮

在“选择联系人”对话框中，单击“选择选项”按钮，如图 2.187 所示。

图 2.187　“选择选项”按钮

选中收件人，根据需要，可以选择一个，也可以选择多个。单击下方的“√”按钮，完成收件人的选择，如图 2.188 所示。

此时，联系人的电子邮件地址就出现在收件人的文本框中，如图 2.189 所示。输入邮件主题和邮件内容，单击“发送”按钮就可以完成发送邮件的过程。

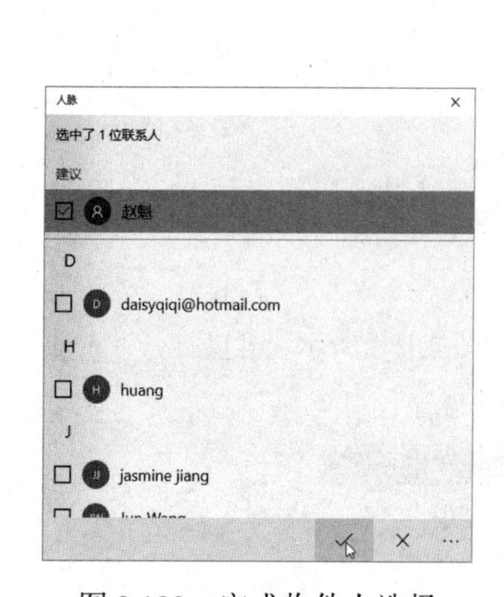

图 2.188　完成收件人选择

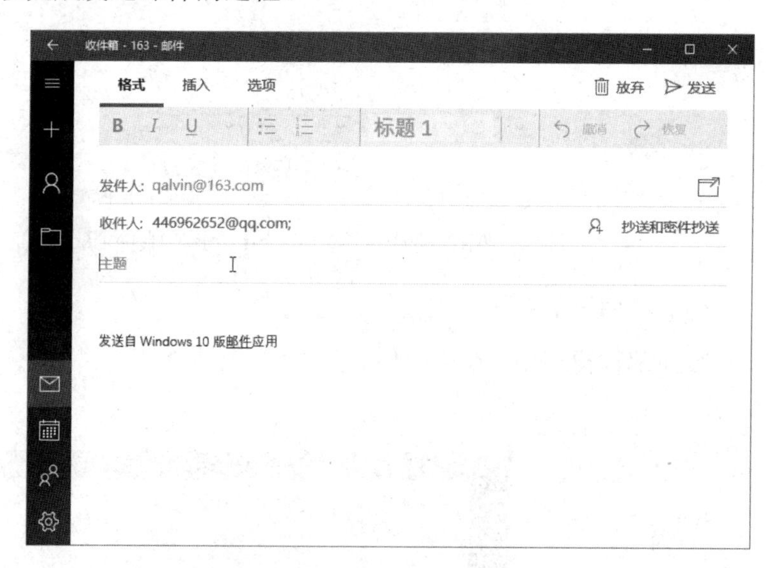

图 2.189　联系人的电子邮件地址出现在收件人文本框中

4．邮件的管理

对一些不重要的邮件，阅读后即可将其删除。在“收件箱”项目中，将光标移动到要删除的邮件上，会弹出两个图标。单击画着垃圾桶的“删除”按钮，即可将邮件从收件箱中删除，如图 2.190 所示。

邮件删除后，系统会给用户一段后悔的时间。如果发现删错了，可以通过单击窗口下方红色的“撤销”按钮来恢复被删除的邮件，如图 2.191 所示，如果不理会红色的提示，一段时间后，它会自动消失。

图 2.190　删除邮件

图 2.191　删除邮件提示

此时，该邮件并没有真正的删除，而是被保留在“已删除邮件”文件夹中，作为备用。在“收件箱-163-邮件”窗口中，选择“更多”选项，如图 2.192 所示。

图 2.192　“更多”选项

在“所有文件夹”菜单中，选择“已删除邮件”选项，如图 2.193 所示。

图 2.193　“已删除邮件”选项

此时可以发现，被删除的邮件存放在这个文件夹中。已删除邮件的文件夹如图 2.194 所示。

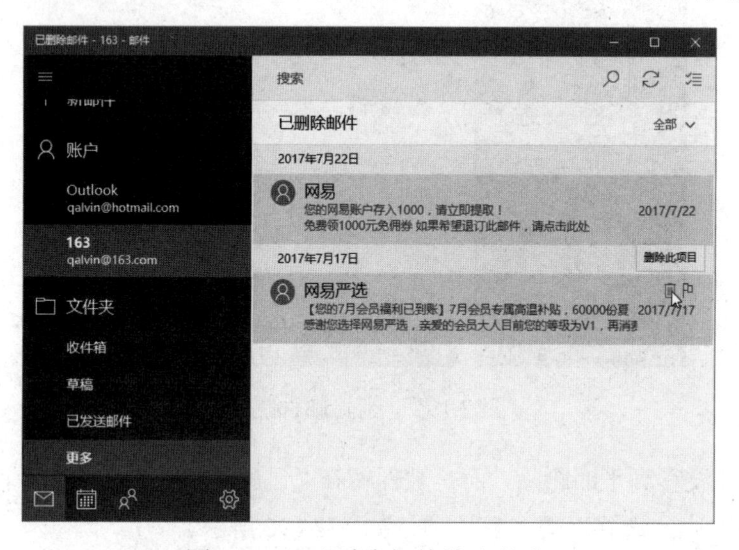

图 2.194　已删除邮件的文件夹

用同样的方法，将邮件从“已删除邮件”文件夹中删除。这样邮件才真的从“邮件”应用中被彻底删除。

习题

1. 什么是电子邮件服务器？它的作用是什么？
2. SMTP 协议和 POP3 协议有什么作用？
3. 电子邮件有哪两种接收方式？其优缺点是什么？
4. 电子邮箱的表达方式是什么？
5. 假如 ISP 提供的邮件服务器域名为 public.qd.sd.cn，IP 地址为 202.102.134.100，在登录电

子邮件信箱时其SMTP和POP3文本框应填写什么内容?

6. 假如只能在学校机房或网吧上网，使用浏览器方式还是使用Outlook方式收发电子邮件比较好，请说明原因。

7. 发送一个相同内容的电子邮件(如更改电子邮件地址)给若干人，使用什么方法比较方便?如果不想让收件人看到其他收件人的地址，应如何操作?

8. 发送一个中文电子邮件，但不知对方使用何种系统软件阅读中文电子邮件，使用什么方法可以确保对方能够顺利阅读?

项目4　下载文件

知识目标

1. 了解上传和下载文件的原理。
2. 了解Internet上几种可使用软件的版权区别。
3. 掌握压缩文件的类型。
4. 了解解压缩的知识。

技能目标

1. 熟练掌握软件搜索的方法。
2. 熟练掌握软件下载的方法。
3. 熟练掌握软件解压缩的方法。
4. 熟练掌握软件安装到本地计算机的方法。

项目描述

搜索一款软件，下载、解压缩并安装到本地计算机上。

预备知识　网上提供的软件类型

Internet资源丰富，除提供各种文字信息外，还提供大量的影音文件、图像及各种软件等。要有效地利用网上的这些资源，通常要将其下载到用户的计算机中。下载（Download）是指将文件从FTP服务器复制到自己的计算机，而将用户计算机中的文件复制到服务器上就称为上传（Upload）。

下载有两种形式，当传输速率快，且下载的文件较小时，可以直接从网上下载；如果传输速率较慢，且下载的内容较大时，可以使用相应的下载软件下载。

从 Internet 下载软件，要注意软件的版权问题，有的软件是可以任意下载使用的，有的软件对版权有明确的规定。一般有以下四种软件可以下载使用。

① 免费软件（Freeware）。用户下载此类软件无须支付任何费用，但作者对该软件仍拥有版权，用户不能随意修改。

② 捐赠软件（Donateware）。捐赠软件是软件作者的馈赠，用户不仅可以随意使用，而且可以修改软件；有的捐赠软件还提供软件的源代码，供有兴趣的人修改和增加功能。

③ 共享软件（Shareware）。共享软件是供用户试用的软件，通常会有一定的使用限制，有的限制使用期限，有的限制使用功能。用户可以向软件拥有者注册并交纳一定费用，得到其正版软件。

④ 演示软件（Demoware）。软件的演示版，用于展示软件的功能和特色。

子项目 1　用浏览器直接从网上下载软件

下载软件最大的问题是不知道去哪里下载，如果使用搜索引擎，可以迅速找到提供下载的网站，但这些网站并不能保证软件的完整性。例如，有的网站为了提高其他软件的安装率，把一些热门软件和其他软件捆绑在一起，用户在不知情的情况下下载软件，就会被装上其他的软件。甚至有一些网站会在热门软件，特别是游戏程序中植入病毒，进而盗取用户的资料。因此不要在来历不明的网站下载软件。

从网上下载软件最好的办法就是直接去该软件的官网下载，这样可以保证下载的软件是最新的版本，而且不用担心软件被捆绑上其他的软件。但这样就非常麻烦，需要不停地搜索各个软件官网的网址，再一个个地下载安装，效率非常低。

Internet 上有一些信誉较好的大公司专门提供下载软件的网站，这些网站的软件多数都是软件生产商的原文件，即使有软件捆绑的现象，也会在安装软件时进行说明，相对而言，更值得信赖。例如，百度提供的百度软件中心（见图 2.195）、奇虎 360 提供的 360 软件宝库（见图 2.196），还有华军软件园（见图 2.197）、天极下载（见图 2.198）等，这些网站将收集到的软件分门别类排序，以便用户查找，还提供站内搜索功能，非常方便。

图 2.195　百度软件中心

图 2.196　360 软件宝库

图 2.197　华军软件园

图 2.198　天极下载

下面以华军软件园为例，介绍如何在软件下载服务网站上搜索和下载软件。

1. 按软件类别搜索并下载

以在华军软件园下载一个图像处理软件为例，由于下载前并不明确要下载哪一个图像处理软件，可以通过软件分类查找并下载。

首先，在 Microsoft Edge 的地址栏中输入华军软件园的网址打开华军软件园的首页，选择“软件分类”选项，如图 2.199 所示。

图 2.199　“软件分类”选项

其次，在软件分类页面，选择“图像处理”选项，如图 2.200 所示。

图 2.200　“图像处理”选项

浏览并选择要下载的软件，如美图秀秀，单击“安全下载”按钮，如图 2.201 所示。

图 2.201 “安全下载”按钮

注意，此时不要贸然点击有“高速下载”之类的按钮，这些按钮往往下载的是其他软件，在其旁边会有浅颜色的文字说明。拖动滚动条，可以发现真正的下载地址，或者如图 2.202 所示，单击“下载地址”按钮。

图 2.202 “下载地址”按钮

华军软件园会提供同一软件的多个下载地址，用户可以根据自己所在的网络，如联通或电信，选择合适的站点。一般选择与用户的地理位置比较近，登录人数较少的站点，如图 2.203 所示，这样下载时的速度会快一些。

最后，在弹出“另存为”对话框中，选择存放文件的本地文件夹，单击“保存”按钮，开始下载软件，如图 2.204 所示。

图 2.203　选择下载地址近的链接

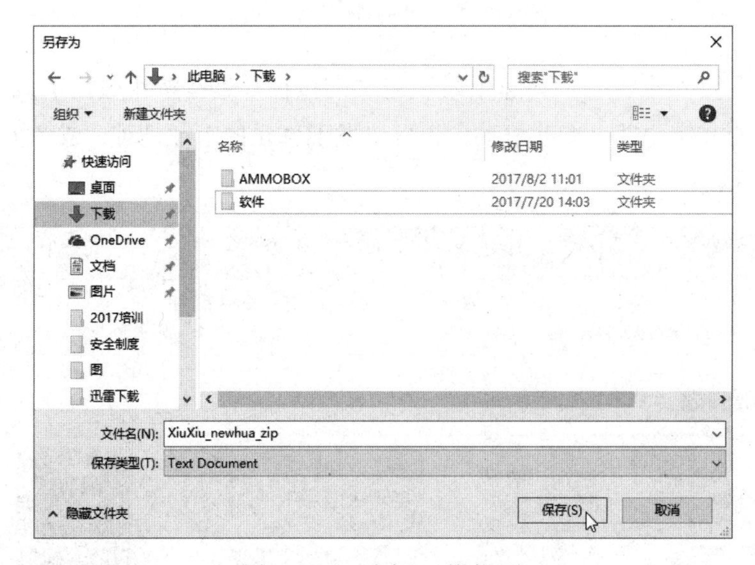

图 2.204　选择下载位置

Microsoft Edge 会在窗口的下方弹出一个对话框，显示当前的下载进度。用户可以随时暂停或取消下载过程，如图 2.205 所示。

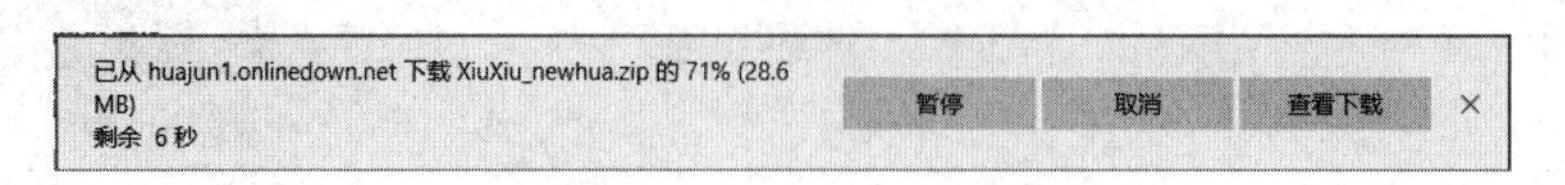

图 2.205　软件下载过程

下载完成后，会弹出下载成功的对话框。打开选择的文件夹，可以看到下载的文件。已完成下载如图 2.206 所示、下载的文件夹如图 2.207 所示。

图 2.206　已完成下载

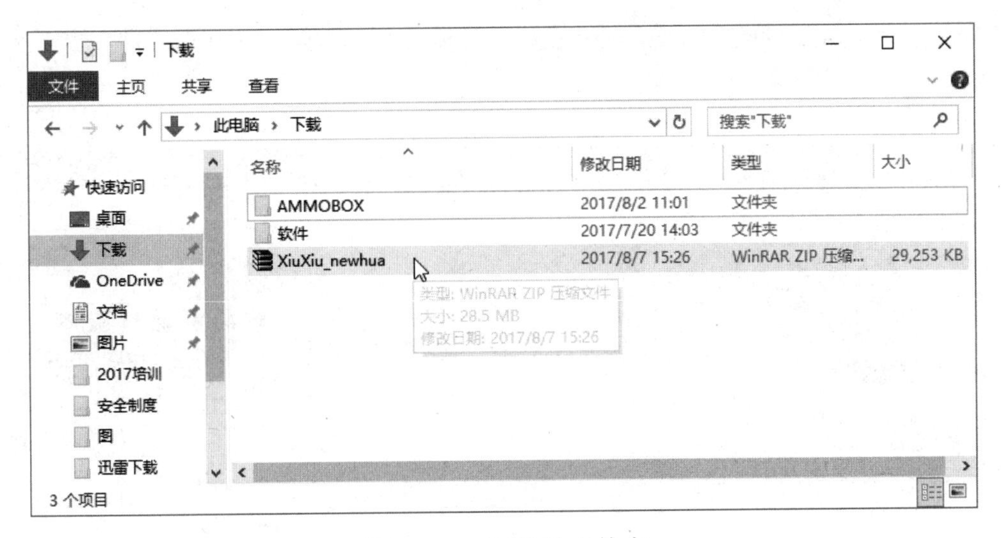

图 2.207　下载的文件夹

2. 按软件名称搜索

如果已经知道要下载软件的名称，可以不必在分类中去寻找。直接在华军软件园主页中搜索软件，会更快捷、更方便。在华军软件园的网页上有一个搜索文本框，这个搜索不同于 Internet 上的搜索引擎，而是主要用于网站内软件的搜索。输入要搜索的软件名称，如图 2.208 所示，在文本框中输入“微信”，单击“搜索”按钮。

图 2.208　输入要搜索的软件名称

单击“搜索”按钮后，系统开始搜索，会搜出所有名称中包含“微信”的软件，拖动滚动条，找到需要的微信，单击“查看详情”按钮，如图 2.209 所示。

图 2.209　“查看详情”按钮

此时可以看到关于微信的介绍，如图 2.210 所示。

图 2.210　关于微信的介绍

找到合适的下载链接，接下来的步骤与从浏览器直接下载的步骤相同，就可以完成软件的下载。

子项目 2　用下载软件进行下载

1. 下载软件简介

网上的各种资源都可以在浏览时直接下载，但利用浏览器直接下载会出现很多问题，于是相应的下载专用软件应运而生。目前，比较流行的下载软件有迅雷、快车等。

迅雷是一个基于 P2SP 技术的下载软件，不仅具有强大的下载功能，还可以进行网络资源的发布与共享。P2SP 技术是一种能够同时从多个服务器和多个节点进行下载的技术，因此迅雷的下载速度比只能从服务器下载（P2S）或只能从节点（P2P）下载的软件快得多。

2. 用迅雷下载软件

在安装了迅雷之后，只要在浏览器中单击下载文件的链接，迅雷就会自动打开。例如，在华军软件园搜索到要下载的软件“腾讯QQ”，然后在如图2.211所示的页面中单击下载的链接。

图2.211 选择要下载的软件并单击下载的链接

此时，迅雷自动启动，并弹出“新建任务”对话框，如图2.212所示。用户需要选择下载文件的存放路径，当然也可以采用迅雷默认的文件夹，单击“立即下载”按钮，迅雷即开始下载。

下载过程中，可以看到文件的大小、下载的速度、完成下载还需要的时间等信息。迅雷的下载过程如图2.213所示。

图2.212 “新建任务”对话框

图2.213 迅雷的下载过程

下载完成后，下载任务会自动出现在“已完成”中，单击任务右侧的文件夹图标，可以打开存放下载文件的文件夹。软件下载完成后的迅雷窗口如图2.214所示。

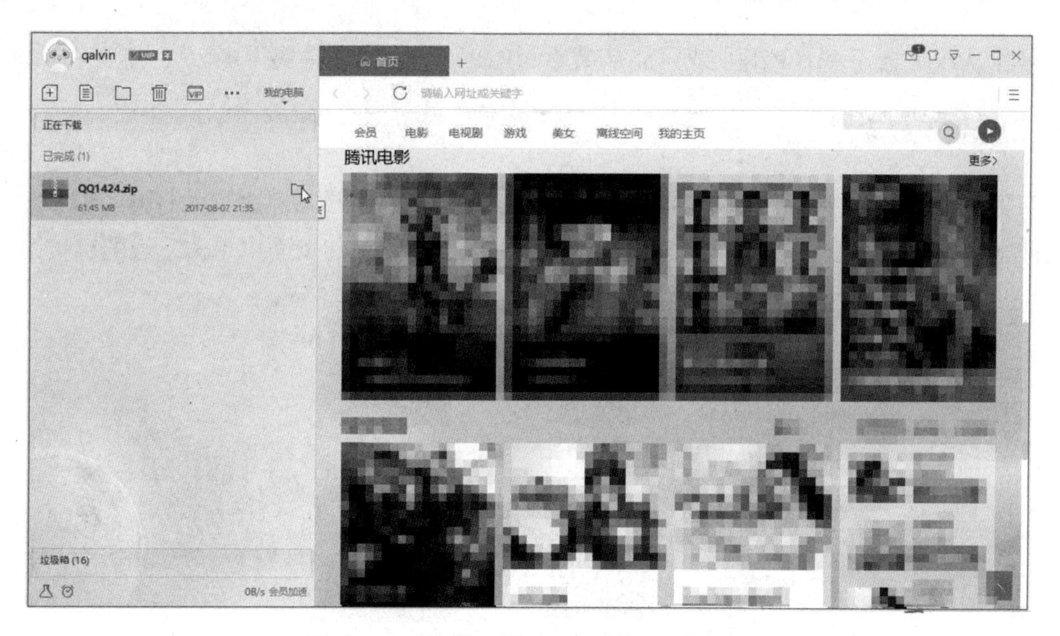

图 2.214　软件下载完成后的迅雷窗口

3. 断点续传

一个软件，特别是比较大的软件，在下载过程中，由于网络传输等问题，会造成下载中断。如果是使用浏览器直接下载，大多数情况下，需要重新开始下载。

断点续传是指下载中断后，下次可以从断开处继续下载。目前的下载软件，几乎都支持断点续传，这就为用户提供了很大的方便。

使用迅雷下载软件的过程中，如果网络中断，下载也将中断，如图 2.215 所示。

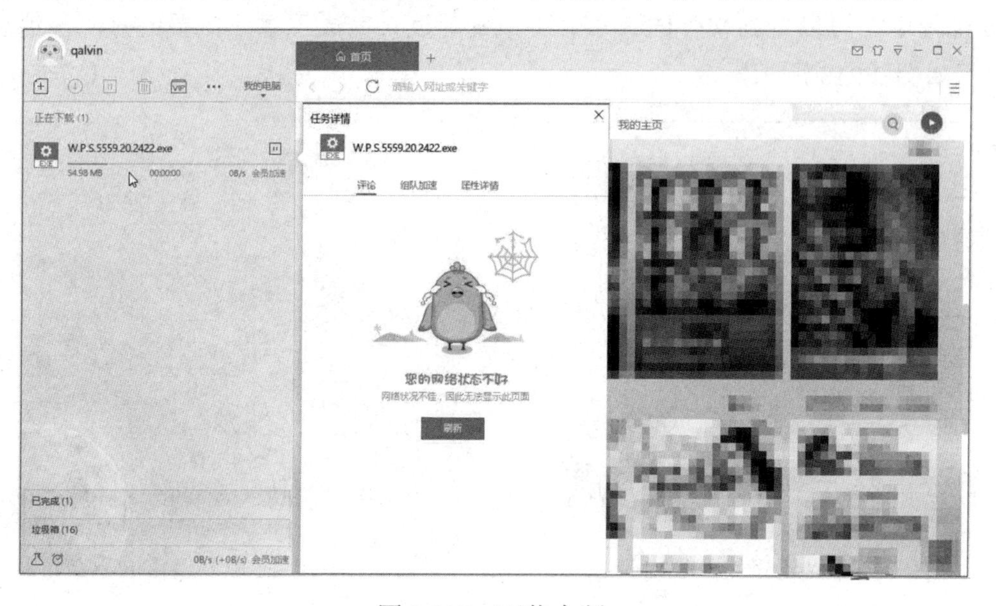

图 2.215　下载中断

将网络调整好以后，迅雷会自动连接下载服务器，从断点处继续下载，如图 2.216 所示。

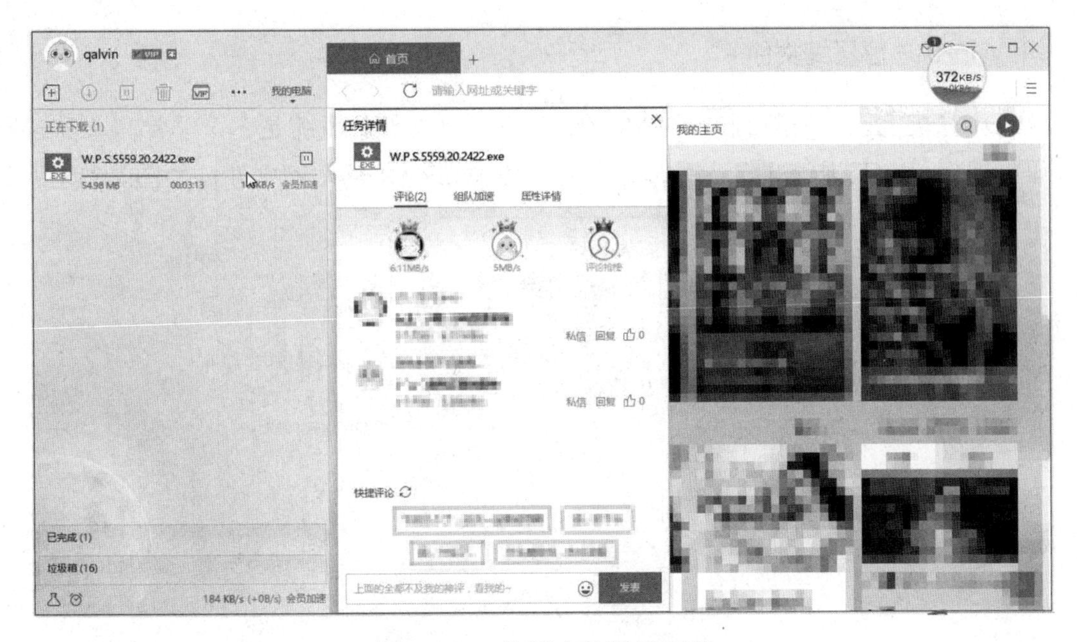

图 2.216　从断点处继续下载

注意：断点续传也需要提供下载服务网站的支持。因此并不是使用迅雷下载所有的文件都支持断点续传。

子项目 3　文件的解压缩

1. 网上常见的压缩文件格式

为了提高下载速度，网上提供的下载文件大部分都是压缩文件，常见的压缩文件有 RAR 压缩文件、Zip 压缩文件和程序自解压文件，如图 2.217 所示。

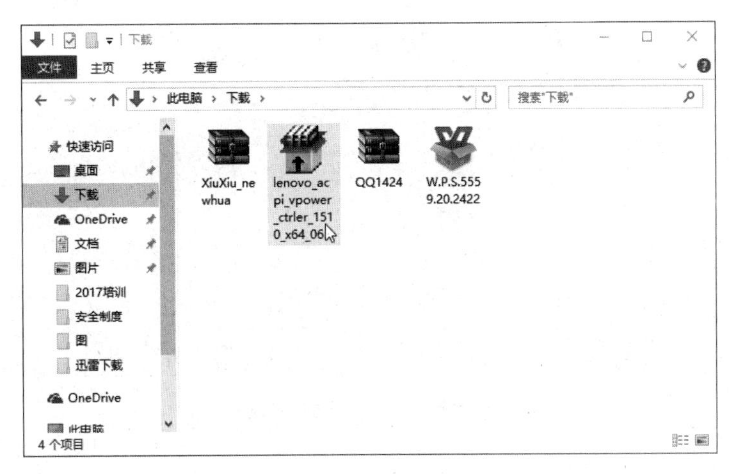

图 2.217　网上常见的压缩文件

要将文件打包制成压缩文件或将已压缩的文件包解压缩，都需要相应的压缩软件。目前，常用的压缩软件有 WinRAR 和 WinZip 等。另外，网上还有一种自解压文件，它是一种可执行文件，不需要解压缩软件的支持，双击该文件即可自动解压缩。

2．用 WinRAR 解压缩文件

在保证计算机上已经安装有 WinRAR 的情况下，将文件解压缩是一个非常简单的过程。找到要解压的文件包，双击该文件，系统会自动调用 WinRAR 解压缩文件，如图 2.218 所示。

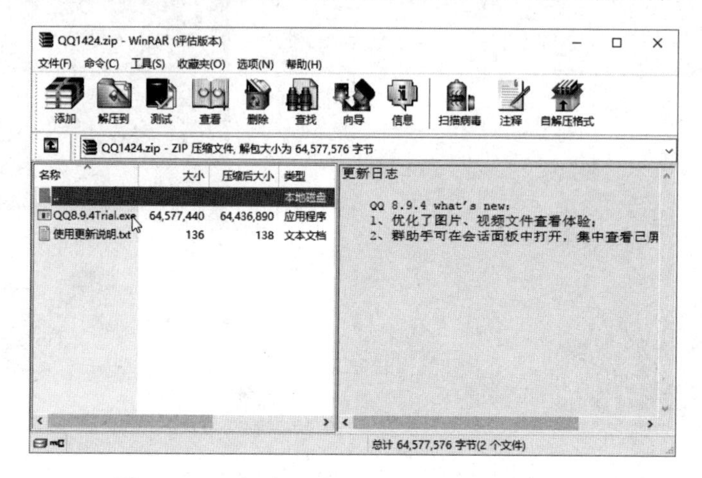

图 2.218　自动调用 WinRAR 解压缩文件

3．运行压缩包中的文件

此时，从严格意义上说，压缩文件并没有被解压缩，我们仅仅是看到了压缩文件的目录。WinRAR 支持在没有完全解压缩的情况下就提取里面的文件。双击 WinRAR 窗口中的“QQ8.9.4Trial.exe”，即可自动提取并运行 QQ8.9.4Trial.exe 程序。文件被提取，如图 2.219 所示。

直接运行压缩包中的文件有一个前提，那就是该文件并不需要压缩包中其他文件的支持，否则就会出现问题。上例压缩包中的文件并不需要另一个文本文件的支持，所以运行起来没有问题。

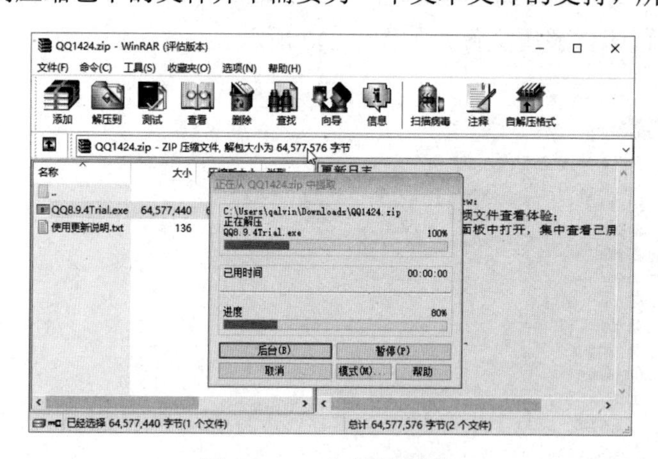

图 2.219　文件被提取

4．释放压缩包

对于压缩文件，最常规的方法是将解压缩的文件保存到硬盘上。可以单击“解压到”按钮，选择存放路径后，单击“确定”按钮。释放压缩文件，如图 2.220 所示。

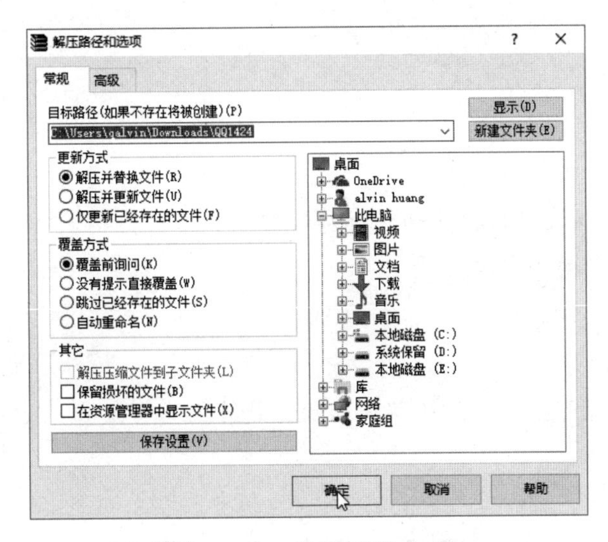

图 2.220　释放压缩文件

此时文件开始解压缩，与提取压缩文件中的文件非常类似，如图 2.221 所示。

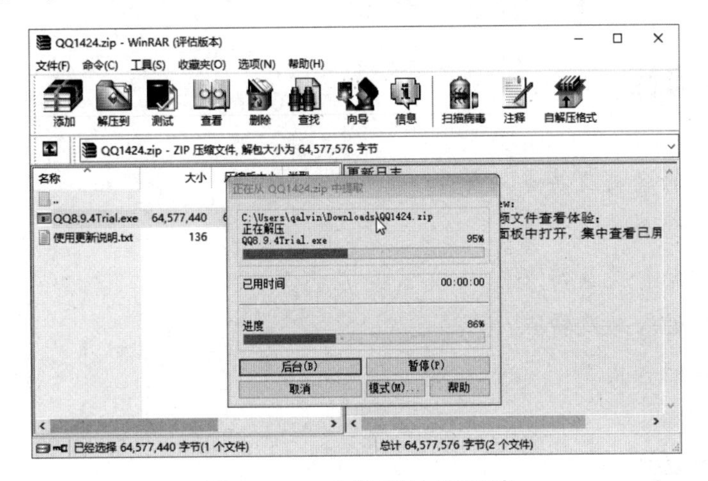

图 2.221　文件开始解压缩

解压缩完成，如图 2.222 所示。系统自动在指定的文件夹中建立了一个以压缩文件名命名的文件夹，解压缩后的文件都在这个文件夹中。

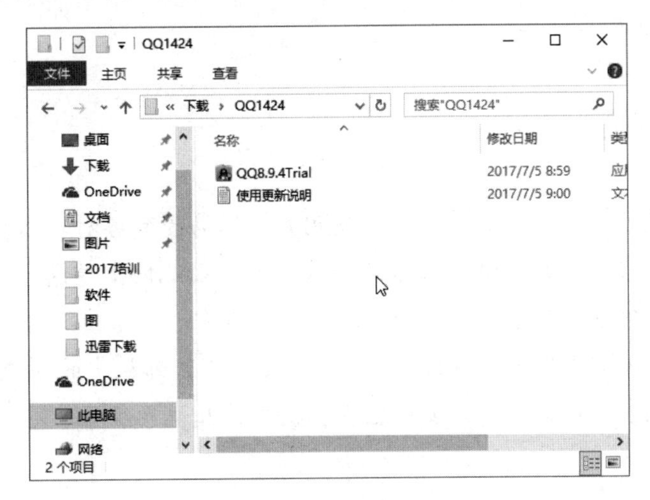

图 2.222　解压缩完成

习题

1. 什么是上传？什么是下载？
2. Internet 上可以下载使用的软件一般有哪四种？
3. 软件下载可以用哪两种方法？
4. 断点续传的含义是什么？
5. 为什么要使用断点续传？
6. 常用的压缩格式有哪些？常用的解压缩软件是什么？

项目 5　防治网络病毒

知识目标

1. 了解木马病毒的含义及特点。
2. 了解邮件病毒的含义及特点。
3. 了解网页病毒的含义及特点。
4. 了解流氓软件的含义及特点。
5. 了解实时监控的作用。

技能目标

1. 掌握网络杀病毒软件的使用方法。
2. 掌握网络杀病毒软件的在线升级方法。
3. 掌握安全卫士的使用方法。

项目描述

计算机网络的开放性和互联性等特征，致使用户很容易受到各种攻击。例如，个人信息随时会被窃取，账号密码被盗用，系统被植入木马和病毒等。因此网上信息的安全和保密是一个至关重要的问题，必须加强防范，避免被黑客或计算机病毒侵害。

防范计算机被黑客或病毒侵害的方法有很多。例如，将计算机中的杀病毒软件升级为最新版，按时检查并清除计算机中的病毒，安装安全卫士，检查计算机系统等。

预备知识　网络病毒及网络杀毒软件

网络病毒主要是指特洛伊木马病毒、邮件病毒、网页病毒等通过网络传播的病毒。

（1）特洛伊木马病毒

特洛伊木马的名称来源于一个希腊传说，在希腊与特洛伊的一场战争中，希腊军队在攻打特洛伊城时，遭到特洛伊士兵的顽强抵抗，久攻不下。希腊人想出一个办法，他们制作了一个很大的木马，并在里面藏了许多士兵，然后将木马拉到特洛伊城下。特洛伊士兵出于好奇，将木马偷回城里。夜里，木马中隐藏的士兵打开城门，希腊士兵迅速冲进城内占领了整个城市。

特洛伊木马病毒与之相似，它本身并不破坏硬盘中的数据，只是潜伏在被感染的计算机中，一旦这台计算机上网，黑客就可以通过互联网找到这台计算机，在自己的计算机上远程控制它，窃取用户的上网账号和密码，随意修改和删除文件等。例如，BO、Backdoor、Netbus 及国内的Netspy 等都是特洛伊木马病毒。

（2）邮件病毒

邮件病毒和普通计算机病毒是一样的，只不过是通过电子邮件传播的，所以称为邮件病毒。用户收到夹带邮件病毒的电子邮件，一旦打开邮件阅读或运行了附件中的病毒程序，就会使计算机染毒。

例如，“I love you”（也称“爱虫”）病毒，因为邮件主题通常是“I love you”而得名。只要收到夹带该病毒的电子邮件，运行了附件中的程序，病毒就会将浏览器自动链接到一个网址，下载木马程序，更改一些文件后缀为.vbs，最后把病毒自动发送给 Outlook 通讯簿中的每个人。

（3）网页病毒

网页病毒主要是利用软件或系统操作平台等的安全漏洞，通过执行嵌入在网页 HTML 超文本标记语言内的 Java Applet 小应用程序、Java Script 脚本语言程序、ActiveX 软件部件网络交互技术支持可自动执行的代码程序，以强行修改用户操作系统的注册表设置及系统实用配置程序，或非法控制系统资源盗取用户文件，或恶意删除硬盘文件、格式化硬盘为行为目标的非法恶意程序。

这种非法恶意程序能够得以被自动执行，在于它完全不受用户的控制。一旦浏览含有该病毒的网页，即可以在不知不觉的情况下感染病毒，给用户的系统带来不同程度的破坏，甚至造成无法弥补的恶果。

根据目前互联网上流行的常见网页病毒的作用对象及表现特征，归纳为以下两大类。

① 通过 Java Script、Applet、ActiveX 编辑的脚本程序修改 IE 浏览器。主要表现为：默认主页（或首页）被修改；主页设置被屏蔽锁定，且设置选项无效、不可改回；默认的搜索引擎被修改；IE 标题栏被添加非法信息；鼠标右键菜单被添加非法网站广告链接；右键弹出菜单功能被禁用；IE 收藏夹被强行添加非法网站的地址链接；在 IE 工具栏非法添加按钮；锁定地址下拉菜单及其添加文字信息；IE 菜单“查看”下的“源文件”被禁用等。

② 通过 Java Script、Applet、ActiveX 编辑的脚本程序修改用户操作系统。主要表现为：开机出现对话框；系统正常启动后 IE 被锁定，网址自动调用打开；格式化硬盘；非法读取或盗取用户文件；锁定禁用注册表；时间前面加广告；启动后首页被再次修改；更改“我的电脑”下的一系列文件夹名称。

（4）流氓软件

从技术上讲，恶意广告软件（adware）、间谍软件（spyware）、恶意共享软件（malicious shareware）等都处在合法商业软件和电脑病毒之间的灰色地带。它们既不属于正规商业软件，也不属于真正的病毒；既有一定的实用价值，也会给用户带来种种干扰，大家就称这种软件为流氓软件。

流氓软件包括广告程序、间谍软件、IE 插件等，它们严重干扰了正常的网络秩序，使广大网络用户不胜其扰。这些程序共同的特征是未经用户许可强行潜伏到用户计算机中，而且此类程序无卸载程序，无法正常卸载和删除，强行删除后还会自动生成。此外，广告程序会强迫用户接收阅读广告信息，间谍软件搜集敏感信息并向外发送，这些都严重侵犯了用户的选择权和知情权。有些“流氓软件”甚至会劫持用户的浏览器，使一些网民被引导到不良网站上，严重影响了互联网的正常秩序。

国家计算机病毒应急中心已表示，他们目前已在检测杀毒软件产品时，加入了检测“间谍软件”“广告程序”这一项。

子项目 1　使用杀毒软件杀毒

目前，常用的网络杀毒软件有 360 杀毒、金山毒霸、卡巴斯基等，而且大部分杀毒软件都是免费的，大家可以直接在网上下载，安装到计算机上。下面以 360 杀毒为例，介绍杀毒软件的使用。

1. 查杀病毒

单击桌面上的“360 杀毒”图标或任务栏中的快捷图标，即可启动 360 杀毒软件，360 杀毒”程序窗口如图 2.223 所示。

图 2.223　“360 杀毒”程序窗口

单击“全盘扫描”按钮，系统开始扫描并清除计算机病毒，如图 2.224 所示。

图 2.224　扫描计算机病毒

温馨提示：360 杀毒软件开始扫描病毒后，会出现“暂停”和“停止”按钮。用户单击“停止”按钮可以随时中止扫描。

扫描到病毒后，360 杀毒软件会弹出对话框，用户可以选择“清除”或“删除”感染病毒文件等操作。扫描结束后 360 杀毒软件会显示扫描到的病毒及处理结果，如果没有检测到病毒，也会显示相应结果，如图 2.225 所示。

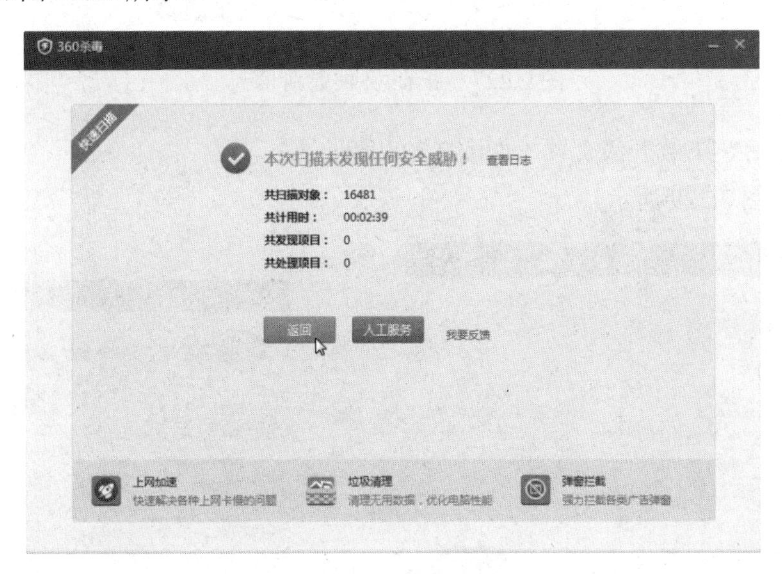

图 2.225　扫描结束界面

2．在线升级

由于新病毒的不断出现，杀病毒软件也必须及时升级。大多数杀病毒软件都提供了在线升级功能。下面以 360 杀毒软件为例介绍其升级步骤。

在 360 杀毒软件窗口中，单击窗口下端的“检查更新”按钮，就可以实现智能在线升级，360 杀毒软件自动连接到服务器并获取升级信息。单击“检查更新”按钮，如图 2.226 所示，正在获取更新信息，如图 2.227 所示。

图 2.226　“检查更新”按钮

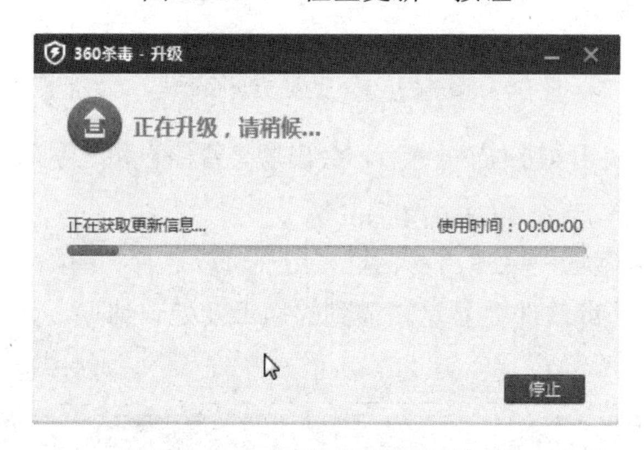

图 2.227　正在获取更新信息

检测到新版本后，下载升级文件，如图 2.228 所示。

升级完成，如图 2.229 所示。

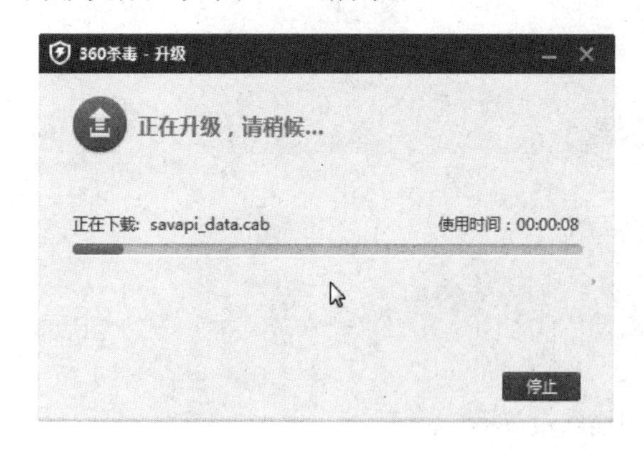

图 2.228　下载升级文件

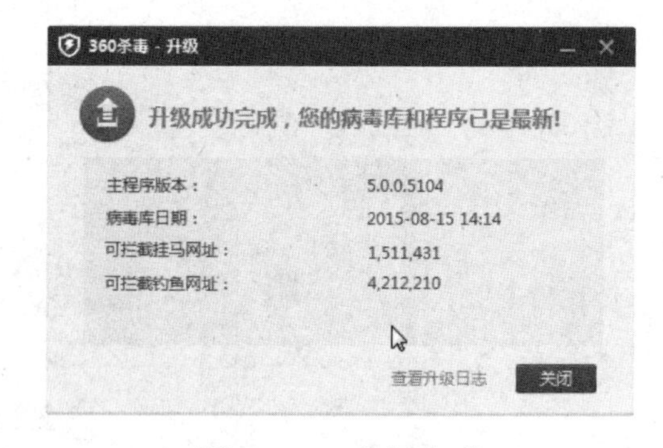

图 2.229　升级完成

单击“关闭”按钮，完成升级过程。

3．实时监控

实时监控可以对用户的操作进行全程病毒防范。单击“设置”按钮，在弹出的对话框中选择

"实时防护设置"选项，设置 360 杀毒软件的实时监控项目及状态，如图 2.230 所示。

图 2.230　实时监控设置

当然，用户也可以选择禁用实时监控，这样可以释放内存空间，但容易遭到网络病毒的攻击。

子项目 2　使用安全卫士

除了 360 杀毒软件，360 杀毒套装还提供了 360 安全卫士，来查杀目前流行的木马病毒和流氓软件。

在桌面上双击"360 安全卫士"图标，启动 360 安全卫士，单击"立即体检"按钮，会对系统进行一次安全检查。360 安全卫士如图 2.231 所示，正在进行体检如图 2.232 所示。

图 2.231　360 安全卫士

图 2.232　正在进行体检

安全检查完毕后，360 安全卫士会给出一份体检报告，如图 2.233 所示，报告内容包括是否有安全漏洞，系统中有哪些异常的链接方式，存在哪些木马风险等。

图 2.233　体检报告

单击“一键修复”按钮，360 安全卫士会依次对发现的各项问题进行修复。正在进行修复，如图 2.234 所示。

图 2.234　正在进行修复

360 安全卫士还提供云木马查杀功能，需要连入互联网，在这种情况下，360 安全卫士能够下载更全的木马库，查杀更多的木马病毒，单击“查杀修复”按钮，可以查杀木马病毒，如图 2.235 所示。

360 安全卫士提供的“电脑清理”功能，可以清理计算机中的垃圾文件和无用的插件等，进而提高计算机的运行速度，如图 2.236 所示。

图 2.235　查杀木马病毒　　　　图 2.236　电脑清理

360 安全卫士还提供了“优化加速”功能，单击“优化加速”按钮，打开“一键优化”窗口，如图 2.237 所示。单击“开始扫描”按钮，可以优化计算机的启动速度，对计算机进程进行管理，这也是一个常用的功能。

图 2.237　“一键优化”窗口

习题

1. 网络病毒主要有哪三种？
2. 流氓软件与病毒有哪些不同？
3. 哪些程序属于流氓软件？
4. 为什么安装杀毒软件后要打开实时监控？
5. 安全卫士与杀毒软件的功能有哪些不同？

模块3　使用Dreamweaver制作网页

项目1　建立网站

1. 了解网页和网站的概念，特别是主页的概念。
2. 能够分析网站的结构。
3. 了解 Dreamweaver 的操作界面。
4. 能够画出网站结构图。

1. 学会规划网站的结构。
2. 熟练掌握建立网站的方法。
3. 能够更改网页的标题。

项目描述

当你在互联网上浏览时，是否有过这样的想法：要是我有自己的网页，该多好呀！我可以把自己的照片、自己写的诗歌和作文发布上去，供大家浏览……

你知道吗？这些并不难实现。我们只需向某个提供免费主页的网站提出申请，在得到答复后，将制作好的主页传递到该网站的服务器上就可以了。

在本项目中，将建立一个网站，并在网站中按照规划创建空白的网页。接着还可创建网站地图，网页的标题，一步步实现拥有自己网站的梦想。

预备知识1　网站与网页的基本概念

当我们在互联网上浏览时，输入网址后见到的每个页面都可以称之为网页。网页的内容可以是文字、图片、动画、甚至视频，彼此之间依靠超链接相连。超链接是一种非线性的联系方式，它的使用使得网页之间的联系呈现发散状的几何级状态，信息量呈爆炸状分散和衍生，让人们可

以非常方便地查找到自己需要的信息。正是千千万万个网页组成了色彩斑斓的互联网世界，成就了媒体世界的传奇。

那么该怎样给网页一个准确的定义呢？简单地说，网页就是把文字、图像、图形、声音、动画、视频等多种形式的信息，与分布在互联网上的各种相关信息相互链接起来构成的一种信息的表达方式。由许多元素构成的网页如图3.1所示。

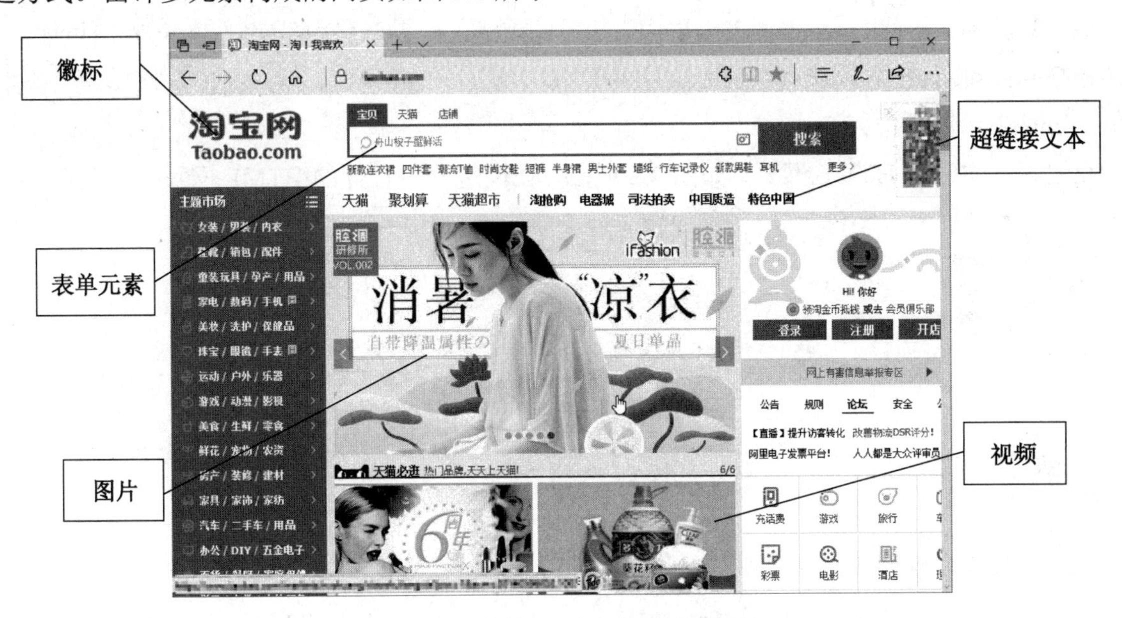

图3.1　由许多元素构成的网页

虽然网页是我们在互联网上浏览的主体，但它要完整、生动地展现出来还需要一些程序和文件的支持。例如，在网页中出现的一段Flash动画，就需要相关的Flash播放程序的支持。而一些具备查询功能的网页，显然也离不开后台数据库的大量信息作为支撑。网页、支持网页各种效果的程序文件、数据文件，甚至说明文档的集合，就是我们常说的网站。

进入网站后显示的第一个网页，我们称其为主页。主页就像一本书的目录，是所有网页的索引页。通过单击主页上的超链接，可以打开这个网站中的其他网页。正是由于主页在所有网页中的特殊作用，也有人将编辑网页称为制作主页。

预备知识2　HTML语言

早期制作主页需要熟练掌握超文本标识语言（Hyper Text Markup Language，HTML）。它只需要在一个简单的文本编辑器（如记事本）中单独输入一些特定的代码，然后通过浏览器进行解释、执行，就能成为大家平常看到的样子了。

HTML语言是一种超文本标记语言，用来描述某个事物应该如何合理地显示在计算机屏幕上。也可以这么说，HTML文件就是以特殊的标记形式存储的文本文件。所以，我们能够用文本文件编辑软件打开HTML文件或编辑HTML文件。而要把HTML文件显示出来，则必须借助Microsoft Internet Explorer或Netscape Communicator等互联网浏览器。

除了用于控制文本如何在浏览器内显示，HTML还包括很多不同的组件。例如，我们可以随心所欲地在网页上添加对象、建立项目列表、创建表格及表单等。而它最大的功能就是：在世界范围内，通过超链接使当前的网页与互联网上的其他网页链接起来。

其实 HTML 文件并不像我们想象的那样难以读懂，只是比较繁琐罢了。只要认真观察，很容易发现各语句之间的规律。例如，我们要在网页上实现“欢迎参观我的主页”，这句话为黑体 18 号字并居中显示，相应的 HTML 语句如下。

<center><b><font face ="黑体"><font size=18>欢迎参观我的主页</font></font> </b></center>

很容易读懂，句首的<center>表示居中，句尾的</center>表示居中结束；而<b>表示粗体，</b>与之相呼应；<font face ="黑体">表示文字为黑体，<font size=18>表示字体型号为 18 号，句尾的两个</font>表示设置结束。

在记事本中编辑 HTML 网页，如图 3.2 所示，在浏览器中打开的 HTML 网页，如图 3.3 所示。

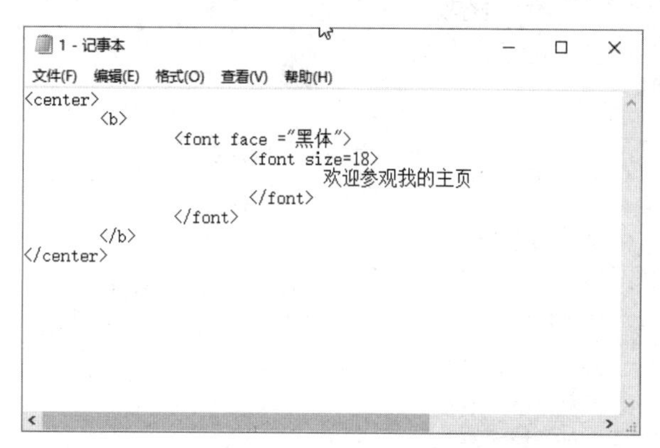

图 3.2 在记事本中编辑 HTML 网页

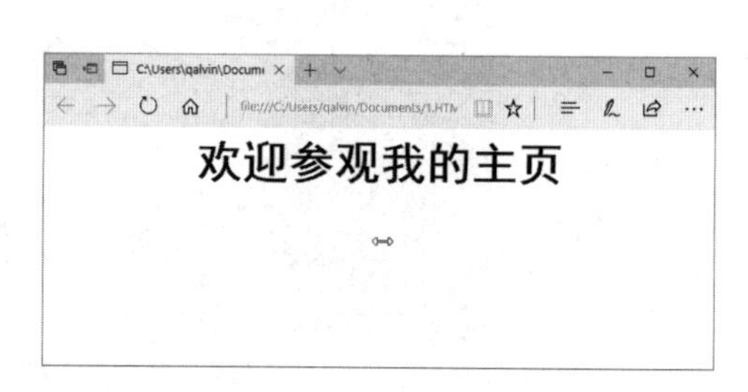

图 3.3 在浏览器中打开的 HTML 网页

用 HTML 语言来编辑网页存在以下几个缺点。

① 在输入语句时，常常需要反复输入一些相同的格式，浪费大量时间和精力。

② 在编辑器中无法准确地知道主页在浏览器中显示的样子，所以往往需要反复调试，非常烦琐。

③ 无法对多个网页进行管理，无法确定网页中的链接是否正确。

预备知识 3 网站工作原理

计算机网络有三种工作模式，即对等网模式，客户机/服务器模式和浏览器/服务器模式。我们在互联网这个最大的计算机网络上浏览网页时，采用的就是浏览器/服务器模式。

采用浏览器/服务器模式时，客户机通过浏览器软件接收用户输入的服务请求并把它发送给 WWW 服务器，WWW 服务器再把这个服务请求发送给相关的服务器（如数据库服务器、电子邮件服务器），由相关的服务器向用户提供相应的服务。网站工作原理如图 3.4 所示。

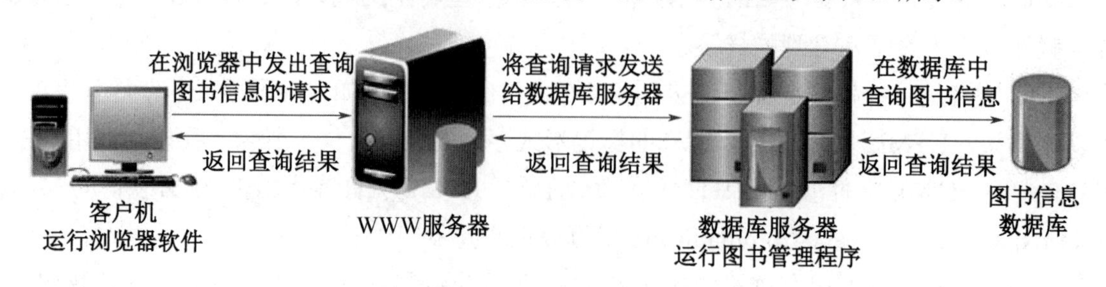

图 3.4 网站工作原理

与客户机/服务器模式相比，浏览器/服务器模式是用浏览器软件完成客户端的工作的，其显著的优点是：省去了客户端软件，当进行软件升级时，只需要更新服务器上的软件即可。

预备知识4 静态网页与动态网页

网页可以分为静态网页和动态网页，区分它们的标准是网站所使用的服务技术，而与网页上是否有动态效果无关。也就是说，静态网页上可以有一些动态的效果，动态网页上也可以只有一些简单的文字和图片。

在浏览静态网页时，该网页是在网站所在的服务器上真实存在的。当我们在浏览器上输入网页的网址时，网站服务器就将该网页下载到浏览器中并打开，供浏览者浏览。静态网页如图 3.5 所示。

图 3.5　静态网页

在浏览动态网页时，网页可能并不是真实存在的，或者不是完整存在的。它可能仅仅是一个模板，网页中的一些内容来自数据库等信息源，由相关的网页程序来控制哪些信息显示在模板的什么位置上。动态网页如图 3.6 所示。

支持动态网页的技术又分为客户端动态技术和服务器动态技术。客户端动态技术在显示网页内容时并不与网站服务器产生交互，而是将显示脚本程序嵌在网页文件中，服务器接收浏览器的请求发送网页后，脚本程序会自动运行并将结果显示在浏览器中。例如，网页中常见的 JavaScript、DHTML、Flash 就是客户端动态技术。而服务器动态技术在显示网页内容的过程中需要服务器和客户端的共同配合，服务器会根据客户端发来的参数运行相关程序，产生页面，然后再发送到客户端的浏览器上。例如，常见的 ASP 网页和 PHP 网页就使用了服务器动态技术。简单地说，使用客户端动态技术的网页内容是在浏览者的计算机中组合而成的，而使用服务器动态技术的网页内容是在服务器中组合而成的。

图 3.6　动态网页

预备知识 5　ASP 动态网页

ASP 不是一种编程语言，而是由微软公司开发的一种服务器端脚本环境，其原理是通过在 HTML 页面中加入 VBScript 或 JavaScript 代码，由服务器执行程序命令，将产生的结果显示在浏览器上。

和 HTML 语言编辑的静态网页不同，ASP 网页不需要由浏览器来解释网页语言所要表达的内容，而是由网站服务器来解释相关内容，然后传递到浏览器端并显示出来。这避免了部分浏览器因为版本低无法解释特殊代码，造成网页无法正确显示的情况。

以.asp 为文件扩展名，可以使用网页编辑软件进行制作，也可以使用记事本进行制作和修改。如图 3.7 所示，就是一个非常简单的 ASP 网页，这个用记事本编辑的网页文件的作用是显示当前服务器的系统时间。虽然文件在记事本中打开，但左上角的图标清楚地告诉我们这是一个以.asp 为文件扩展名的文件。

显示当前的时间，如图 3.8 所示，就是将 ASP 网页发送到服务器上，然后用浏览器打开后的情景。可以发现其中的“当前服务器的时间为”几个字和图 3.7 中的文字相一致，而当前的时间应该和代码“<%=now()%>”有关。其实真正起作用的是“=now()”，“<%”和“%>”的作用是将 HTML 语句和脚本命令区分开。

每次打开这个 ASP 网页，网页上显示的时间都会不同，这就是动态网页的一个直观表现。

目前，网络中的网页大多采用动态网页技术，但由于使用服务器动态技术

往往需要后台数据库的支持，其中还涉及数据库操作的相关知识，所以我们在本项目中的操

作只涉及静态网页。

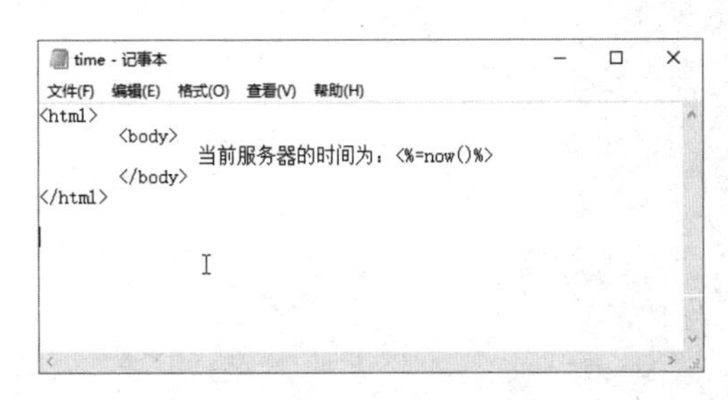

图 3.7　ASP 网页

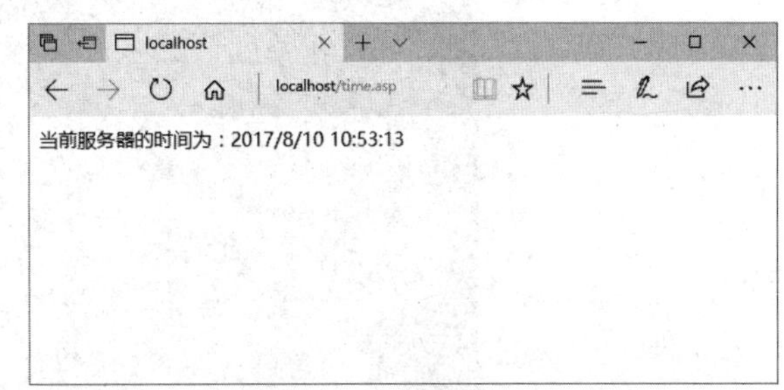

图 3.8　显示当前的时间

预备知识 6　网页制作软件

网页制作软件可以实现网页制作者与 HTML 语言的分离，我们只需在编辑器中输入文本或图片，网页制作软件就会帮助我们将这些文本或图片转换成相应的 HTML 语言代码。我们在编辑器中见到的效果与在浏览器中见到的效果基本相同。例如，要在网页上实现“欢迎参观我的主页”这句话为黑体 18 号字并居中显示，我们只需将上述几个字选中，然后像在 Word 中编辑文本一样，将其变成希望的样子，网页制作软件就会自动将其变为浏览器认识的 HTML 语言代码。

在众多网页制作软件中，FrontPage 是一种比较简单的软件。在编辑器中看不到 HTML 语言的特点，只要用户能够熟练地使用 Word，那么 FrontPage 的使用方法，用户就已经掌握一半了。但 FrontPage 也具有体积庞大、冗余代码比较多、插入动画等插件比较麻烦等缺点。微软公司已经放弃了对 FrontPage 系列软件的更新，FrontPage 已经走向历史。微软公司后续还推出了一些能够制作网页的工具，但用户反映都一般，始终无法取得设计师的青睐。

Adobe 公司的 Dreamweaver 现在占据网页制作软件的最大市场份额。该软件除了本身具有的强大功能，还得益于其他相应软件的有力支持。该公司的另外两个产品 Animate（动画制作工具）、Photoshop（图像编辑工具）极大地增强了 Dreamweaver 的功能。

和其他软件相比，Dreamweaver 是更专业的网页制作工具，拥有更广泛的网页制作者群。它主要有以下优点。

① 不生成冗余代码。可视化的网页编辑器一般都会生成大量的冗余代码，而 Dreamweaver 在使用时完全不会生成冗余代码，减小了网页文件的体积。

② 强大的动态页面支持。Dreamweaver 能在使用者不懂 JavaScript 的情况下，给网页加入丰富的动态效果。Dreamweaver 还可以精确地对网页中的元素进行定位，生成动感十足的动态元素效果。

③ 优秀的网站管理功能。在已定义的本地站点中改变文件的名称、位置，Dreamweaver 会自动更新相应的超链接。

④ 便于扩展。使用者可以给 Dreamweaver 安装各种插件，使其功能更强大。若有兴趣，还可以自己给 Dreamweaver 制作插件，使 Dreamweaver 更适应个人的需求。

Dreamweaver 操作界面如图 3.9 所示。

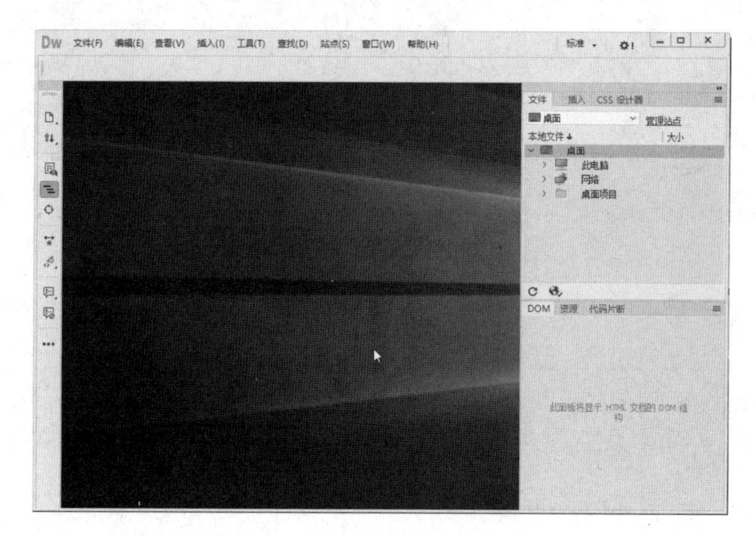

图 3.9　Dreamweaver 操作界面

Dreamweaver 有许多版本，目前最常用的是 Dreamweaver CC，其又分为 Dreamweaver CC 2014、Dreamweaver CC 2015 和 Dreamweaver CC 2017 三个版本。本书以 Dreamweaver CC 2017 为依托，详细介绍简单网页的制作方法。由于该软件的工具栏等界面与常用的 Office 等软件略有不同，因此在学习的过程中要多加练习，认真体会，争取在短时间内能够灵活使用该软件，为以后的网页制作打好基础。

为了叙述更方便，除非有特殊说明，以下项目实例中的 Dreamweaver 都是 Dreamweaver CC 2017 版本。

项目实施步骤

子项目 1　熟悉 Dreamweaver 操作环境

下面用 Dreamweaver 建立一个空白的网页，通过这一系列的任务，了解 Dreamweaver 的工作界面。

首先，单击任务栏上的“开始”按钮，打开“开始”菜单。在字母“A”类中，就可以看到“Adobe Dreamweaver CC 2017”，单击鼠标，启动 Dreamweaver，如图 3.10 所示。

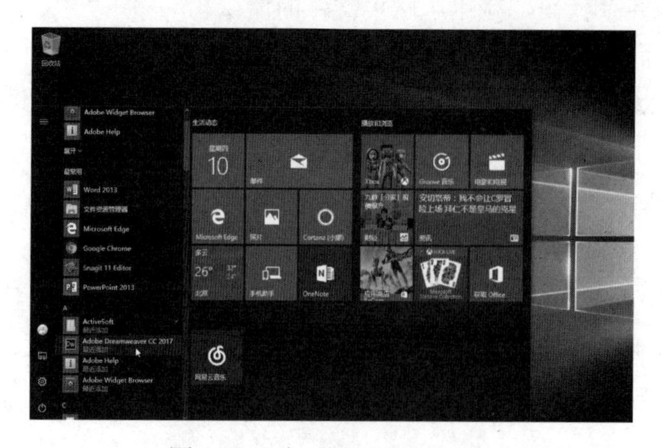

图 3.10　启动 Dreamweaver

然后，屏幕上会出现 Dreamweaver 的提示窗口，如图 3.11 所示。

图 3.11　Dreamweaver 的提示窗口

最后，显示的是 Dreamweaver 的工作窗口，如图 3.12 所示。

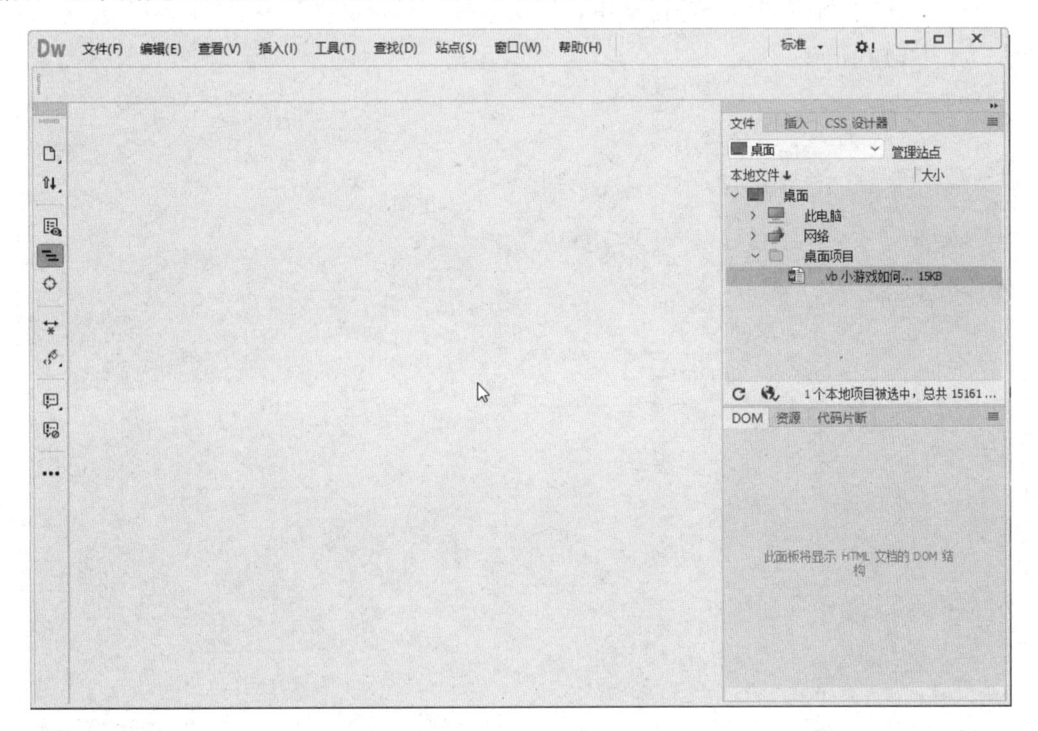

图 3.12　Dreamweaver 的工作窗口

下面的操作是建立一个空白的网页。这样，Dreamweaver 的工作界面也能清晰地展示在屏幕上。

首先，单击菜单栏上的“文件”按钮，在弹出的下拉菜单中选择“新建”选项，“文件”菜单如图 3.13 所示。

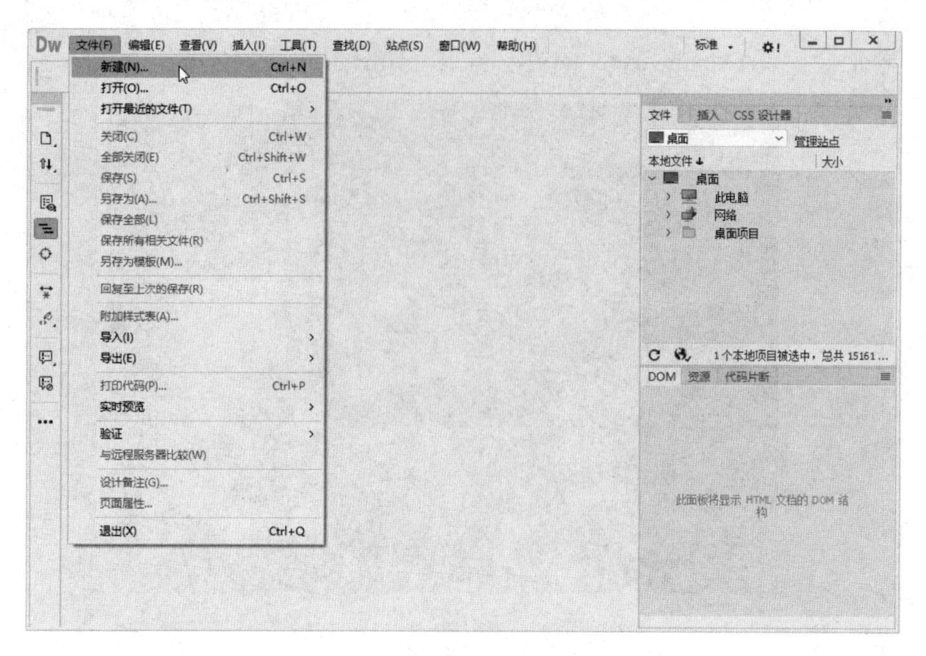

图 3.13 “文件”菜单

然后，在弹出的“新建文档”对话框中，依次选择“新建文档”→“HTML”选项，单击“创建”按钮，如图 3.14 所示。

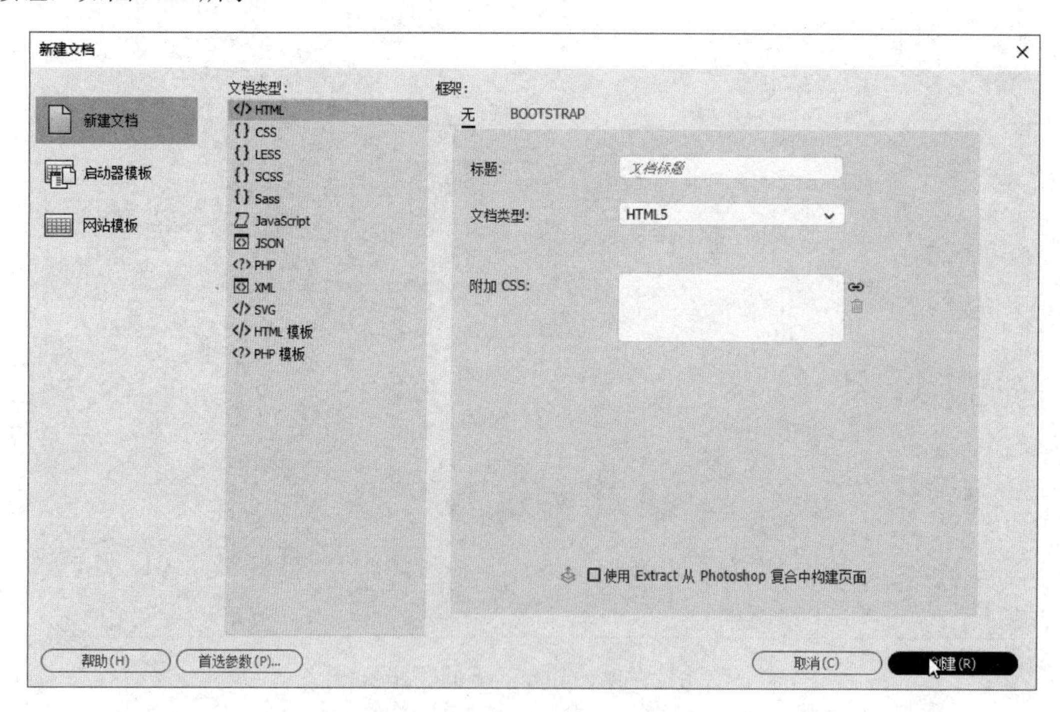

图 3.14 “新建文档”对话框

此时可以清晰地看到 Dreamweaver 的工作界面，如图 3.15 所示。

窗口最顶端是应用程序栏，包括应用程序名称、菜单项等，还可以调整工作区的布局，进行同步设置等，如图 3.16 所示。

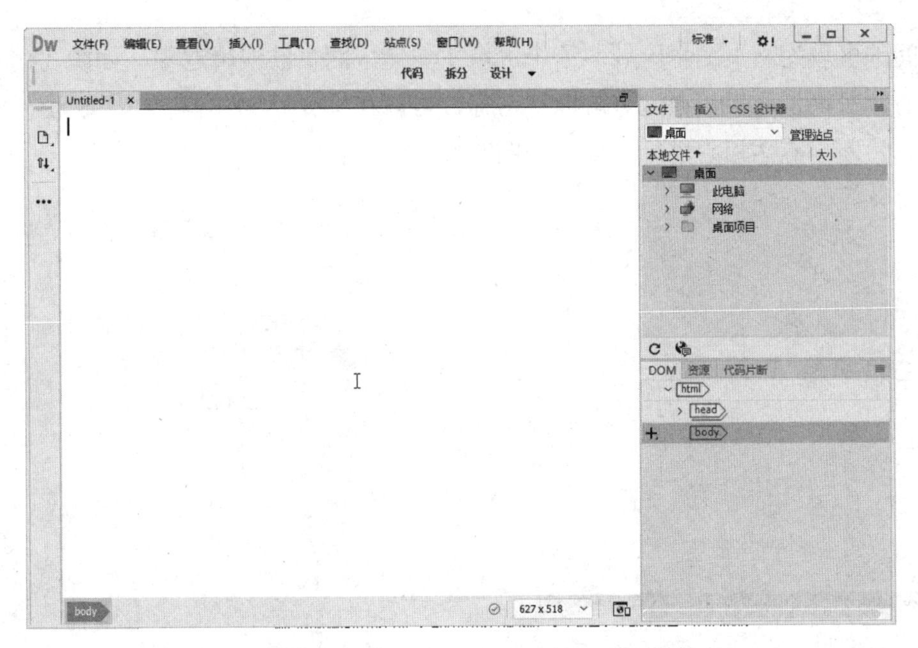

图 3.15　Dreamweaver 的工作界面

图 3.16　应用程序栏

应用程序栏下方是文档工具栏，在该工具栏中，可以使编辑窗口在“代码”“拆分”及“设计”窗口中进行切换，如图 3.17 所示。

窗口左端竖排的是通用工具栏，通用工具栏上的工具会随着文档工具栏的内容发生变化。当文档工具栏选择“代码”或“拆分”时，通用工具栏如图 3.18（a）所示；当文档工具栏选择“设计”时，通用工具栏如图 3.18（b）所示。

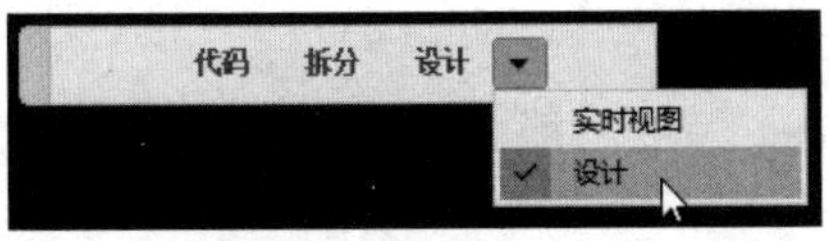

图 3.17　文档工具栏

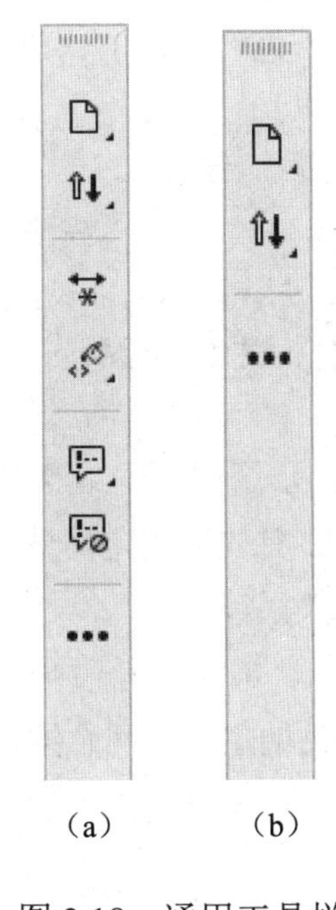

（a）　　（b）

图 3.18　通用工具栏

窗口中间的区域为网页编辑区域，这个区域主要完成网页的编辑过程，如图 3.19 所示。

窗口的右侧是操作面板，通过单击标签名称，可以在“文件”“插入”“CSS 设计器”“DOM”“资源”“代码片断”等面板中进行切换，如图 3.20 所示。

图 3.19　网页编辑区域

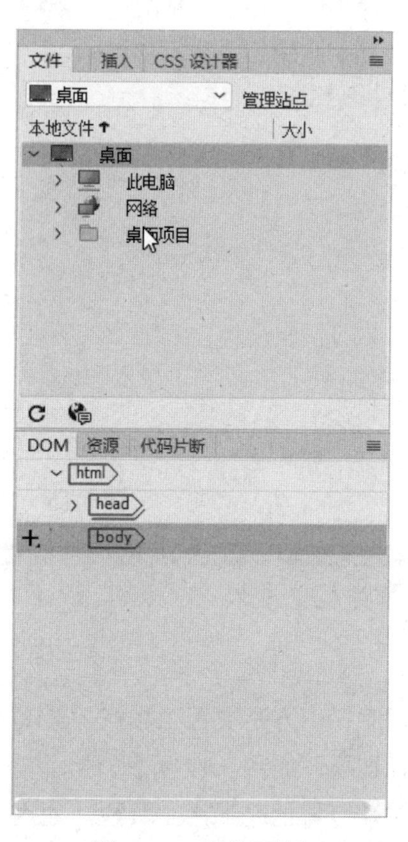

图 3.20　操作面板

窗口的最下端是标签选择器，当在代码窗口进行编辑时，可以使用它快速选择代码。它的右端有“网页错误检查”“窗口大小”“实时预览”三个功能按钮，如图 3.21 所示。

图 3.21　标签选择器

子项目 2　规划网站

为全面地展示一个主题，需要制作若干个网页，这些网页互相链接就构成了一个网站。在开始建立网站之前，首先要确定网站的主题，根据主题确定这个网站需要由多少个网页构成，以及这些网页之间的关系等。

下面以为高一. 5 班制作一个班级网站为例来说明规划网站的步骤。经过分析，需要用 5 个网页来展示这个网站的主题，网站结构图如图 3.22 所示。

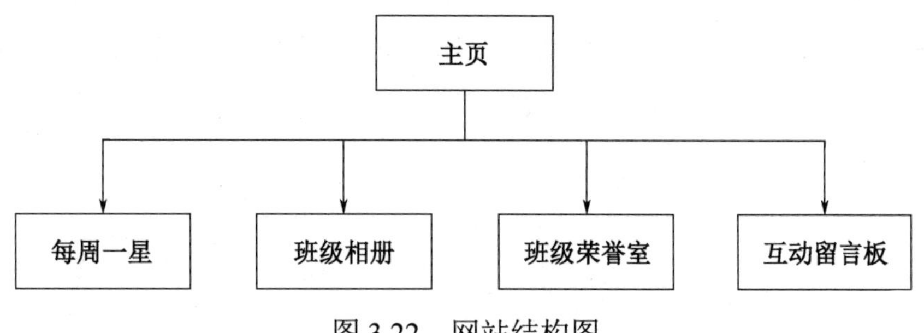

图 3.22　网站结构图

在制作网站之前应该先画出网站结构图，这样不但可以帮助规划网站结构，使网站条理清楚、主题鲜明，还可以确定各个网页的内容，方便思考各网页之间的链接方式。

通常，网页中除了文字，还应该包含图片、声音、动画等内容。这些资料都要在确定网站主题后和制作网页之前准备好，并存放在一个专门的文件夹中。本书为制作“五班的家”的网站准备了许多资料，都分类存放在 E 盘的“网页素材”文件夹中，如图 3.23 所示。

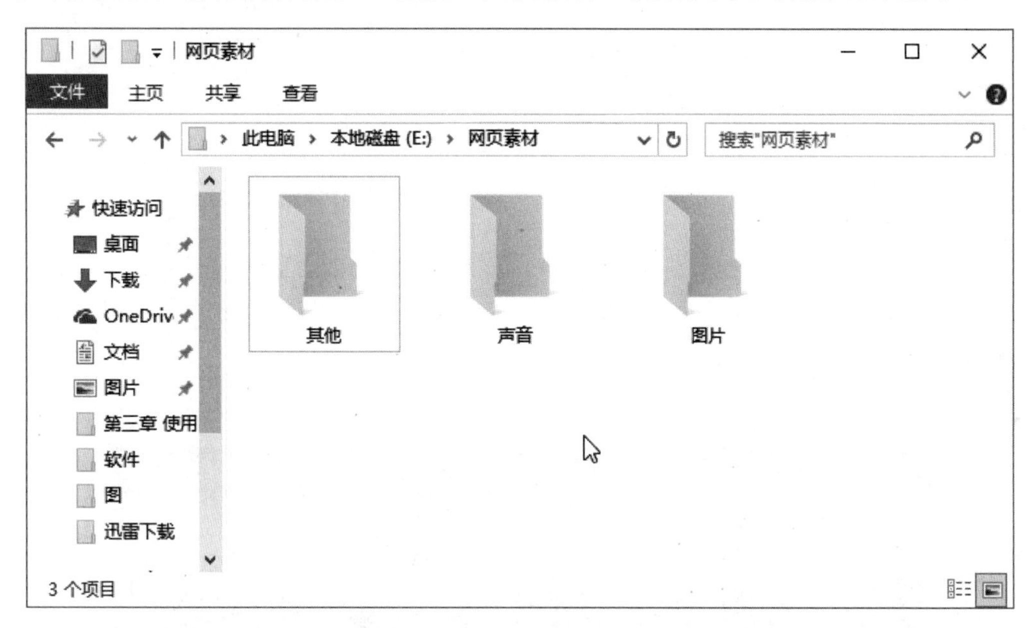

图 3.23　“网页素材”文件夹

这个文件夹中共有 3 个子文件夹。其中“图片”文件夹中存放的是图片素材；“声音”文件夹中存放的是声音素材；“其他”文件夹中存放的是制作网页时需要的其他相关素材。

子项目 3　建立一个空站点

在子项目 1 中，我们轻而易举地就建立了一个空白的网页，那么用这种方法建立多个网页是否就可以组成一个网站呢？这种想法是错误的。因为，即使通过超链接把这些网页链接起来也不能组成一个统一的整体，这会给网站的管理带来相当大的麻烦。

正确的步骤是：首先建立一个网站，然后在这个网站中建立网页，引入图片文件、音频文件、动画文件等能够支持网页正确显示的文件，逐渐充实网站内容，使它变得丰富多彩。这样建立的网站一直在整个系统的监视之下，工作效率也更高。

选择“站点”菜单中的“新建站点”选项，如图 3.24 所示，打开“站点设置对象”对话框。

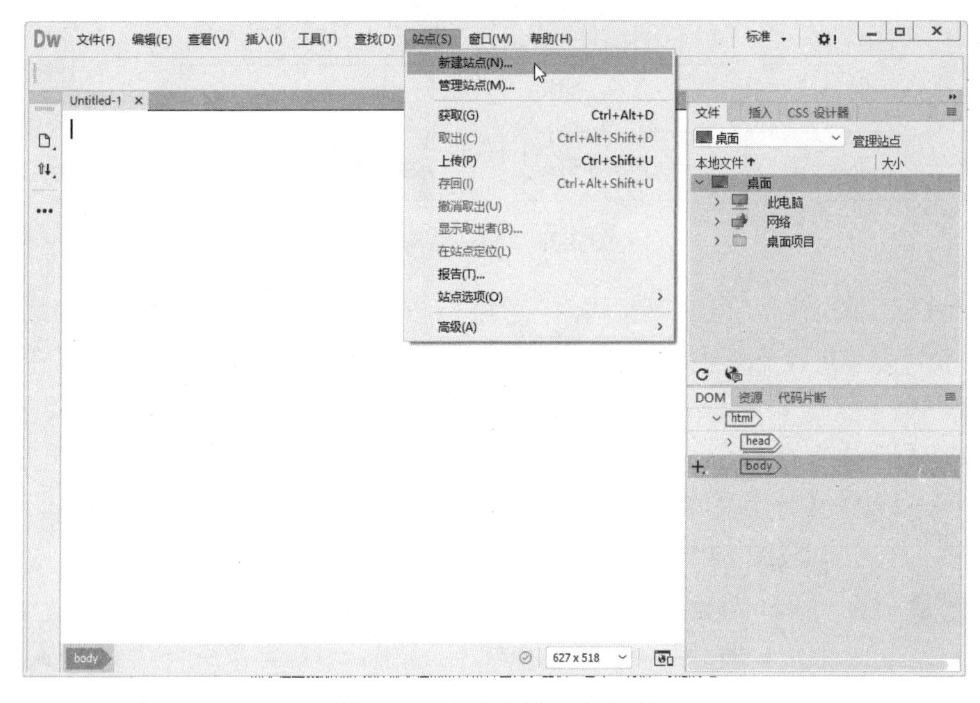

图 3.24 “新建站点”选项

在“站点设置对象”对话框的“站点名称”右面的文本框中，输入新站点的名称，在此我们输入站点名称“五班的家”，如图 3.25 所示，可以发现，此时对话框标题栏上的“站点设置对象 未命名站点”变成了“站点设置对象 五班的家”。

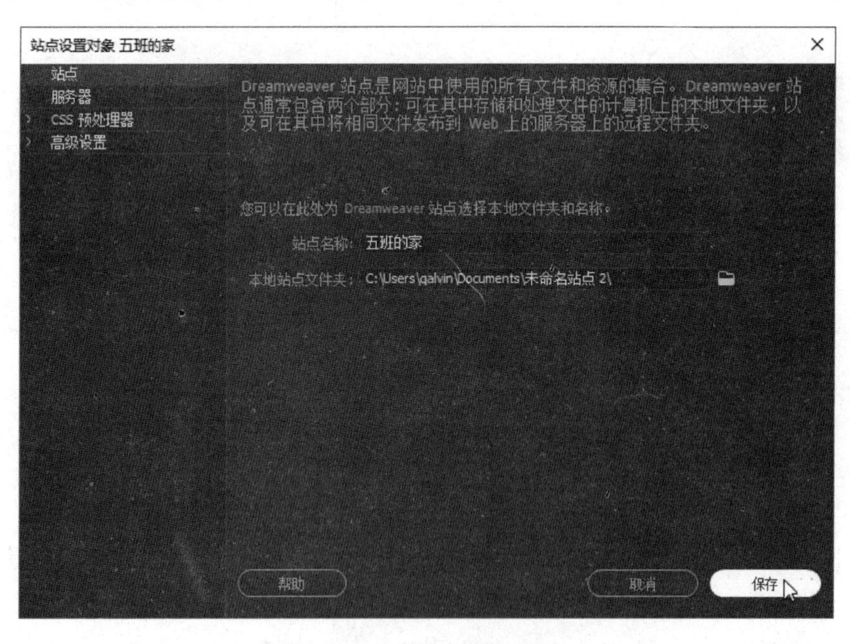

图 3.25 输入站点名称

“站点名称”下面是保存网站的文件夹，单击“本地站点文件夹”后面的“文件夹”图标可以对存放文件的位置进行更改。如图 3.26 所示为选择 E 盘“myweb”文件夹来存放网站文件。最后，单击“保存”按钮。

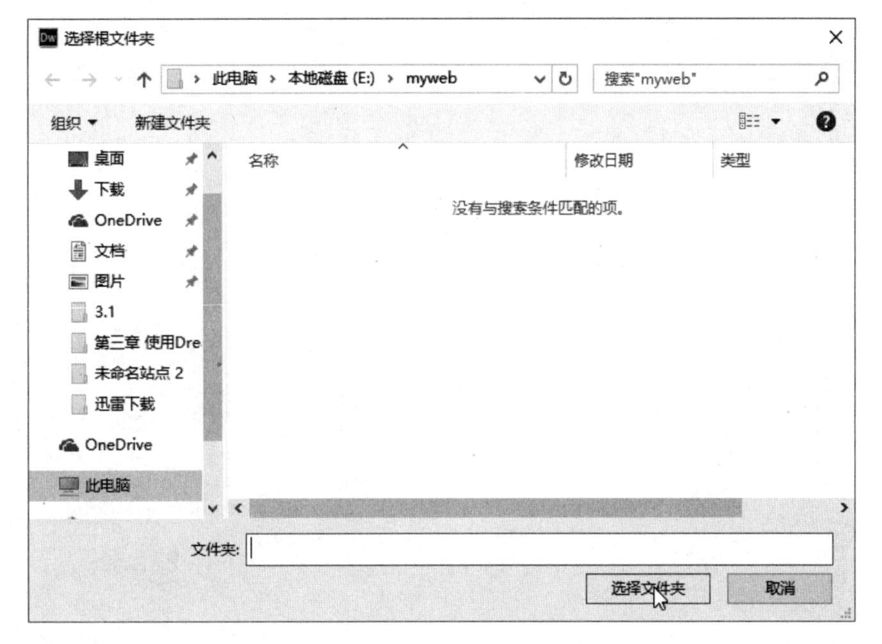

图 3.26　选择存放网站的文件夹

此时在窗口右侧的浮动面板中，“文件”项自动打开了，在“站点”选项卡中显示出刚才新建的网站，如图 3.27 所示。接下来就可以制作属于自己的网页了。

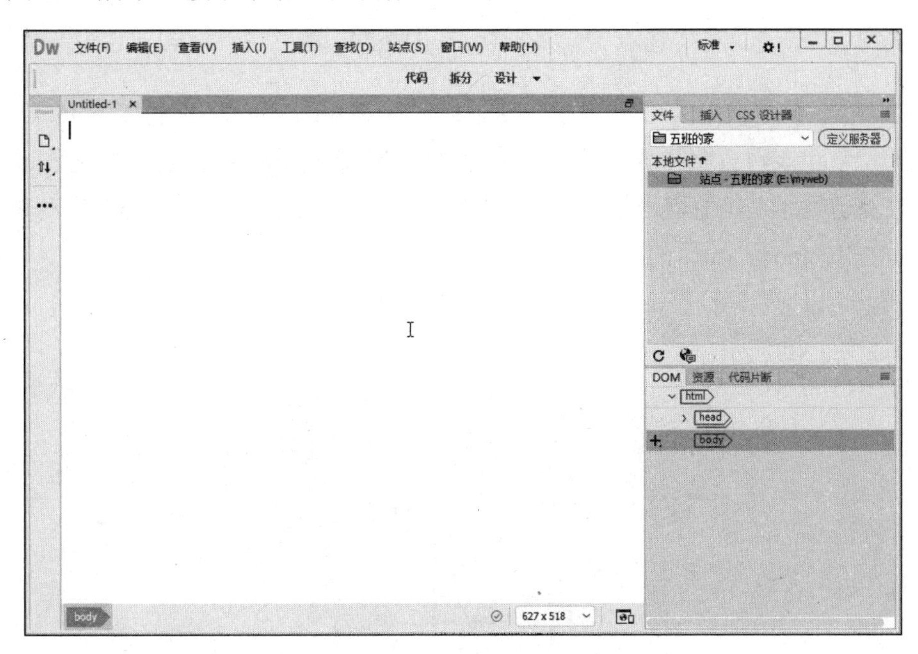

图 3.27　网站成功建立

子项目 4　在网站中添加网页

在浮动面板“文件”项的“站点”选项卡中，将光标移到站点名称上，右击，在弹出的快捷菜单中选择“新建文件”选项，如图 3.28 所示。“站点”文件夹被展开，同时自动建立了一个名为“untitled.html”的网页，如图 3.29 所示。

如果建立的网站支持服务器技术，则此网页名为“untitled.asp”。

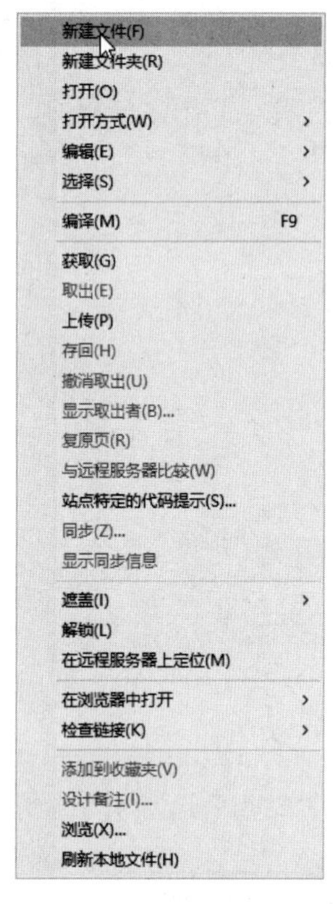

图 3.28　“新建文件”选项

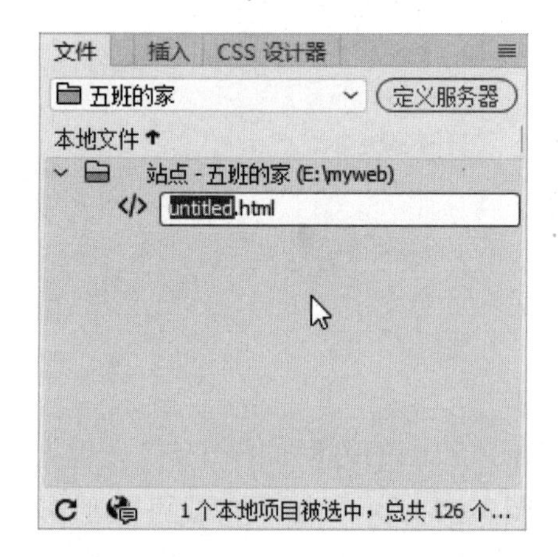

图 3.29　建立了“untitled.html”网页

网页建立以后，名称栏中的“untitled.html”处在选定状态，可直接输入“index.htm”作为新的网页文件名，今后该网页将作为整个网站的主页。网站主页的名字通常都是“index.htm”或“index.asp”等。当我们在浏览器地址栏中输入网址并按回车键后，服务器就会自动查找并打开名为“index.htm”或“index.asp”的网页文件。

用同样的方法可以建立网页“star.html”“photos.html”“rongyu.html”“liuyanban.html”，建立所有的网页结果如图 3.30 所示。

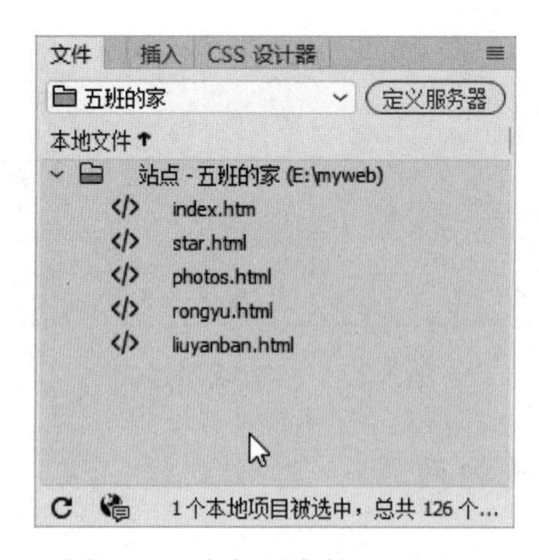

图 3.30　建立所有的网页结果

在完成上述操作后，如果还需要为文件改名，只需在浮动面板中单击该文件名，文件名就会变成编辑状态。如果要删除该网页文件，只需要选中该文件，按下 Delete 键即可删除。

子项目 5　更改网页标题

接下来的操作是更改网页标题，网页标题又称网页名字，指的是浏览该网页时显示在浏览器标题栏中的名字，而不是这个网页的文件名。

网页的文件名一般采用英文和拼音，而且不能太长，所以不容易直观地显示网页的内容。网页的标题可以是英文的，也可以是中文的，通过网页标题浏览者就可以了解网页的主要内容。

双击网页文件“index.htm”图标，打开这个网页，如图 3.31 所示。此时可以看见网页编辑区一片空白，顶端出现网页文件名：index.htm。此时，文件名的后面还有一个“*”符号，这个符号表示文件没有被保存，当保存文件后，这个“*”符号将消失。

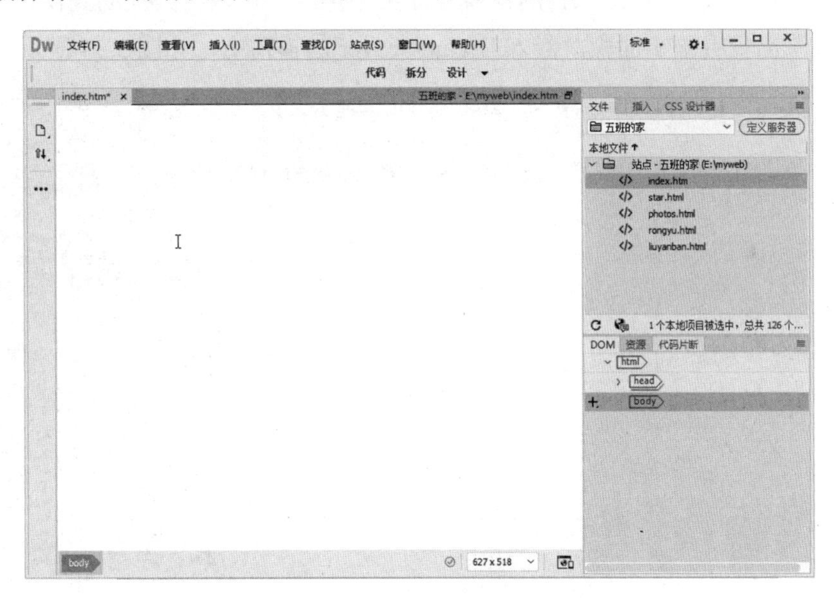

图 3.31　打开“index.htm”网页

此时是看不到网页标题的，要想更改网页的标题，需要打开“属性”面板。单击“窗口”菜单按钮，在下拉菜单中选择“属性”选项，如图 3.32 所示，打开“属性”面板。

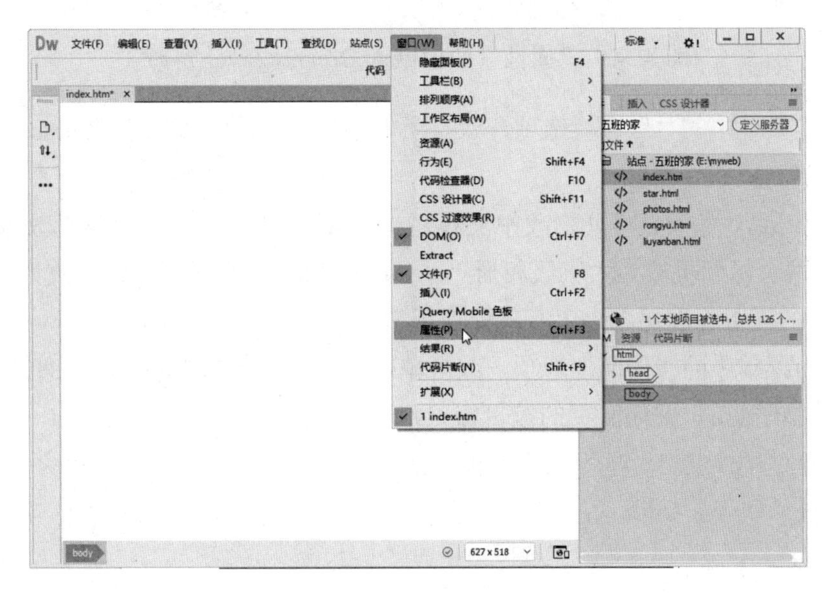

图 3.32　“属性”选项

“属性”面板如图 3.33 所示，可以看到面板中有一个文档标题文本框，该文本框中有“无标题文档”几个字，这是网页的默认标题。将“无标题文档”删除，输入“五班的家”作为网页的标题。将光标移动到网页空白位置单击，即可完成修改。

图 3.33　“属性”面板

“属性”面板悬浮在 Dreamweaver 的窗口上非常不美观，可以将其拖动到窗口编辑区的下面，松开鼠标，“属性”面板会缩小面积，嵌入 Dreamweaver 的窗口中，如图 3.34 所示。

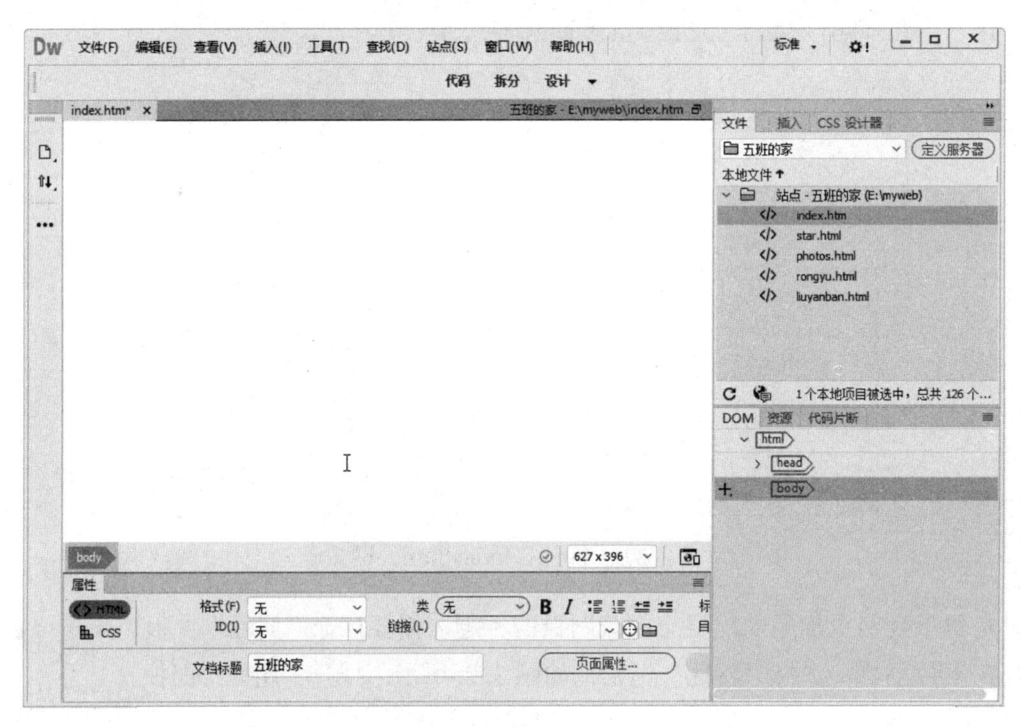

图 3.34　“属性”面板嵌入 Dreamweaver 窗口

选择“文件”菜单中的“保存”选项，保存所做的修改。此时可以发现 index.htm 后面的“*”符号不见了，说明网页已经保存。

重复刚才的步骤，为每个网页更改中文标题。“star.html”的网页标题更改为“每周一星”、“photos.html”的网页标题更改为“班级相册”、“rongyu.html”的网页标题更改为“班级荣誉室”、“liuyanban.html”的网页标题更改为“互动留言板”。

选择“文件”菜单中的“关闭”选项，或者单击网页文件名右上角的“关闭”按钮，都可关闭这些网页的编辑窗口。关闭网页的编辑窗口，如图 3.35 所示。

选择文件菜单中的“退出”选项，或者单击 Dreamweaver 工作窗口右上角的“关闭”按钮，退出 Dreamweaver，如图 3.36 所示。

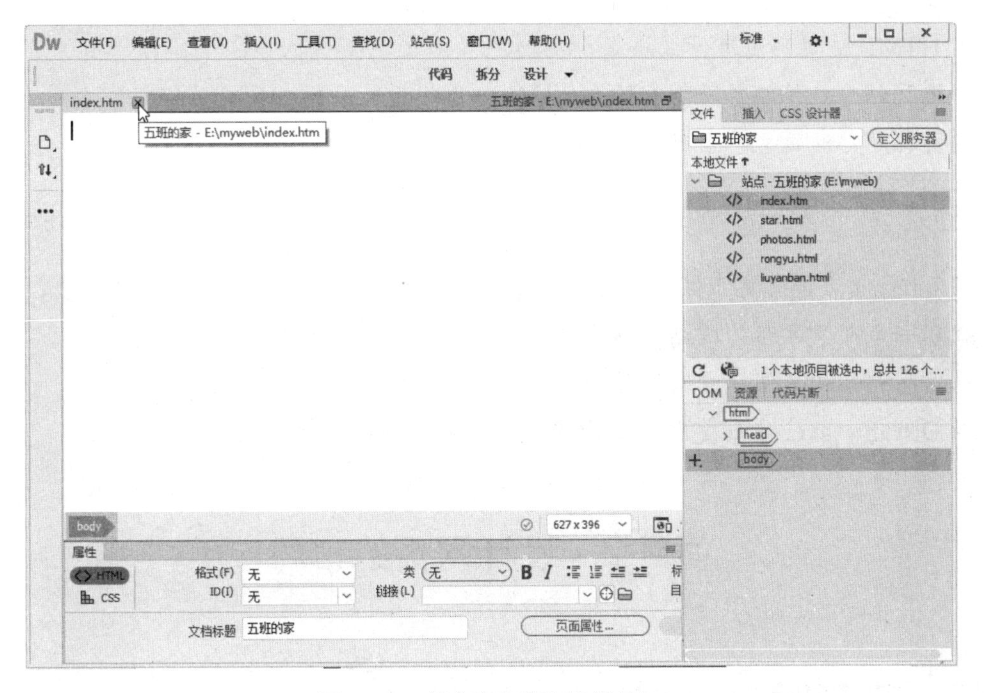

图 3.35　关闭网页的编辑窗口

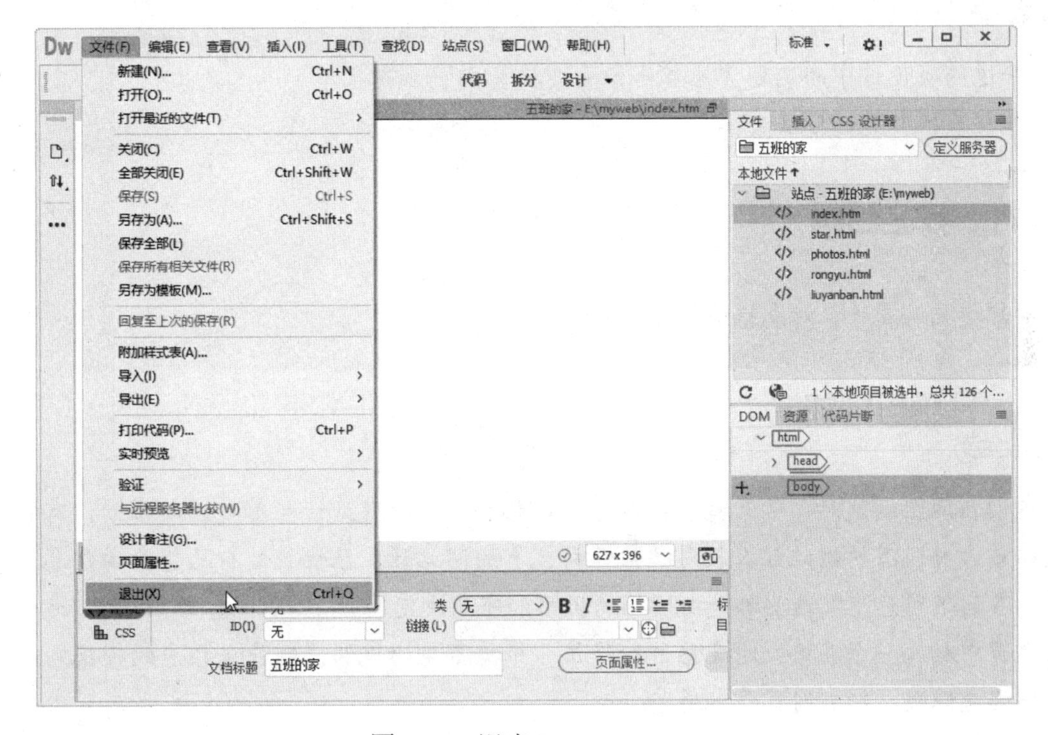

图 3.36　退出 Dreamweaver

习题

1．简答题

（1）网站、网页、主页三者之间是什么关系？

（2）HTML 的含义是什么？在什么软件中可以编辑 HTML 文件？

（3）用HTML编辑网页有什么缺点？
（4）用网页制作软件编辑网页有什么优点？
（5）网页标题与网页文件名有什么不同？

2. 操作题

（1）在Internet上搜索关于保护牙齿的信息，保存到存放网页素材的文件夹中。
（2）规划一个保护牙齿的网站，画出网站结构草图。
（3）根据网站结构草图建立网站并设计网页。
（4）在Dreamweaver中创建网站结构图，将网页标题更改为中文。

项目2　设计网页的布局

知识目标

1. 知道网页设计中的几种常见布局和风格。
2. 掌握表格布局的方法。

技能目标

熟练掌握插入表格，对表格进行设置的方法。

项目描述

当我们在网上浏览时，常常对一些网站记忆犹新。有的网站让人感觉清新雅致，有的网站让人感觉厚重古朴，有的网站让人轻易就被吸引，有的网站让人很快找到自己想要的信息……为何会有这么多的不同感受？这些都是由网站的风格和布局决定的。

在网页中插入一个表格，对表格进行修饰，根据事先的规划，制作成相应的不规则表格，最后将表格框线隐藏，形成网页的布局。

预备知识1　网站的风格与网页的布局

在对网页插入各种对象、修饰效果前，一定要确定网站的风格和网页的布局。也就是说，要先确定网站的总体风格，并对网页的布局进行规划，这样才能保证网站中各网页的统一。在对自己的网页进行规划时，有必要了解一些常见的网站风格和网页布局。

我们先来看一下三个风格迥异的网站，注意观察它们的风格和布局。

在浏览器中输入网址，打开网站“新浪首页”，如图3.37所示。通过观察，我们可以发现主页的内容很丰富，色彩鲜艳还有许多大幅广告和浮动广告栏。

图 3.37　新浪首页

在浏览器中输入网址，打开网站“联想中国”的首页，如图 3.38 所示。“联想中国”的首页与“新浪首页”相比，内容比较专一，且非常有条理，栏目突出，浏览者很容易找到自己关心的内容。

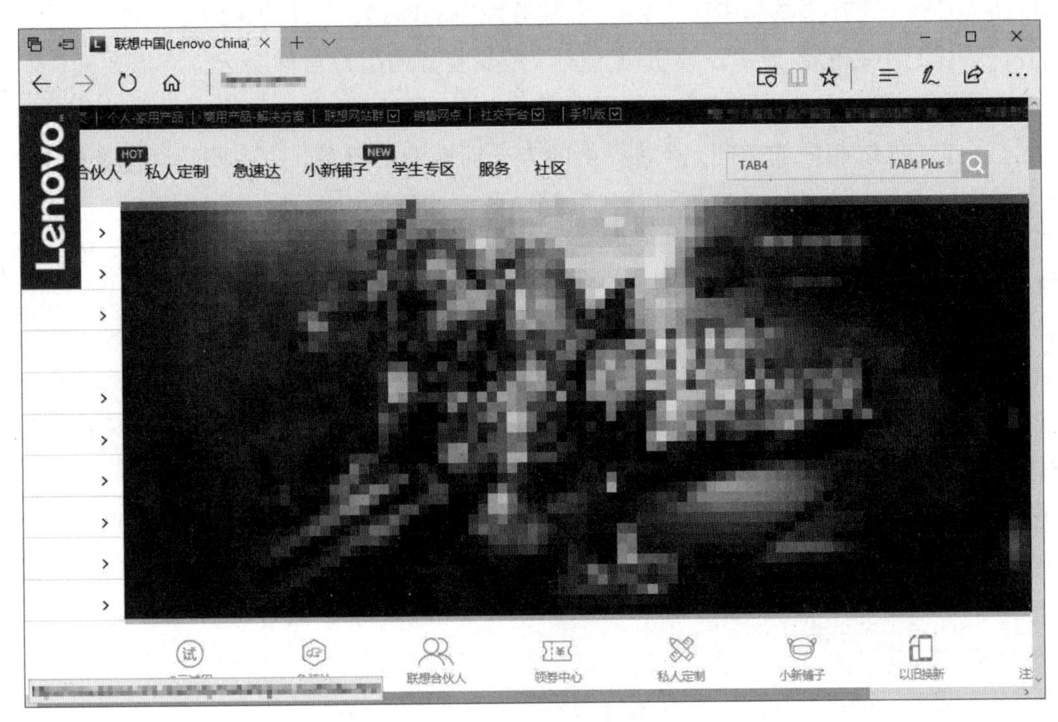

图 3.38　“联想中国”的首页

在浏览器中输入网址，打开网站“蝉游记”的首页，如图 3.39 所示。它是一个提供旅行计划的网站，功能比较单一，看起来更简单，采用几幅图片作为首页的主要内容，仅有几个打开其他网页的超链接文字，但感觉非常清新。单击要去的目的地后，会显示其他网友去那里的游记。你也可以将旅行中的游记添加到网站中。简单、明快、自由、实用是这个网站的特点。

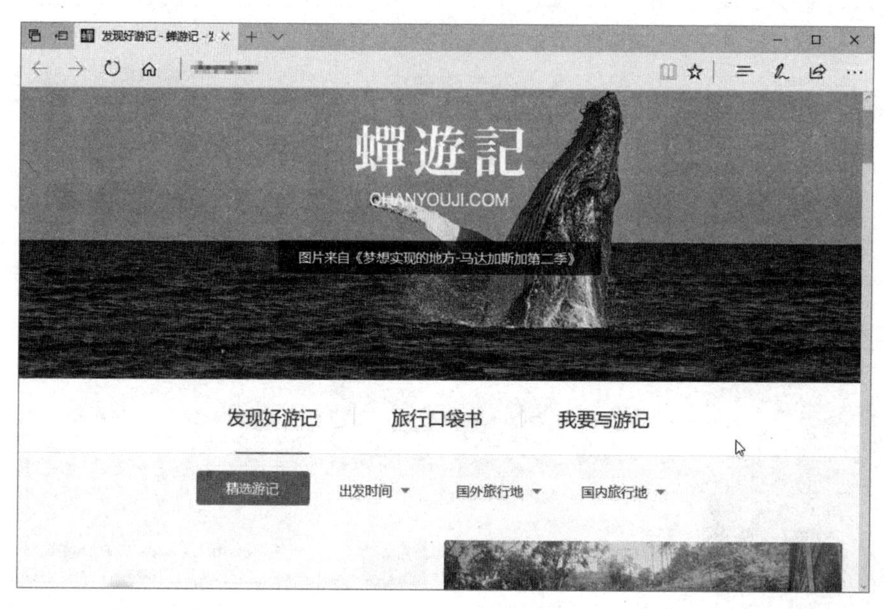

图 3.39　“蝉游记”的首页

3 个首页 3 种风格，没有优劣之分，网站的性质与风格有着很强的相关性。“新浪”是很明显的门户网站，它采用鲜艳的色彩吸引浏览者的注意，而广告是网站收入的重要来源，所以各种形式的广告是少不了的。“联想中国”是一个服务性质的网站，为联想的用户提供售后服务或培训服务等，所以它不必借各种手段吸引浏览者，需要服务的用户自然会来，不需要的，你做得再漂亮也不会吸引他们。而“蝉游记”显然更具备个性色彩，网页中文字很少，也没有广告，却留有大量的空白，给人以想象的空间。网站提供的专一而专业的服务，是它吸引浏览者的关键所在。

在本书中，我们制作的网站风格将与“联想中国”的风格相类似。

预备知识 2　网页布局实例

在确定网站的风格后，下面再来确定网页的布局。所谓网页的布局，通俗地说，就是确定网页上的网站标志、导航栏、菜单等元素各自在网页中的位置。不同的网页，各种网页元素所处的地位不同，它们的位置也就不同。通常情况下，重要的元素都放在突出的位置。

一般来说，首页应该有站点的介绍、各网页的功能和超链接。所以，要在首页上设计一个站点导航栏，这个导航栏应遵循整个站点的导航规划，表现上应力求新颖、实用。另外，导航栏的位置直接决定了网页的布局。

简单划分，网页的布局一般可以分为“同”字型、标题正文型、分栏型、Flash 型和封面型等。下面我们一起浏览一些网页，从中了解各种网页布局类型的特点。

① 在浏览器中输入网址，打开网站“腾讯首页”，如图 3.40 所示。

图 3.40 采用的是“同”字型结构。“同”字型结构起源于一种简单的布局结构——“厂”字型结构，随着宽屏显示器的大范围使用，“厂”字型结构已经很少使用了。一些大型网站在采用“同”

字型结构时，常常还变形成“回”字形结构、“匡”字形结构等，甚至还有更加自由的结构。不管如何变形，其特点都是网站的顶端是徽标和图片（广告）栏，下面分为 3 列或者多列。两边的两列区域比较小，一般是导航超链接和小型图片广告等，中间是网站的主要内容，最下面是网站的版权信息等。

图 3.40　腾讯首页

② 在浏览器中输入网址，打开网站“百度”的首页，如图 3.41 所示。

图 3.41　“百度”的首页

图 3.41 采用的是标题正文型结构，这种结构顶端是网站标识和标题，下面是网页正文，内容非常简单。

③ 在浏览器中输入网址，打开网站“网易邮箱”的首页，输入用户名和密码，登录到邮箱中，

如图 3.42 所示。

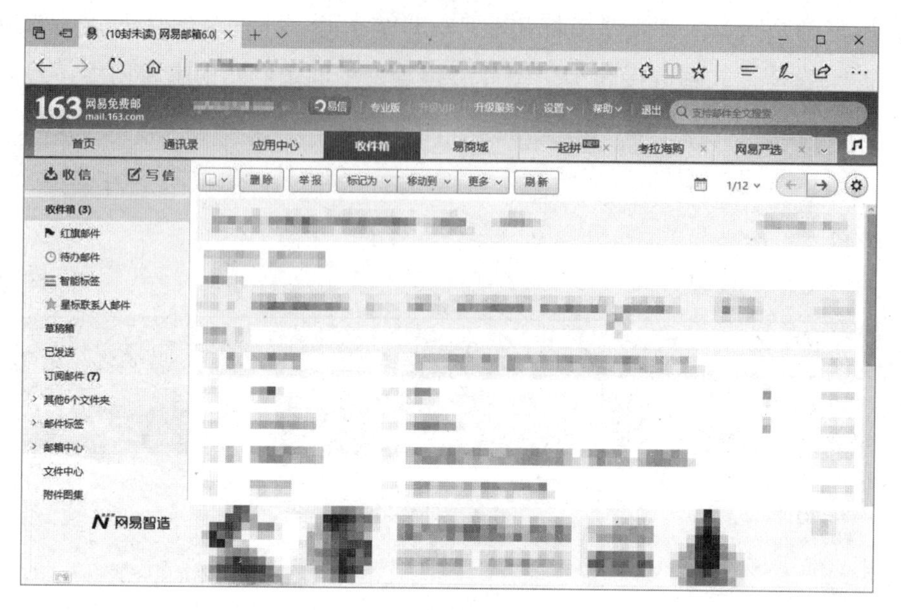

图 3.42　“网易邮箱”的首页

图 3.42 采用的是分栏型结构，这种结构一般分为左右（或上下）两栏，也有的分为多栏。通常将导航链接与正文放在不同的栏中，这样打开新的网页，导航链接栏的内容不会发生变化。在 Web 型的电子邮箱中多见这种结构。

④ 在浏览器中输入网址，打开网站“babybel”的首页，如图 3.43 所示。

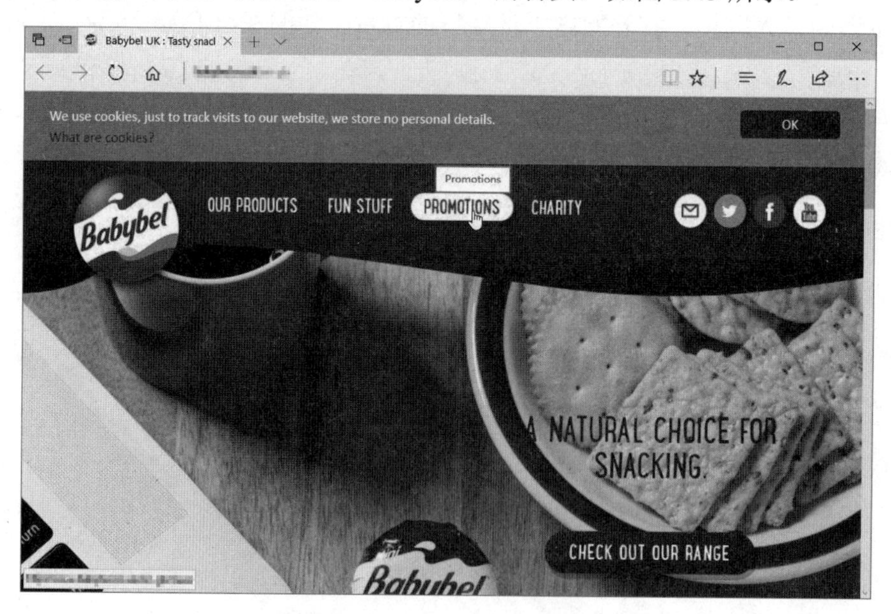

图 3.43　“babybel”的首页

这是 Flash 型网站的首页，这种结构采用 Flash 技术完成，其视觉效果和听觉效果与传统网页不同，往往能够给浏览者以极大的冲击。这种网页曾经一度被年轻人所喜爱。但随着互联网技术的发展，Flash 技术逐渐被淘汰，这种类型的网站已经很少见了，相信再过几年，将会在互联网上绝迹。

⑤ 在浏览器中输入网址，打开网站“秘密花园”的首页，如图3.44所示。

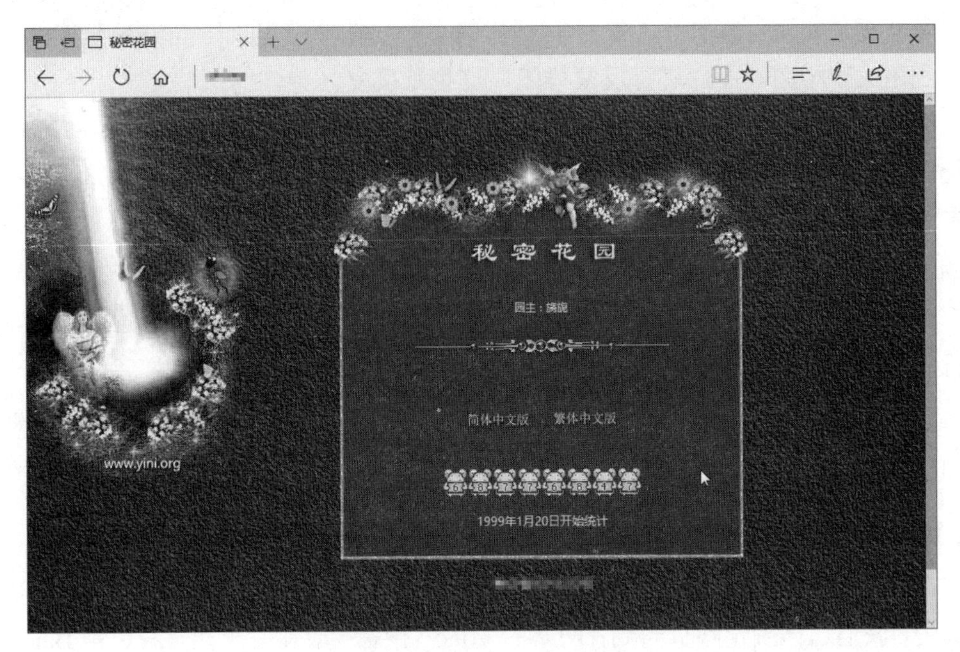

图3.44 “秘密花园”的首页

图3.44采用典型的封面型结构，这种结构往往首先看到的是一幅图片或动画，在图片或动画的下面有一个进入下一级网页的超链接提示文字。其中图片或动画可以用Flash来制作，但与Flash型不同，这种结构并不是在Flash中完成的，而是在网页制作软件中完成的。

预备知识3 网页布局注意事项

网页布局没有优劣之分，但要注意与网站的风格相适应。要注意整个站点的协调，要注意色调的一致。下面一些规律性的东西在确定网页风格时要特别注意。

（1）平衡性

一个好的网页布局应该给人一种安定、平稳的感觉，它不仅表现为在文字、图像等要素的空间占用上分布均匀，而且还有色彩的平衡，给人一种协调的感觉。失去平衡的画面会使人产生不安的感觉，视觉上也不愿多做停留。

（2）对称性

对称是一种美，我们生活中有许多事物都是对称的。但过度的对称就会给人一种呆板、死气沉沉的感觉，因此还要适当地打破对称，制造一点变化。

（3）对比性

让不同的形态、色彩等元素相互对比，可以形成鲜明的视觉效果。例如，色彩对比、图形对比等往往能创造出富有变化的效果。

（4）疏密度

页面布局要做到疏密有度，不要让整个网页布满密集的文本信息或图片，适当留白反而可以强调整个画面的重点部分。而对于文本信息，可以通过改变行间距、字间距来制造一些变化。

（5）反复性

反复就是不断地出现。例如，由几个有规律的小色块在网页里上下左右地延伸排列，这就是反复之美；利用大小相同的图片进行反复排版，这也是反复之美。

（6）韵律感

具有相同特性的对象，如点、圆、线条，沿曲线反复排列时，就会产生韵律感，使画面显得轻盈而富有灵气。

（7）颜色搭配

网页中颜色的搭配也非常重要，一般不要用强烈对比的颜色搭配做主色，主色也尽量控制在 3 种以内，背景和内容的颜色对比要明显，少用花纹复杂的图片，以便突出文字的内容。

总之，网页的排版布局是决定网页美观与否的一个重要方面，合理的、有创意的布局才可以把文字、图像等内容完美地展现在浏览者面前。

预备知识 4　画出网页布局草图

在本例中，我们这样确定网页布局：网站的 Logo（微标）放在左上角，右边是 Banner（横幅），可以放广告图片；下面的部分按照内容划分为两栏，左边为链接文字区，右边是网页的主要内容区，可以输入文字或图片，最底部是网站版权信息区。网页布局草图如图 3.45 所示。

<table>
<tr><td>Logo</td><td>Banner</td></tr>
<tr><td>链接文字区</td><td>主要内容区</td></tr>
<tr><td colspan="2">网站版权信息区</td></tr>
</table>

图 3.45　网页布局草图

要实现这种网页的布局有 3 种方法，一种是使用表格，一种是使用布局视图，还有一种是使用框架。

子项目 1　在网页中插入表格

当我们打开 Dreamweaver 时，Dreamweaver 会自动打开上次编辑过的网站。然后在面板中选择“文件”中的站点，双击网页文件“index.htm”，就可以将网页文件打开了。如果网站没有打开，可以移动光标到窗口右侧的“站点”选项卡，单击“向下”按钮▼弹出下拉菜单，选择网站名称即可，如图 3.46 所示。

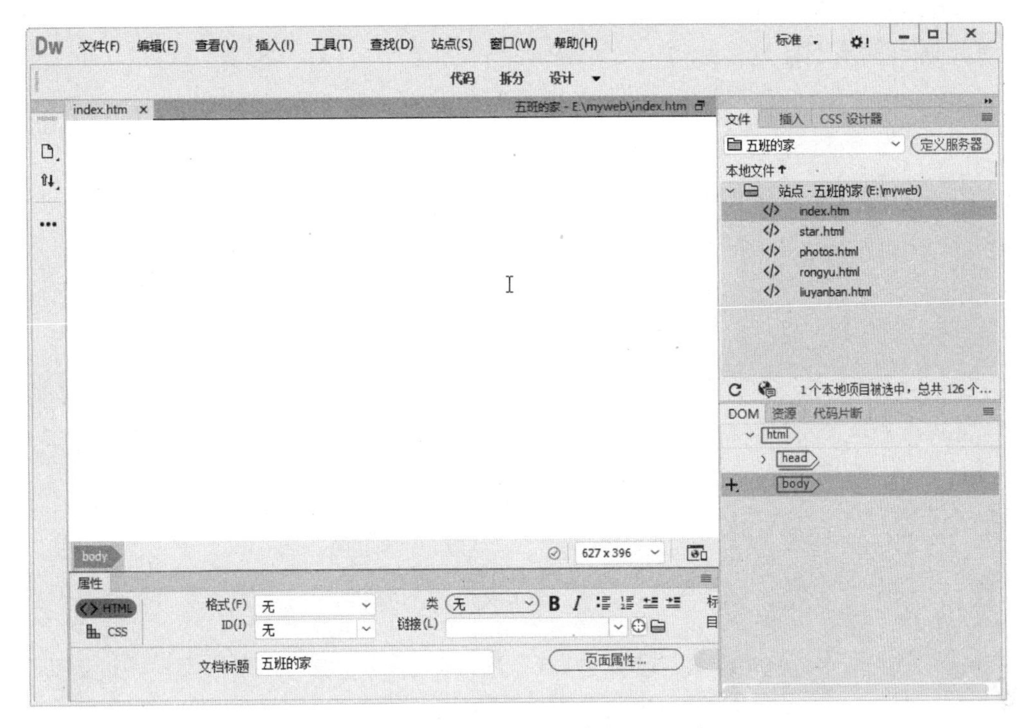

图 3.46　在“站点”中打开网站

打开网页文件以后，确定光标的位置，选择“插入”菜单下的“Table”选项，如图 3.47 所示。

图 3.47　“插入”菜单下的“Table”选项

在完成上述操作后弹出的如图 3.48 所示的“Table”对话框中，可以设置表格的大小。其中“行数”和“列”是表格的大小；“表格宽度”指表格的宽度，单位可以是像素数或百分比。按像素定义的表格大小是固定的，而按百分比定义的表格会根据浏览器的大小而变化。“边框粗细”指表格线的宽度；“单元格边距”指单元格内文字与框线间的距离；“单元格间距”指各个单元格间的距离。所谓单元格，就是表格里面的每一个小格。

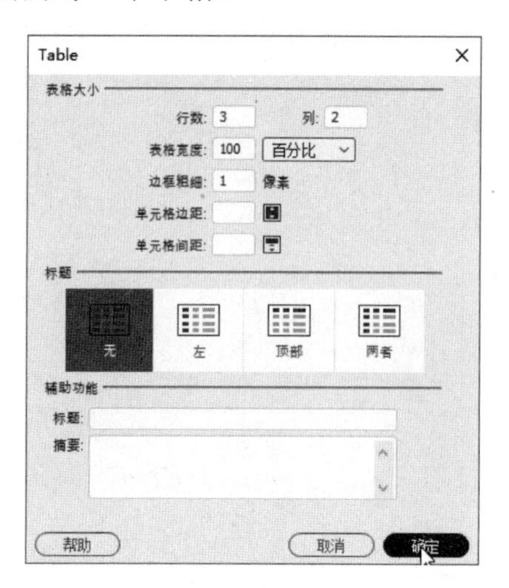

图 3.48　“插入表格”对话框

在“Table”对话框中，将“行数”设置为“3”，“列”设置为“2”，“表格宽度”设置为“100%”，然后单击“确定”按钮，就可得到如图 3.49 所示的表格。

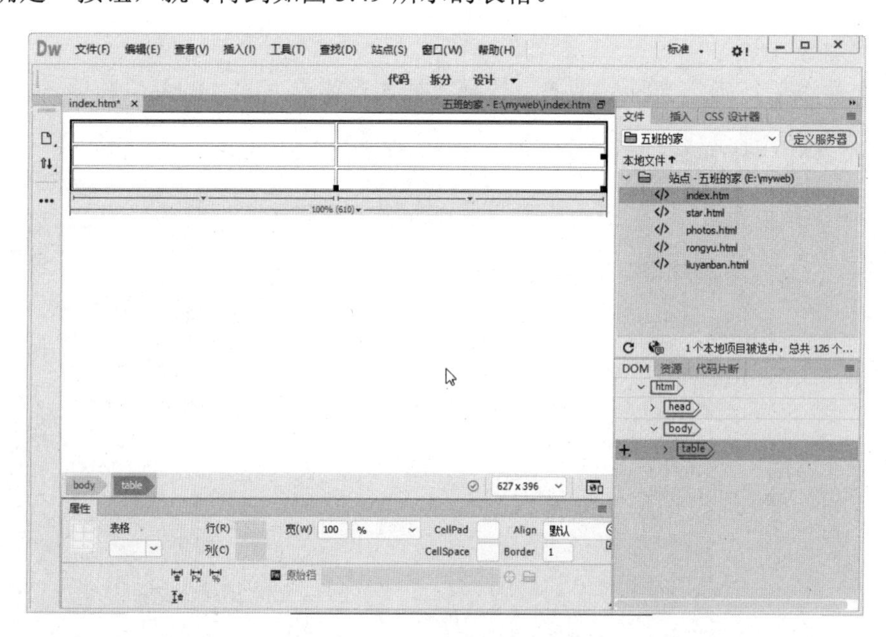

图 3.49　表格已插入

在默认情况下，表格的两列宽度是相等的，在本例中，根据设计好的网页布局草图，应该使表格的左列比右列窄些。将光标移动到中间的框线上，当鼠标指针变成◂‖▸状时，拖动鼠标到合适的位置然后松开，列宽即可随我们的调整而变化。调整表格列宽，如图 3.50 所示。

表格制作好以后，由于各种需要，我们常常要对表格进行调整。下面我们以在表格的下面添加一个新行为例，说明添加新行的方法。

单击表格最下面一行，使光标出现在该行中，右击，在弹出的快捷菜单中，选择“表格”→“插入行”选项，如图 3.51 所示，可以发现在光标所在行上面插入新行。插入新行后的表格，如图 3.52 所示。

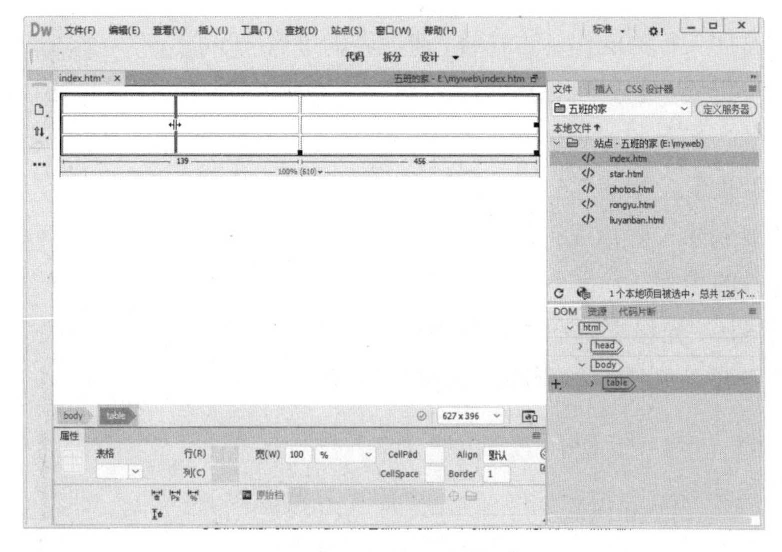

图 3.50　调整表格列宽

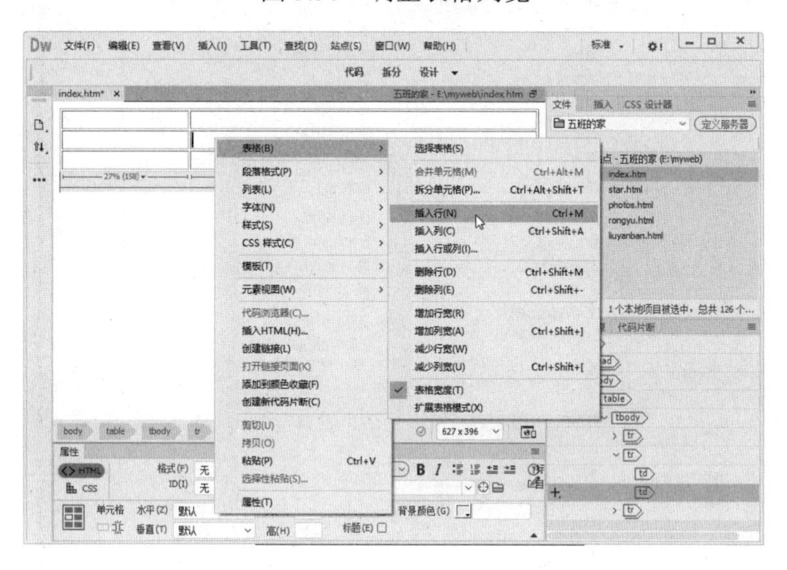

图 3.51　“插入行”选项

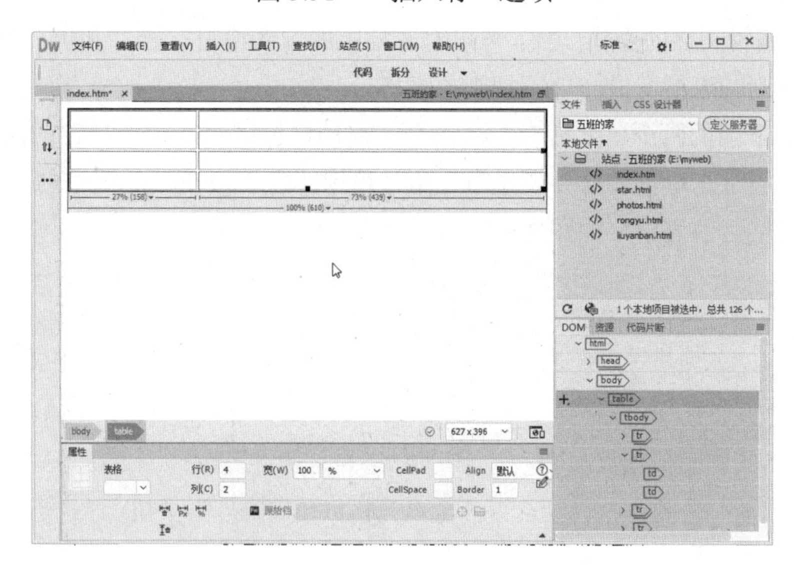

图 3.52　插入新行后的表格

插入列的操作与插入行的操作基本一样，请读者动手做一下。如果想精确地插入一行或一列，可以选择“表格”→“插入行或列”选项，在弹出的“插入行或列”对话框中，对插入的行数和列数，以及位置进行设置，如图 3.53 所示。

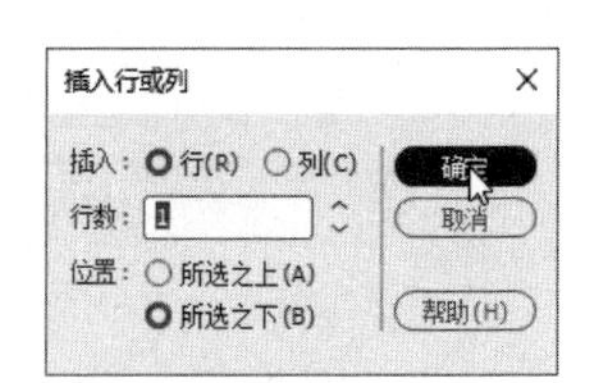

图 3.53 “插入行或列”对话框

有时候，还需要删除一些行或列。下面，将新插入的一行删除，学习一下删除行的步骤。

首先，单击表格，使光标出现在被删除的行中，然后，右击，在弹出的快捷菜单中，选择“表格”→“删除行”选项，则该行被删除，如图 3.54 所示。

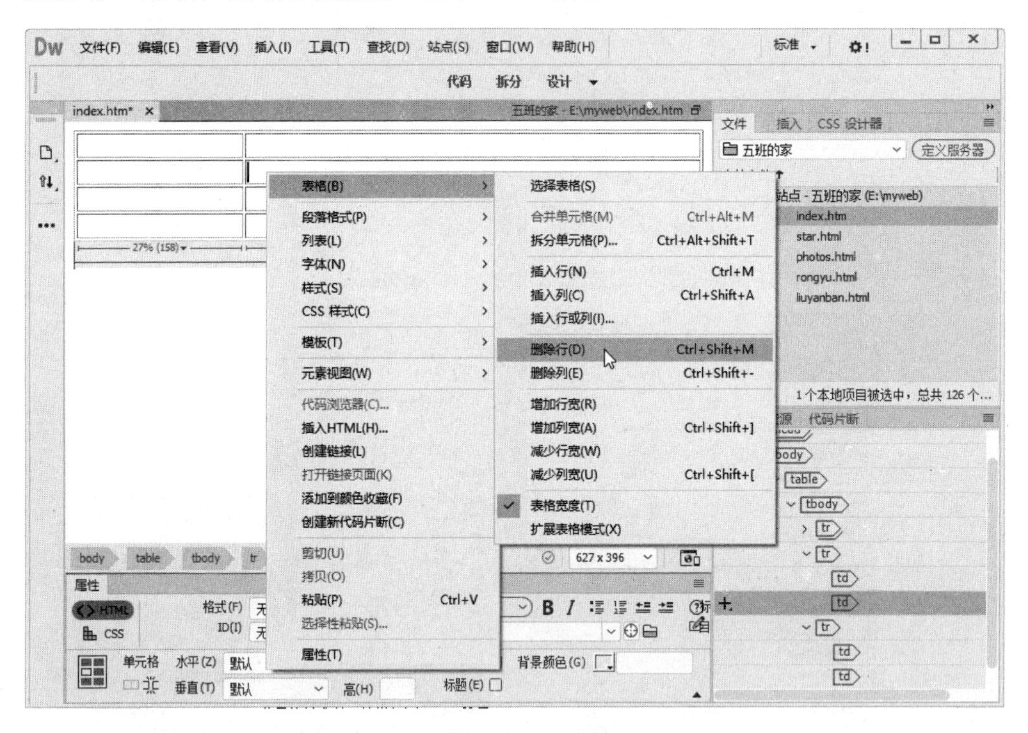

图 3.54 “表格”→“删除行”选项

和在 Word 中编辑文档的操作一样，可以对表格中的单元格进行合并和拆分操作，通过这些操作，可以将一个规则的表格变成一个不规则的表格。

现在将表格最下端的两个单元格合并成一个。拖动鼠标同时选中第三行的两个单元格，移动光标到“属性”面板上，单击“合并所选单元格，使用跨度”按钮，如图 3.55 所示，两个单元格被合并。合并单元格后的表格，如图 3.56 所示。

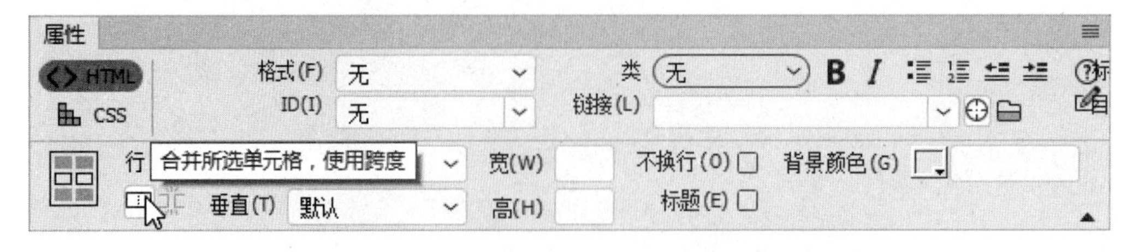

图 3.55 “合并所选单元格，使用跨度”按钮

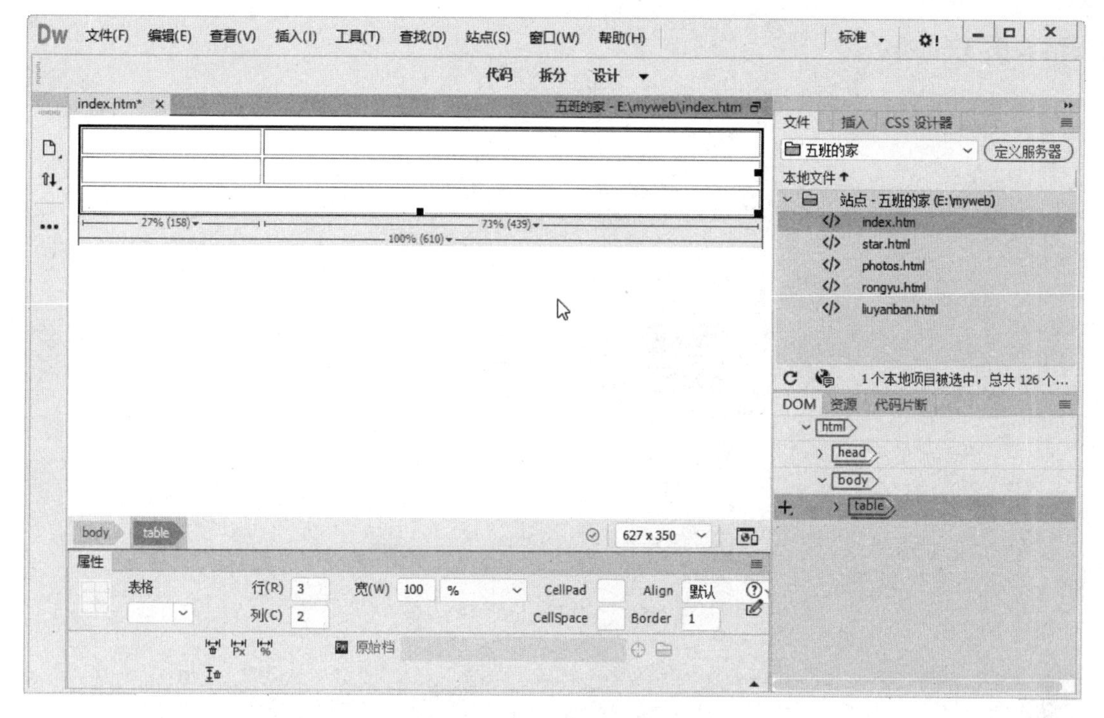

图 3.56 合并单元格后的表格

下面，我们再将合并的大单元格拆分为两个小单元格。

首先，使光标出现在被拆分的单元格中，移动光标到“属性”面板上，单击“拆分单元格为行或列”按钮，如图 3.57 所示，弹出“拆分单元格”对话框，如图 3.58 所示。

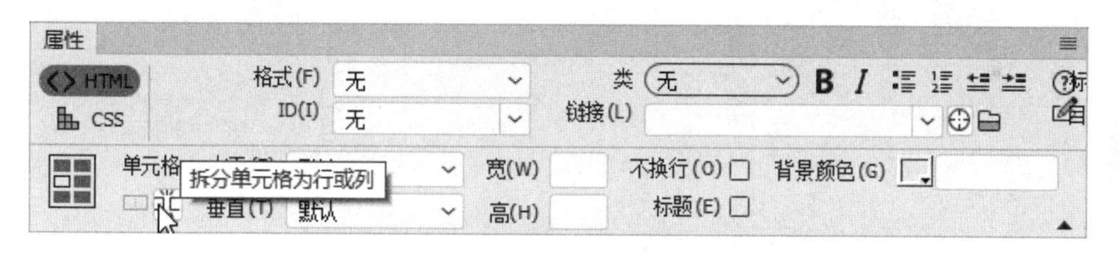

图 3.57 “拆分单元格为行或列”按钮

图 3.58 “拆分单元格”对话框

在“拆分单元格”对话框中，选中“把单元格拆分成”后面的“列”，在“列数”右侧的文本框中输入“2”，单击“确定”按钮，则该单元格被分为两个单元格，该表格恢复原状。

按行拆分单元格的操作与按列拆分单元格的操作基本一样，请读者动手做一下。

下面，要在第二行第一个单元格中再插入一个表格，用来存放与其他网页链接的一些文字。将来建立超链接后，可以通过单击这些文字打开相应的网页。

将光标移动到要插入表格的单元格中，单击“插入”按钮，在弹出的菜单中选择“table”选项，弹出“Table”对话框，如图 3.59 所示，输入“5”行“1”列，单击“确定”按钮，嵌套表格后的表格如图 3.60 所示。

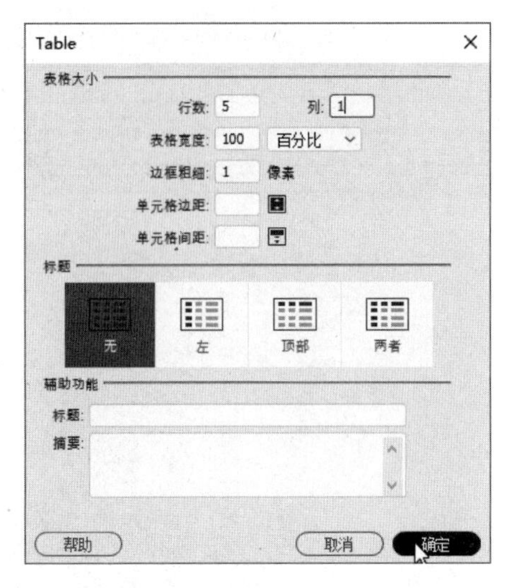

图 3.59　“Table”对话框

图 3.60　嵌套表格后的表格

子项目 2　使用表格规划网页布局

对表格进行设置，可以实现使用表格规划网页布局。

本项目的操作主要是在“属性”面板中进行的，需要注意的是选取表格与选取单元格时，“属性”面板的内容是不同的。在表格的“属性”面板中，能够设置框线的宽度、单元格间距，以及背景色等，具体说明如下。

将光标移动到表格的外框线上，当光标变成✥状时单击，选中整个表格。表格被选中之后，窗口下面的“属性”面板显示的是对整个表格的设置内容。如图 3.61 所示，在“属性”面板上

显示的表格宽度是“100%”，“100%”宽度的意思是不论浏览者打开的浏览器显示尺寸多大，表格都占满整个窗口。这个选项虽然在某些时候非常有用，但由于在实际中，表格宽度可以自由更改，所以使得网页布局不够统一，甚至使整齐的网页在一些高分辨率的计算机上显得很凌乱。

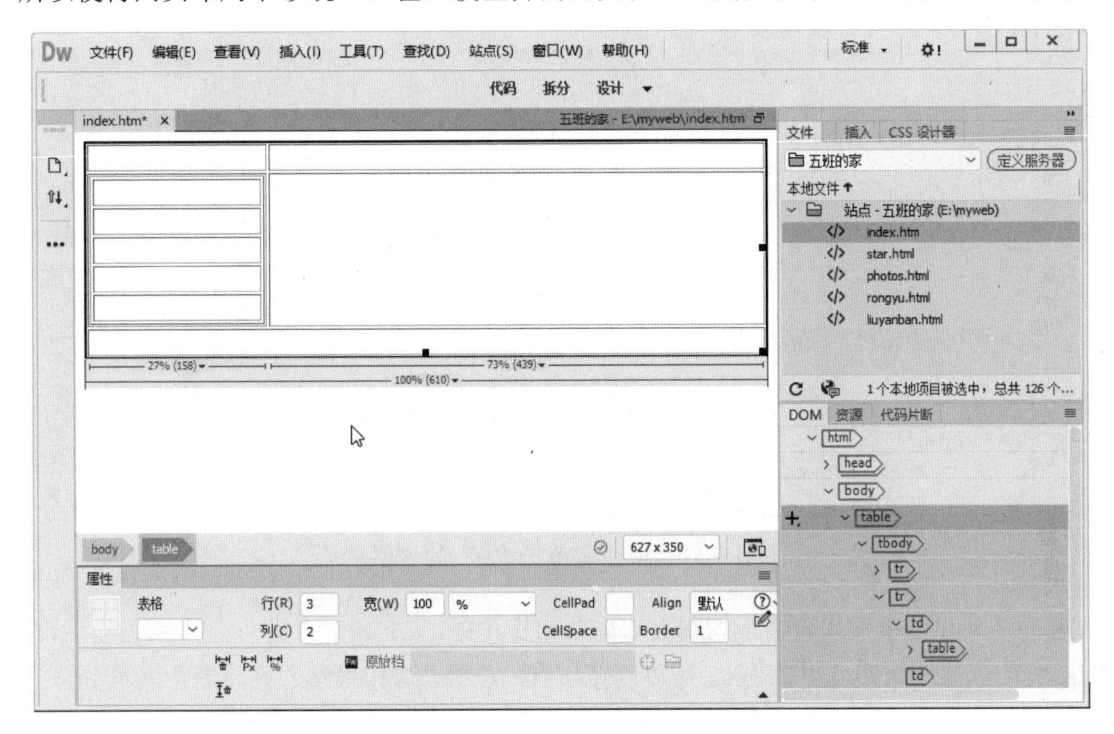

图 3.61　“属性”面板中表格的宽度是“100%”

需要说明的是，表格被选中后，表格的外框呈黑粗线显示，同时出现 3 个黑色小正方形，将鼠标指针放在上面拖动，可以更改表格大小。

由于目前计算机显示器一般为宽屏，但也有一些窄屏的显示器仍在使用中，同时显示器的分辨率也不同，所以在规划表格宽度时要考虑这些因素。下面以常见的 1366 像素×768 像素的分辨率为例来规划表格宽度，我们可以设置表格宽度为 1340 像素，这样不论在哪台计算机上，网页的显示基本上都是一样的，而对于宽屏显示器，只在两边会出现空白，表格中的文字不会发生错行等情况。

如图 3.62 所示，单击“宽”下拉菜单，选择“像素”选项，将“100”改成“1340”，在空白处单击，表格宽度发生了变化。

图 3.62　更改表格宽度

将表格框线的宽度更改为“0”，可以发现表格的框线变成虚线，这样，在浏览器中表格将被隐藏，如图 3.63 所示。

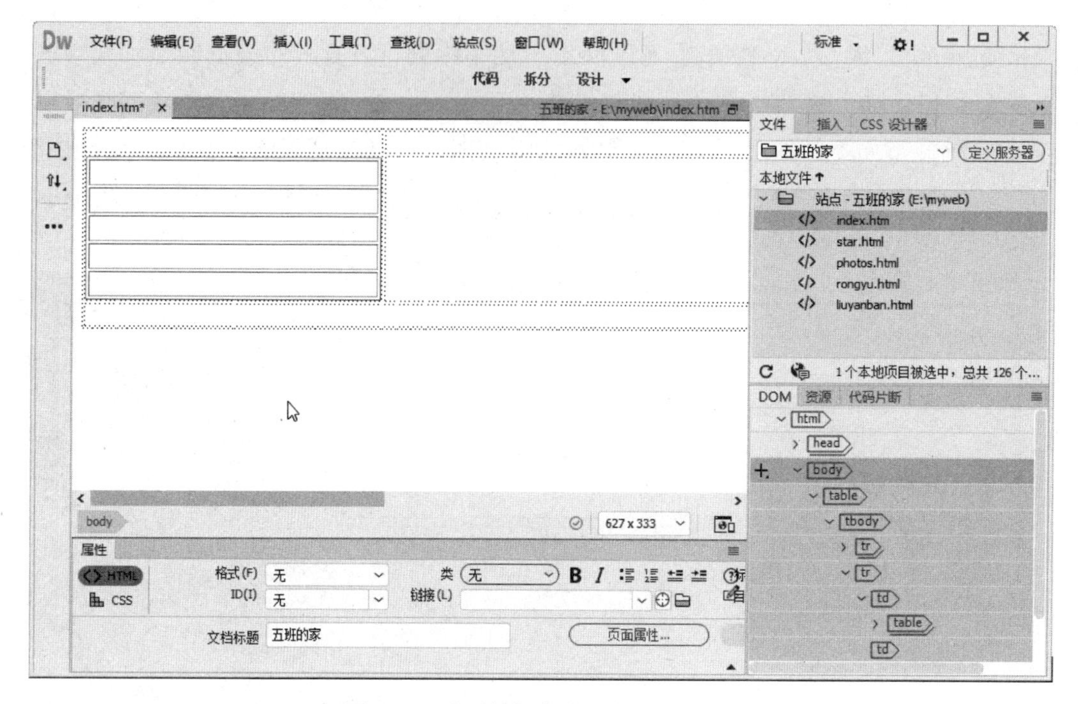

图 3.63　框线宽度为“0”的表格

从图 3.63 可以看出使用表格规划网页布局的初步轮廓。

将嵌套的表格框线宽度更改为 0，可以隐藏所有的框线，这样虽然表格将整个网页划分为多个区域，但在浏览器中，人们是看不到表格的。但现在看起来，表格有些扁，并不美观，等到输入相关文字和图片后，表格变高，网页就会好看些。

在各个单元格中单击，出现光标后利用回车键将表格高度拉开，也可以通过移动光标改变表格高度。表格规划后的网页布局如图 3.64 所示。

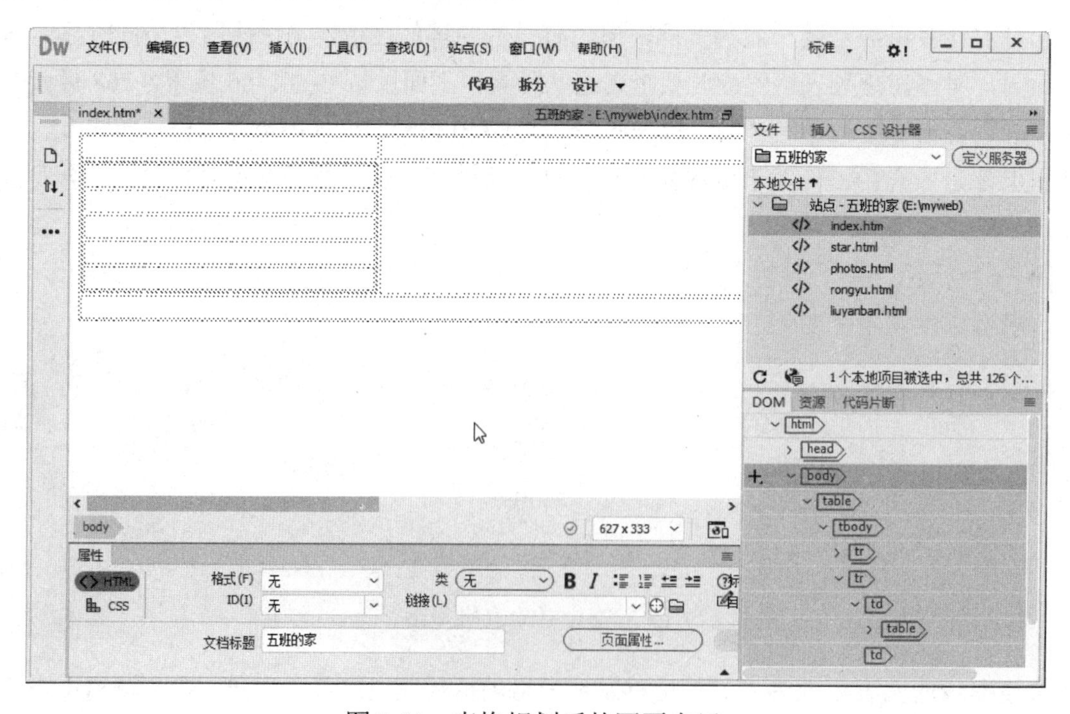

图 3.64　表格规划后的网页布局

此时，在表格中输入文字，插入图片就可以制作完成一个网页了。使用表格规划网页布局有一个缺点，就是当表格中的内容过多时，网页显示速度比较慢。Dreamweaver 除了可以使用表格规划网页布局，还可以通过 CSS 和 DIV 来完成网页布局。

习题

1. 简答题

（1）主要的网站首页布局有哪些？实际上网观察，举出每种首页布局的实例。

（2）在设计网站首页布局时，要注意哪些方面？

（3）怎样隐藏表格框线？

（4）为什么在使用表格规划网页布局时，一般采用多表格的形式？

2. 操作题

（1）打开爱护牙齿的网站，参照课本上介绍的几种网页布局，选择其中的一种，画出布局草图。

（2）打开网页“index.htm”，插入表格，通过设置使表格的样子与布局表格相类似。

（3）在表格中超链接热区的文字区域中输入文字，在其他区域通过按回车键，使得表格呈竖立的矩形，与布局草图相同。

项目3　使用文字与图片

知识目标

1. 了解水平线的作用。
2. 了解图片的相关知识。
3. 了解背景色和背景图片的区别。

技能目标

1. 熟练掌握在网页中输入文字和设置文字效果的方法。
2. 掌握为网页设置背景色和背景图片的方法。
3. 掌握插入图片修饰网页的方法。

项目描述

在网页中插入相关文字和图片，灵活运用在网页中输入文字和插入图片修饰网页的方法。打开网站首页，输入合适的文字，对文字的字体、字号、对齐方式等进行设置并保存，最后在浏览器中预览网页。

在网页上浏览时可以发现，任何一个网页不论是绚丽多彩还是简洁明了，都含有两个要素，即文字和图片，其中文字是一个网页最基本的要素，而添加适当的图片可以令网页生色不少。

子项目 1 设置文字的字体、字号与颜色

在 Dreamweaver 中打开网站，然后在浮动面板的“文件”选项卡中双击网页文件“index.htm”，将网页文件打开。

就像在记事本中的操作一样，在需要输入文字的区域单击，出现光标后输入文本即可。在输入文本的过程中，除非分段，否则不要按回车键换行，因为软件有自动换行功能。

输入完毕，单击菜单栏上的“文件”按钮，在下拉菜单中选择“保存”选项，保存网页上的文字。在网页中输入文字并保存，如图 3.65 所示。

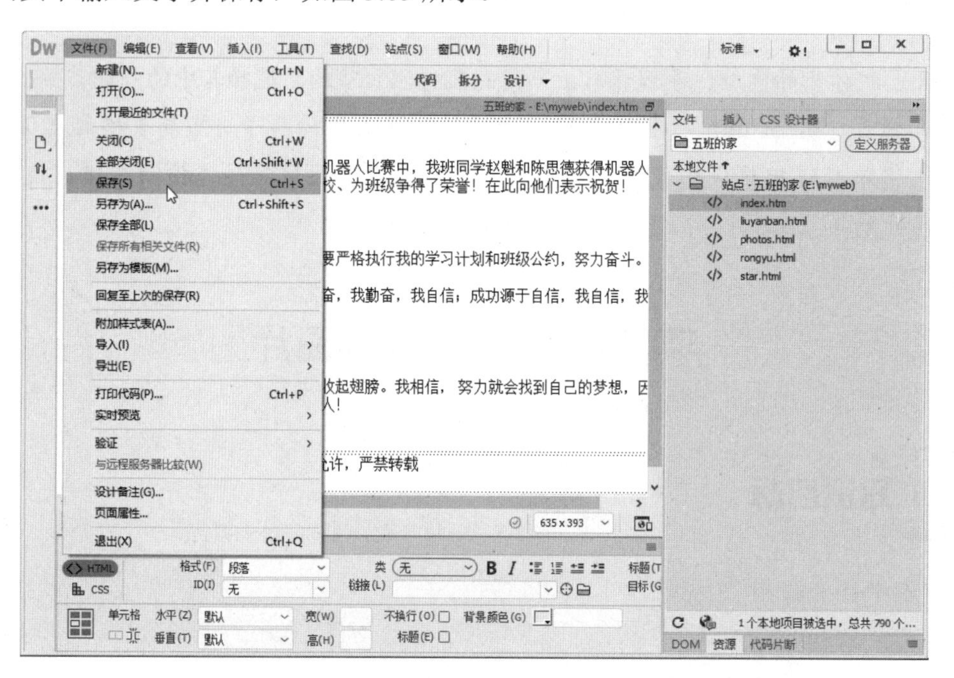

图 3.65 在网页中输入文字并保存

下面，对输入的文字进行简单编辑。由于在 Dreamweaver 提供的默认字体中没有中文字体，所以在设置字体之前，应先将中文字体添加到“属性”面板字体下拉列表框中。

如果“属性”面板没有打开，可以按“Ctrl+F3”组合键或单击“窗口”菜单下的“属性”按钮，都可以打开“属性”面板。在“属性”面板中可以发现有两种模式，一种是 HTML 模式，一种是 CSS 模式。在默认情况下，HTML 模式被打开，在该模式下可以对网页的 HTML 属性进行设置，如加粗、倾斜等字体样式等，如图 3.66 所示。

在“属性”面板左侧，单击“CSS”按钮，切换到 CSS 模式，可以看到设置字体、字号大小、对齐方式、背景颜色等项目，如图 3.67 所示。

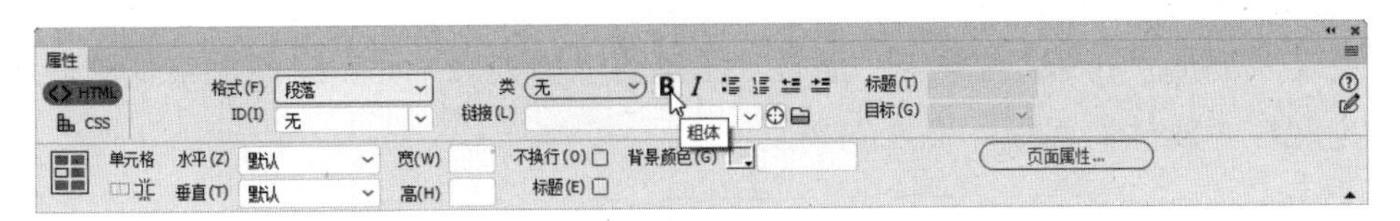

图 3.66　“属性”面板的 HTML 模式

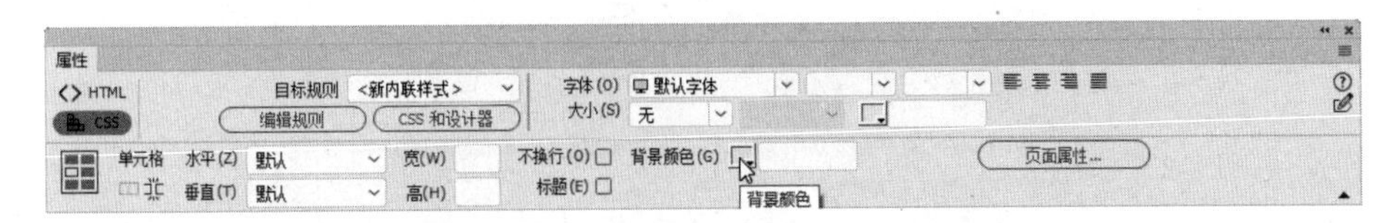

图 3.67　“属性”面板的 CSS 模式

单击“字体”右侧的“默认字体”按钮，在“默认字体”下拉菜单中选择“管理字体”选项，如图 3.68 所示。

图 3.68　“管理字体”选项

在弹出的“管理字体”对话框中，单击“自定义字体堆栈”选项卡，从“可用字体”列表中选择要使用的字体，如仿宋，单击“〈〈”按钮，如图 3.69 所示，字体将出现在“选择的字体”栏中。

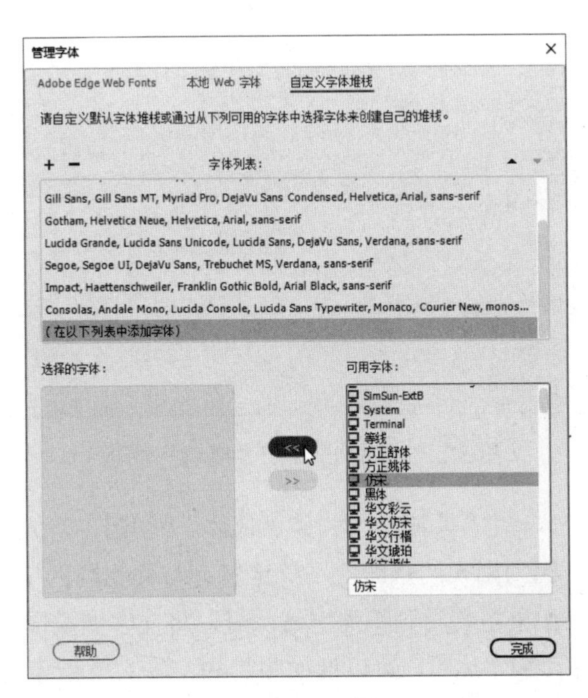

图 3.69　“管理字体”对话框

单击“完成”按钮，“仿宋”加入到“属性”面板的字体列表中。完成添加字体的操作如图 3.70 所示。字体出现在“属性”面板如图 3.71 所示。

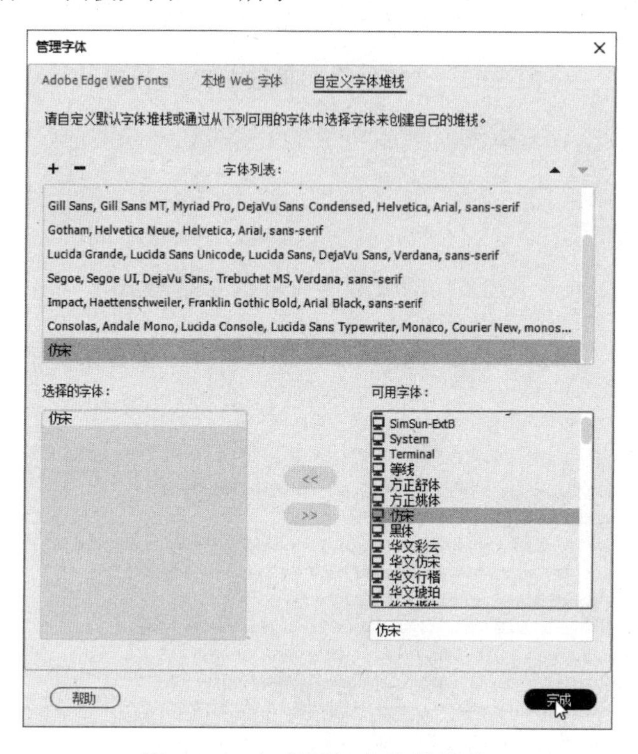

图 3.70　完成添加字体的操作

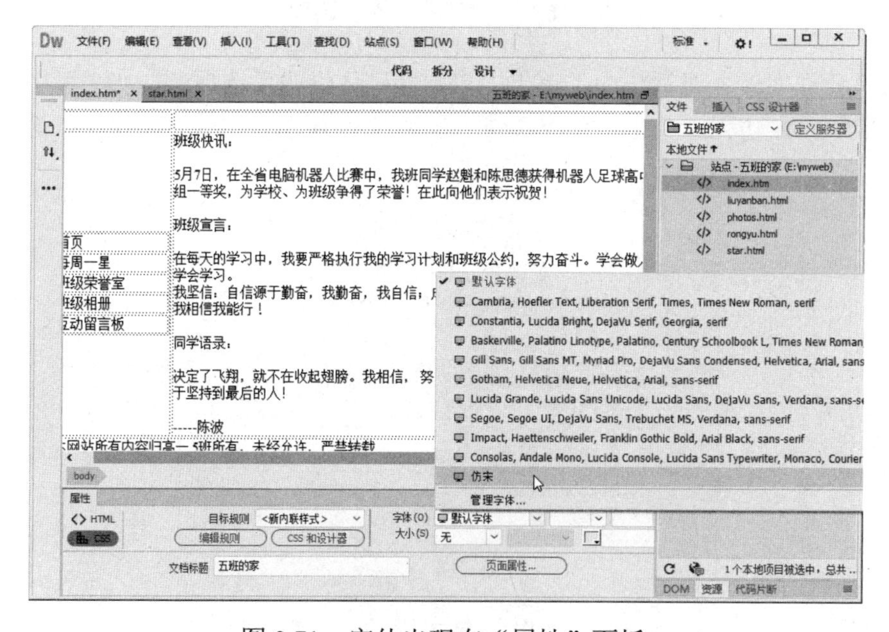

图 3.71　字体出现在“属性”面板

使用同样的方法，将“宋体”“黑体”“隶书”“楷体”“幼圆”等几种字体都添加到“属性”面板的字体列表中。注意：因为别人的系统上不一定装有与你相同的字体，所以不要将一些特殊的字体加到列表中并使用。如果需要用到特殊字体，可以将文字做成图片后再使用。

还有一点值得注意，在添加字体时，可以像如图 3.69、图 3.70 所示的步骤，一个一个地添加，也可以在如图 3.69 所示的对话框中一次性添加多个字体，然后完成操作。这样添加的就不是一个字体，而是一个字体组。添加字体组如图 3.72 所示。

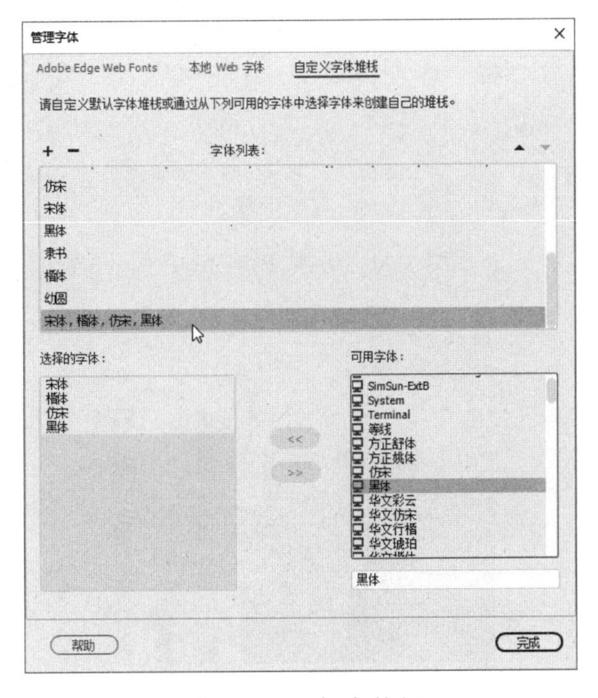

图 3.72　添加字体组

当选择字体组时，系统会检查计算机是否安装了这种字体，如果安装了，就显示这种字体。如果没有安装这种字体，就检查是否安装了第二种字体……以此类推，一直检查到最后一种字体为止。如果这几种字体都没有安装，就显示默认的字体。

在 Dreamweaver 中选中“本网站所有内容归高一．5 班所有，未经允许严禁转载”和“Email：gaoyi-5@163.com”文字，在“属性”面板中，在“字体”下拉列表中选择“楷体”选项，将字体设为楷体；在“大小”下拉列表中选择“16”选项，将应用的字体大小设为 16 号字。字体被设为 16 号楷体如图 3.73 所示。

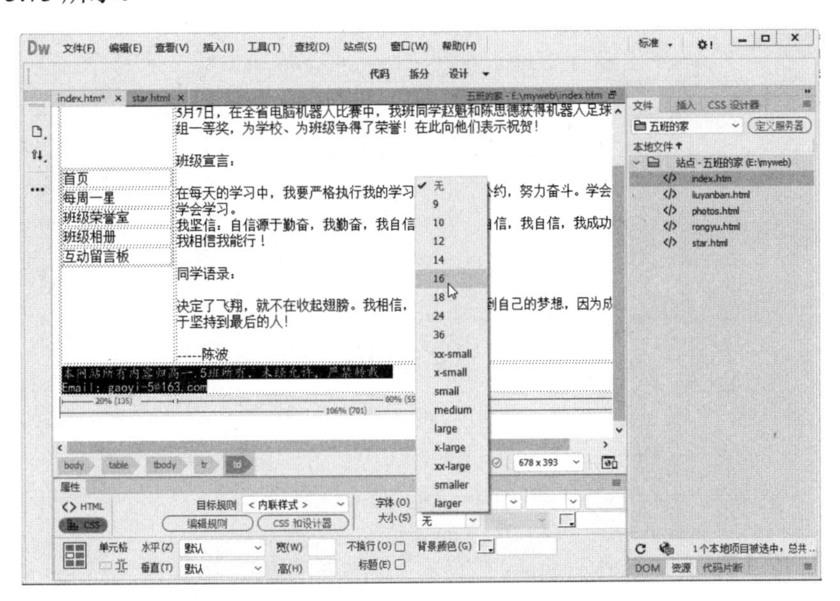

图 3.73　字体被设为 16 号楷体

选中“每周一星”几个字，在“属性”面板中单击“文本颜色”按钮，更改文字的颜色，如图 3.74 所示。打开颜色面板，选择褐色色块，将文字设置为褐色，如图 3.75 所示

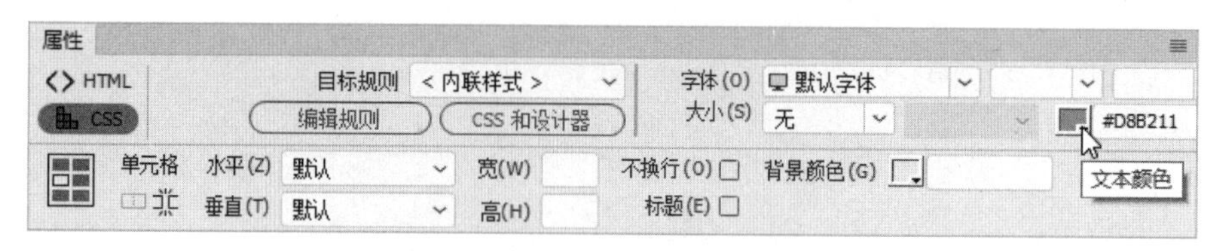

图 3.74　更改文字的颜色

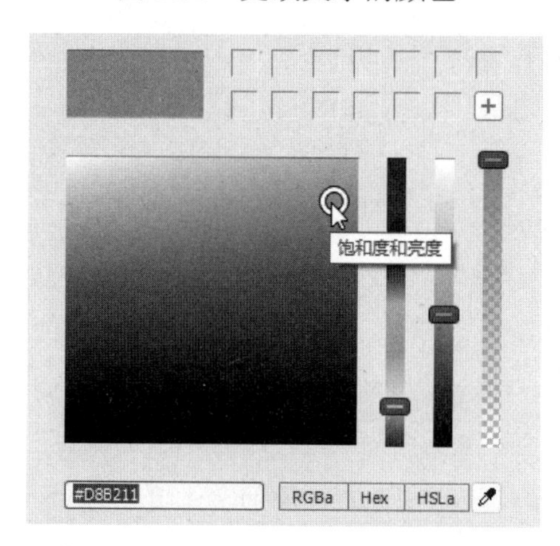

图 3.75　选择褐色色块

在“属性”面板中，单击“HTML”按钮，切换到 HTML 模式。单击“**B**”按钮，将文字设为加粗，如图 3.76 所示。

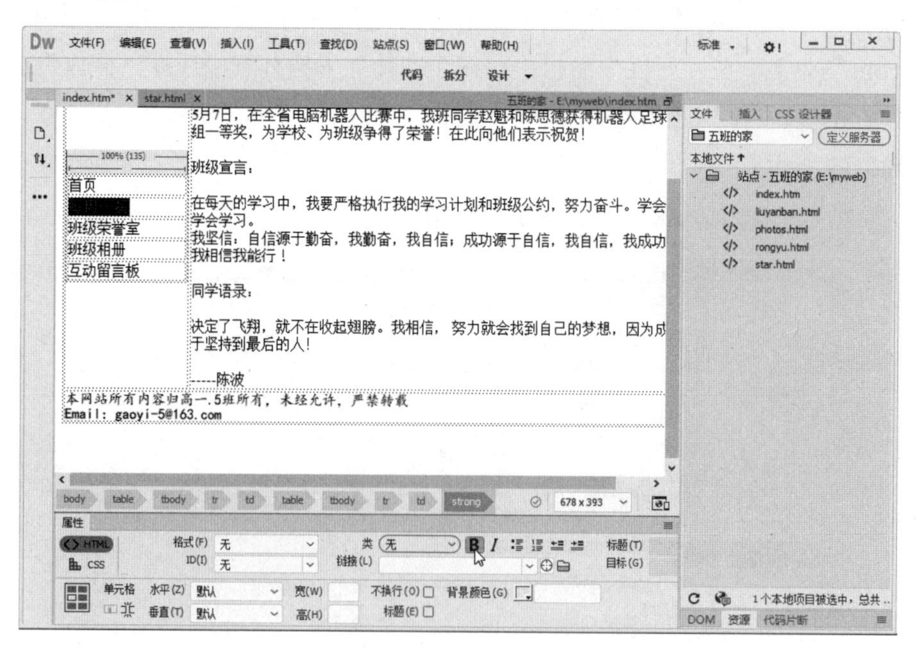

图 3.76　将文字加粗

用同样的方法将“班级荣誉室”“班级相册”“互动留言板”均设置为褐色、加粗，文字设置成功，如图 3.77 所示。

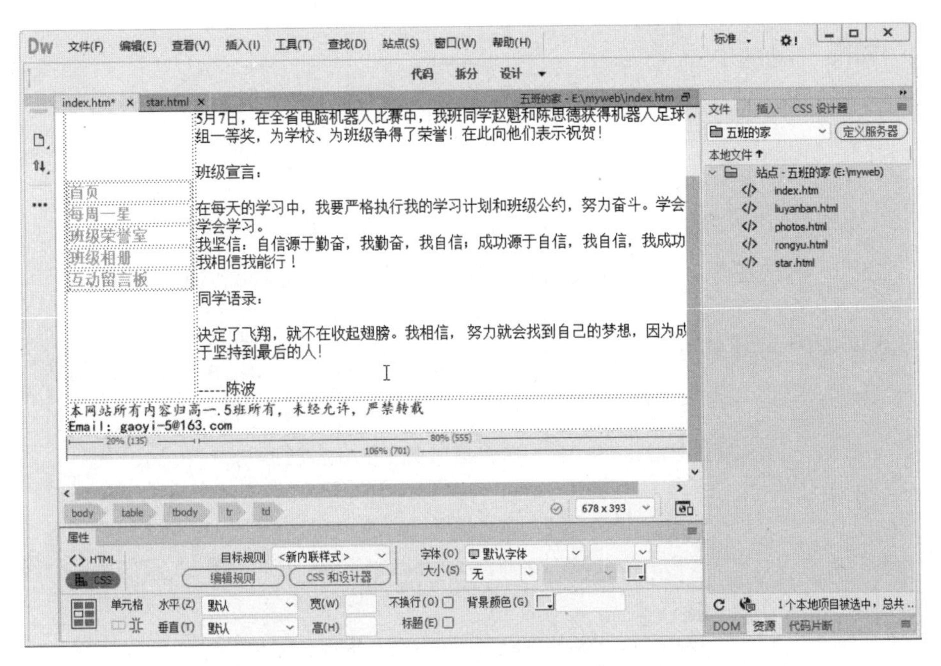

图 3.77　文字设置成功

对主页右边正文区域中的文字进行设置，将网页保存。设置正文的文字如图 3.78 所示。

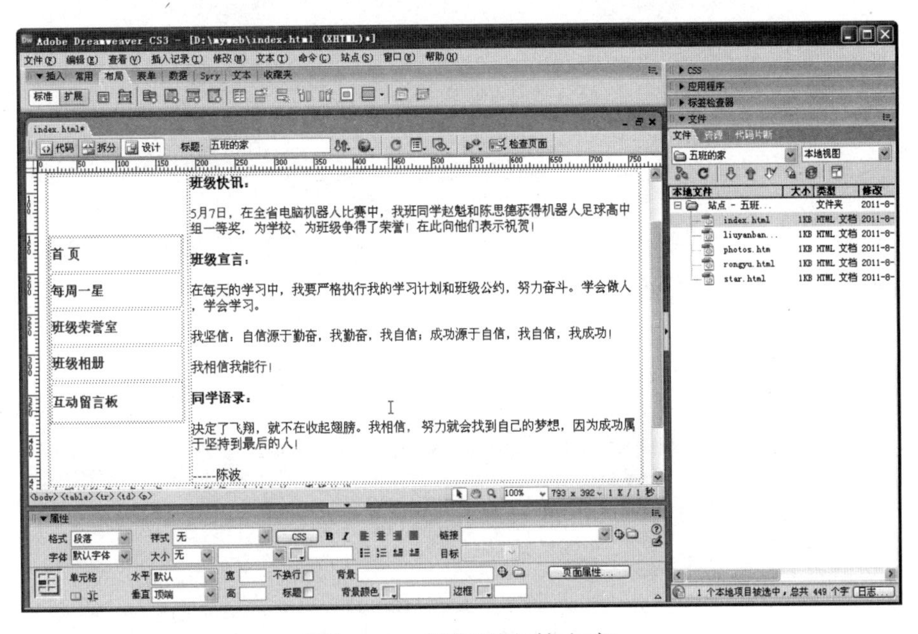

图 3.78　设置正文的文字

子项目 2　设置对齐方式与行间距

1. 对齐方式

在默认情况下，文字均紧靠在表格框线上。这样非常影响美观，特别是当相邻单元格都有文字时，会显得十分拥挤。

选中整个表格，将“属性”面板中的“CellPad”（补白）值更改为“10”，则表格中的文字与表格框线的距离变成 10 像素；将“CellSpace”（间距）值更改为“10”，则各个单元格间的距离都变成 10 像素，如图 3.79 所示。

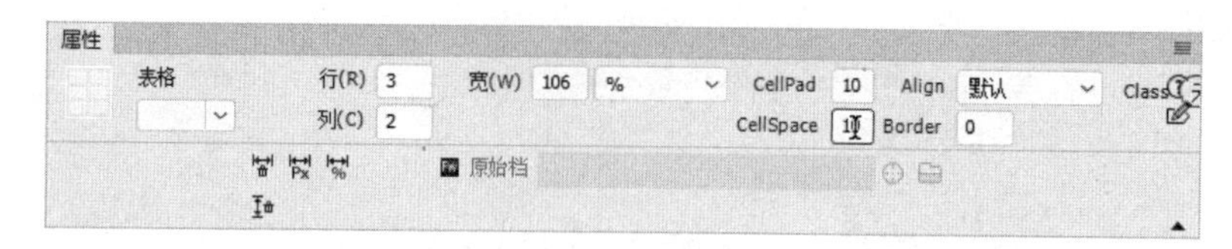

图 3.79　更改表格的“CellPad”“CellSpace”值

更改后的效果如图 3.80 所示。

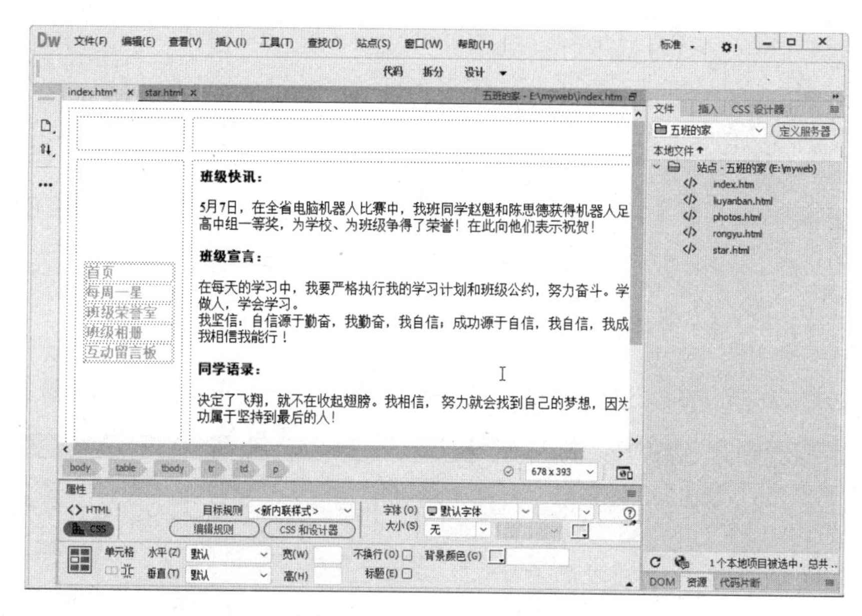

图 3.80　更改后的效果

同理，调整表格中嵌套的表格设置项，特别是“CellPad”“CellSpace”值。更改嵌套表格，如图 3.81 所示。

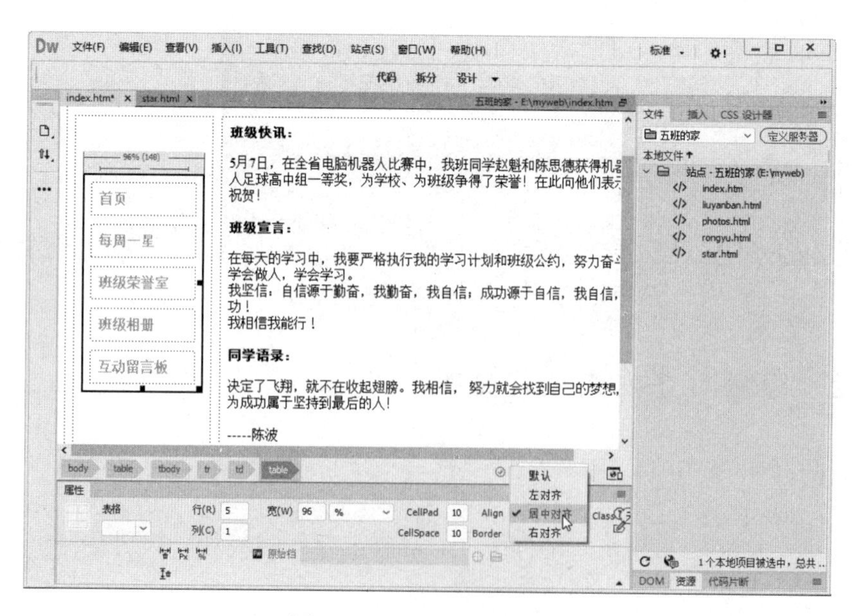

图 3.81　更改嵌套表格

现在来看如何调整单元格内文字的对齐方式。

拖动鼠标，选中嵌套表格中的各个单元格，这时“属性”面板显示的是单元格设置的内容，与选中表格时略有不同。单击“水平”按钮，在弹出的下拉菜单中选择“居中对齐”选项，如图 3.82 所示，文字居中对齐效果如图 3.83 所示。

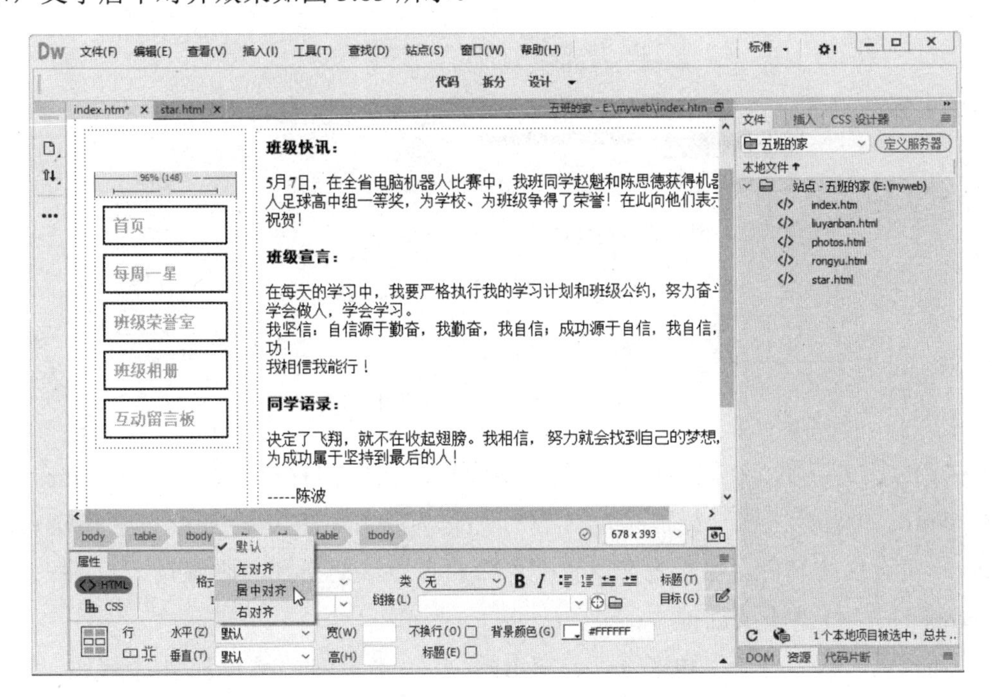

图 3.82　“居中对齐”选项

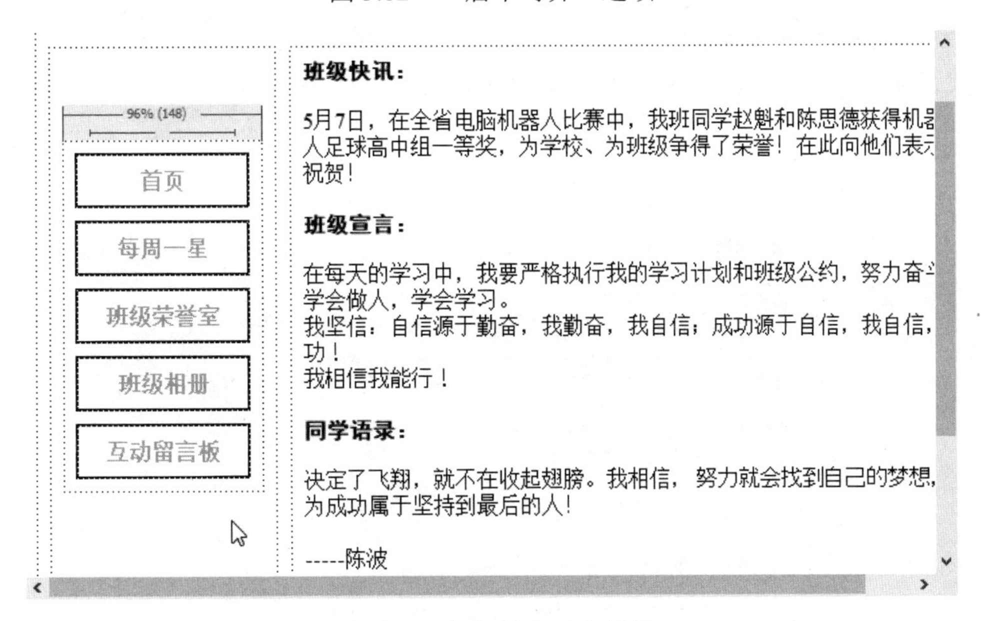

图 3.83　文字居中对齐效果

将光标移动到表格最下端的单元格中，选中表格中的所有文字，在“属性”面板中，切换到 HTML 模式，单击“内缩区块”按钮，如图 3.84 所示，将文字移动到表格中央。

请想一想，为何此处不能使用“居中对齐”？

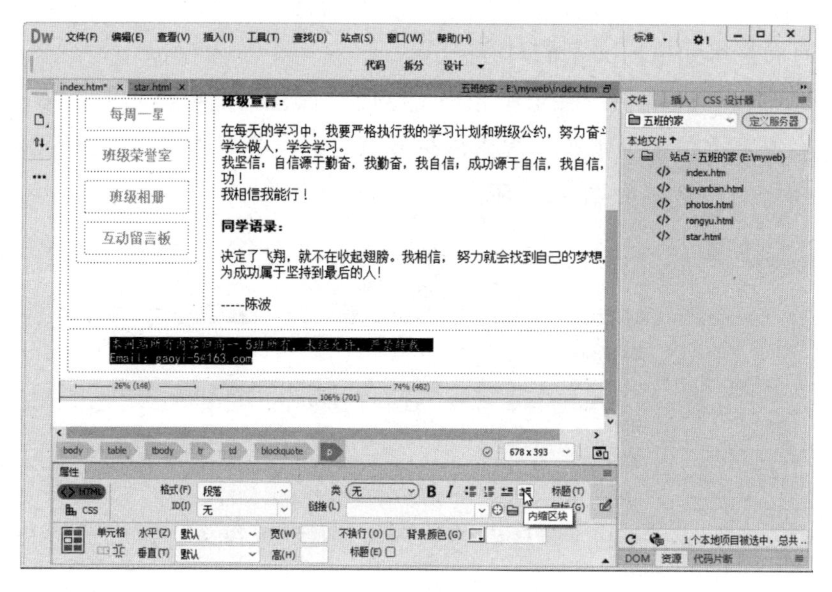

图 3.84 “内缩区块”按钮

按照中文的行文习惯，在段落的首行要空两个格。在操作时会发现：在 Dreamweaver 中，不能像在 Word 中编辑文档一样能拖动“首行缩进”按钮，也不能连续按空格键移动文字，Dreamweaver 没有这个功能。要实现在段首空两个格，应该切换到代码编辑区，在段首文字前输入代码“ ”（注意不要漏掉“;”）。

注意：该代码只代表一个半角字符，要空出两个汉字，一般需要添加 4 个代码。这样，在浏览器中你就可以看到段首空两个格了。

首先需要切换到代码编辑区。单击文档工具栏的“拆分”按钮，切换到“代码视图/设计视图”模式，如图 3.85 所示。这时，窗口分为两部分，上面为代码编辑区域，下面为文本编辑区域。

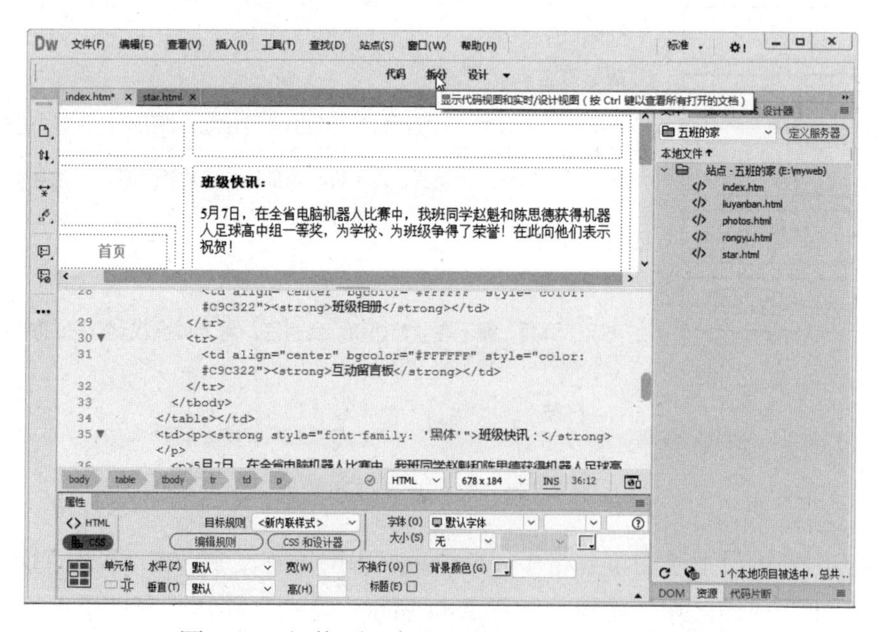

图 3.85 切换到“代码视图/设计视图”模式

然后在代码编辑区域中，找到需要段首缩进的文字，在文字前插入“ ”（不包括双引号）

代码。最后在文本编辑区域单击，就可以看到实际效果。注意，所有符号必须是英文字符，由于字体的不同有时需要多插入几个代码才能空出两个汉字的空当，这需要多次试验，以找出合适的代码个数。插入“ ”代码，如图 3.86 所示。

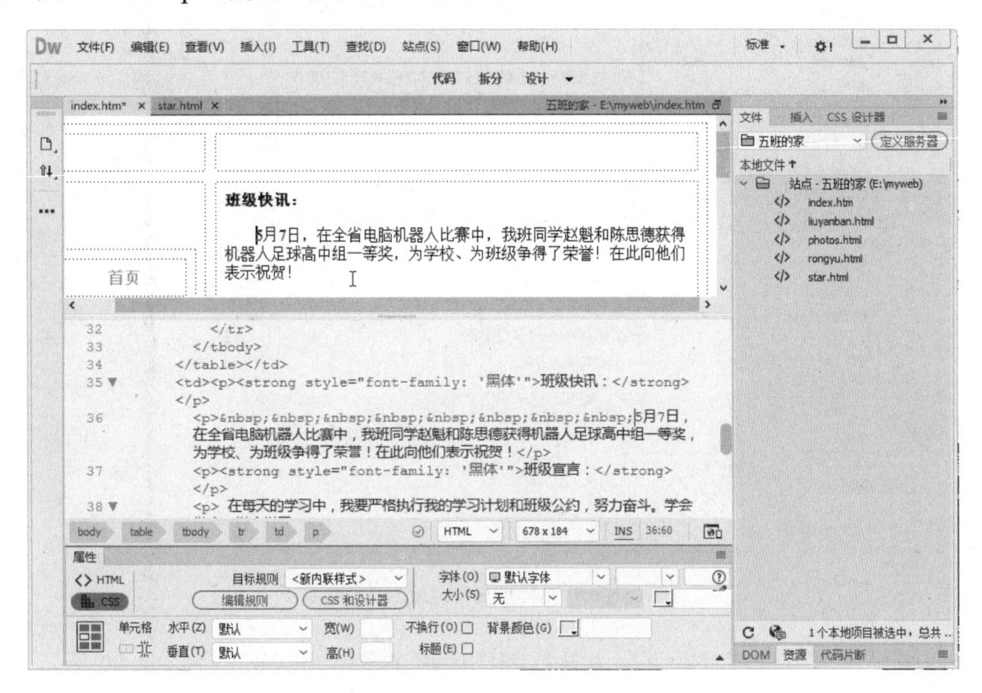

图 3.86　插入“ ”代码

在文档工具栏中单击“设计”按钮，切换到设计视图。单击菜单栏的“文件”按钮，在下拉菜单中选择“保存”选项，将网页文件保存，如图 3.87 所示。

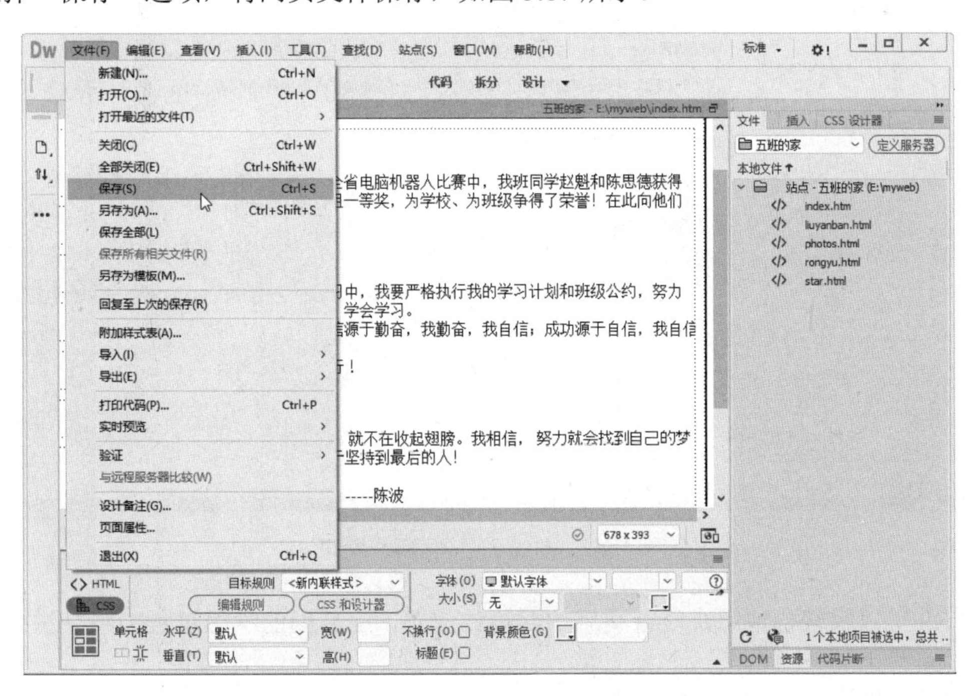

图 3.87　保存网页文件

单击菜单栏的“文件”按钮，在下拉菜单中选择“实时预览”选项，在其下一级菜单中选择

“Microsoft Edge”选项，如图 3.88 所示。

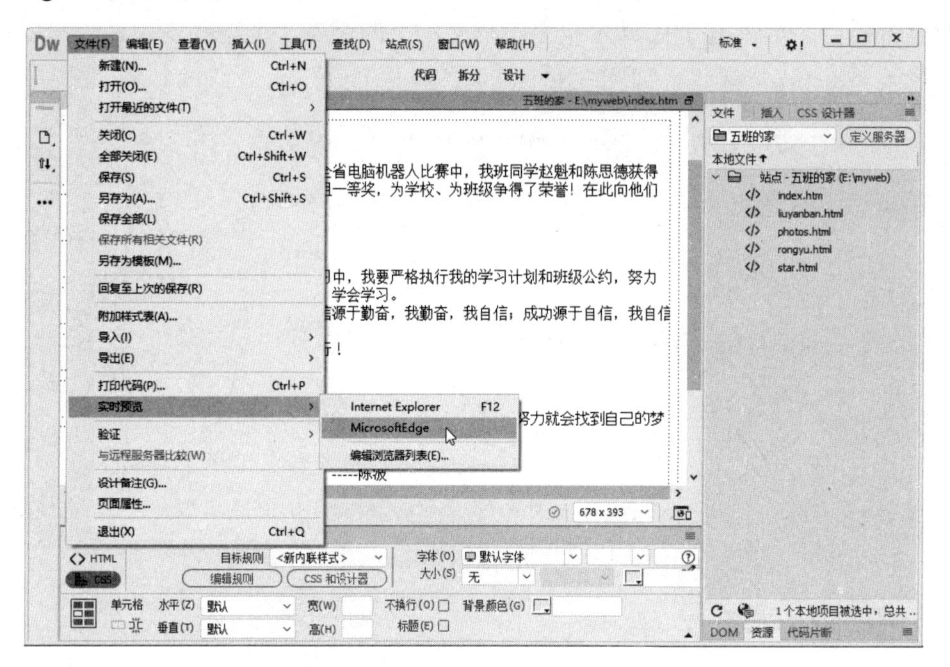

图 3.88 “Microsoft Edge”选项

在浏览器中预览网页，可以看见每段首行都已经缩进了两个字格，如图 3.89 所示。

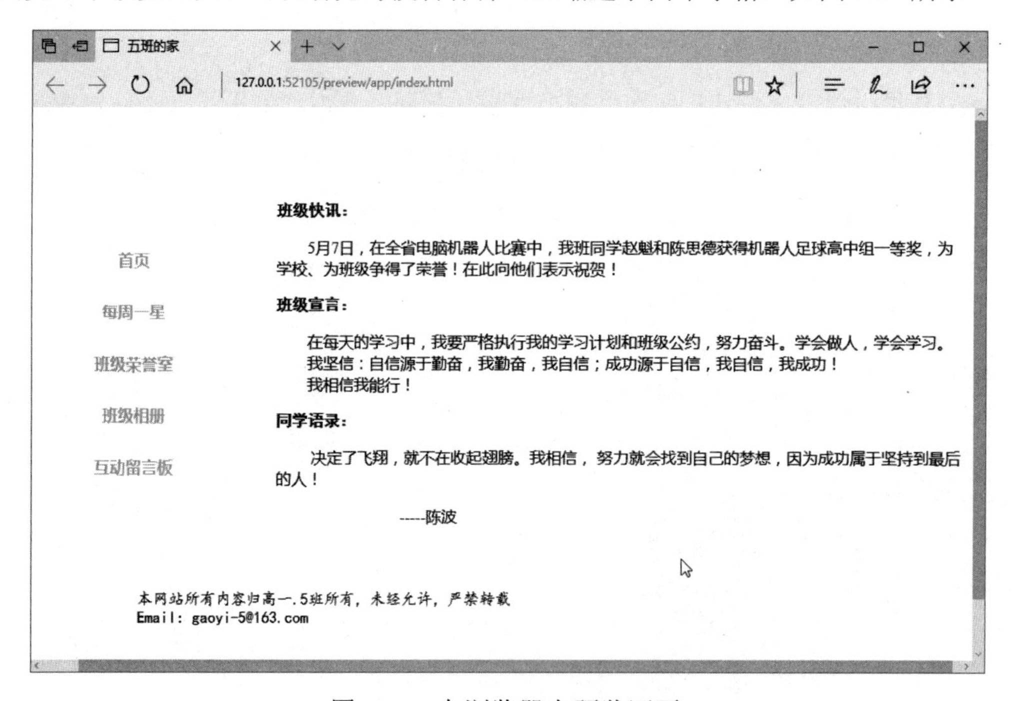

图 3.89 在浏览器中预览网页

采用 CSS 可以很轻松地解决段首文字空两格的问题，在后面的学习过程中将会讲到。

2．设置行间距

当按回车键换行后，你会发现默认的行间距比较大。这是因为用键盘操作换行有两种方法：

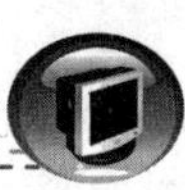

按回车键和按“Enter+Shift”组合键。按Enter键，换行的行间距较大，如图3.90所示；一般换行按“Enter+Shift”组合键，这样换行才是正常行间距，图3.91所示。

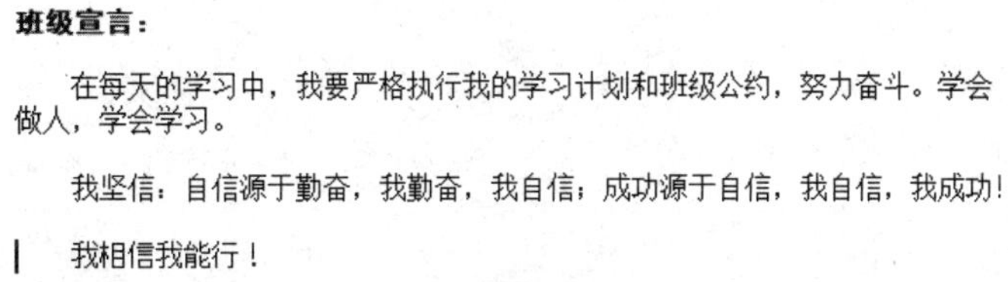

班级宣言：
在每天的学习中，我要严格执行我的学习计划和班级公约，努力奋斗。学会做人，学会学习。
我坚信：自信源于勤奋，我勤奋，我自信；成功源于自信，我自信，我成功！
我相信我能行！

图3.90　按“Enter”键换行

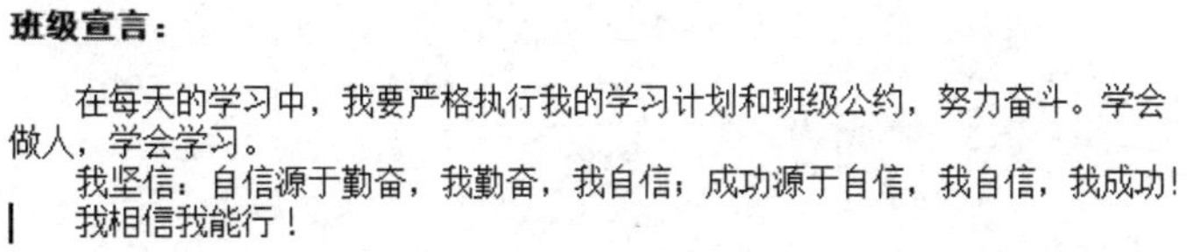

班级宣言：
在每天的学习中，我要严格执行我的学习计划和班级公约，努力奋斗。学会做人，学会学习。
我坚信：自信源于勤奋，我勤奋，我自信；成功源于自信，我自信，我成功！
我相信我能行！

图3.91　按“Enter+Shift”组合键换行

将光标移动到段末，然后按Delete键，将段末符号删除，两段合并成一段。再按下“Enter+Shift”组合键重新分段，重复操作，更改所有段间距。段间距更改后的效果如图3.92所示。

首页
每周一星
班级荣誉室
班级相册
互动留言板
班级快讯：
5月7日，在全省电脑机器人比赛中，我班同学赵魁和陈思德获得机器人足球高中组一等奖，为学校、为班级争得了荣誉！在此向他们表示祝贺！
班级宣言：
在每天的学习中，我要严格执行我的学习计划和班级公约，努力奋斗。学会做人，学会学习。
我坚信：自信源于勤奋，我勤奋，我自信；成功源于自信，我自信，我成功！
我相信我能行！
同学语录：
决定了飞翔，就不在收起翅膀。我相信，努力就会找到自己的梦想，因为成功属于坚持到最后的人！
-----陈波
本网站所有内容归高一.5班所有，未经允许，严禁转载
Email: gaoyi-5@163.com

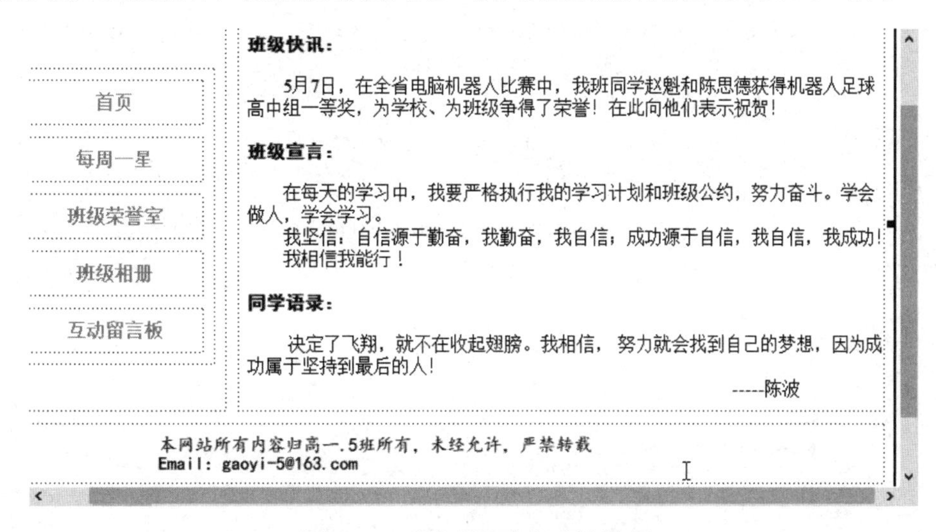

图3.92　段间距更改后的效果

单击菜单栏的“文件”按钮，在下拉菜单中选择“实时预览”选项，在其下一级菜单中选择“Microsoft Edge”选项，将网页在浏览器中打开。在浏览器中预览网页可以看到真实的效果，如果与设计有偏差，可以返回到Dreamweaver编辑窗口进行修改。

子项目3　插入水平线

在图3.89中可以发现，由于规划网页布局的表格框线已经隐藏，使得网页上的文字显示在一起，不能将不同区域的文字区分开。如果在网页中插入一条水平线，可以将网页底端的文字与正文分开，可以使网页段落分明。

将光标移动到最下面一个单元格的行首，单击菜单栏的“插入”按钮，选择“HTML”→“水平线”选项，如图 3.93 所示，插入水平线，如图 3.94 所示。

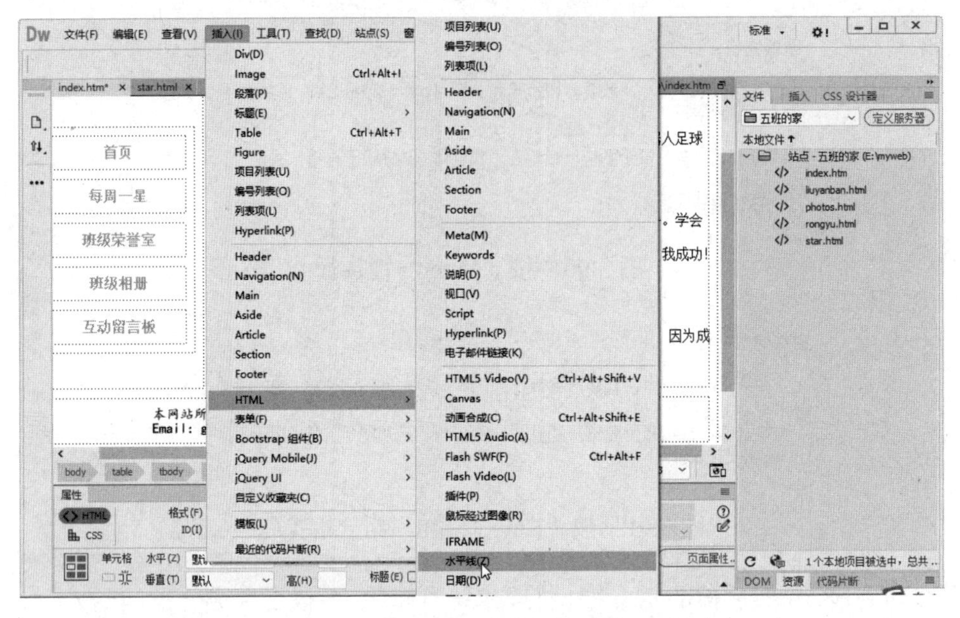

图 3.93 “HTML”→“水平线”选项

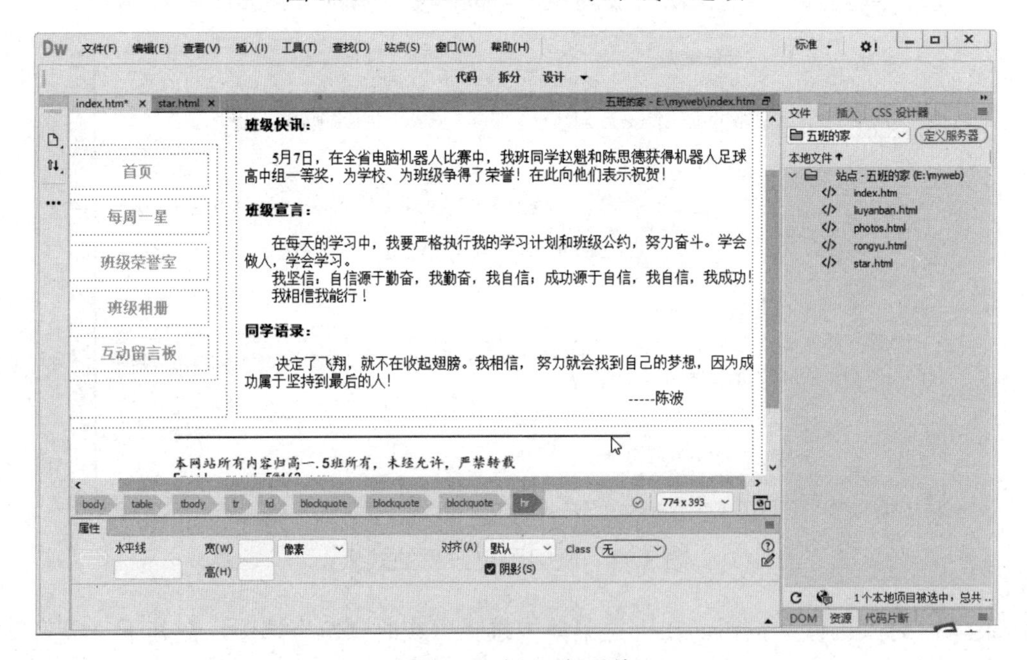

图 3.94 插入水平线

当选取水平线时，水平线的“属性”面板如图 3.95 所示，在该面板中可以修改水平线的宽度和高度，以及水平线在网页中的水平对齐方式。

图 3.95 水平线的“属性”面板

水平线的“属性”面板中的“宽”是指水平线的宽度，若没有指定，则以 100%的设定显示水平线宽度；“高”是指水平线的高度，当值为 1 时，水平线非常细；“对齐”用于指定水平线的对齐方式，有“默认”“左对齐”“居中”“右对齐”4 个选项可供选择；“阴影”可以增加水平线的立体感，打钩即可选中，使用该项功能。

如果要更改水平线的颜色，必须通过更改代码来完成。方法是首先选中水平线，如何在文档工具栏单击“代码”按钮，切换到“代码”视图，如图 3.96 所示。

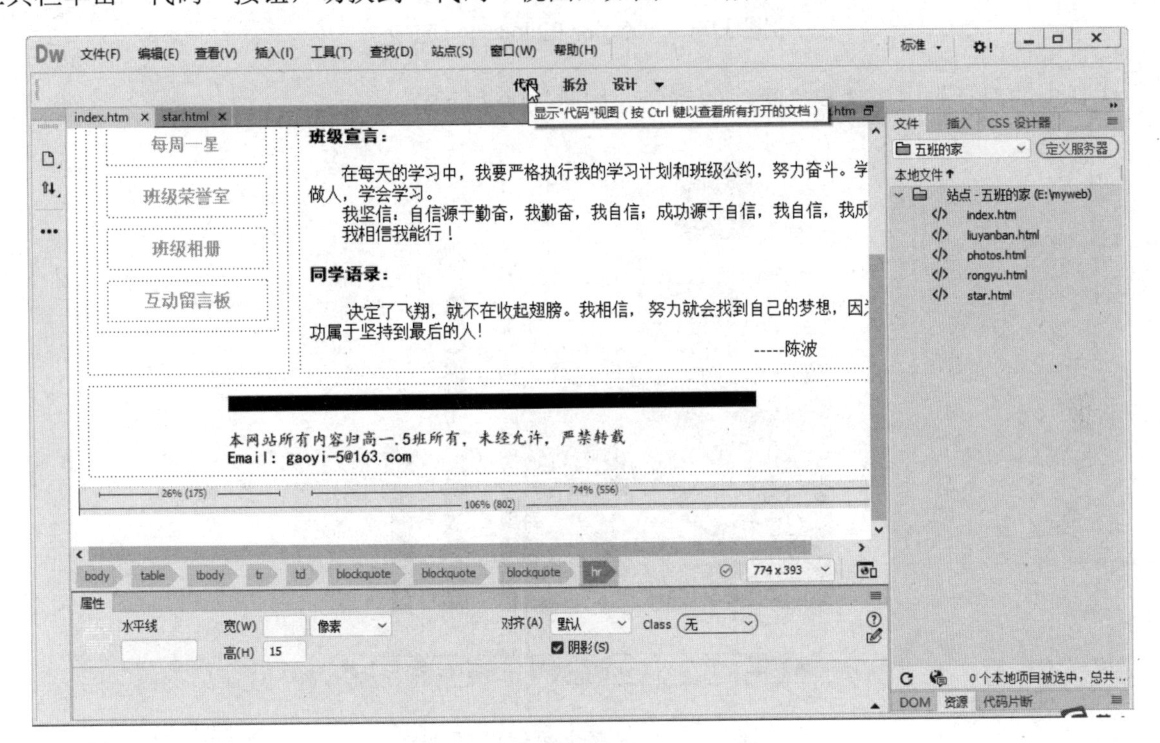

图 3.96　切换到“代码”视图

由于事先已经选取了水平线，所以代码中水平线的部分已经用不同的颜色标明了。输入“<hr color="yellow">”，表示设置水平线的颜色为黄色，如图 3.97 所示。

```
<td colspan="2" style="font-family: '楷体'"><blockquote>
  <blockquote>
    <blockquote>
      <hr color="yellow">
      <p>本网站所有内容归高一.5班所有，未经允许，严禁转载 <br>
        Email：gaoyi-5@163.com</p>
    </blockquote>
  </blockquote>
</blockquote></td>
```

图 3.97　输入“<hr color="yellow">”

如果设置的颜色不好用单词表示，也可以输入“<hr color=" ">”，在表示颜色的双引号之间输入一个空格，此时会弹出一个菜单，选择“Color Picker…”选项，如图 3.98 所示。

```
<td colspan="2" style="font-family: '楷体'"><blockquote>
  <blockquote>
    <blockquote>
      <hr color=" ">
      <p>本网站所有| Color Picker... 经允许，严禁转载 <br>
        Email：gaoyi-5@163.com</p>
    </blockquote>
  </blockquote>
</blockquote></td>
```

图 3.98　“Color Picker…”选项

在弹出的对话框中，选择水平线的颜色，如图 3.99 所示。

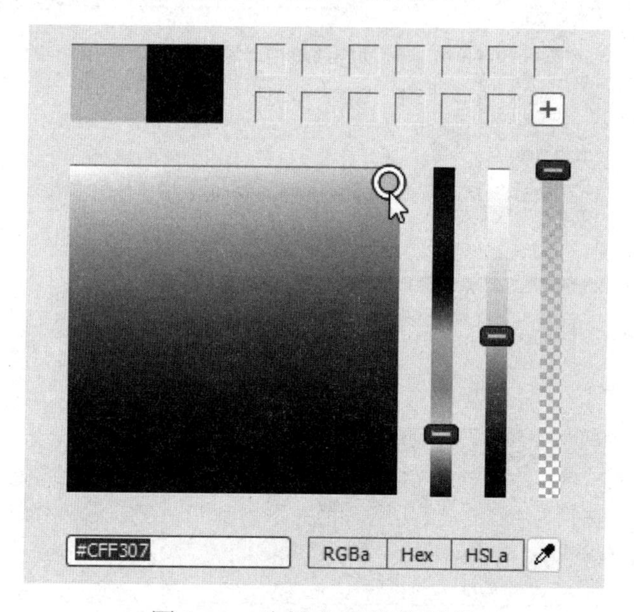

图 3.99　选择水平线的颜色

此时，水平线的代码是“<hr color=" #FFFF00">”，如图 3.100 所示。其中，“#FFFF00”是黄色的颜色值。

```
<td colspan="2" st     nt-family: '楷体'"><blockquote>
  <blockquote>
    <blockquote>
      <hr color=" #FFFF00">
      <p>本网站所有内容归高一.5班所有，未经允许，严禁转载 <br>
        Email：gaoyi-5@163.com</p>
    </blockquote>
  </blockquote>
</blockquote></td>
```

图 3.100　水平线的代码

注意：更改水平线的颜色以后，在 Dreamweaver 中不能看到水平线的新颜色，若想看到其新颜色，必须在浏览器中预览。将水平线高度设置为 5 像素，宽度设置为 800 像素，颜色设置为蓝色的预览效果如图 3.101 所示。

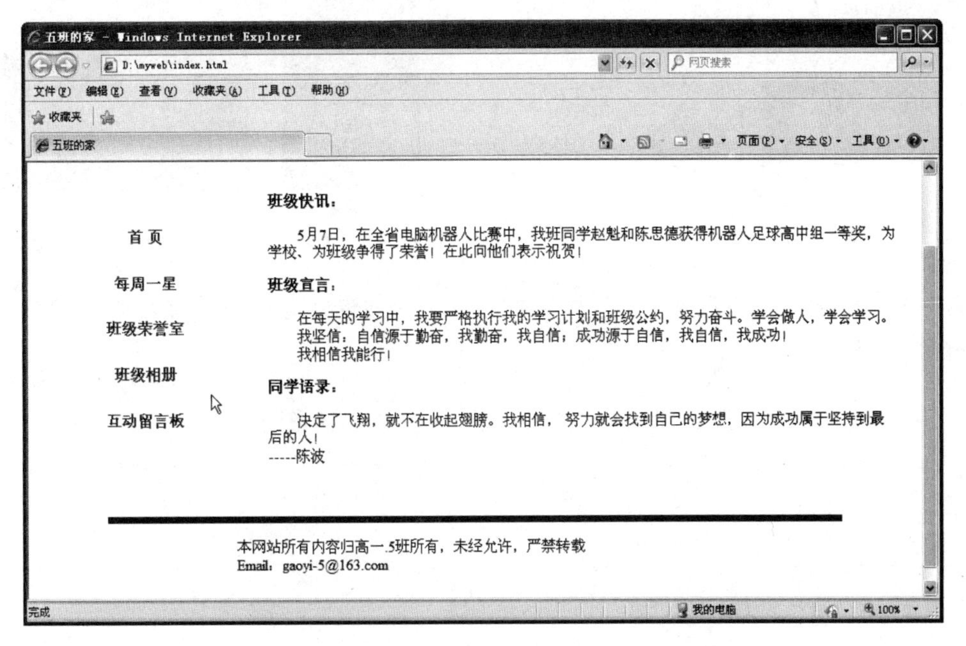

图 3.101　水平线更改属性后的预览效果

在实际应用中，一般不直接使用水平线，而是用图片代替，因为图片颜色更丰富，形象更生动。只是在没有合适图片的情况下才使用水平线。那么怎样删除水平线呢？很简单，只要选中水平线，按下 Delete 键即可删除。

子项目 4　插入图片

美化网页最简单、最直接的方法就是在网页上添加图片。除了文字，图片是网页中最重要的构成元素，有图片可以使网页内容更生动，同时可以表达一些文字表达效果欠佳的内容，使网页内容更为直观，更加一目了然。

相关知识：图片的格式

在 Internet 上应用最广泛的图片格式有 3 种：GIF 文件、JPEG 文件和 PNG 文件。

GIF（Graphics Interchange Format）文件是第一种被 WWW 所支持的图形文件，采用 LZW 压缩算法，存储格式从 1 位到 8 位，最多支持 256 种颜色。另外，GIF 文件中的 GIF89a 格式可以存放多张图片，凭借这一功能，它完成了简单的动画。GIF 文件的体积相对较小，多数用于图标、按钮、滚动条和背景等的应用，如图 3.102 所示。

JPEG 被称为联合图像专家小组（Joint Photographic Experts Group）格式，主要应用于摄影图片的存储和显示，是一种静态影像压缩标准。和 GIF 文件不同，JPEG 文件采用有损压缩标准，即在压缩的过程中损失了一些图片信息，而且压缩比越大，损失的信息越多。但这些压缩引起的信息丢失人眼难以察觉。它是专为有几百万种颜色的图片和图形设计的，在处理颜色和图形的细节方面做得比 GIF 要好，因而在图片、复杂徽标和图片镜像方面使用得更为广泛。JPEG 文件如图 3.103 所示。

图 3.102　GIF 文件

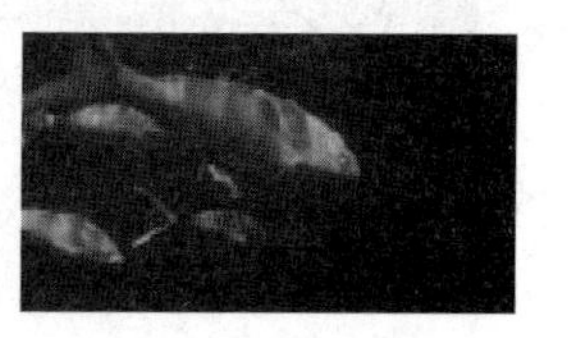

图 3.103　JPEG 文件

GIF 文件和 JPEG 文件各有优点，采用哪种格式，应根据实际的图片文件来决定。GIF 文件和 JPEG 文件的特点对比如表 3.1 所示。

表 3.1　GIF 文件和 JPEG 文件的特点对比

	GIF	JPEG
色彩	16 色、256 色	真彩色
特殊功能	透明背景、动画效果	无
压缩是否有损失	无损压缩	有损压缩
适用面	颜色有限，主要以漫画图案或线条为主，一般表现建筑结构图或手绘图	颜色丰富，有连续的色调，一般表现真实的事物

除了 GIF 文件和 JPEG 文件，PNG（Portable Network Graphic Format）文件也比较常见。它的特点是：只需下载图像的 1/64，就可以在网页上显示一个低分辨率的图片，随着图片信息的下载，图片会越来越清晰。对于网络日益拥挤的今天，这种图片格式显然更受欢迎。

项目实施步骤

下面的操作是在主页左上角的单元格中插入网站的徽标图片。首先，在左上角单元格中单击，使光标显示在该单元格中。单击菜单栏的“插入”按钮，在弹出的菜单中选择“Image”选项，如图 3.104 所示，弹出“选择图像源文件”对话框。

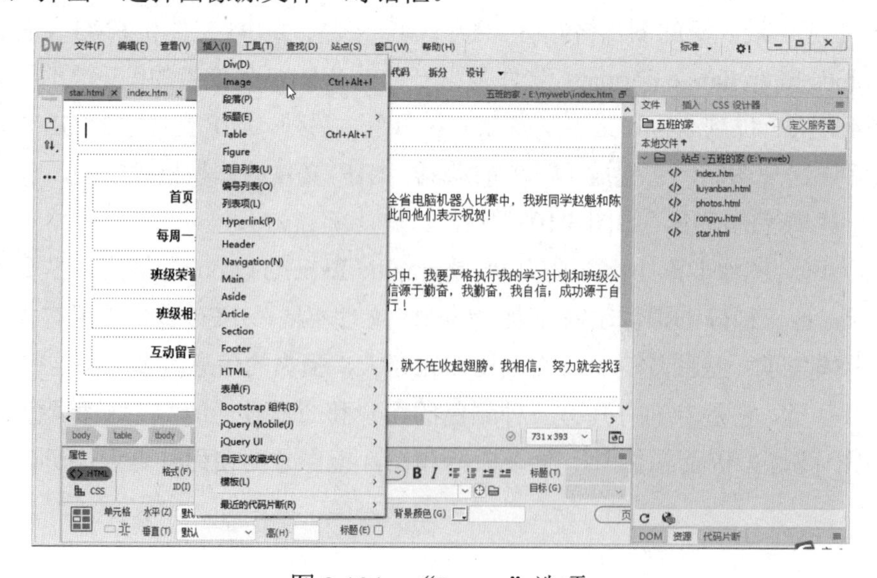

图 3.104　“Image”选项

在弹出的“选择图像源文件”对话框中，找到“网页素材”文件夹下的“图片”文件，在“文件名”文本框中输入“title”，单击“确定”按钮，如图 3.105 所示，将图片插入网页。

图 3.105　“选择图像源文件”对话框

由于图片在 E 盘的“网页素材”文件夹中，“网页素材”文件夹在网站以外，因此，Dreamweaver 会弹出一个对话框，提示是否将图片保存到网站中，如图 3.106 所示，单击“是”按钮，即可同时打开复制文件的对话框。

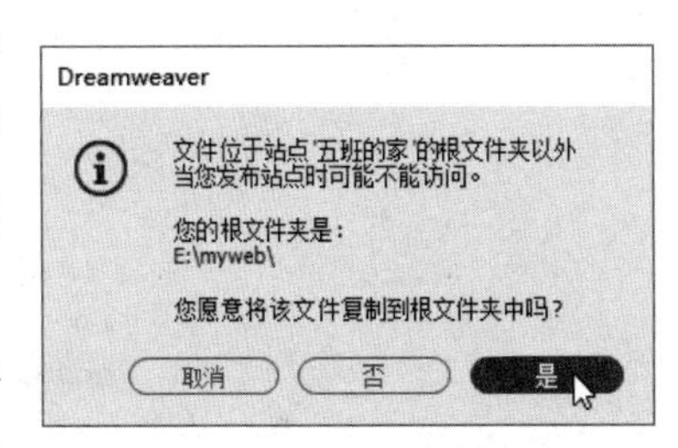

图 3.106　提示信息

现在网站中只有 5 个网页文件，出于对网站管理的要求，最好将图片、动画、声音等文件保存在另一个新的文件夹中，这样可以保持网站根目录的整洁。在“复制文件为”对话框中单击“新建文件夹”按钮，如图 3.107 所示。

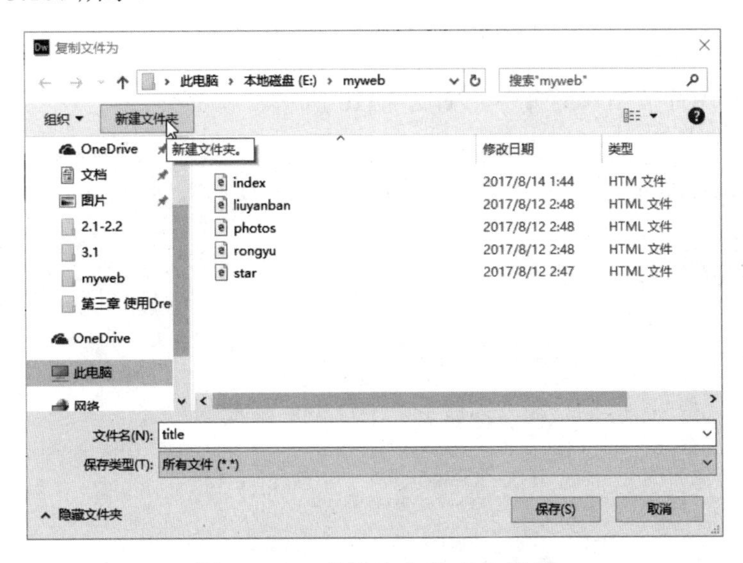

图 3.107　“新建文件夹”按钮

输入“images”作为新文件夹的名称，如图 3.108 所示。

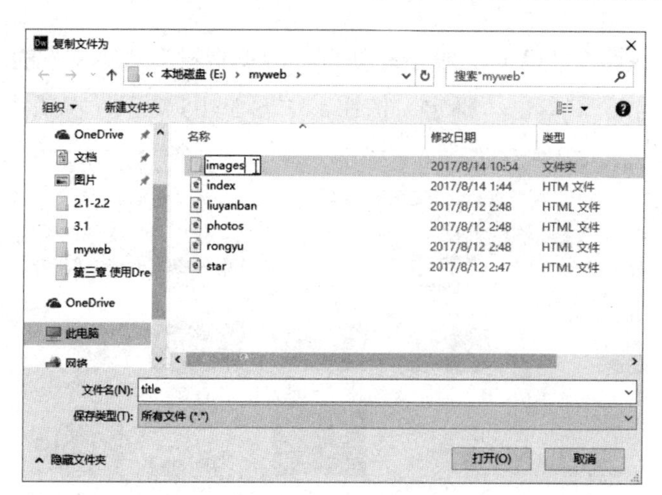

图 3.108　输入“images”作为新文件夹的名称

双击“images”文件夹，将它打开，在“文件名”文本框中输入文件名，单击“保存”按钮，如图 3.109 所示。

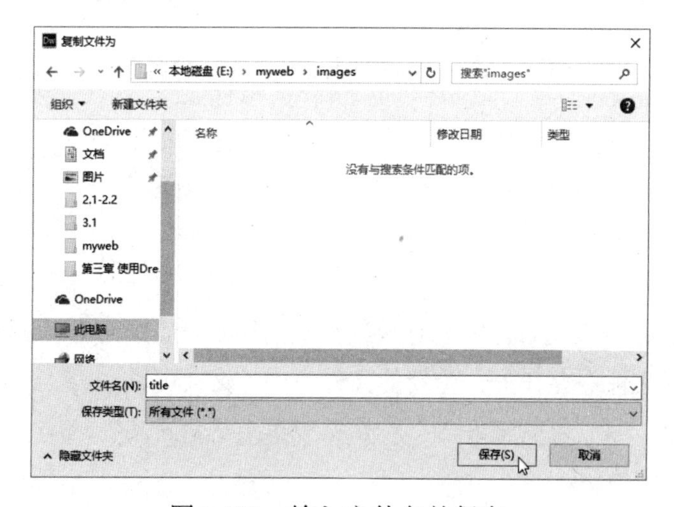

图 3.109　输入文件名并保存

这样，可以看到图片被插入网页中，如图 3.110 所示。

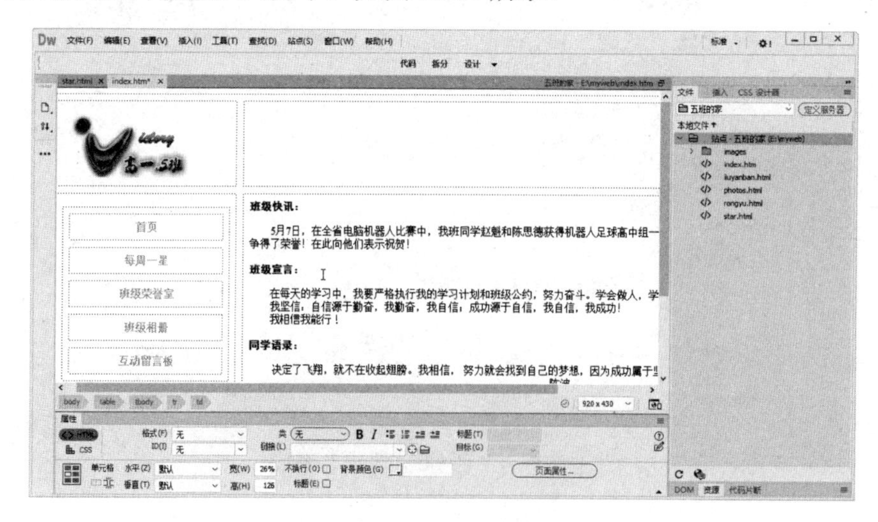

图 3.110　图片被插入网页中

用同样的方法在网页顶端右边的单元格中插入另一幅图片，如图 3.111 所示。

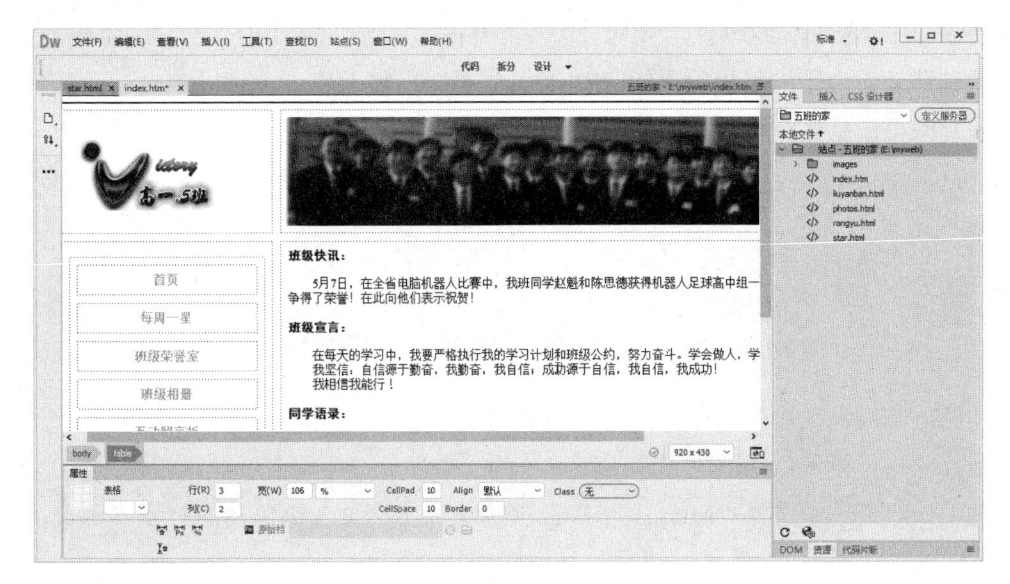

图 3.111　插入另一幅图片

插入图片后，还需要通过设置图片来进行调整，以得到更好的视觉效果。下面就来学习如何设置图片。

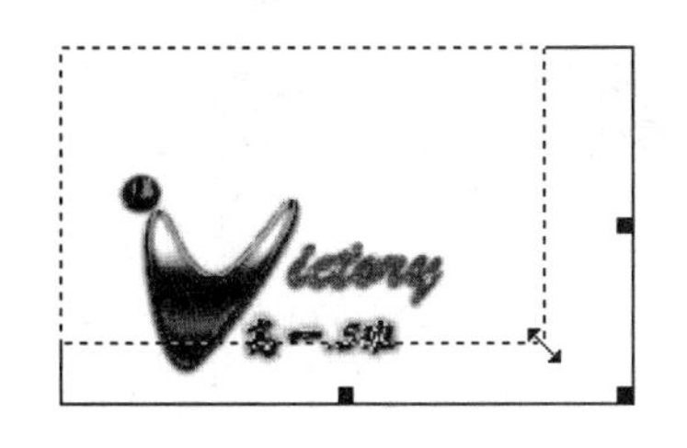

图 3.112　拖动鼠标更改图片大小

单击图片，使图片被一个矩形框住，同时出现三个小的实心矩形。光标指向图片右下角，当光标变成双向箭头时，拖动鼠标就可以更改图片的大小，如图 3.112 所示。

插入图片时，只要图片足够大，都会占满整个表格。调整图片以后，图片变小，在单元格中的位置就常常会不尽如人意。在图片所在单元格中单击，使得光标出现在该单元格中，然后在“属性”面板中调整水平和垂直方向上的对齐方式为居中，让图片位于单元格的正中间。调整图片在单元格中的位置，如图 3.113 所示。

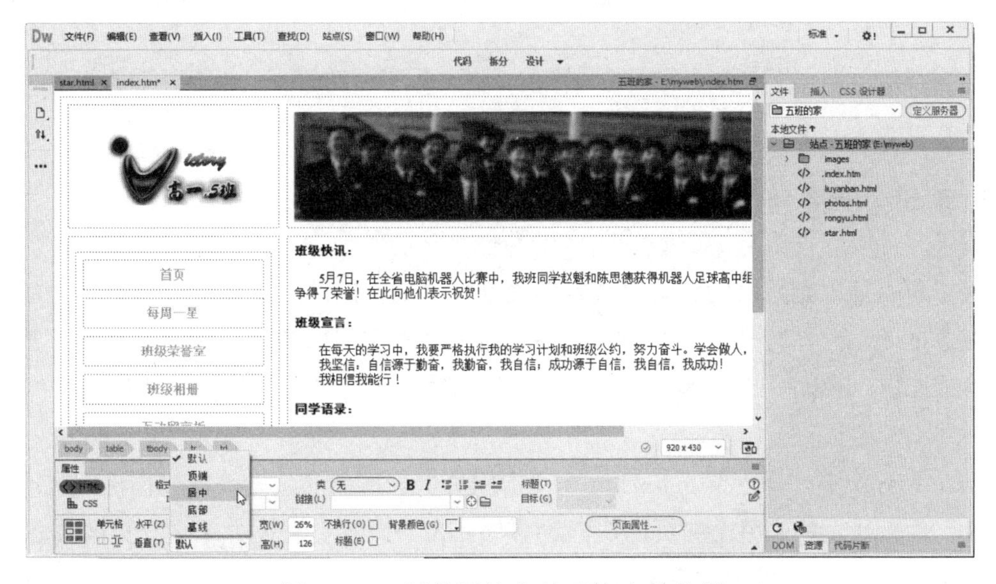

图 3.113　调整图片在单元格中的位置

当单击图片时，“属性”面板显示关于图片属性的内容。在“替换”文本框中输入“五班的LOGO”，如图 3.114 所示。这样，当光标在浏览器中移动到该图片上时，会显示“五班的 LOGO”几个字。特别注意，由于网络慢等原因，如果图片不能正常下载，图片区域会显示替代文字，从而不会影响到网页的整体浏览效果。

图 3.114　在“替换”文本框中输入“五班的 LOGO”

用同样的方法对网页中的另一幅图片进行设置，并保存网页。完成后在浏览器中预览一下网页中插入图片并进行设置后的效果。单击菜单栏的“文件”按钮，在下拉菜单中选择“实时预览”选项，在其下一级菜单中选择“Microsoft Edge”选项，将网页在浏览器中打开，网页显示效果如图 3.115 所示。

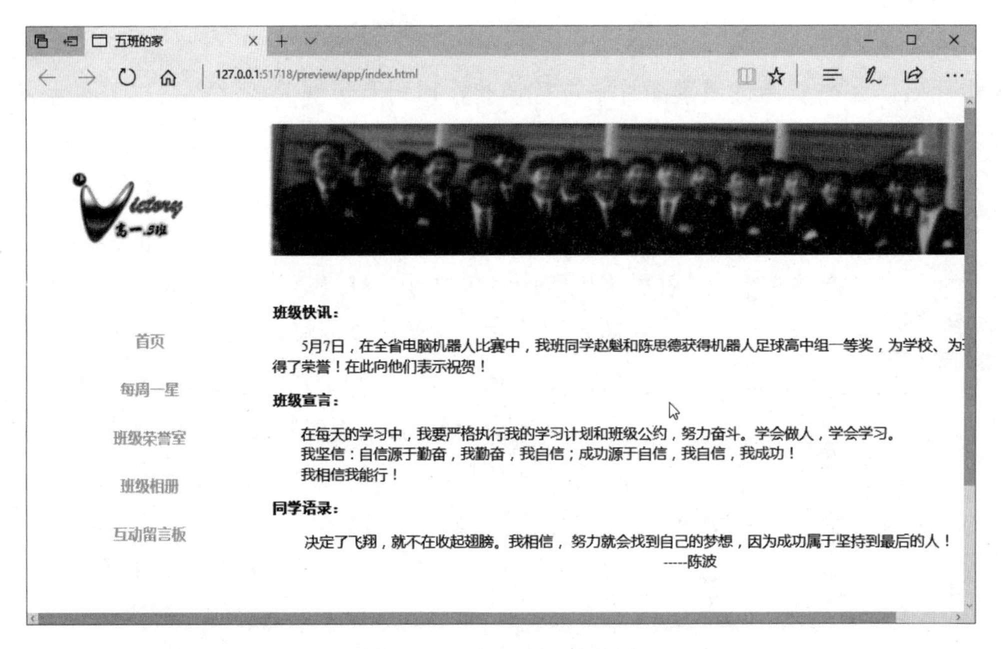

图 3.115　网页显示效果

子项目 5　设置网页背景

图片除了可以插入到网页的特定位置帮助文字表达网页的内容，还可以作为背景图片美化网页。需要注意的是，一些特殊类型的图片并不能被很好地支持，应该在使用之前通过某些图片编辑软件转换成 GIF、JPEG、PNG 等格式，另外图片的体积不能过大，并要保证存放在“网页素材”文件夹中。

在 Dreamweaver 中打开主页 index.htm，单击网页上表格外的位置，使光标出现在网页上，此时的“属性”面板显示的是整个网页的属性设置项。在“属性”面板中单击“页面属性...”按钮，如图 3.116 所示，打开“页面属性”对话框。

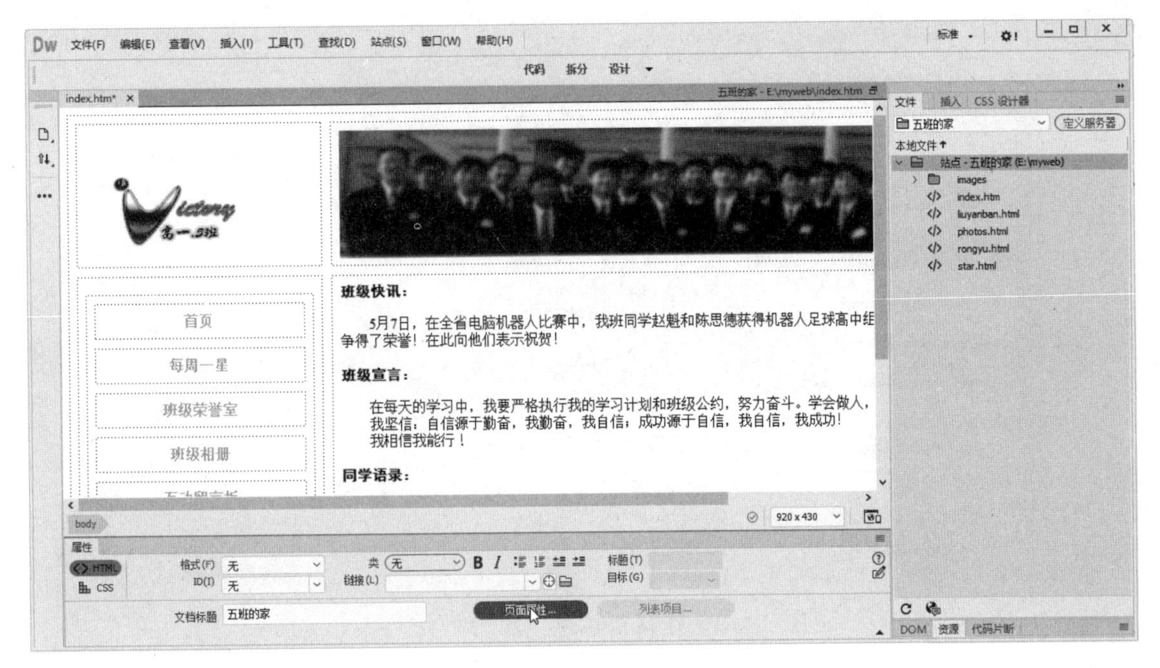

图 3.116　“页面属性...”按钮

在“页面属性”对话框中，可以设置文本颜色、背景颜色等。单击“背景颜色”右边的按钮，选择一种颜色，作为该网页的背景颜色，如图 3.117 所示。

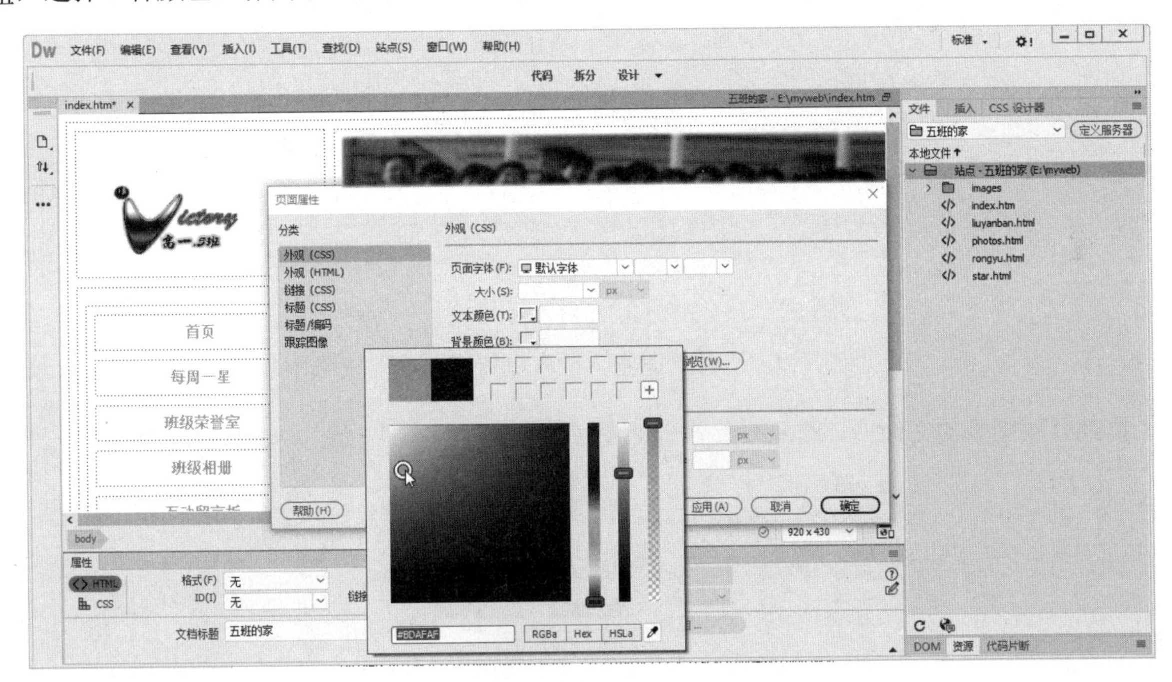

图 3.117　选择背景颜色

在这里要注意，假如不对背景及文字的颜色进行设置，那么浏览器在显示页面的时候，就会采用系统的默认设置。但因为不同系统的设置可能会有所不同，这样就会导致页面的显示效果也是千差万别。为了更好地让页面体现出特有的设计风格，设置页面的背景颜色及文字颜色就非常重要了。

如图 3.118 所示为设置背景颜色后的网页效果。

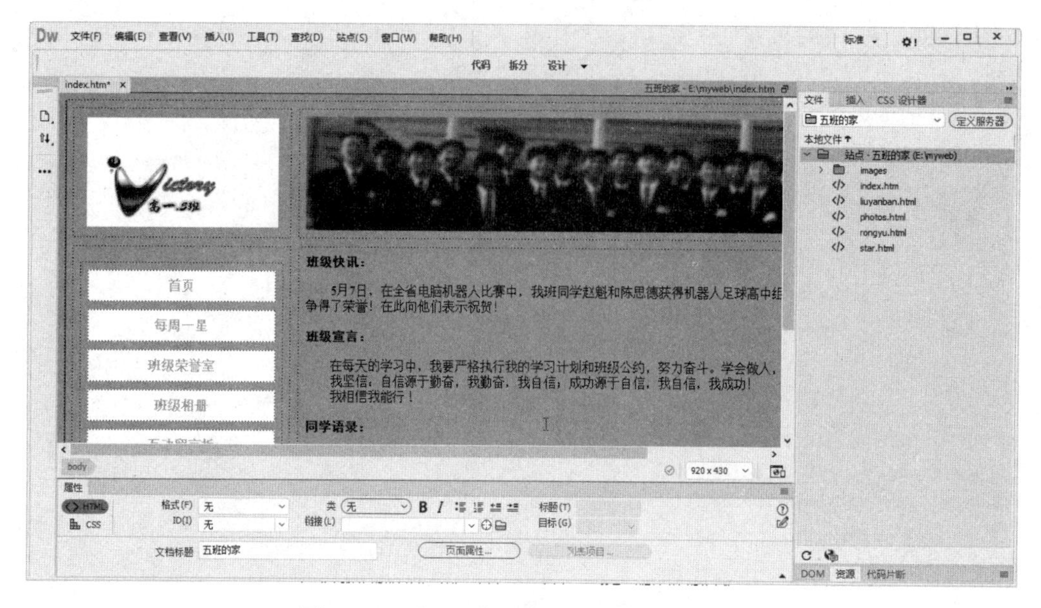

图 3.118　设置背景颜色后的网页效果

虽然背景颜色可以为网页增色不少，但毕竟比较单调，所以使用频率越来越低。插入背景图像可以使网页更加个性化，因此得到广泛应用。其操作方法如下：在“页面属性”对话框中，单击“背景图像”栏右边的“浏览”按钮，如图 3.119 所示。

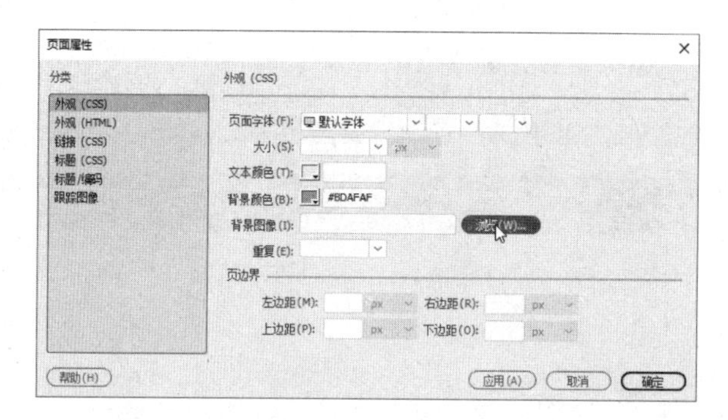

图 3.119　“背景图像”栏右边的“浏览”按钮

找到存放图像的文件夹，选择要做背景的图片，单击“确定”按钮，如图 3.120 所示。

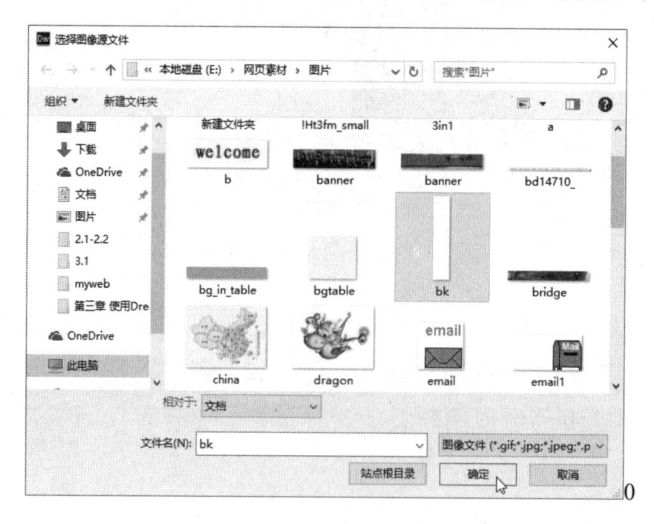

图 3.120　选择背景图片

系统会提示图片来自网站以外，如图 3.121 所示。单击“是”按钮，然后将图片保存到网站站点的“images”文件夹中。

返回“页面属性”对话框后，单击“确定”按钮，如图 3.122 所示。

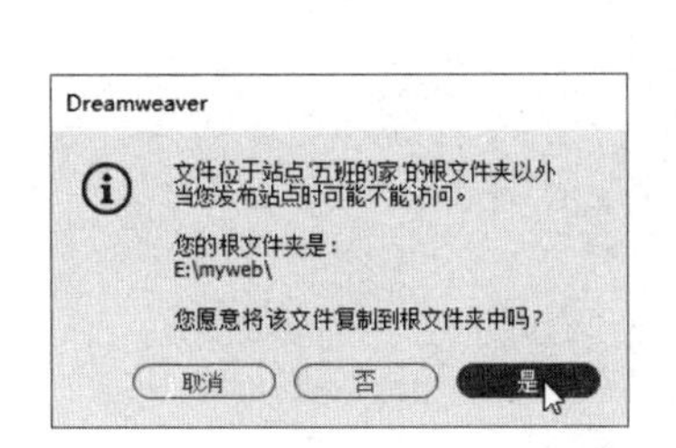

图 3.121　提示图片来自网站以外

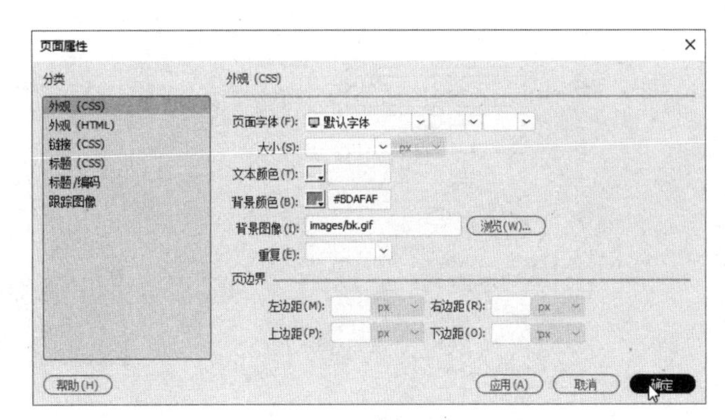

图 3.122　“页面属性”对话框

在默认状态下，背景图片覆盖在背景颜色之上。所以，在设置背景图片以后，背景颜色是看不到的。添加背景图片后的网页效果如图 3.123 所示。

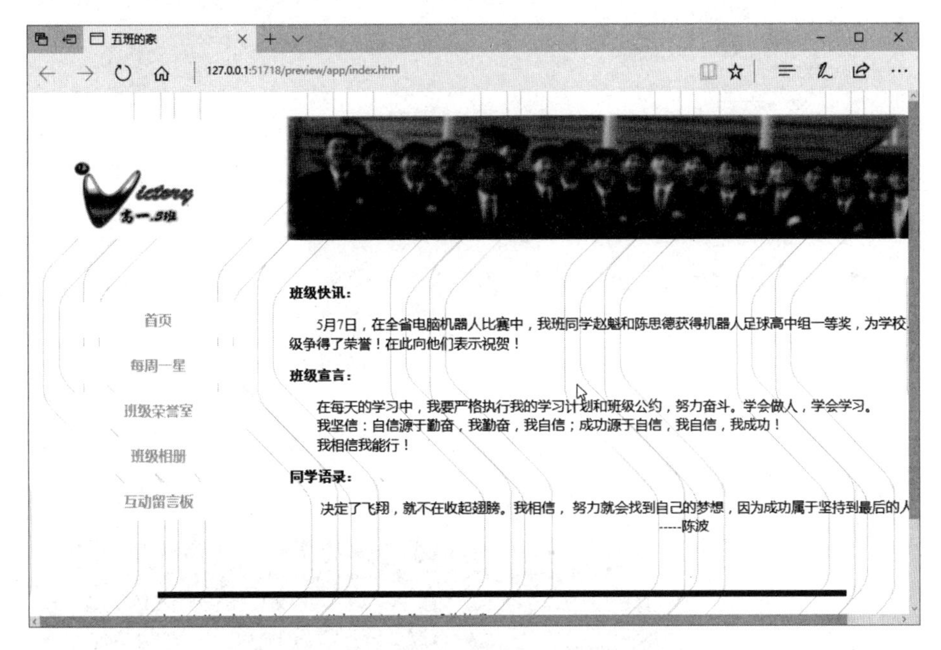

图 3.123　添加背景图片后的网页效果

在默认状态下，网页中表格的背景与网页的背景相同。在表格中设置背景可以将表格的背景与网页的背景区分开，使表格的内容更突出。

在编辑窗口中移动光标选中嵌套表格中的单元格，注意是选中所有单元格，不是选中整个表格。单击“属性”面板右下角的展开箭头，然后单击“背景颜色”后面的按钮，选择颜色，如图 3.124 所示。在弹出的调色板中选择一种颜色，单元格背景颜色即被改变，设置表格背景后的网页效果如图 3.125 所示。重复上面的操作，也可以同时改变框线颜色。

在浏览器中预览网页可以看到网页的真实效果，如图 3.126 所示。如果与设计有偏差，可以返回 Dreamweaver 编辑窗口中进行修改。

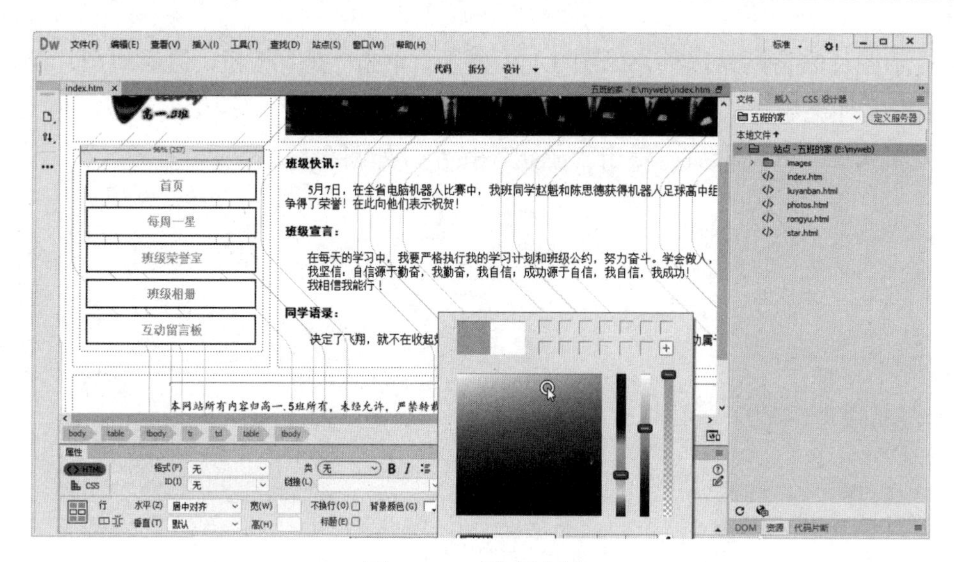

图 3.124　选择颜色

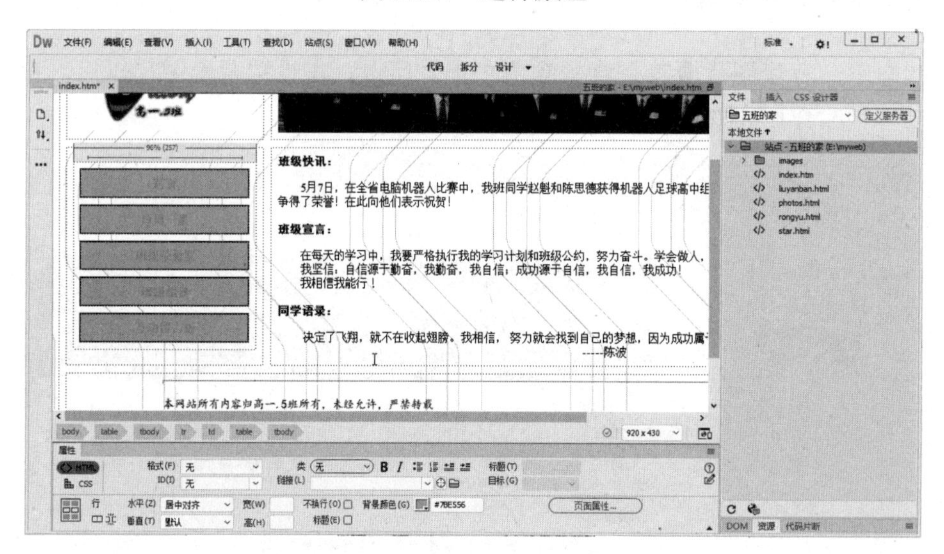

图 3.125　设置表格背景后的网页效果

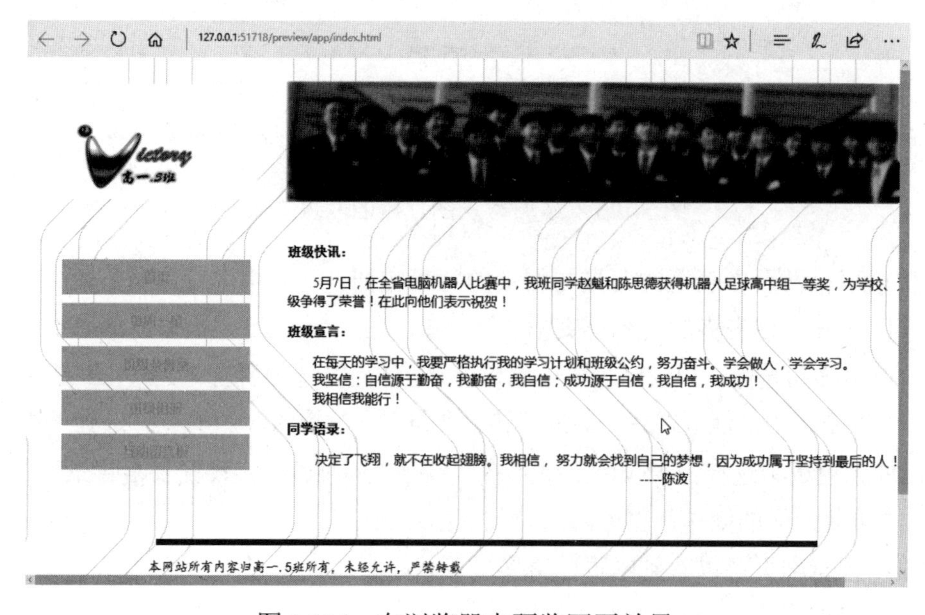

图 3.126　在浏览器中预览网页效果

习题

1. 简答题

（1）文本换行时，按回车键和按“Enter+Shift”组合键有什么不同？
（2）怎样在 Dreamweaver 中添加中文字体？
（3）怎样打开编辑 HTML 代码的窗口？
（4）怎样在行首缩进两个字格？
（5）怎样更改水平线的颜色？
（6）怎样删除水平线？
（7）GIF 文件与 JPEG 文件有什么不同？
（8）同时设置网页的背景颜色和背景图片，在浏览时会显示哪一种背景？

2. 操作题

（1）打开网站，对网页“index.htm”中的文件进行修饰，包括修改字体、字号、对齐方式、字体颜色、字体风格等，使网页更加美观。

（2）通过添加代码，实现文字段首缩进两格。

（3）选择一幅颜色偏淡的图片，将其设置为网页背景。

（4）在网页下部版权信息的上端插入一条水平线，使此部分与网页正文分离，并通过设置使其与网页色调一致。

（5）在布局规划的相关区域中插入图片，并通过设置使图片与网页和谐统一。

项目4 创建超链接

知识目标

1. 掌握超链接的作用。
2. 理解热区文本与热区图片的含义。

技能目标

1. 能够熟练掌握文本超链接的建立与修改。
2. 掌握设置电子邮件超链接的方法。
3. 能够设置书签。
4. 熟练掌握设置图片超链接及图片热区超链接的方法。

项目描述

为网页“index.htm”上的文字建立超链接，使得网页被打开后，单击热区文本时，相应网页被打开。单击电子邮件的图片，可以立即进入电子邮件编辑程序。在网页“每周一星”上设置书签。在网页“班级荣誉室”上设置图像热区超链接。

根据链接的范围，超链接可以分为内部超链接、外部超链接和锚记超链接。内部超链接是指打开的超链接对象在本网站内；外部超链接是指打开的超链接对象在 WWW 的其他网站中；而锚记超链接可以链接到同一网页中的不同位置，类似于书签。根据建立超链接的不同对象，超链接又可以分为文本超链接和图片超链接。

子项目 1　创建文本超链接

我们在浏览网页的时候，特别是浏览网络小说时，常常会看到一些蓝色带下画线的文字，将光标移动到这些文字上时，光标变成手形，此时单击会打开另一个网页。这个链接就是一个文本超链接，带下画线的文字称为热区文本。

创建文本超链接的一项重要工作就是选择合适的热区文本。下面我们看一下如何选择热区文本，并设置超链接。

首先，打开各个网页，输入相关内容并保存。然后，在网页“index.htm”中选择“每周一星”这几个字，将其作为建立超链接的热区文本。最后，单击“属性”面板中“链接”右侧的“浏览文件”按钮，如图 3.127 所示，打开“选择文件”对话框。

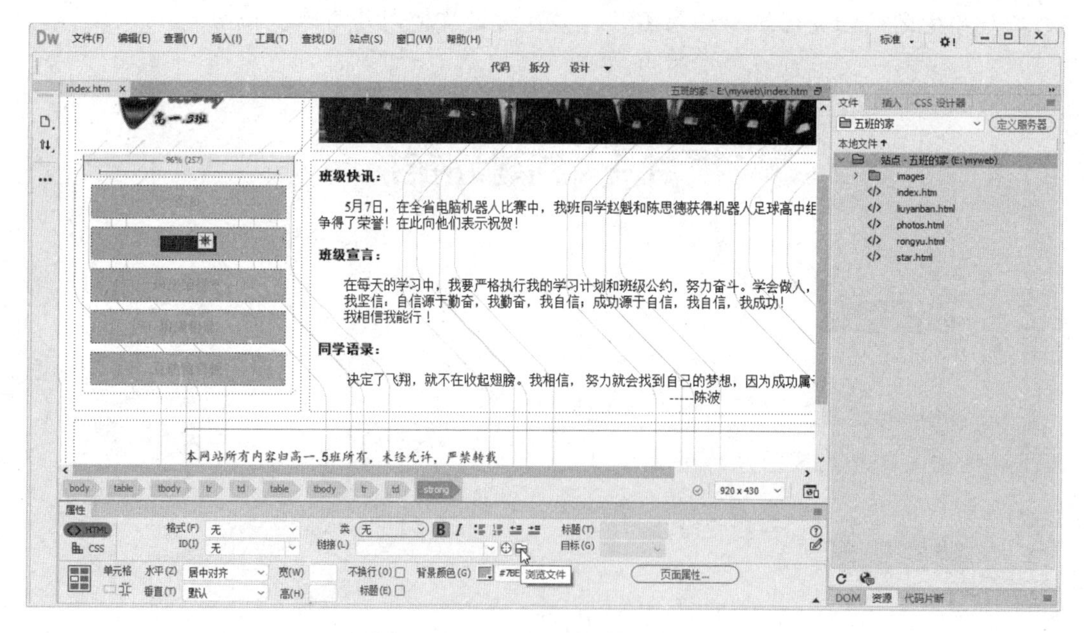

图 3.127　“浏览文件”按钮

请注意：如果“属性”面板没有被打开，可以单击菜单栏的“窗口”按钮，在下拉菜单中选择“属性”选项或者使用“Ctrl+F3”组合键将其打开。

在“选择文件”对话框中，选择网页文件“star.html”，单击“确定”按钮，如图 3.128 所示。

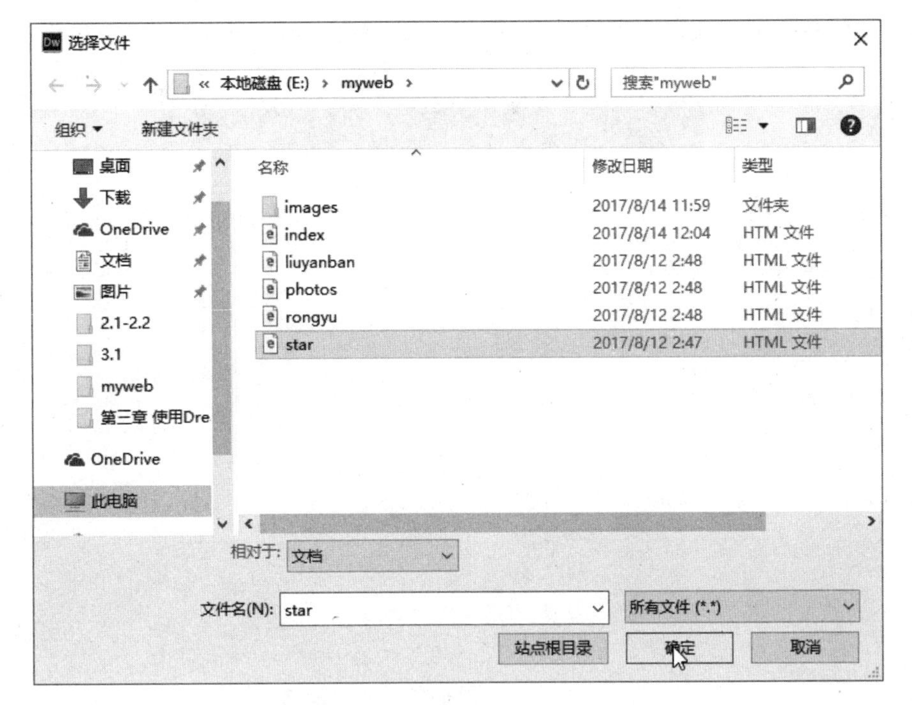

图 3.128　“选择文件”对话框

在编辑区域任意位置单击，取消热区文本的选取。这时可以发现“每周一星”几个字变成蓝色，并出现下画线，完成超链接的建立，如图 3.129 所示。

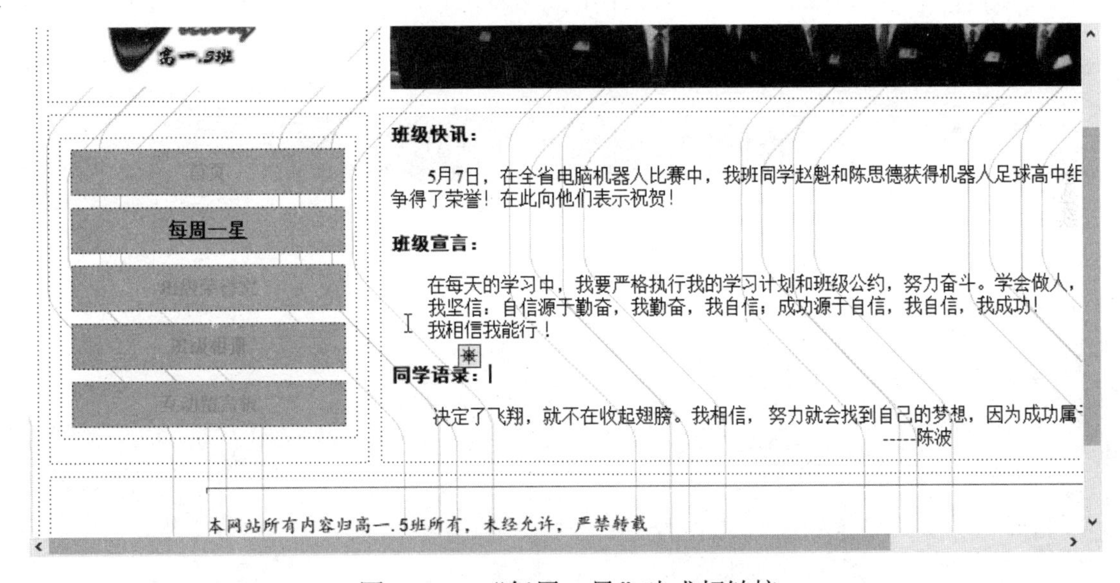

图 3.129　“每周一星”建成超链接

除了使用上面的方法，还可以使用拖拽的方法。选中热区文本以后，在“属性”面板中单击“锚记标记”按钮，将该标记拖拽到右面“文件”面板中的“star.html”网页上，松开鼠标，即可完成超链接的建立。通过拖拽建立超链接如图 3.130 所示。

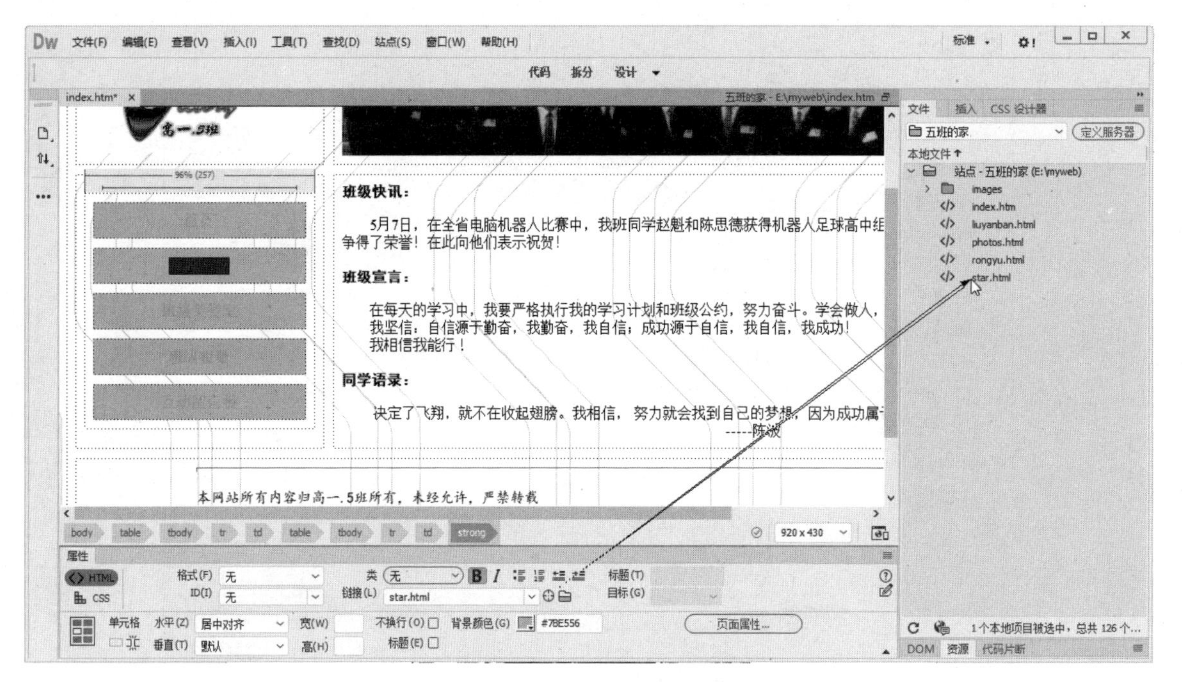

图 3.130　通过拖拽建立超链接

单击菜单栏的“文件”按钮，在下拉菜单中选择“保存”选项，保存网页。然后再次打开“文件”菜单，在下拉菜单中选择“实时预览”选项，在弹出的下一级子菜单中选择“Microsoft Edge”选项，如图 3.131 所示，将网页在浏览器中打开。

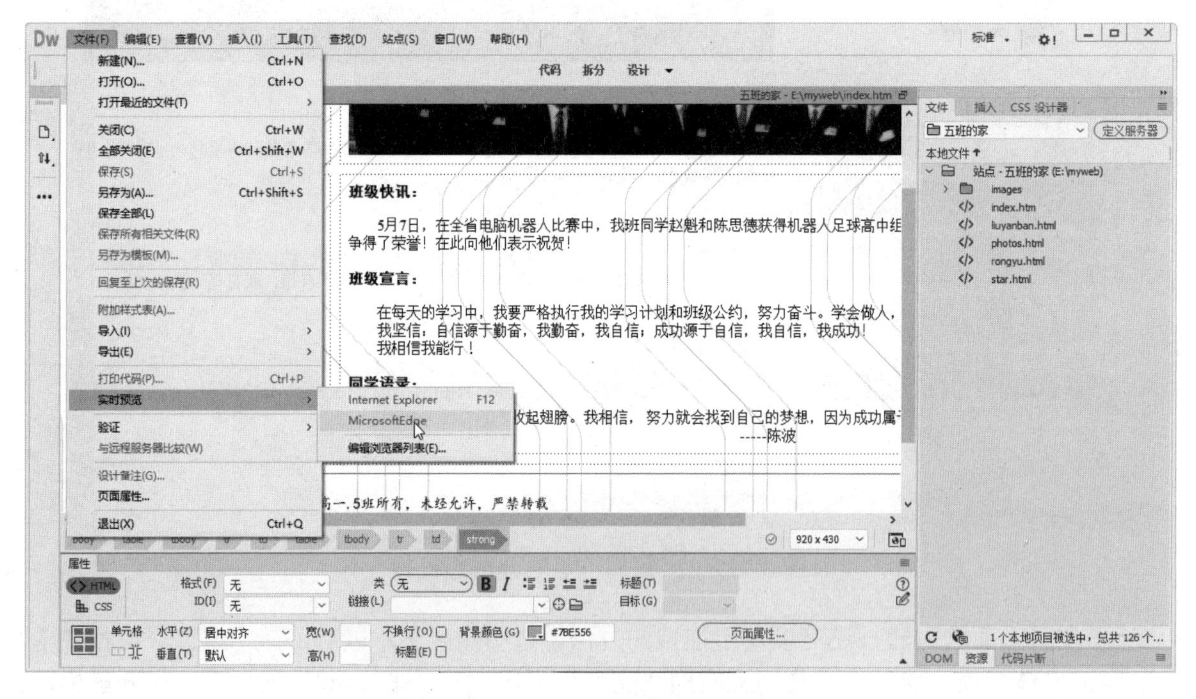

图 3.131　“Microsofr Edge”选项

移动光标到“每周一星”上，光标变成手形，单击超链接“每周一星”，如图 3.132 所示，网页“star.html”被打开。

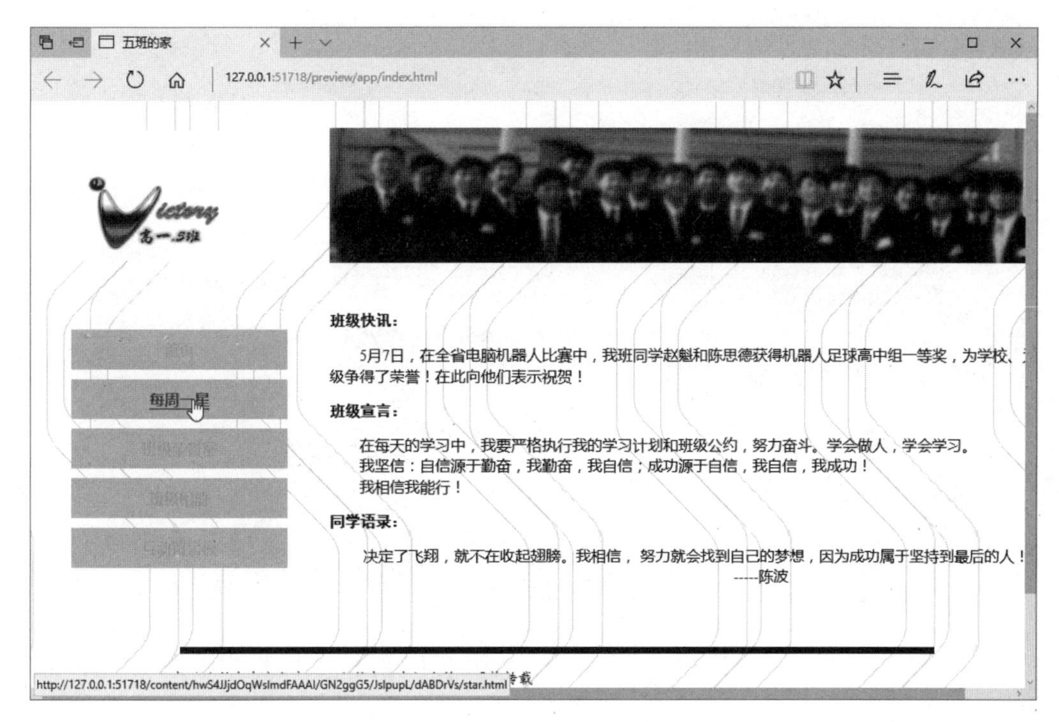

图 3.132　超链接“每周一星”

用同样的方法，为主页上的文字“班级荣誉室”“班级相册”“互动留言板”建立超链接，分别链接到网页“rongyu.html”“photos.html”“liuyanban.html”上，如图 3.133 所示。

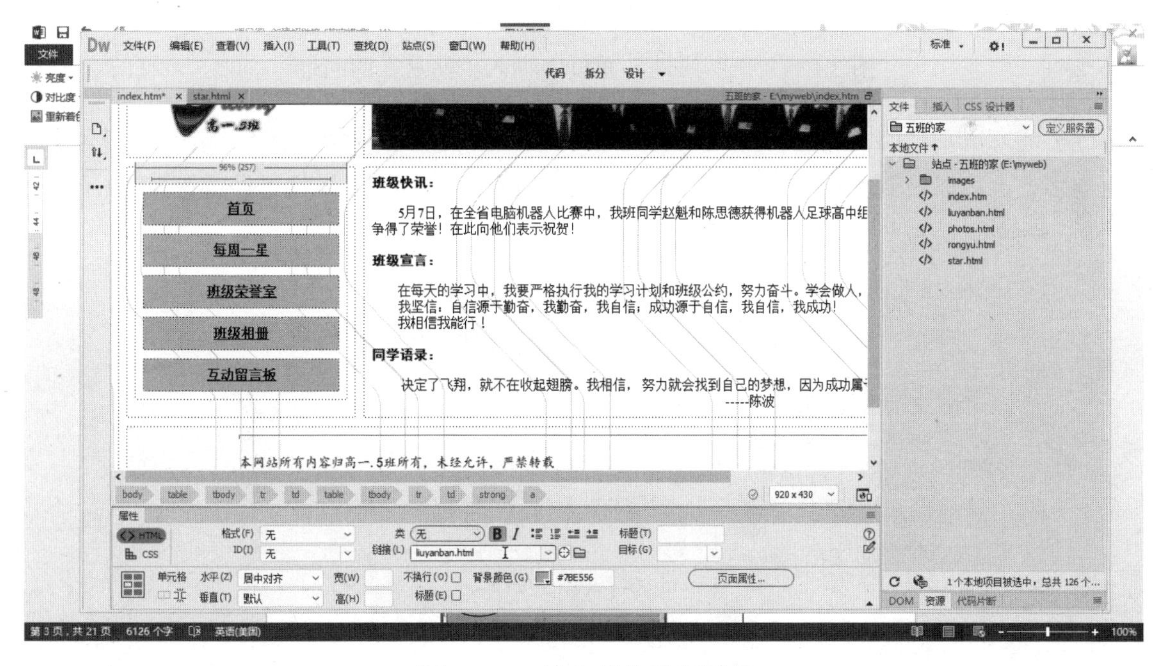

图 3.133　建立其他的超链接

除了可以将主页上的文字与网站中的网页链接起来，还可以与网站外的文件相连，甚至可以与 Internet 上的网站相连。

在网页左下方合适的位置输入“推荐网站：网易、百度、新浪、淘宝”几个字，如图 3.134 所示，下面的操作将把它们与相应的网站链接起来。

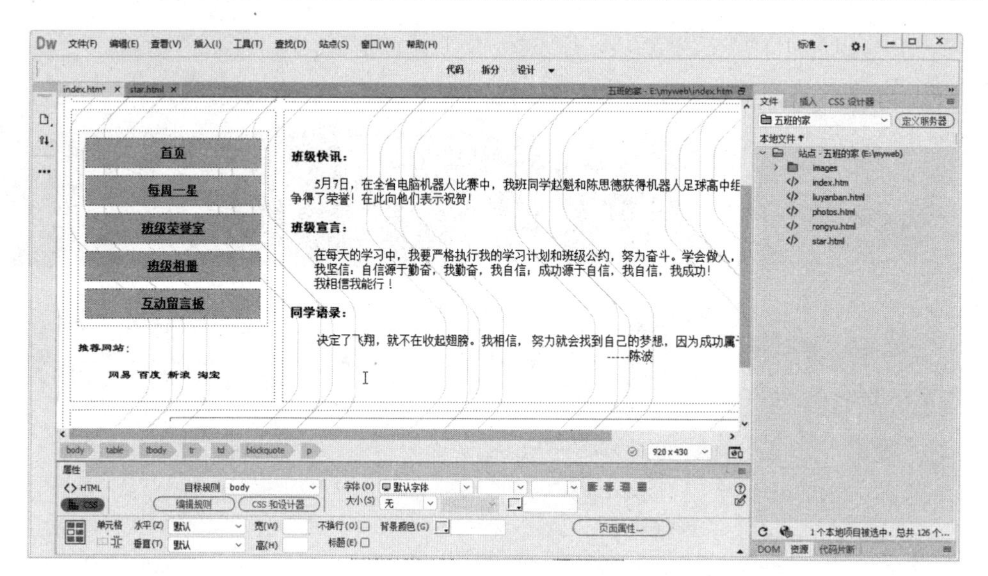

图 3.134 输入推荐网站

首先，选中“网易”两个字，然后，在“属性”面板的“链接”文本框中输入“网易”的 Internet 地址，如图 3.135 所示。

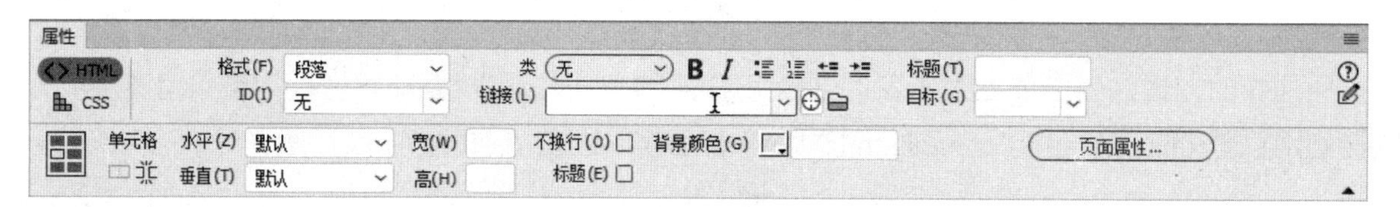

图 3.135 在“属性”面板中输入“网易”的网址

超链接建立成功，如图 3.136 所示。保存网页后，在浏览器中将网页打开。将光标移动到“网易”两个字上，可以看到光标变成手形，如图 3.137 所示。单击，如果你已经链接到 Internet 上，则“网易”的主页会被打开。

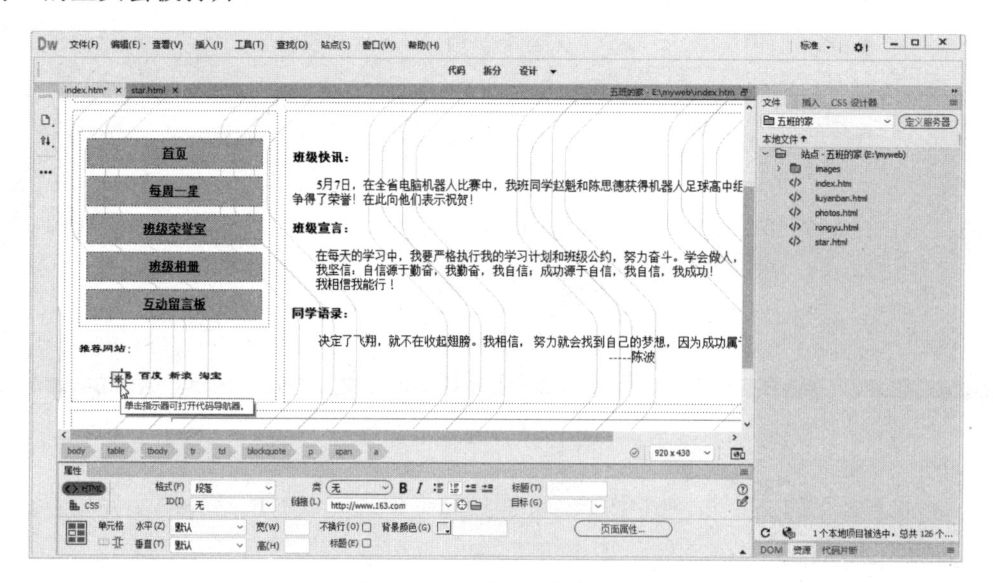

图 3.136 超链接建立成功

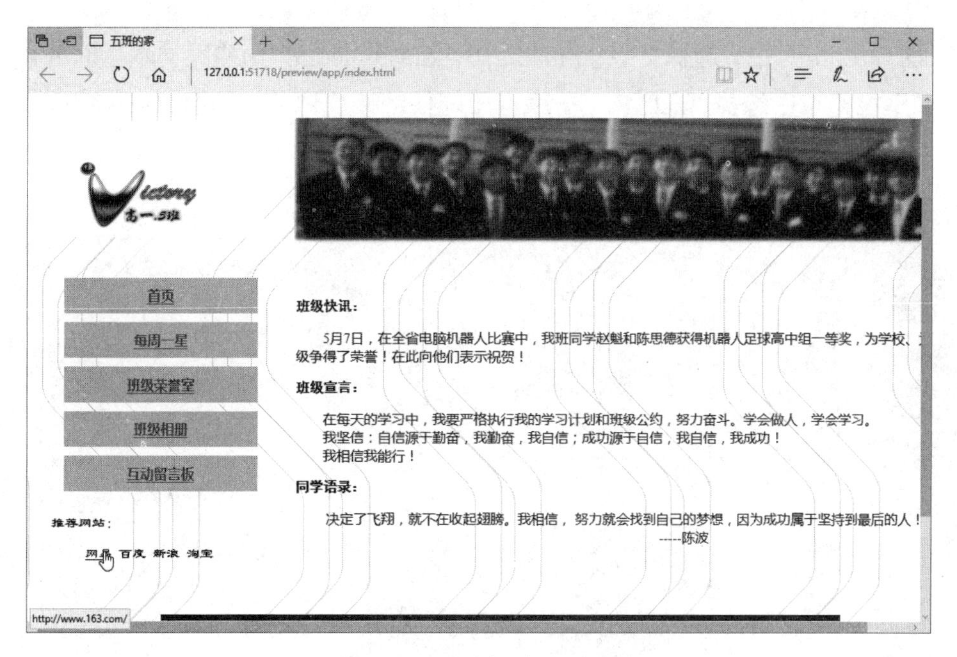

图 3.137　光标变成手型

重复上述操作，为“百度”“新浪”“淘宝”创建超链接，将它们与相应的网站链接起来。建立其他的超链接如图 3.138 所示。

图 3.138　建立其他的超链接

子项目 2　创建电子邮件超链接

在网页的制作过程中，要处处体现出以浏览者为中心，即处处为浏览者提供方便。电子邮件超链接是为浏览者与网页所有者之间架起的沟通桥梁。浏览者只需单击电子邮件超链接，就可以打开电子邮件编写软件，并且自动输入电子邮件地址，非常方便。下面我们就来看一下如何建立电子邮件超链接。

在网页“index.htm”中，选择文字“Email:gaoyi-5@163.com”为热区文本。单击菜单栏的“插入”按钮，在下拉菜单中选择“HTML”→“电子邮件链接”选项，如图 3.139 所示，打开“电子邮件链接”对话框。

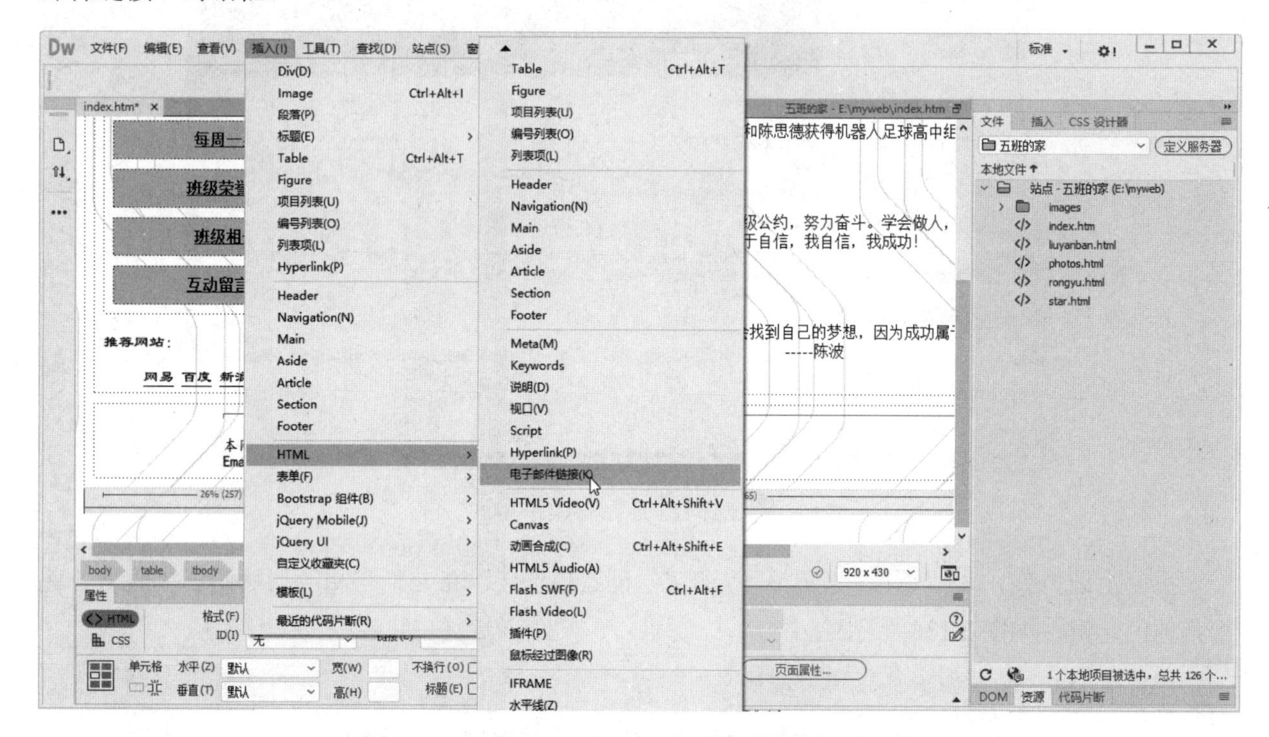

图 3.139 “HTML”→“电子邮件链接”选项

在打开的“电子邮件链接”对话框中可以发现，“文本”文本框中自动出现“gaoyi-5@163.com”，也就是电子邮件超链接的热区文本。在“电子邮件”文本框中输入网页制作者的电子邮件地址，图中输入的是“gaoyi-5@163.com”，单击“确定”按钮，如图 3.140 所示。

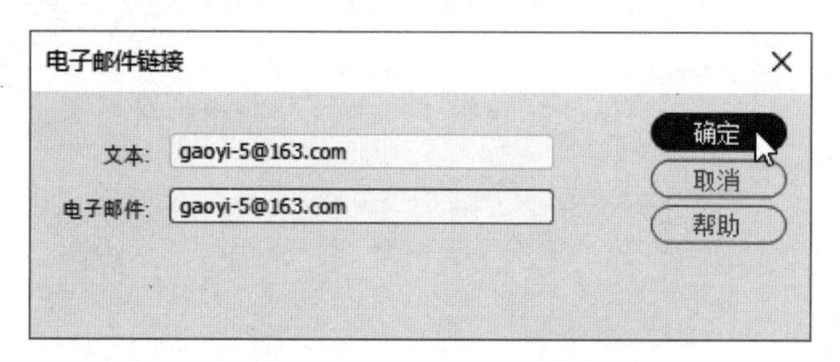

图 3.140 “电子邮件链接”对话框

另外，若直接在“属性”面板的“链接”文本框中输入“mailto:gaoyi-5@163.com”，也可以达到同样的效果，如图 3.141 所示。注意，“mailto:”与电子邮件地址（此处为 gaoyi-5@163.com）之间不能有空格。

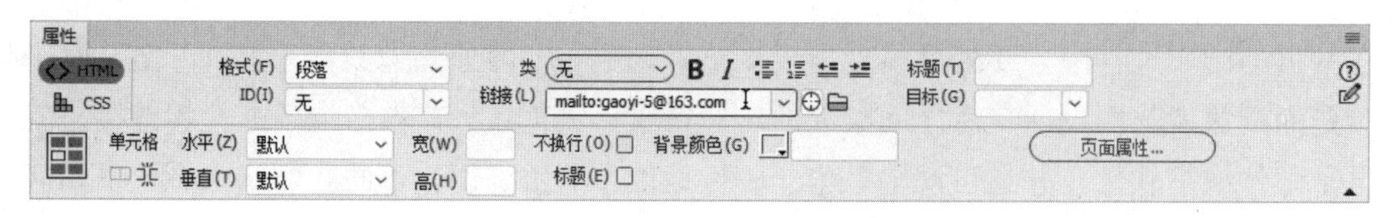

图 3.141 在“属性”面板中直接输入电子邮件地址

保存网页后，在浏览器中预览网页。单击电子邮件的超链接“Email: gaoyi-5@163.com”，如图 3.142 所示。电子邮件编辑软件自动打开，同时收件人的电子邮件地址自动显示在“收件人”一栏中，如图 3.143 所示。

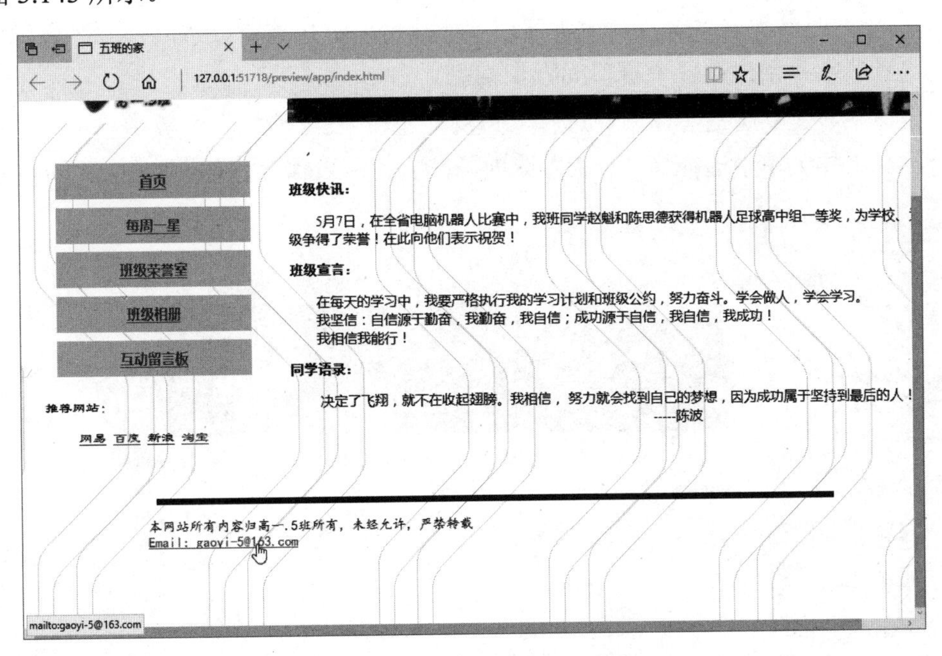

图 3.142　电子邮件超链接

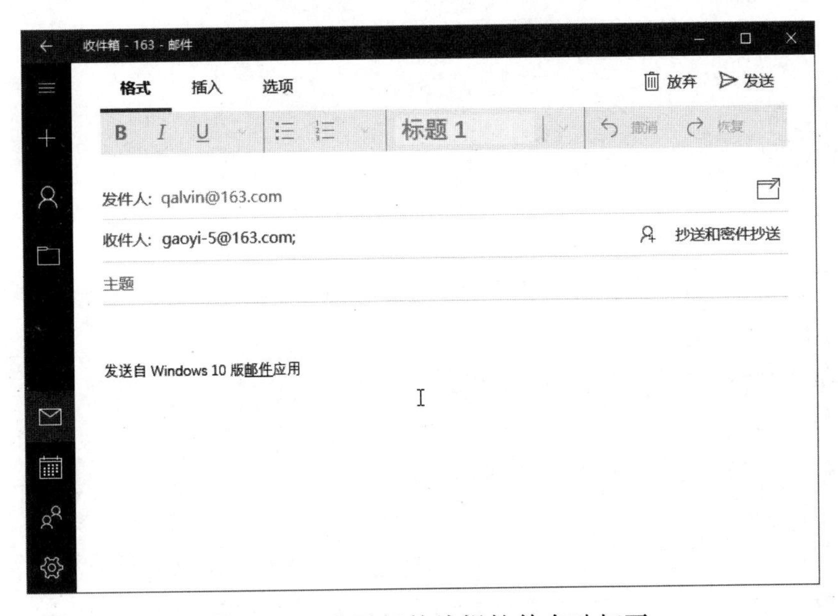

图 3.143　电子邮件编辑软件自动打开

在预览过程中如果发现超链接发生错误，可以随时进行修改。在编辑窗口中选择需要修改的超链接的热区文本，然后在“属性”面板的“链接”文本框中进行修改，修改完成后在任意区域单击即可结束修改操作。

子项目 3　创建重新打开一个窗口的超链接

我们在浏览网页的时候，常常会遇到这种情况，在打开超链接时，网页内容并没有显示在已打开的 IE 窗口中，而是需要重新打开一个窗口，在新窗口中显示所链接的内容。这种形式的超链接可以使浏览者非常方便地在各个窗口间查询信息。

在编辑窗口中，建立超链接以后，选择“每周一星”，在“属性”面板中，单击“目标”右边的下拉三角，在下拉菜单中选择“_blank”选项，然后将网页保存，如图 3.144 所示。

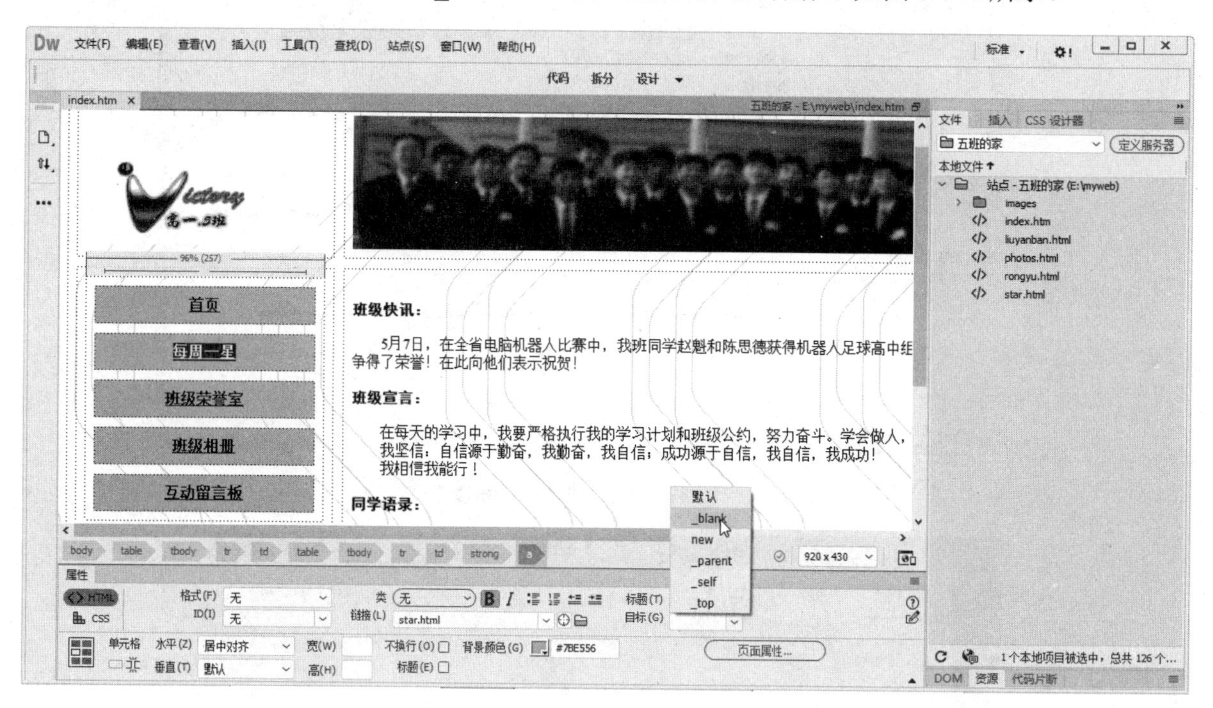

图 3.144　“_blank”选项

保存网页后，在浏览器中浏览并单击超链接热区文本，可以发现所链接的网页“每周一星”在新打开的窗口中显示出来。

除了“_blank”，链接目标还有三个选项与框架有关。具体操作方法相同，可以逐项试验一下。

子项目 4　创建整个图片超链接

创建整个图片超链接，首先在网页“index.htm”左侧插入一幅动画图片，该动画图片显示的是信件的收发过程。下面看一下如何为该图片建立电子邮件超链接。

首先，选中在网页的主页左侧插入的电子邮件图片，在“属性”面板的“链接”文本框中输入“mailto:gaoyi-5 @163.com”，然后在网页任意位置单击，保存网页。这样就为图片文件建立了电子邮件超链接，如图 3.145 所示。

在浏览器中预览网页。单击电子邮件超链接，如图 3.146 所示，电子邮件编辑软件自动打开，同时收件人的电子邮件地址自动显示在“收件人”一栏中，如图 3.147 所示。

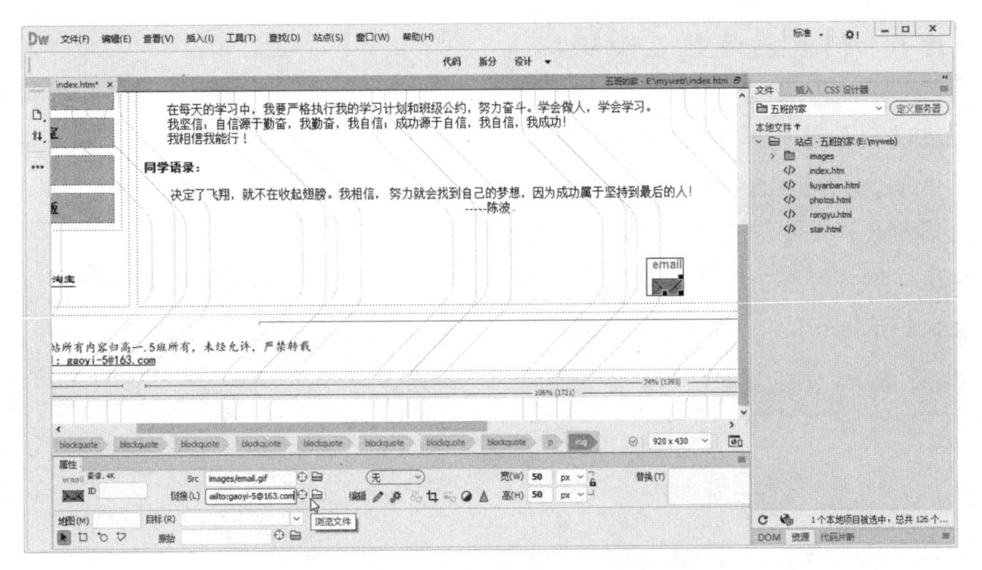

图 3.145 为图片文件建立电子邮件超链接

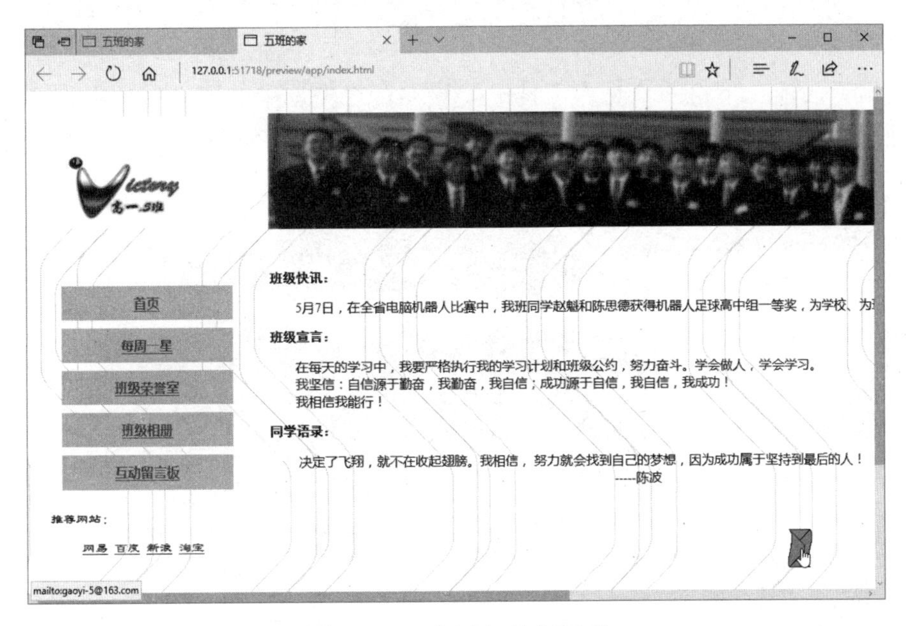

图 3.146 电子邮件超链接

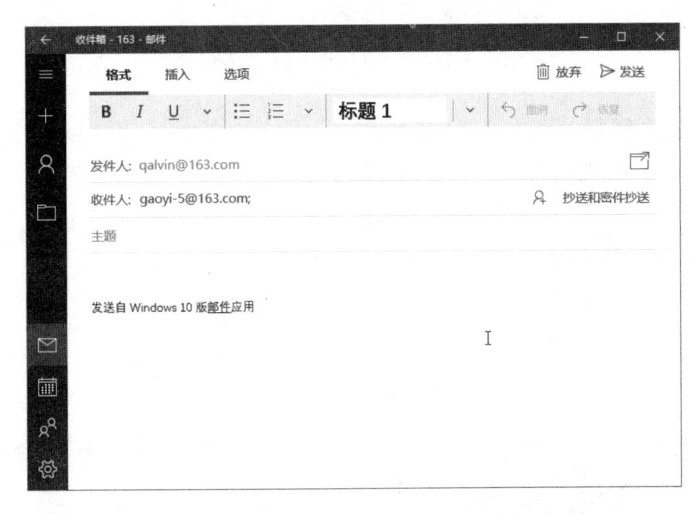

图 3.147 自动打开的电子邮件编辑软件

子项目5　创建图片热区超链接

我们还可以利用图片热区为图片的不同位置建立不同的超链接。网页“rongyu.html”上方是一幅图片，这是全班同学的合影。下面我们为图片上的每一个人都建立一个电子邮件超链接，使得只要单击某个人的头像，就可以给此人发送电子邮件，具体操作方法如下。

选中全班同学合影整个图片，单击“属性”面板右下侧的下拉箭头，将“属性”面板完全展开，如图3.148所示。

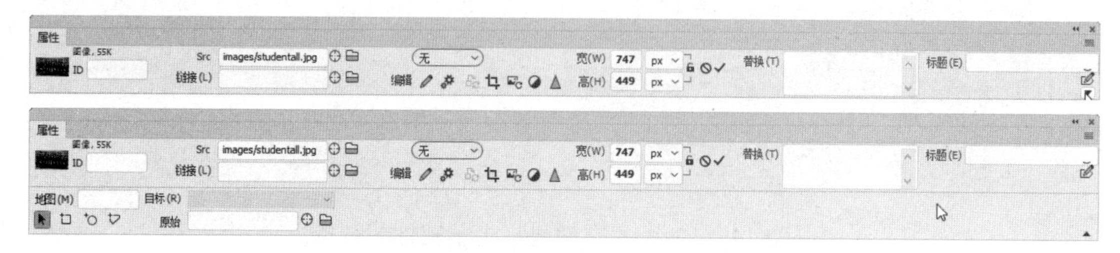

图3.148　展开“属性”面板

单击“属性”面板左下角的“热点工具”按钮，在被选中的整个图片上移动光标，画一个虚框将一个同学的头像框中，此时可以发现被选区域变虚。图片热区被框住如图3.149所示。

图3.149　图片热区被框住

在“属性”面板中的“链接”文本框中输入该同学的电子邮件超链接，注意不要遗漏“mailto:”，在“替换”文本框中输入该同学的姓名，如图3.150所示。

图3.150　输入电子邮件超链接和姓名

保存网页后，在浏览器中预览网页，移动光标到图片上的头像，光标变成手形，同时浏览器左下角出现电子邮件超链接的提示，如图3.151所示。

图 3.151　图片热区超链接

单击图片热区超链接，电子邮件程序被打开，如图 3.152 所示。

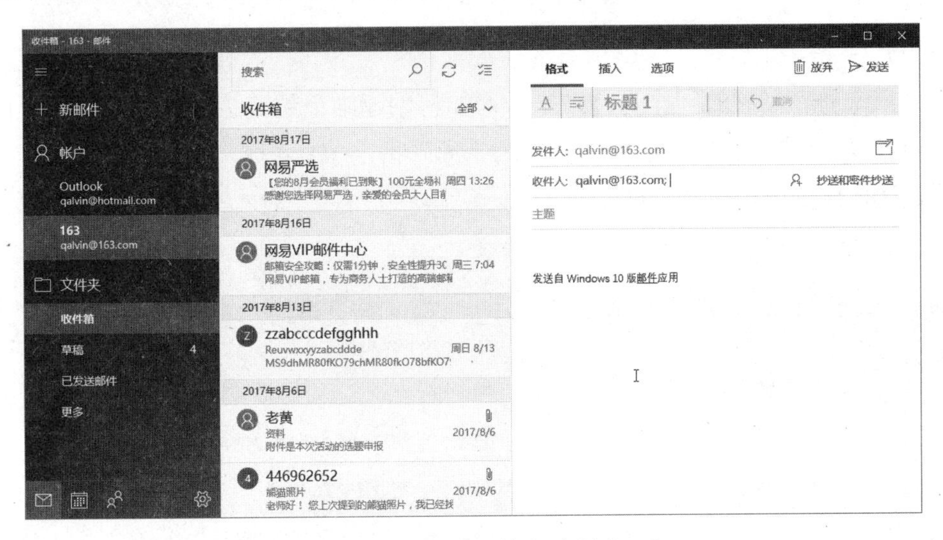

图 3.152　电子邮件程序被打开

用同样的方法，重复上述操作，可以为图片上的不同位置建立不同的超链接。也可以选择圆形或者不规则的工具建立超链接，具体操作步骤都相同，操作时都体验一下，比较一下三个工具的不同之处。

子项目 6　制作网页书签

网页中所谓的书签，就是到达网页中某个具体位置的链接，即锚记超链接。当网页内容过长时，使用书签可以快速地浏览到所关心的信息。例如，在网页“每周一星”中介绍了多个明星同学的相关信息，如果不使用滚动条，我们只能看到其中的几个明星同学的相关信息，使用滚动条也不能迅速找到需要的信息。为解决此问题，下面为每周都建立书签，单击书签后，该周的“每周一星”介绍就会出现在屏幕顶端。

创建锚记超链接，需要锚记超链接的关键字和锚记超链接的具体位置，然后通过超链接将两者链接起来就可以了。首先，在网页的顶端输入说明文字，如图 3.153 所示。这些说明文字也是锚记超链接的关键字。

图 3.153 输入说明文字

我们以“第十周”书签的制作为例，来学习如何创建锚记超链接。拖动滚动条至网页底部，选中“第十周”，然后在“属性”面板中为“第十周”指定 ID 名称，如图 3.154 所示。为避免混淆且更容易记忆，此处仍用“第十周”作为 ID 名称。

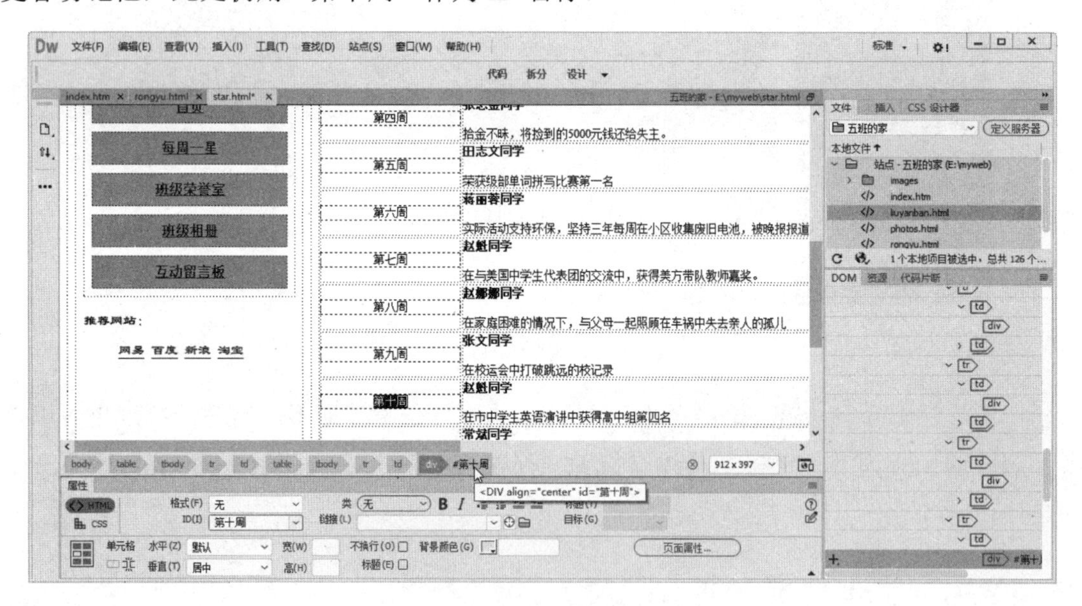

图 3.154 为“第十周”指定 ID 名称

从图 3.154 中还可以发现，状态栏出现了“#第十周”的字样，这证明锚记标记设置成功。现在要做的是，把网页顶端的超链接关键字和这个锚记标记连接起来。

拖动滚动条到网页顶端，选中网页顶端的“第十周”，在“属性”面板的“链接”文本框中输入“#第十周”，如图 3.155 所示。

松开鼠标，网页顶端的“第十周”变成蓝色并带有下画线，“第十周”书签制作完成，如图 3.156 所示。

图 3.155 在“链接”文本框中输入“#第十周”

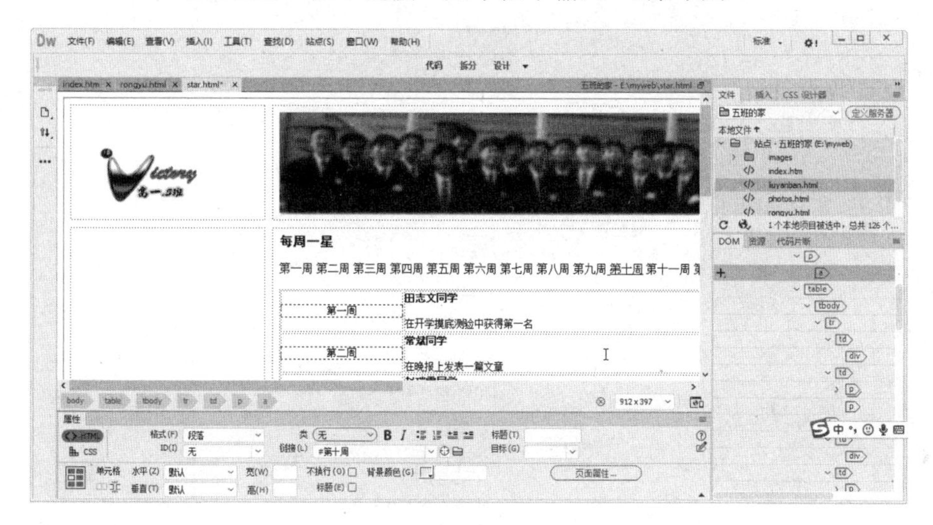

图 3.156 “第十周”书签制作完成

用同样的方法将网页顶端其他的超链接文字都制作成书签。注意，输入锚记标记名称时，一定要和命名的名称一致，否则会造成超链接失败。书签制作完成的效果如图 3.157 所示。

图 3.157 书签制作完成的效果

保存网页后，在浏览器中预览网页。单击网页顶端的“第十周”，如图 3.158 所示。则正文中的“第十周”出现在窗口中，如图 3.159 所示。

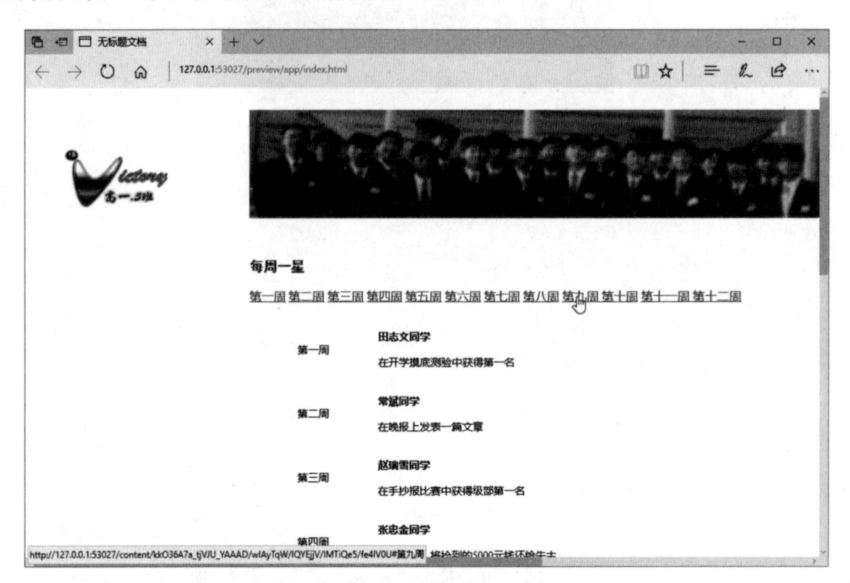

图 3.158　单击网页顶端的“第十周”

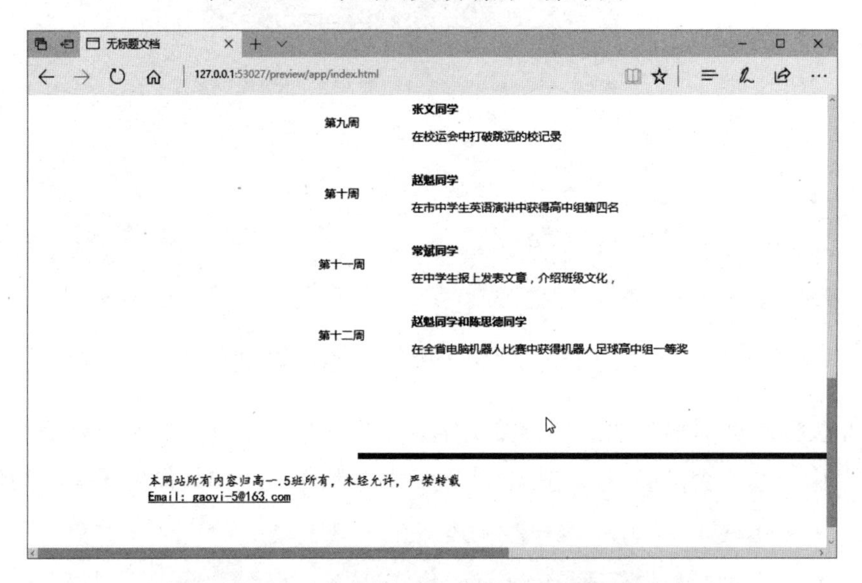

图 3.159　正文中的“第十周”出现在窗口中

习题

1. 简答题

（1）内部超链接、外部超链接和锚记超链接有什么不同？

（2）什么叫网页书签？有什么作用？

（3）什么叫热区文本？

（4）建立超链接有哪些方法？

（5）用直接输入的方法建立电子邮件超链接时，需要在电子邮件地址前输入什么？

（6）怎样设置图片热区？

2. 操作题

（1）打开爱护牙齿的网站，在网页“index.htm”中，选中作为热区链接的文字，设置超链接，将它们与相应的网页链接起来。

（2）选中作为电子邮件超链接的文字或图片，为其建立电子邮件超链接。电子邮件地址统一为：ya@163.com。

（3）建立或打开其他的网页，完成对超链接的设置，使它们和主页保持一致。

（4）选择一个文字内容较多，而且可以分类介绍的网页，如“护牙工具”，将相关的文本复制到该网页中，并制作出网页书签。

项目5　使用样式

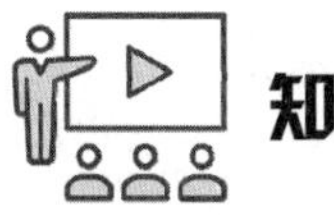

知识目标

知道样式的作用。

技能目标

1. 掌握创建使用CSS样式表的方法。
2. 掌握使用CSS选择器使用样式表的方法。

项目描述

创建一个CSS样式，使用该样式将网页中超链接热区文本的下画线去掉。

预备知识　样式表及其分类

样式表也称为样式，是目前网页制作中普遍应用的一项技术，它通过设置HTML代码标签来实现对网页文本的字体、颜色、填充、边距和字间距等的格式化操作。在应用了样式表的网页中，如果要更改一些特定文本的样式风格，可以直接采用自定义的样式表，而不必频繁使用“属性”面板，而且使用样式表还有一个好处：当别人浏览你的网页时，无论其选择的显示字体为何种大小，网页中的文字大小都不会变化。

CSS是Cascading Style Sheets（层叠样式表单）的外语缩写。对于页面设计者来说，它是一个非常灵活的工具。它允许页面设计者在HTML文档中加入样式，不但不必再把繁杂的样式定义编写在文档结构中，而且可以将所有关于文档的样式指定内容全部脱离出来在行内定义、在标题中定义，甚至作为外部样式文件供 HTML 调用。

CSS 样式共分为三类：第一类样式为内联样式，这种样式适合对网页全局进行操作，直接在“属性”面板中就可以完成，但不适合重复性的操作；第二类样式为内部样式，它可以对网页中的不连续文字格式进行操作，有点像 Word 中的“格式刷”，但不能跨网页使用；第三类样式为外部样式，它可以生成一个单独的.css 文件，不仅可以应用于全网站的网页，也可以导入到其他的网站中进行使用。本项目中只涉及讲解前两类样式。

子项目 1　使用 CSS 样式去掉超链接下画线

在使用文本超链接的网页中可以看到带有下画线的热区文本，虽然这些下画线对于超链接有提示作用，但往往影响美观。使用 CSS 样式可以非常轻松地将这些下画线隐藏起来。

在 Dreamweaver 中打开网页“star.html”。单击“属性”面板右下侧的下拉箭头，将“属性”面板完全展开，单击“页面属性...”按钮，如图 3.160 所示。

图 3.160　“页面属性...”按钮

在弹出的如图 3.161 所示的“页面属性”对话框中，可以对外观、链接、标题、跟踪图像等进行设置。在此处更改文字的字体、大小、颜色、背景等会对整个网页产生影响。在“分类”列表中选择“链接”选项，设置超链接的相关内容。

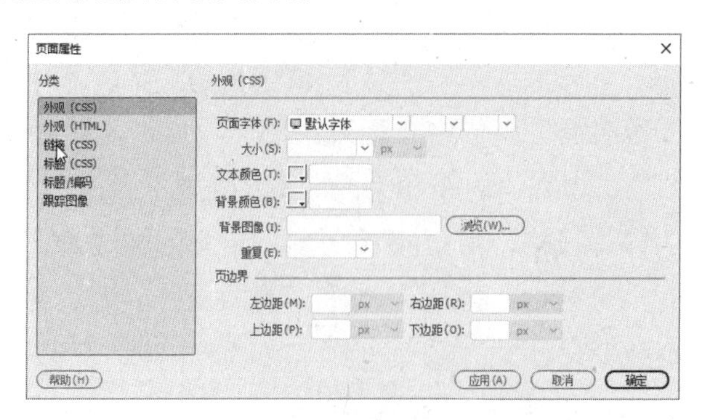

图 3.161　“页面属性”对话框

在“下画线样式”右侧的下拉菜单中选择“始终无下画线”选项，如图 3.162 所示。在此对话框中还可以对链接文字的颜色、已访问过的链接文字的颜色等进行设置。

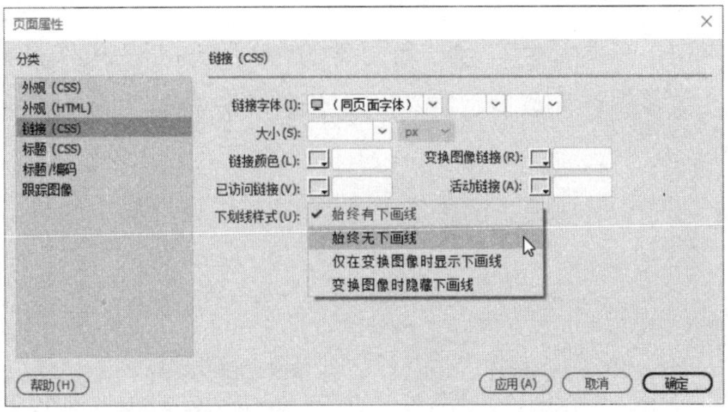

图 3.162　“始终无下画线”选项

单击“确定”按钮后，可以发现网页上的超链接热区文本的下画线已经消失，如图 3.163 所示。

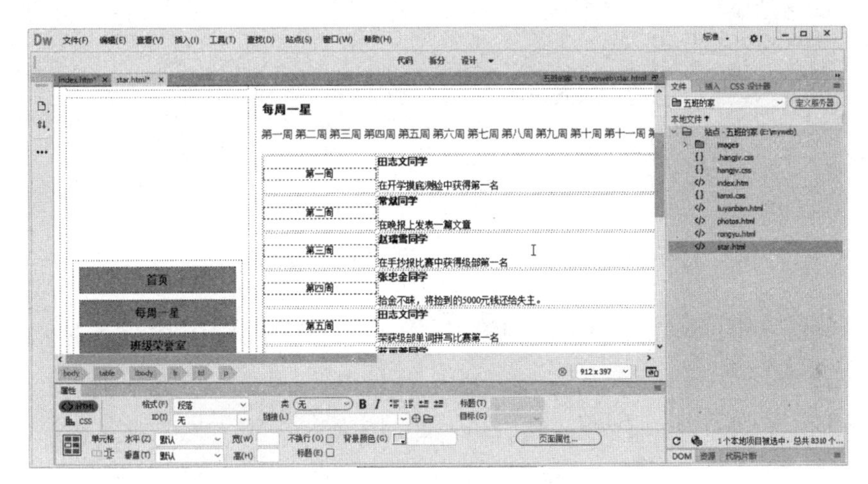

图 3.163　超链接热区文本的下画线消失

在 Microsoft Edge 中将网页打开，可以发现超链接热区文本都没有下画线，如图 3.164 所示。

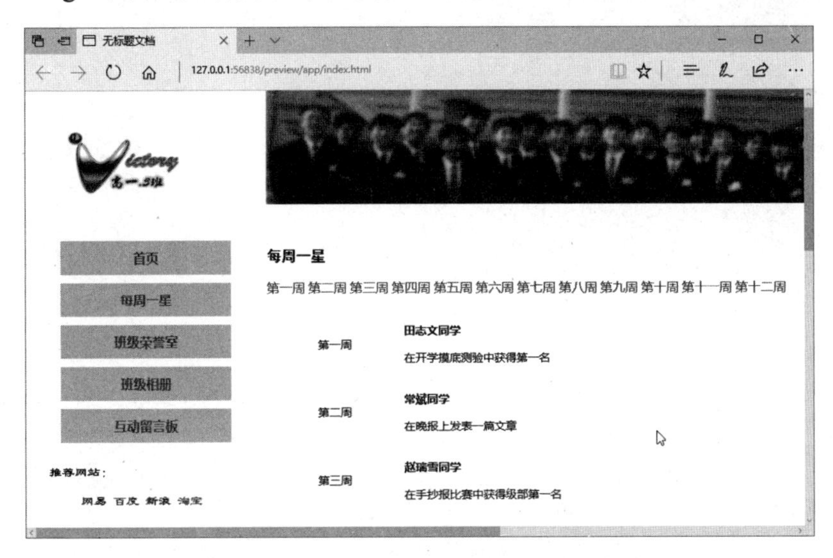

图 3.164　在浏览器中也看不到下画线

子项目 2　使用 CSS 样式设置文字格式

在网页“star.html”中，每周都会有对一名同学的介绍，现在的操作是将每一个同学的名字都设置成黑体、14 号字，文字颜色为蓝色。如果用上例的方法需要重复做多遍，使用内部样式可以简化其中的一些步骤。

单击菜单栏的“窗口”按钮，在下拉菜单中选择“CSS 设计器”选项，将“CSS 设计器”打开，如图 3.165 所示。

图 3.165　“CSS 设计器”选项

在“CSS 设计器”中，单击“源”左侧的“+”按钮，在弹出的菜单中选择“在页面中定义”选项，如图 3.166 所示。

单击“选择器”左侧的“+”按钮，然后在弹出的文本框中输入样式表名称，样式表名称要求以“.”开头，图 3.167 中输入的是“.name”。输入完毕，在网页任意位置单击，完成命名。

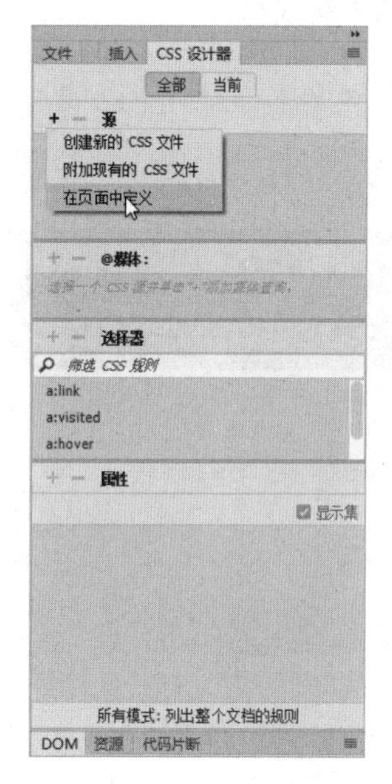

图 3.166　在“页面中定义”选项

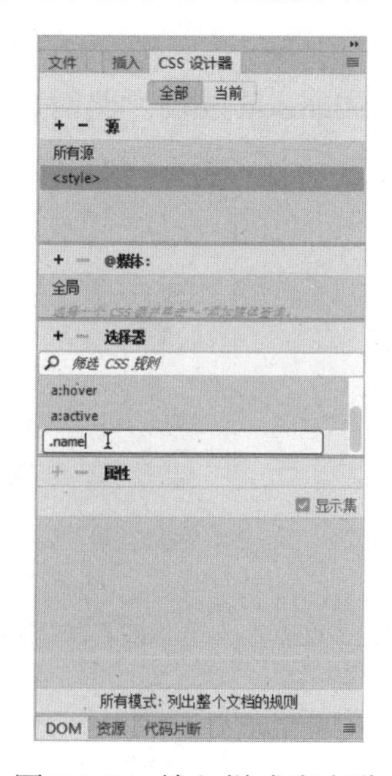

图 3.167　输入样式表名称

接下来设置“.name”的具体格式。在网页中选择第一个同学的名字，然后在“属性”面板中，单击“目标规则”右侧的下拉按钮，从下拉菜单中选择“.name”选项，如图 3.168 所示。

接下来将字体设置为黑体、14 号字、蓝色，设置字体样式如图 3.169 所示。

继续选中其他同学的名字，然后在“属性”面板中，单击“目标规则”右侧的下拉菜单按钮，在下拉菜单中选择“.name”选项，文字立刻变成黑体、14 号字、蓝色。文字发生变化，如图 3.170 所示。

图 3.168　“.name”选项

图 3.169　设置字体样式

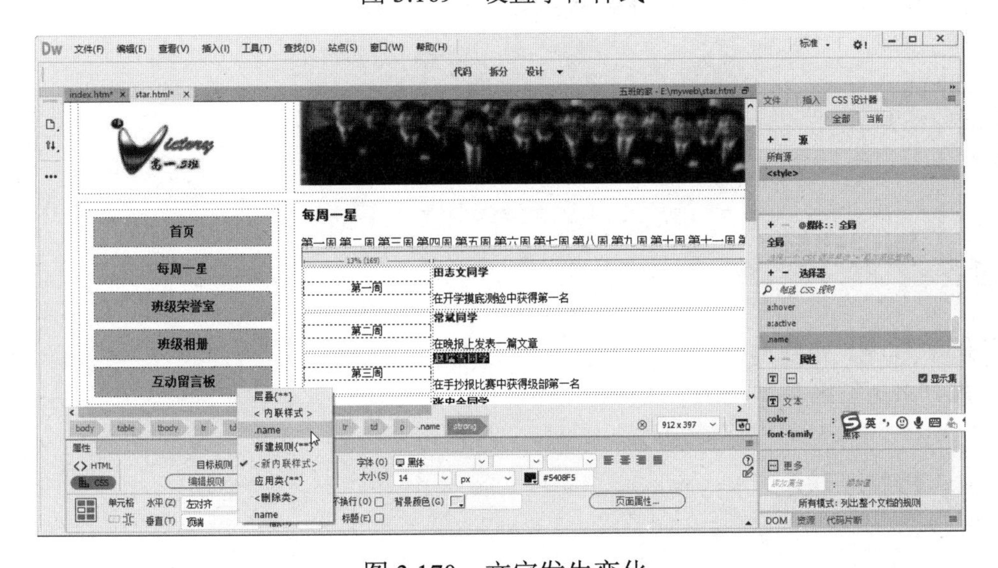

图 3.170　文字发生变化

重复上一步的操作，完成对网页中所有同学名字的设置。在浏览器中预览网页的效果如图 3.171 所示。

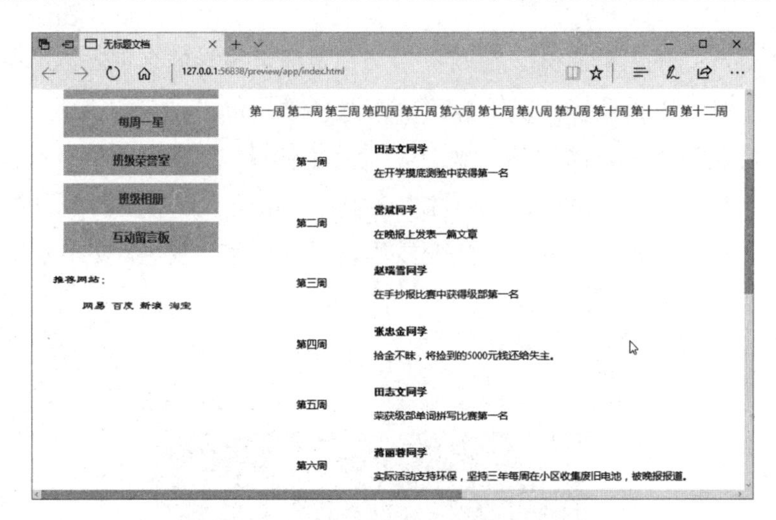

图 3.171　在网页中预览网页的效果

习题

1. 简答题

（1）样式在网页制作过程中有什么作用？

（2）CSS 是什么含义？

（3）样式分为哪三类？

2. 操作题

（1）打开“爱护牙齿”的网站，创建一个样式，要求字体为仿宋，其他的风格自己决定。

（2）将样式应用到网页的正文中。

（3）将网页中超链接热区文本的下画线去掉。

项目 6　使用“行为”

知识目标

1. 了解“行为”的作用。
2. 了解“行为”的简单使用。

技能目标

1. 能够使用“行为”交换图像。
2. 掌握设置弹出网页问候语对话框的方法。
3. 掌握设置弹出网页窗口的方法。

项目描述

为网页上的图像设置交换图像，将光标移动过去，图像会变换成另一幅。为网页添加问候语，当网页被打开时，弹出写有问候语的对话框，浏览者只有关闭该对话框才能继续浏览网页。制作一个写有提示信息的网页，通过设置“行为”，在主页被打开时，弹出该网页。

子项目1 使用“行为”交换图像

预备知识

所谓“行为”，就是为响应网页中的某一事件而采取的一个动作。当把某个行为赋予网页中的某个对象时，也就定义了一个动作，以及与之相对应的事件。事件可以是光标的移动、网页的打开与关闭、键盘的使用等，动作可以是弹出问候语、刷新页面、播放声音、检查用户浏览器等。例如，使用“行为”可以轻松地实现背景音乐播放功能。对于该“行为”，事件是打开网页，动作是播放音乐。

在网页中添加“行为”即可将该“行为”附加到整个文档中，同时网页中的所有元素，包括链接、图像、表格，以及其他的HTML对象都被赋予了这个“行为”。

一个事件可以关联多个动作，每个动作执行的先后次序由浮动面板中“行为”的排列顺序决定。

项目实施步骤

交换图像功能可以实现这样的效果：当光标移动到网页的一幅图像上时，图像会变成另一幅图像，移开光标，图像恢复原状。这就需要两幅大小一样、内容不同的图像来完成相应的设置。

首先，准备一幅和网页左上角的图像大小一样的图像，存放在“网页素材”文件夹中，以备使用，如图3.172所示。

图3.172 准备好的一幅图像

在Dreamweaver中打开网页文件“index.htm”，为网页上的图像指定一个ID，这非常重要，因为必须指定ID才能让图像和它进行交换，否则容易发生混乱。选中网页左上角的徽标，在“属性”面板的ID文本框中输入“Image1”作为它的ID。输入图片的ID，如图3.173所示。

接下来为网页右上角的图片指定ID为：Image2，如图3.174所示。显然，图3.174就是我们要交换的原始图像。

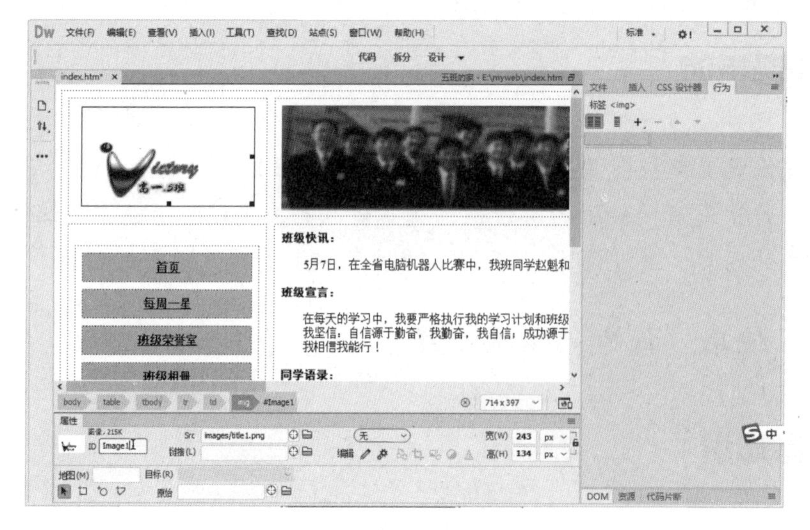

图 3.173　输入图片的 ID

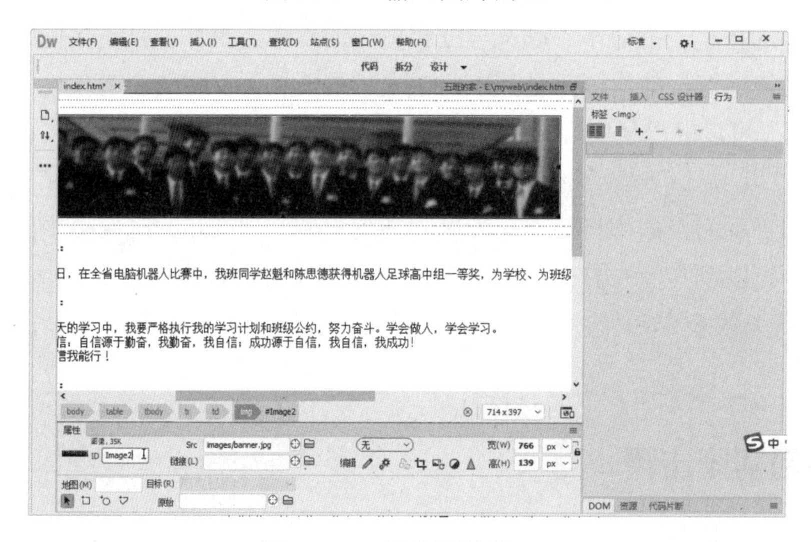

图 3.174　指定图片的 ID

单击菜单栏的“窗口”按钮，在下拉列表中选择“行为”选项，显示出“行为”操作面板，如图 3.175 所示。

图 3.175　“行为”选项

将“行为”面板拖动到右边的面板中，就可以开始交换图像的操作了。首先，选中网页右上角的图像，也就是 ID 为“Image2”的图像。然后，单击“行为”面板上的“+”按钮，在弹出的下拉菜单中选择“交换图像”选项，如图 3.176 所示。

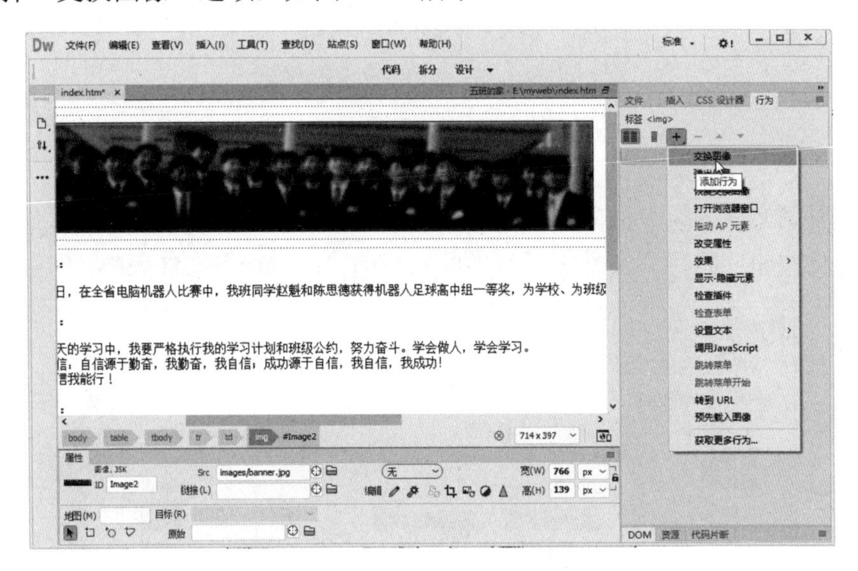

图 3.176　“交换图像”选项

如图 3.177 所示，在打开的“交换图像”对话框中一共显示了三幅图像，分别是“图像‘Image1’”“图像‘Image2’”“unnamed<img>”。前两幅图像的 ID 是我们命名的，最后一幅是没有命名的图像，也就是那幅电子邮件的图像。由于本例不用它，可以不更改它的 ID。

由于我们设置的是为 ID 是“Image2”的图像交换图像，所以选中图像“Image2”，然后单击“浏览”按钮。

在“选择图像源文件”对话框中，选中要使用的文件，单击“确定”按钮，如图 3.178 所示。

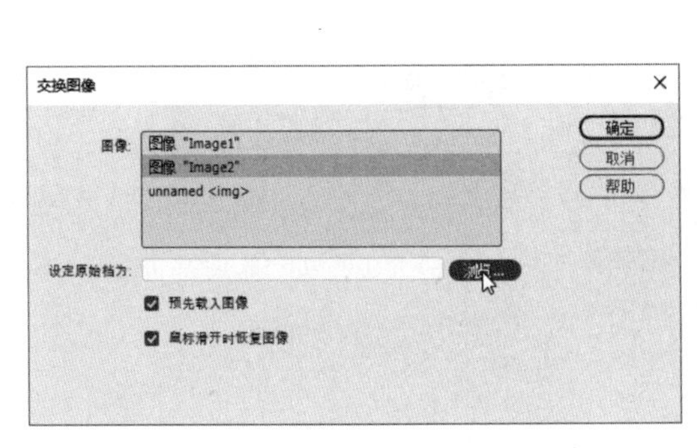

图 3.177　“交换图像”对话框

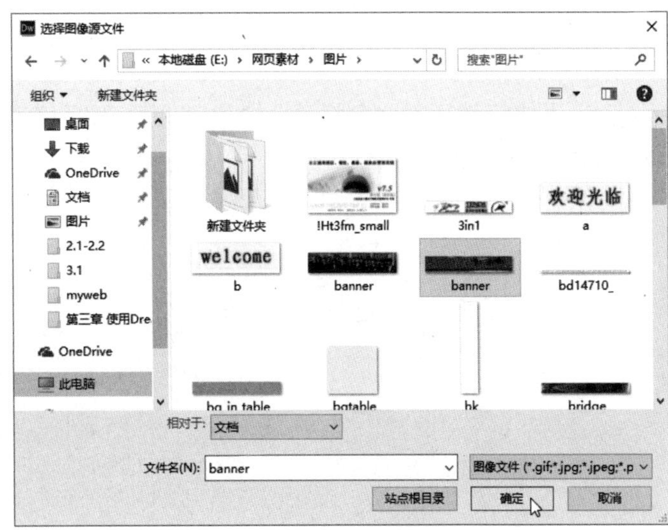

图 3.178　“选择图像源文件”对话框

由于文件不在当前的网站中，此时会弹出提示框，如图 3.179 所示，单击“是”按钮。

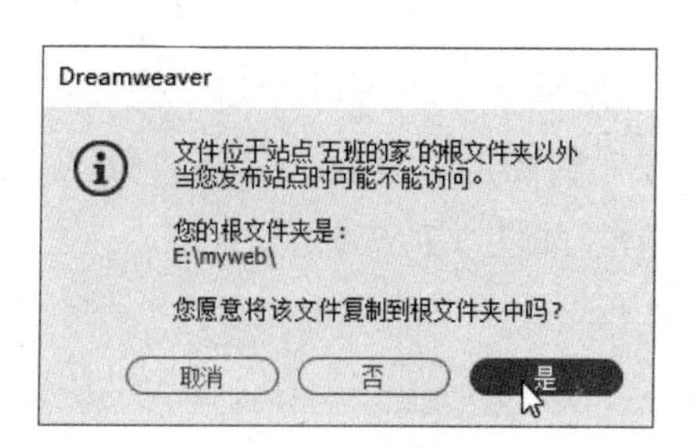

图 3.179　提示框

在弹出的“复制文件为”对话框中，双击“images”文件夹，将它打开，如图 3.180 所示。最后，单击“保存”按钮，将声音文件保存到当前站点的“images”文件夹中。

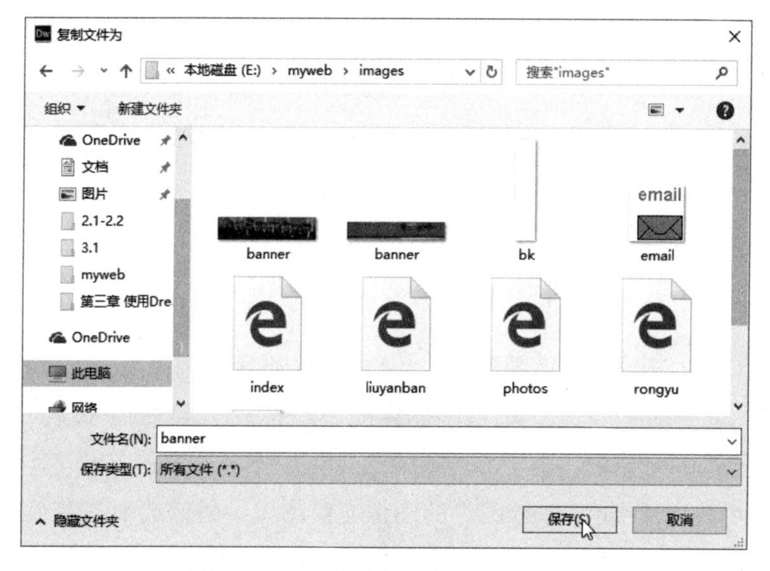

图 3.180　“复制文件为”对话框

在返回的“交换图像”对话框中可以发现，在“设定原始档为”右边的文本框中已经出现了文件的路径和名称。在对话框的下半部分还有两个选项，“预先载入图像”选项可以提高图像的显示速度；“鼠标滑开时恢复图像”选项可以使光标移开时，第一幅图像重新显示。所以，两个复选框都要打勾。最后，单击“确定”按钮完成设置，如图 3.181 所示。

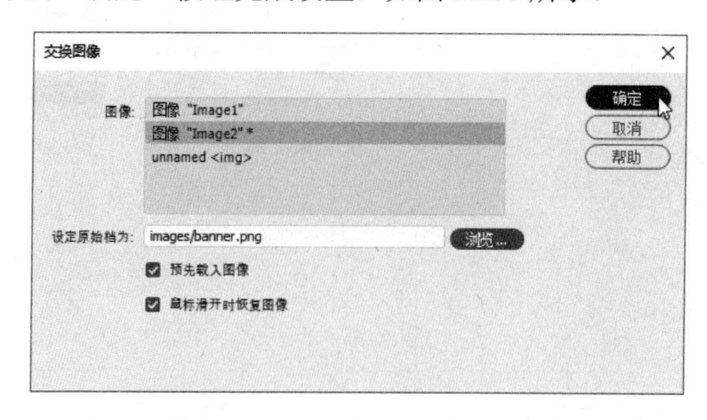

图 3.181　“交换图像”对话框

此时可以发现：“行为”面板上出现了相应的设置，如图 3.182 所示。其中，“onMouseOut”表示光标从图像上移开，“onMouseOver”表示鼠标在图像上。

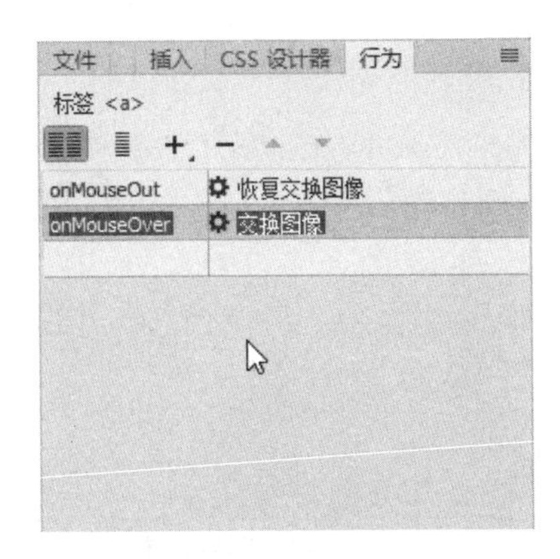

图 3.182 “行为”面板

保存网页。单击菜单栏的“文件”按钮，在下拉列表中选择“实时预览”选项下的“Microsoft Edge”选项，将网页在浏览器中打开，如图 3.183 所示。

图 3.183 “实时预览”选项下的“Microsoft Edge”选项

在浏览器中预览“交换图像”后的网页。当光标移动到右上角的图像上时，图像会变成另一幅风景画，移开光标，图像恢复原状，如图 3.184 所示。

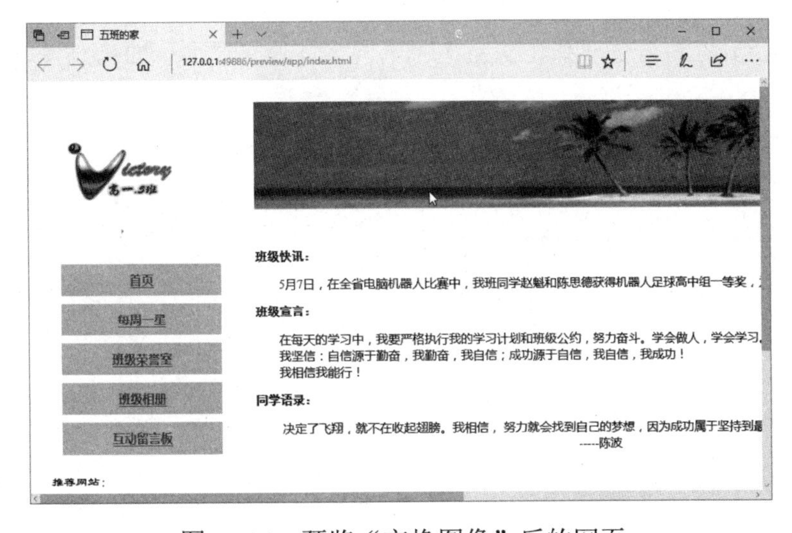

图 3.184 预览“交换图像”后的网页

如果对设置的“行为”不满意，可以在如图 3.182 所示的“行为”面板中，选中两个行为选项，然后单击“-”按钮将它们删除，那么设置的“行为”就没有了。

能否设置另一种“行为”，让光标移动到“Image1”上时，可以与“Image2”进行图像交换呢？其实这很简单，大家可以尝试练习一下。

子项目 2 使用“行为”弹出对话框

有一些网页常常会自动弹出一些信息供浏览者阅读，这些信息可以是一些友好的问候语，也可以是与网页相关的提示语。实现这一功能有两种方法，一种是采用“弹出信息”行为，另一种是采用“调用 JavaScript”行为。

先看第一种方法。在 Dreamweaver 中打开网页文件“index.htm”，单击窗口左下角的 body 按钮，在“行为”选项卡中单击“+”按钮，在弹出的菜单中选择“弹出信息”选项，如图 3.185 所示。

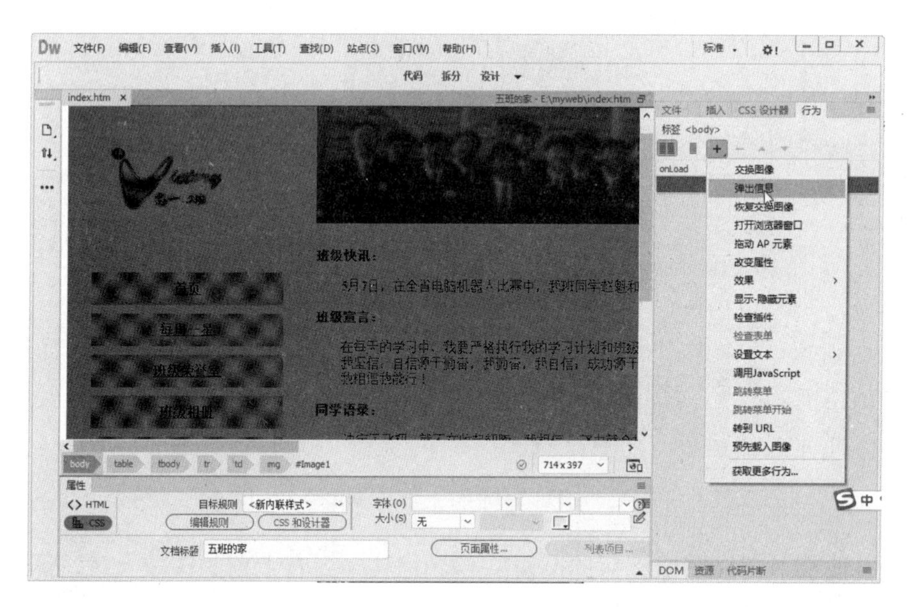

图 3.185 “弹出信息”信息的

执行上述操作后，在打开的“弹出信息”对话框中，输入要显示的信息，单击“确定”按钮，如图 3.186 所示。

在“行为”面板中可以看到“弹出信息”的行为已经被添加上了，如图 3.187 所示。

图 3.186 “弹出信息”对话框

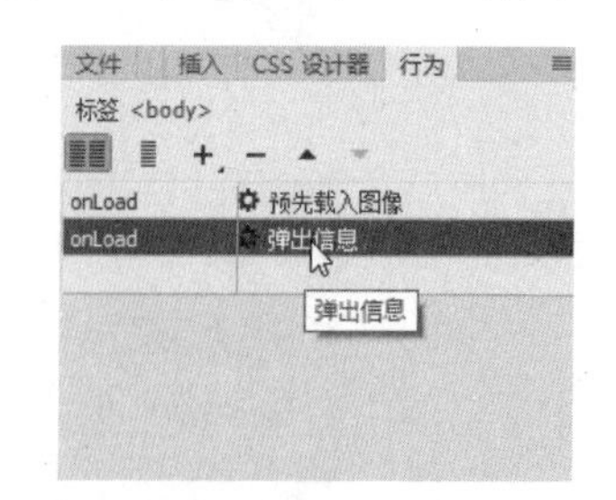

图 3.187 “弹出信息”行为被添加

保存网页后，预览网页，可以发现在浏览器上弹出一个对话框。此时只有单击“确定”按钮，

关闭该对话框，才能继续浏览网页。

再看第二种方法。采用“调用 JavaScript”行为也可以达到同样的效果。重复前面的操作至打开“行为”选项卡，单击“+”按钮，在弹出的菜单中选择“调用 JavaScript”命令，如图 3.188 所示。

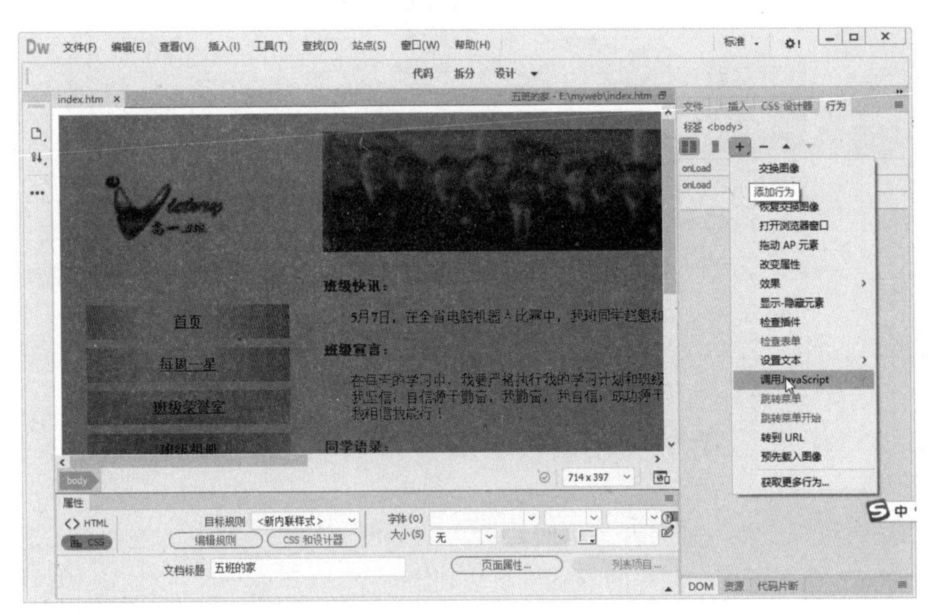

图 3.188　“调用 JavaScript”选项

继续进行以上的操作，在打开的“调用 JavaScript”对话框中输入“alert（‘欢迎光临高一五班的网站！永远不服输的高一五班欢迎你！’）”，如图 3.189 所示，最后单击“确定”按钮。

此时可以发现：“行为”面板上又多出了一个“调用 JavaScript”行为，如图 3.190 所示。保存网页后，预览网页，会发现弹出两个对话框。

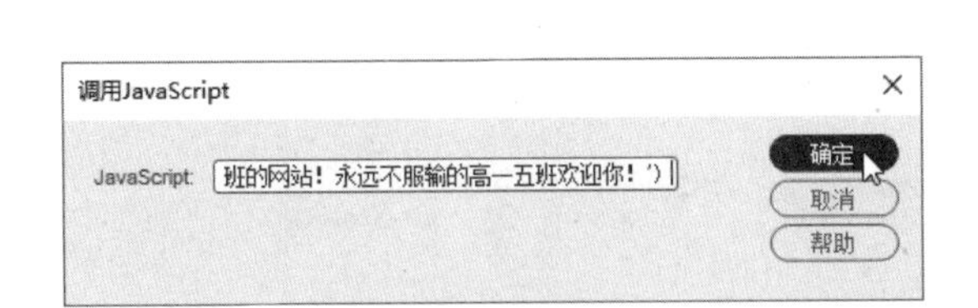

图 3.189　在“调用 JavaScript”对话框中输入信息

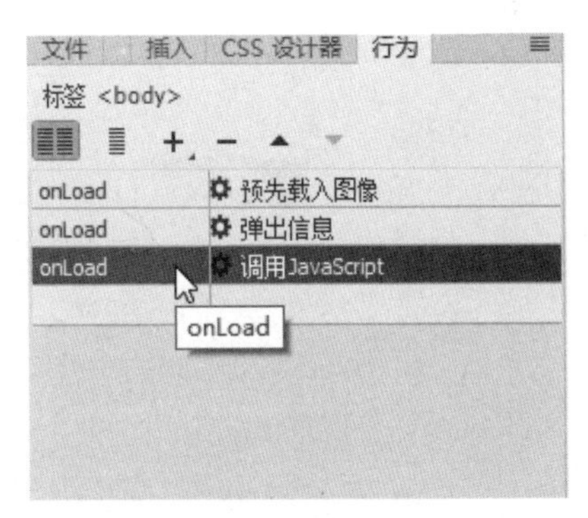

图 3.190　“调用 JavaScript”行为被加入

弹出的对话框虽然可以让浏览者在浏览网页时能注意到其他的信息，但也有一些缺点。一是该方法过于呆板，不关闭对话框，就无法浏览网页；二是表现方法单一，只能是文本，效果不够生动。特别是，有些浏览器限制了“弹出信息”行为，所以使用“弹出信息”行为的方法已经很少见到了。

如果要删除以上“行为”，可以进行如下操作：在“行为”面板中，选中新建的“行为”，右击，在弹出的快捷菜单中选择“删除行为”选项，就可以将这些“行为”删除，如图 3.191 所示。

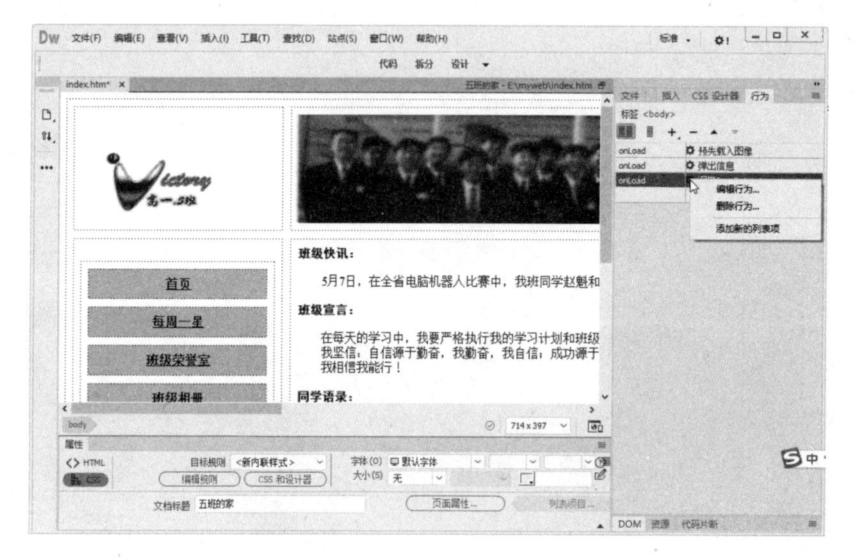

图 3.191　“删除行为”选项

子项目 3　使用“行为”弹出网页窗口

我们在网站时可以发现，在打开主页时，会自动弹出一些广告窗口，这些窗口就是一个小的网页，通常是 Flash 动画或颜色鲜艳的静态网页。利用“行为”中的“打开浏览器窗口”可以实现上述功能。下面就来学习具体的设置方法。

在 Dreamweaver 中打开网页文件“index.htm”，移动光标到窗口右边的“文件”浮动面板中，打开“站点”选项卡，在该选项卡中右击，然后在弹出的快捷菜单中选择“新建文件”选项，如图 3.192 所示。

图 3.192　“新建文件”选项

将新建的网页文件改名为“hello.html”，如图 3.193 所示。

双击“hello.html”网页文件，将它打开，编辑网页的内容并保存，注意内容不要过多，结果如图 3.194 所示。

图 3.193　更改网页文件名

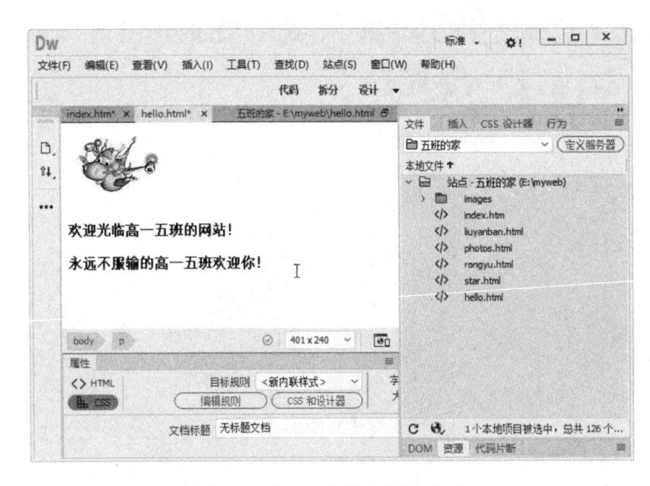

图 3.194　编辑网页内容

通过单击编辑窗口上方的网页名称，切换到网页“index.htm”的编辑窗口。然后，单击编辑窗口左下方的 body 按钮，在“行为”选项卡中单击“+”按钮，在弹出的下拉菜单中选择“打开浏览器窗口”选项，打开“打开浏览器窗口”对话框，如图 3.195 所示。

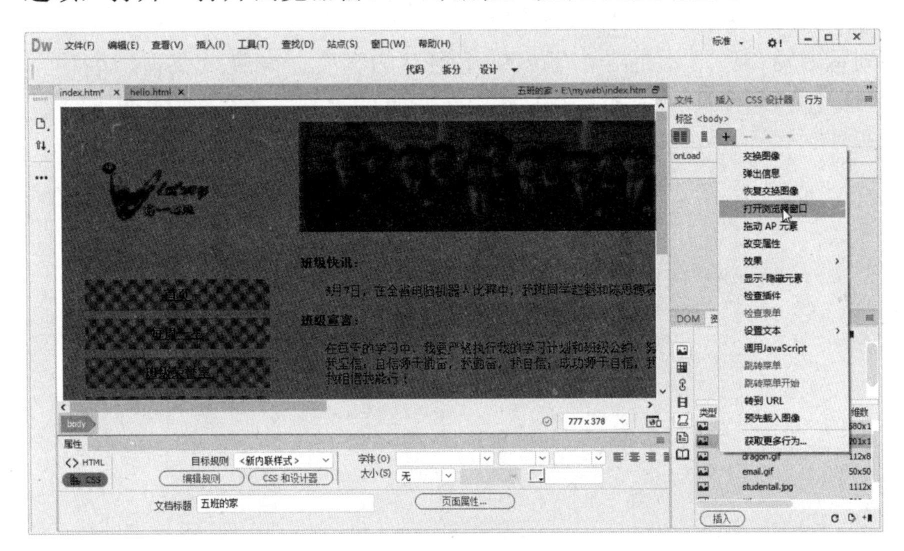

图 3.195　“打开浏览器窗口”选项

在“打开浏览器窗口”对话框中，单击“浏览”按钮，打开“选择文件”对话框，如图 3.196 所示。

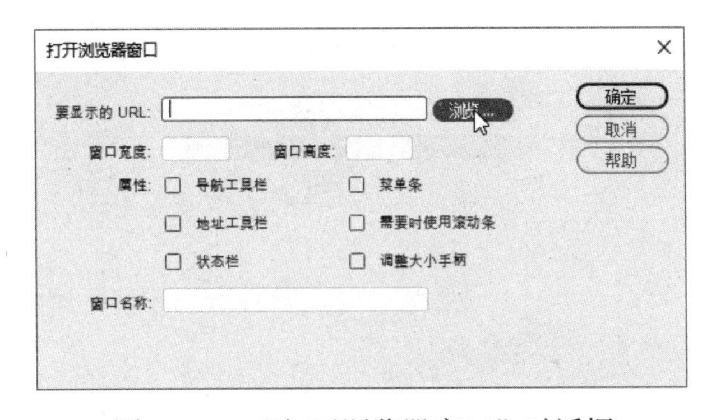

图 3.196　“打开浏览器窗口”对话框

在“选择文件”对话框中，选中“hello”文件，如图 3.197 所示。单击“确定”按钮，返回“打开浏览器窗口”对话框。

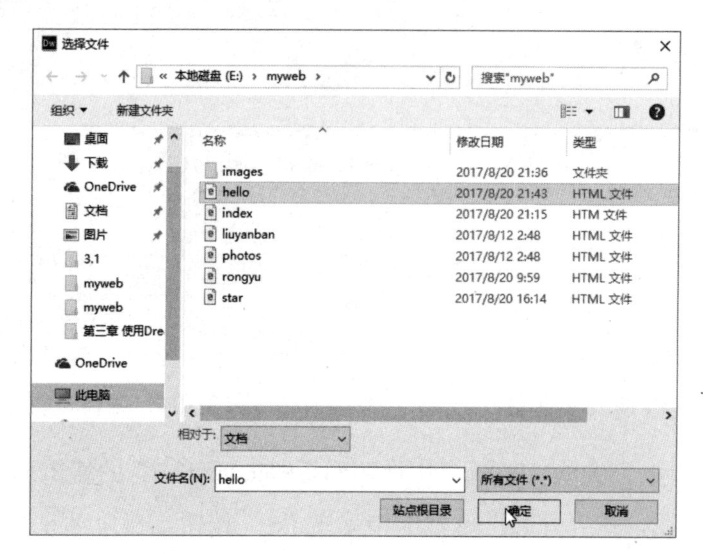

图 3.197　“选择文件”对话框

在“打开浏览器窗口”对话框中，输入弹出窗口的宽度、高度以及窗口名称，窗口宽度和高度的值并不是网页窗口的实际的宽和高，而是它显示时的大小，如图 3.198 所示，最后单击“确定”按钮。

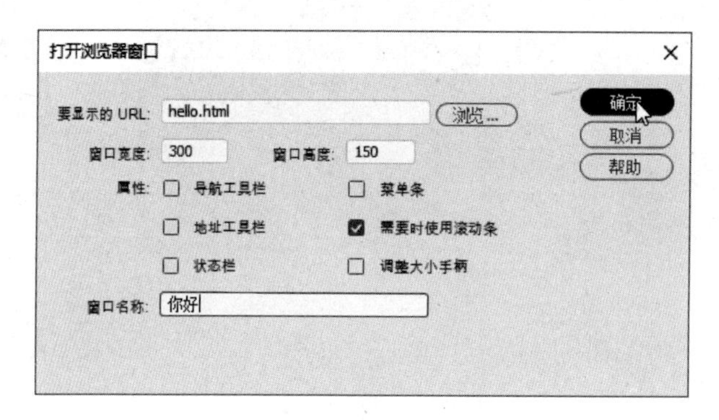

图 3.198　输入窗口属性

在 Dreamweaver 窗口中可以发现，“打开浏览器窗口”已经出现在“行为”面板中，如图 3.199 所示。

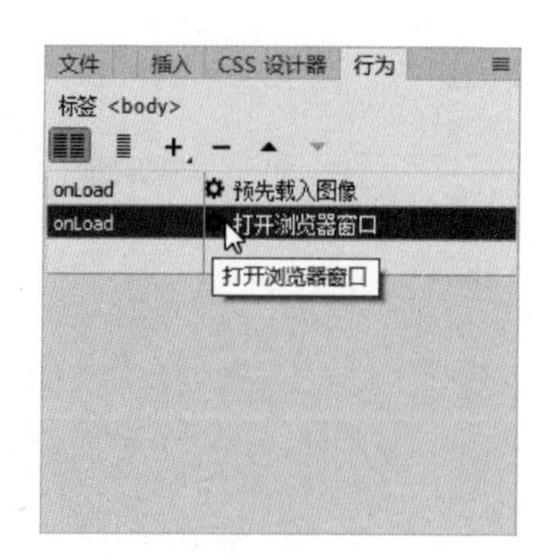

图 3.199　“打开浏览器窗口”行为被添加

保存网页，在浏览器中预览该网页，可以看到在打开主页的同时，也弹出了小窗口“hello”。

习题

1. 简答题

（1）什么是“行为”？

（2）“交换图像”行为能实现什么效果?

（3）“弹出窗口”行为与“弹出对话框”行为相比有什么优点?

2. 操作题

（1）打开“爱护牙齿”的网站，为主页设置交换图像。

（2）设置弹出窗口，其中弹出窗口的内容为“本周末将举行护齿讲座，欢迎参加!”，背景、字体等与主页一致。

项目7　使用表单

知识目标

1. 了解表单域的含义。
2. 掌握提交表单信息的方法。

技能目标

1. 熟练掌握各种表单栏目的插入与设置。
2. 能够综合使用各种表单栏目制作留言簿。
3. 掌握验证表单的方法。

项目描述

留言簿等功能可以采用表单来实现。表单是用来收集站点访问者信息的域集，可实现网页与浏览者间的交互，达到收集浏览者输入信息的目的。它往往采用单选按钮、复选框、下拉选项按钮等方式，这样不仅减少了浏览者的文本输入，而且有利于数据的收集和反馈，能够尽可能地为浏览者提供方便。

创建一个留言簿，要求浏览者输入昵称、来自城市、电子邮件地址，以及留言内容。留言内容将通过电子邮件的方式传递给网页制作者。为表单添加验证功能,使浏览者不能提交空的留言，并且不能输入无效的电子邮件地址。

子项目 1　创建留言簿

创建留言簿就要创建菜单，简单地说，表单就是用户可以在网页中填写信息的表格，它的作用是接收用户信息并将其提交给 Web 服务器上特定的程序进行处理。表单域也称表单控件，是表单上的基本组成元素，用户通过表单中的表单域输入信息或选择项目。

在建立表单网页之前，首先要建立一个表单域。Dreamweaver 提供了大量的表单标签，在“插入”面板上选择“表单”选项卡，就能够看到各种表单标签，使用这些表单标签便可以制作一个简单的表单网页。

在 Dreamweaver 中打开网页“liuyanbu.htm”，单击“插入”按钮，选择“表单”选项，然后就可以看见表单下的所有项目，“表单”菜单如图 3.200 所示。

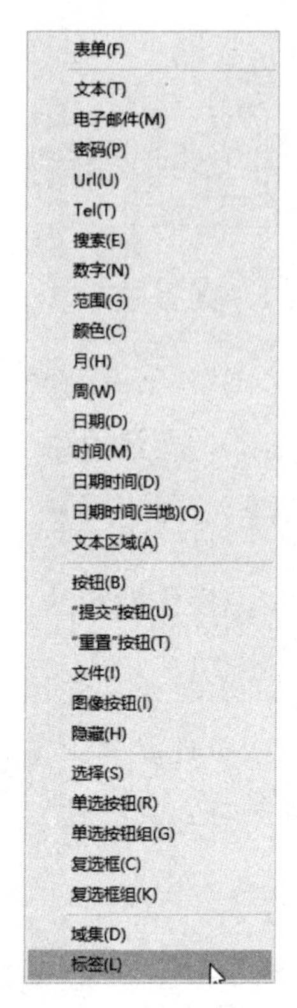

图 3.200　“表单”菜单

1. 表单域

单击“插入”按钮，在弹出的菜单中，选择“表单”→“表单”选项，如图 3.201 所示，可以发现在网页中出现一个红色的虚线框，框中的区域称为表单域。此后，所有的表单标签都要插入到这个虚线框中，这样所有的信息才能一起得到处理，如图 3.202 所示。

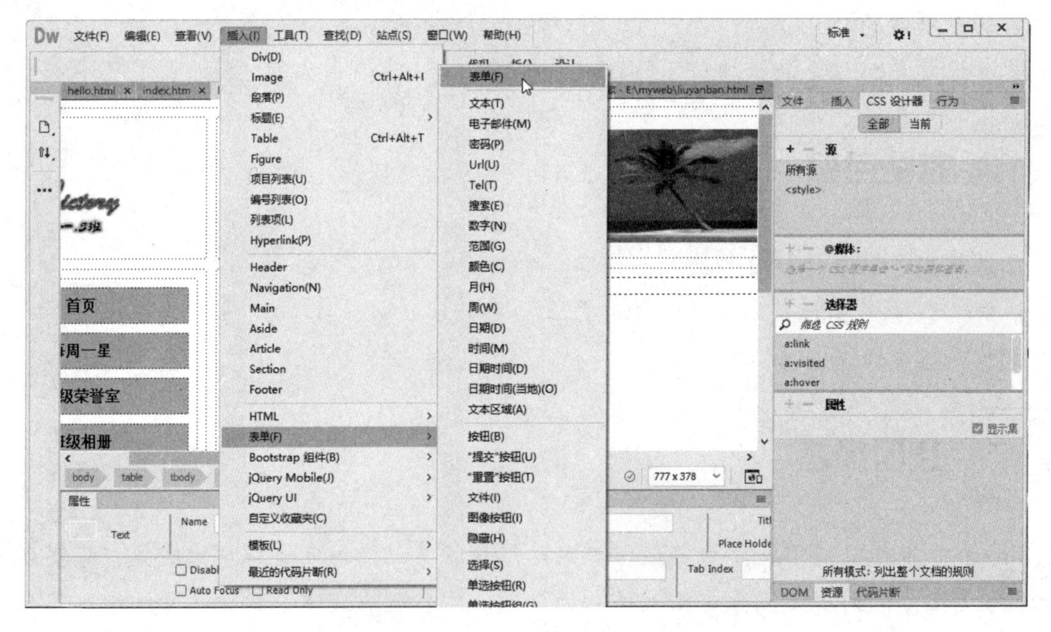

图 3.201　“表单”→“表单”选项

一般情况下，表单域不用单独添加，因为在插入表单项目时，如果光标所在处没有表单域，Dreamweaver 会自动插入一个表单域。

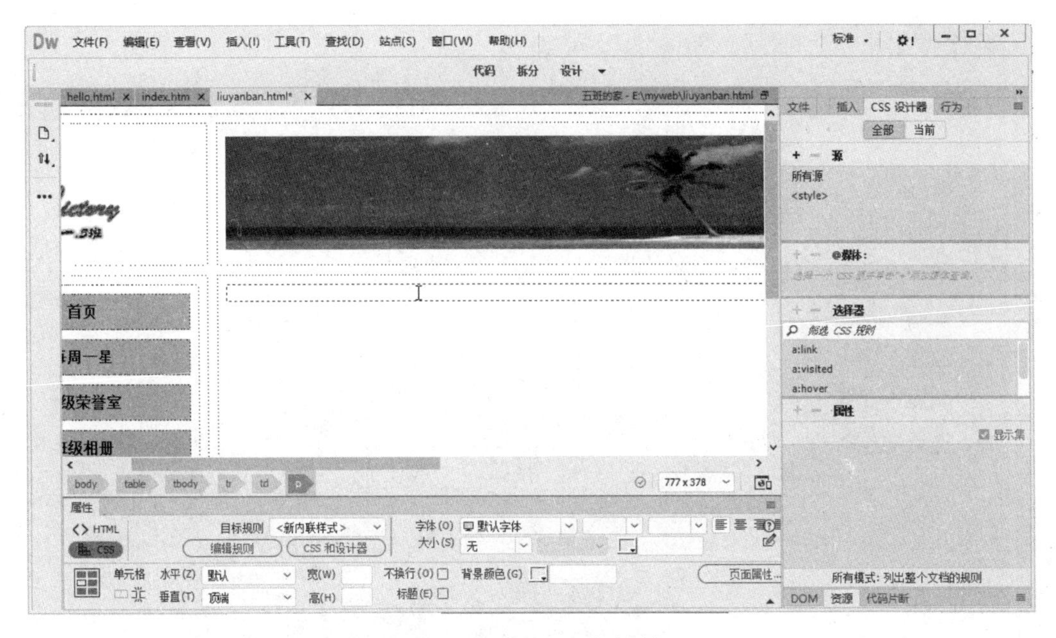

图 3.202　插入表单域

2. 单行文本框

单行文本框只有一行栏位供浏览者填写，可以通过设置来决定栏位中最多可以输入的字数。

在上图的虚线框中输入“请输入您的网名:”，单击“插入”按钮，在弹出的菜单中选择“表单”→“文本”选项，如图 3.203 所示。插入文本框，如图 3.204 所示。

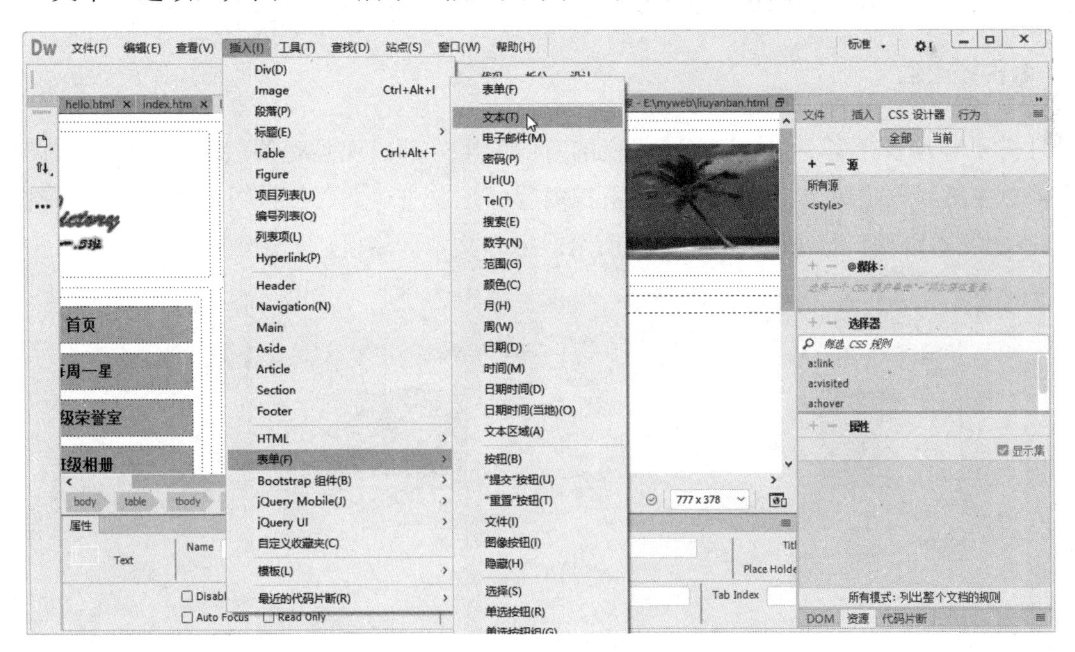

图 3.203　“表单”→“文本”选项

在“属性”面板中更改“Max Length（最大长度）”为“20”，这样允许浏览者输入昵称的长度为 20 个字符，即 10 个汉字，如图 3.205 所示。

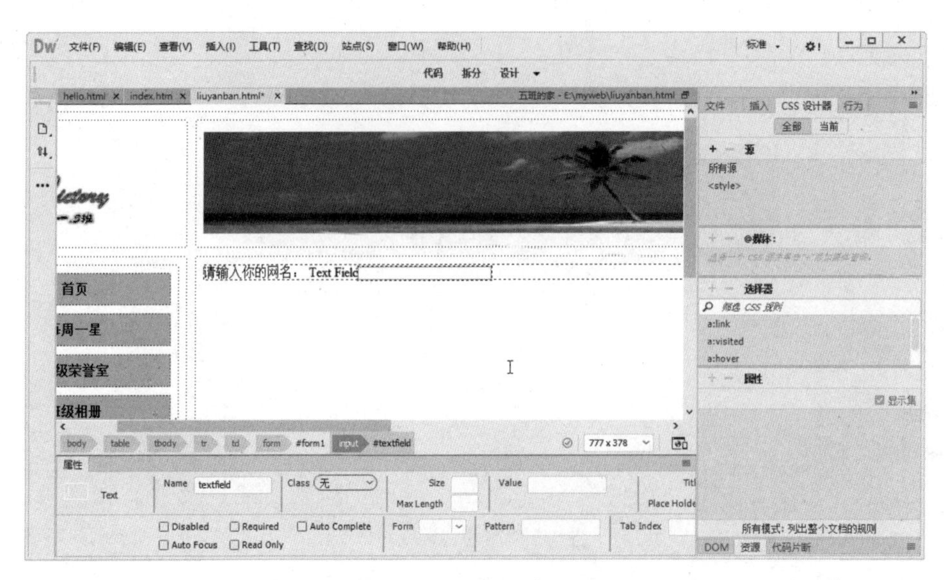

图 3.204　插入文本框

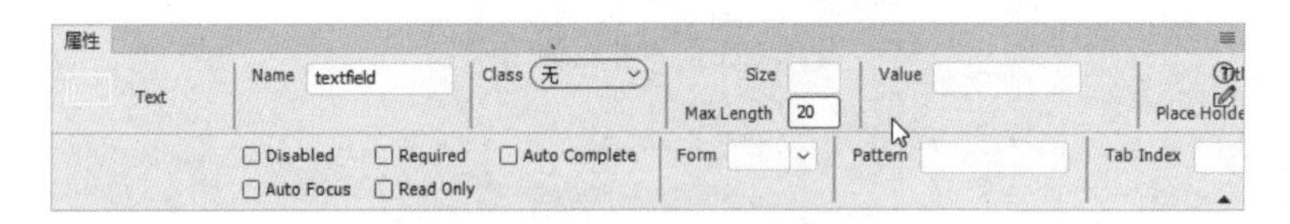

图 3.205　更改文本框属性

在“属性”面板中共有两个值与长度有关。Max Length 是指最大长度，也就是能够输入的最多字符数；上面的 Size 输入项是指能显示的最多字符数，实际输入时是可以输入多余 Size 所设置的值的。本处选择设置 Max Length 即可。

3. 多行文本框

有时需要输入多行文字，而且在输入栏的右侧和下方都出现滚动条。这需要将文本设置成多行文本框。在虚线框中另起一行，输入“留言内容:”，单击“插入”按钮，在弹出的菜单中选择“表单”→“文本区域”选项，如图 3.206 所示。插入文本区域框，如图 3.207 所示。

图 3.206　“表单”→“文本区域”选项

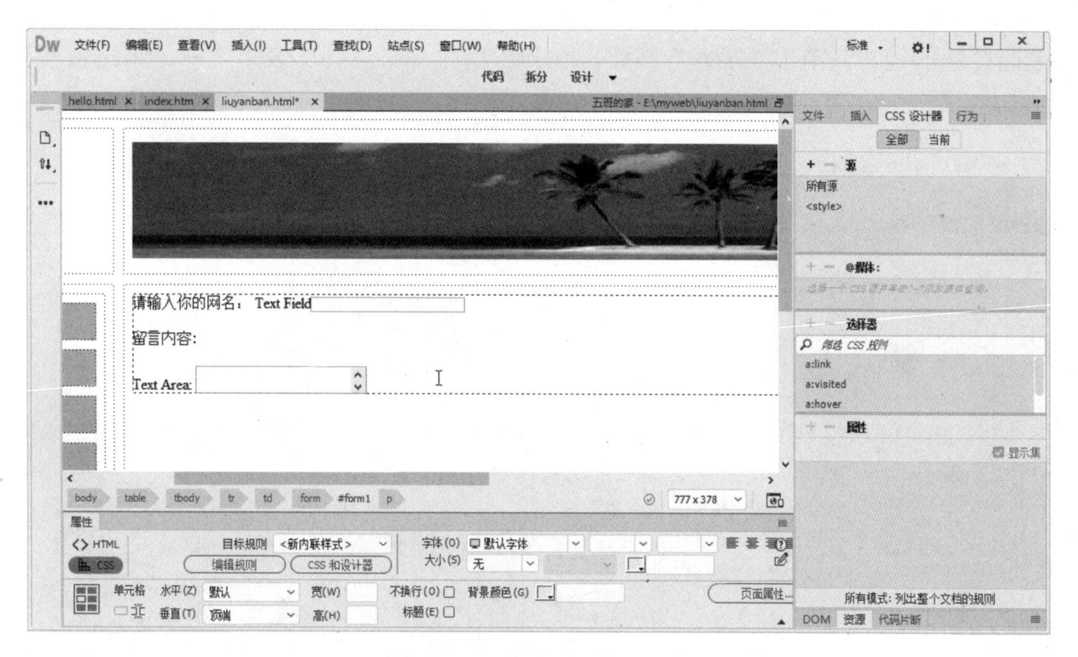

图 3.207　插入文本区域框

选中文本区域框，在“属性”面板中，更改“Max Length（最大宽度）”为“50”，“Rows”为“10”，“类型”为“多行”，“Value”为“请在此留下您的话：”。在网页任意位置单击，可以发现文本区域框变大，而且在其中出现“请在此留下您的话：”几个字。更改文本区域框属性。如图 3.208 所示。

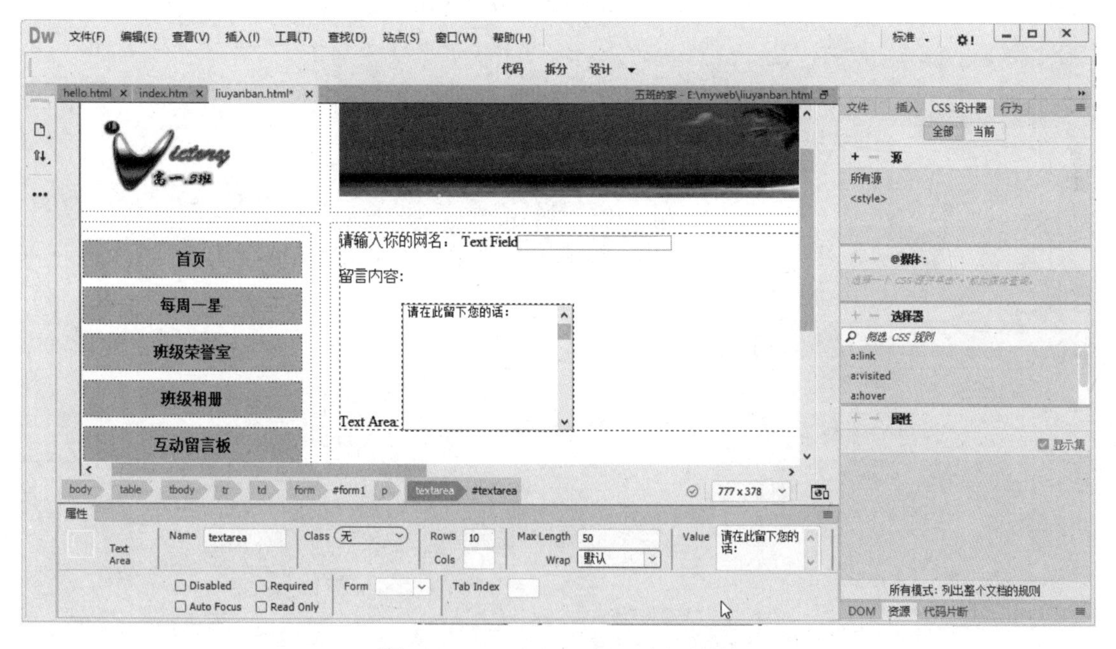

图 3.208　更改文本区域框属性

4．单选按钮

单选按钮比较常见，用于排他性选择，浏览者只能在各种选项中选择一种。单选按钮用处十分广泛，下面我们以建立性别栏为例，说明如何建立单选按钮。

首先，将光标移动到“留言内容”左侧，按回车键，在表单域中空出一行。再将光标移动到

要插入单选按钮的地方，单击“插入”按钮，在弹出的菜单中选择“表单”→“单选按钮”选项，如图 3.209 所示。

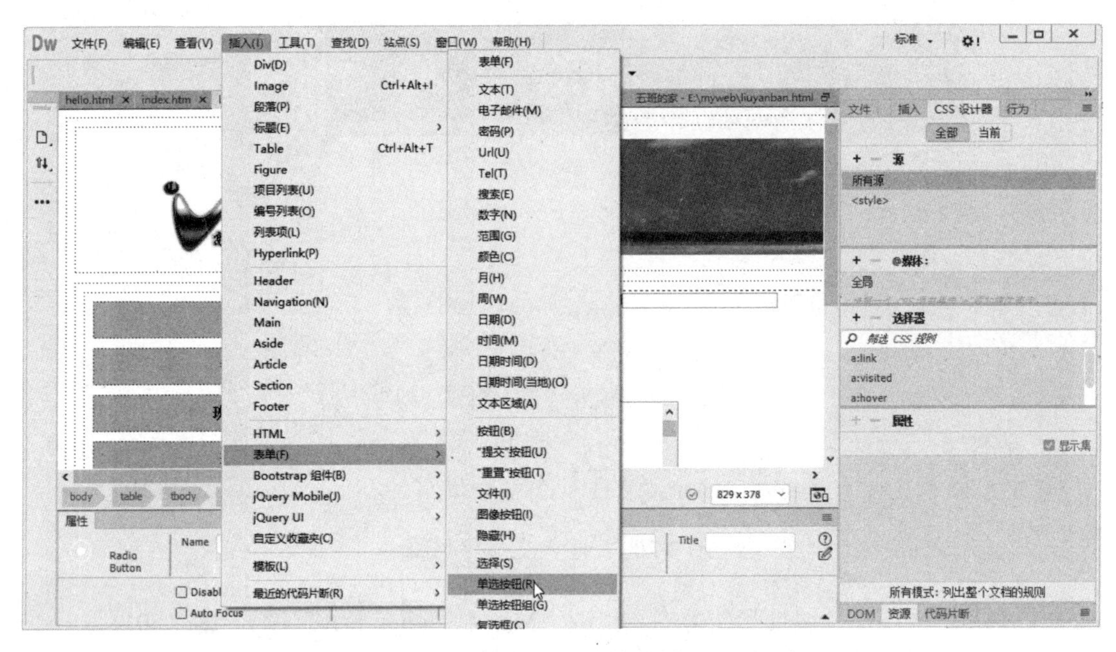

图 3.209　“表单”→“单选按钮”选项

可以发现，光标所在处出现一个单选按钮。再单选按钮右侧插入另一个单选按钮，并在适当的位置分别输入文字“性别:”“男”“女”，如图 3.210 所示。

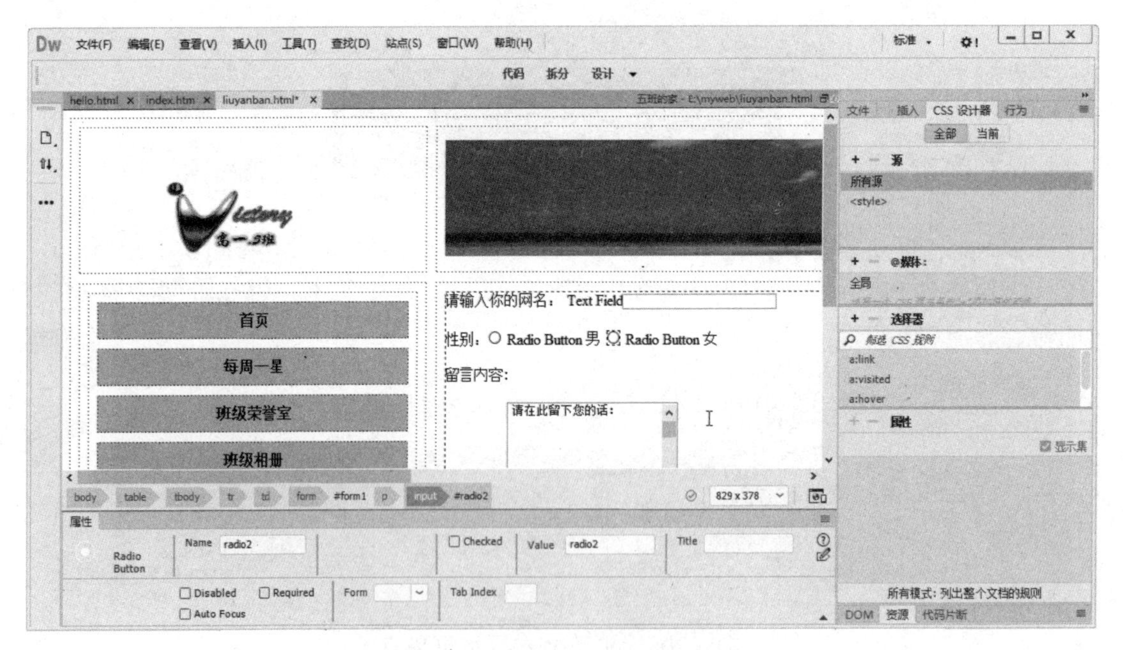

图 3.210　插入单选按钮并输入文字

单击“男”前面的按钮，在“属性”面板中，将“Checked”前的方框选中，这时发现“男”前面的按钮中出现一个黑点。这表示来访者的默认性别是“男”，也就是说，如果来访者不选择性别，系统会自动把来访者记录成男性。更改单选按钮属性，如图 3.211 所示。

图 3.211　更改单选按钮属性

当然也可以选中“女”前面的按钮。需要注意的是，在一个表单域中只允许一个单选按钮被选中。如果有多组单选按钮，就需要插入多个表单域，每一个表单域中插入一组单选按钮。

5．复选框

复选框可供浏览者同时选取一个至多个选项，设置方法与单选按钮类似。在“留言内容”前按回车键，在表单域中空出一行。再将光标移到空出的地方，单击“插入”按钮，在弹出的菜单中选择“表单”→“复选框”选项，如图 3.212 所示。插入复选框，图 3.213 所示。

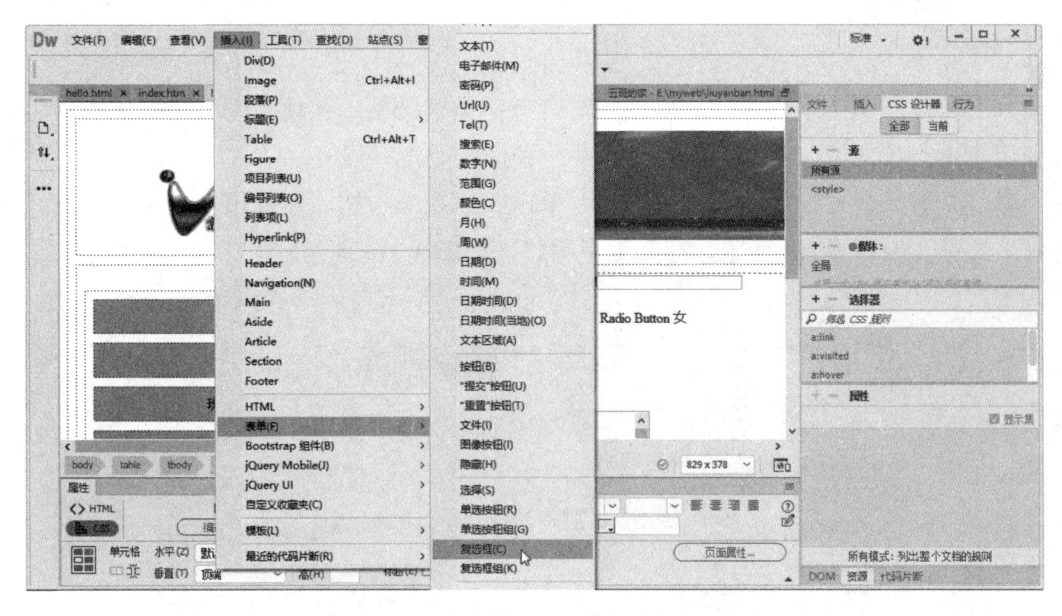

图 3.212　“表单”→“复选框”选项

再插入复选框并输入文字，如图 3.214 所示。

图 3.213　插入复选框

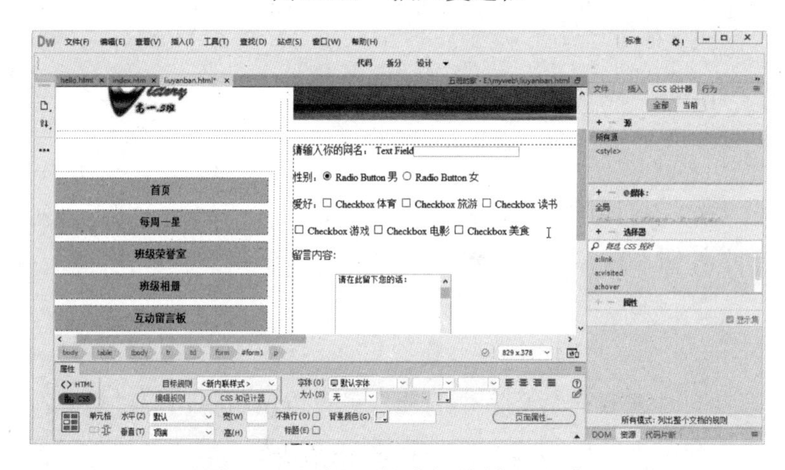

图 3.214　插入复选框并输入文字

6. 下拉列表

下拉列表可以显示选项列表，这样既为留言者提供了方便，又便于管理员对留言内容进行管理，在登记表上比较常用，例如，在询问国家、省份、受教育程度时常常可以见到下拉列表。

在“爱好”前另起一行，输入“来自:”，单击“插入”按钮，在弹出的菜单中选择“表单”→“选择”选项，如图 3.215 所示。插入下拉列表，如图 3.216 所示。

图 3.215　“表单”→“选择”选项

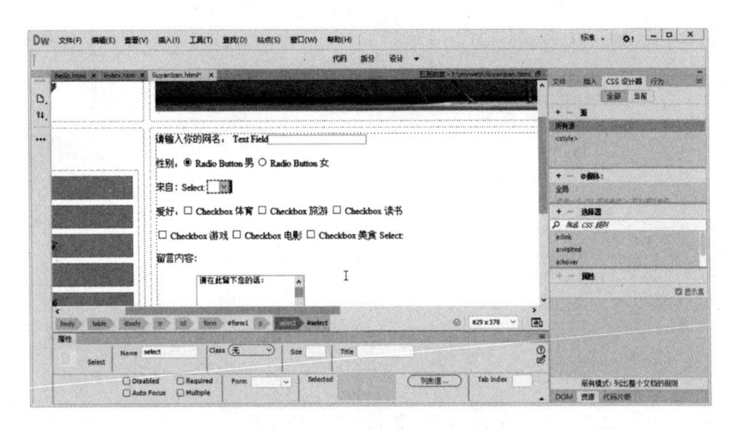

图 3.216　插入下拉列表

选中“选择”表单项，在“属性”面板中单击“列表值”按钮，设置下拉列表框属性，如图 3.217 所示。

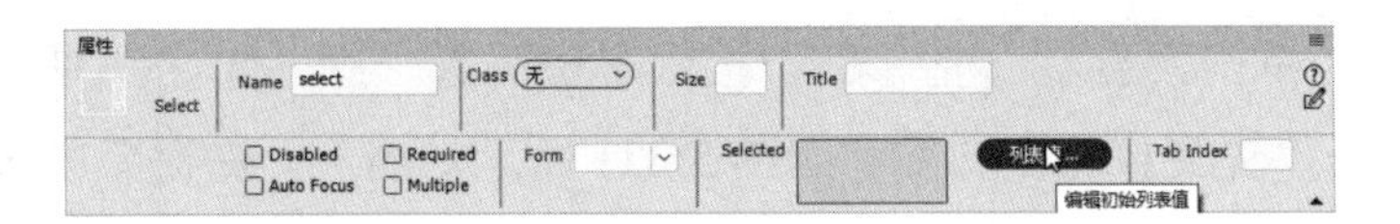

图 3.217　设置下拉列表框属性

在弹出的“列表值”对话框中输入“北京”。单击左上角的“+”按钮，输入列表值，如图 3.218 所示。

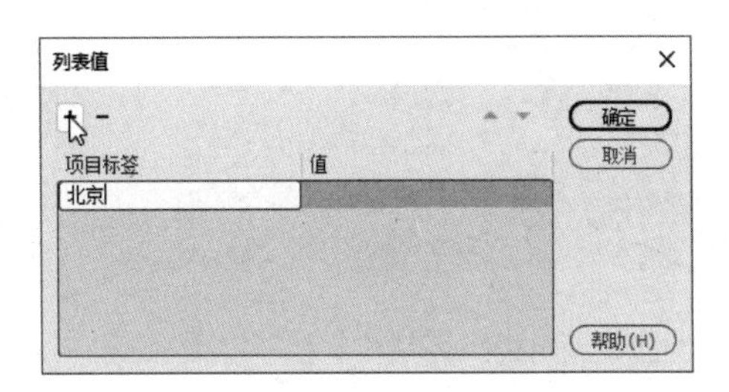

图 3.218　输入列表值

每次单击“+”按钮，系统就会打开一个新的列表项供输入；选中一个列表项，单击“−”按钮，就可以删除一个列表项。重复上一步，输入其他各个城市和省份，最后单击“确定”按钮，返回网页编辑窗口。输入其他列表值，如图 3.219 所示。

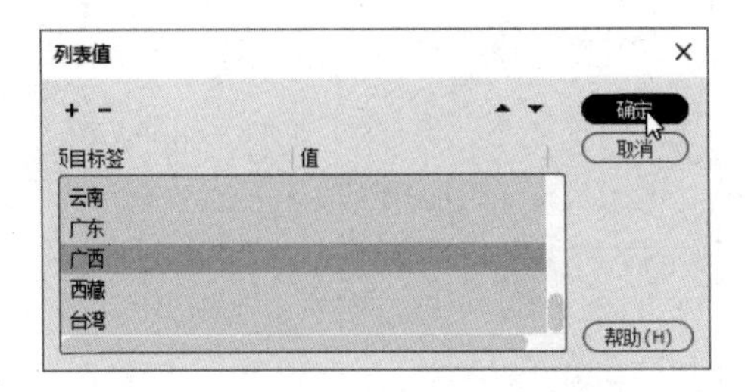

图 3.219　输入其他列表值

选中下拉列表，在“属性”面板的“Select”文本框中，选中“北京”选项，于是表单域里“来自：Select”右边的下拉列表中出现“北京”选项，可以为北京的浏览者提供方便。设置初始化时选定值，如图 3.220 所示。

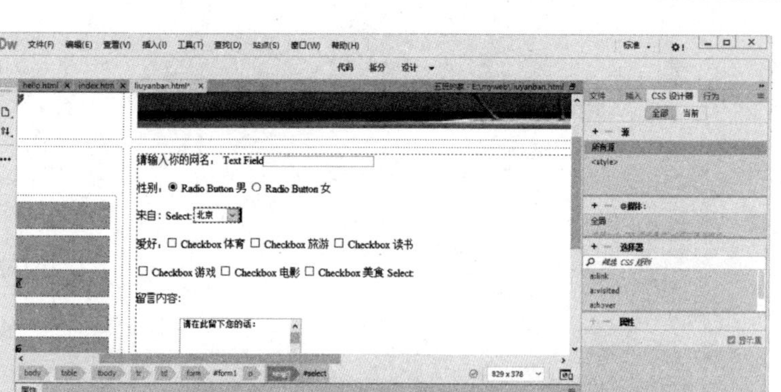

图 3.220　设置初始化时选定值

7．按钮

在留言内容栏右边单击，显示出光标后，按回车键另起一行。单击“插入”按钮，在弹出的菜单中选择“表单”→“提交按钮”选项，如图 3.221 所示。插入“提交”按钮，如图 3.222 所示。

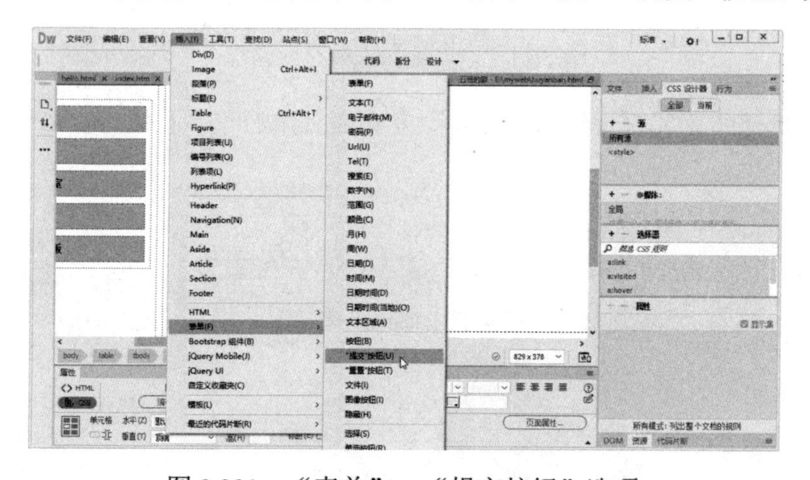

图 3.221　“表单”→“提交按钮”选项

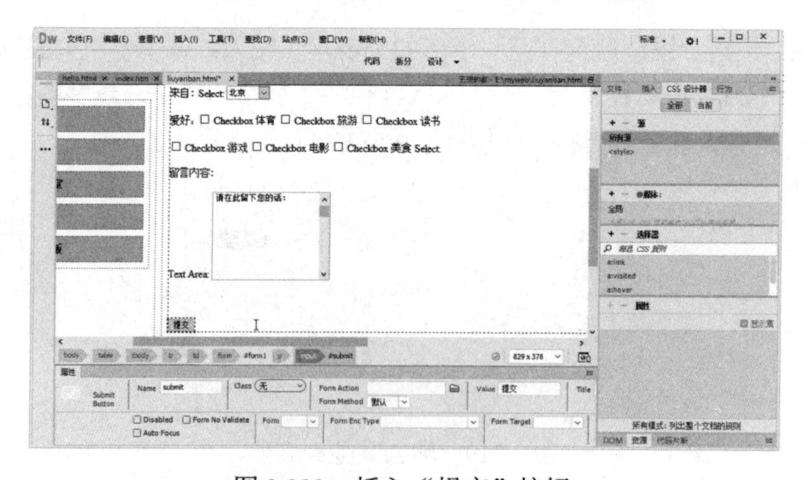

图 3.222　插入“提交”按钮

重复上面的操作，再插入一个“重置”按钮，如图 3.223 所示。这样，当按下“提交”按钮时，表单内容被提交，按下“重置”按钮，则表单中所有填写的内容被清除，等待重新填写。

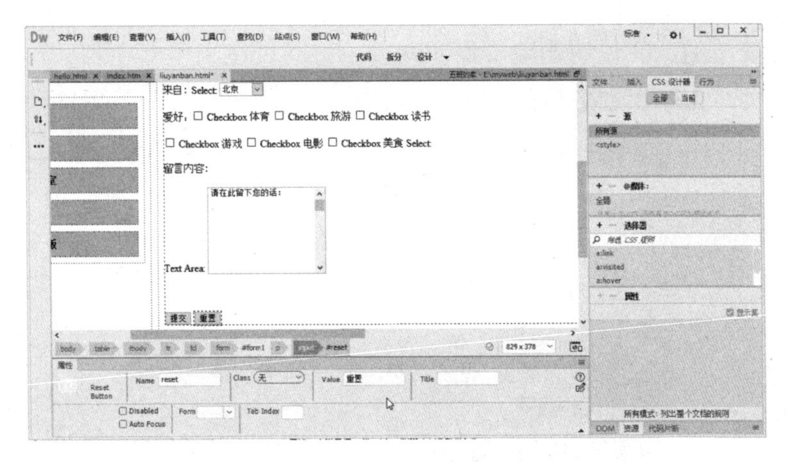

图 3.223　插入“重置”按钮

按钮共有 3 种类型：“提交”按钮的作用是将表单资料传递到相应位置；“重置”按钮的作用是将表单资料全部清除，等待重新输入；普通按钮的作用是可以与别的程序相连，作为启动其他程序的按钮。

作为留言簿，其包含的内容应该有针对性，另外应该让浏览者输入自己的电子邮件地址，以便以后与他们联系。

另起一行，输入“电子邮件地址：”。单击“插入”按钮，在弹出的菜单中选择“表单”→“电子邮件”选项，如图 3.224 所示。插入电子邮件地址文本框，如图 3.225 所示。

图 3.224　“表单”→“电子邮件地址”选项

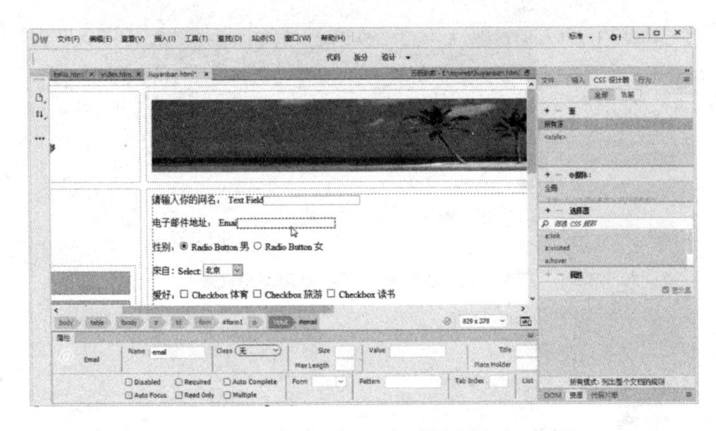

图 3.225　插入电子邮件地址文本框

将网页上关于表单的英文说明删除，保存网页。将网页在浏览器中打开，观察表单在浏览器中的效果。预览网页，如图 3.226 所示。

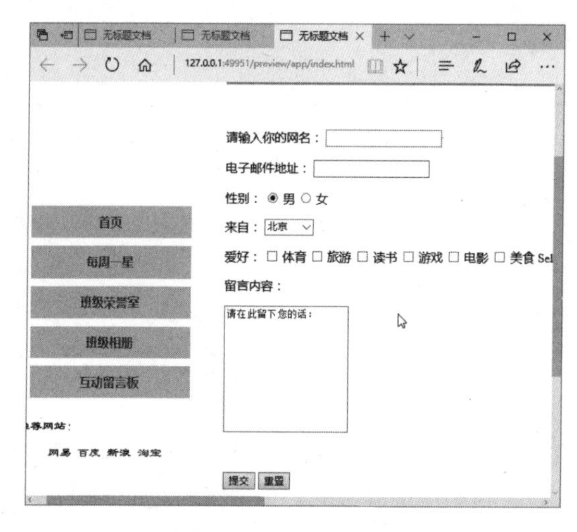

图 3.226　预览网页

对于不满意的地方，可以返回 Dreamweaver 再进行修改，直到满意为止。

子项目 2　提交表单信息

表单有两个重要的组成部分，一是描述表单的 HTML 源代码，二是用于处理用户在表单域中输入信息的服务器端应用程序或客户端脚本，如 ASP 等。网站访问者在页面上看到的表单元素，仅供输入信息而已。当访问者按下表单的“提交”按钮之后，表单内容会上传到服务器上，并且由事先编辑好的 CGI 或 ASP 程序来接手处理，最后服务器再将处理结果发送到访问者的浏览器中，也就是访问者提交表单之后出现的页面。

下面设置表单内容的提交方法。将光标移动到红色虚线上，单击，选中整个表单域，打开“属性”面板，在“Action”右边的文本框中输入“mailto:gaoyi-5@163.com”，表示表单的内容将以电子邮件的形式发送给 gaoyi-5@163.com。设置表单内容的提交方法，如图 3.227 所示。

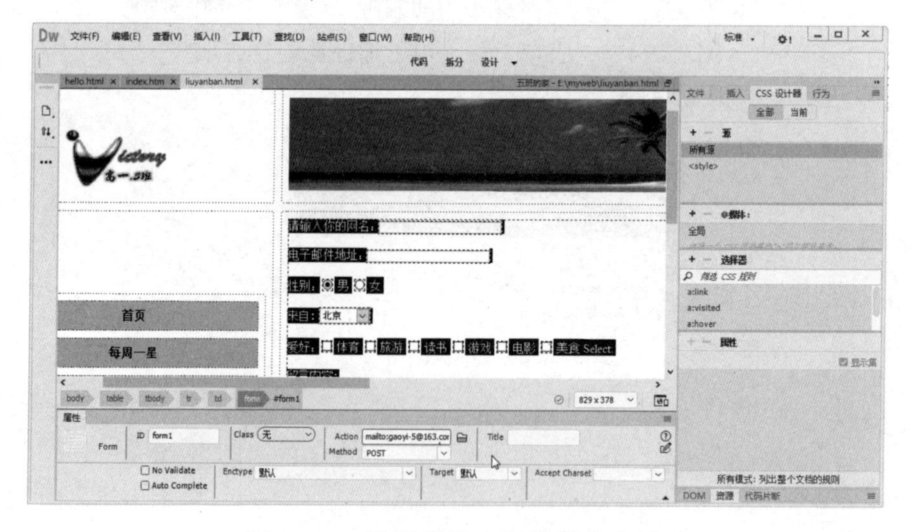

图 3.227　设置表单内容的提交方法

保存网页后，在浏览器中预览网页，输入留言内容，输入完毕，单击“提交”按钮，如图 3.228 所示。

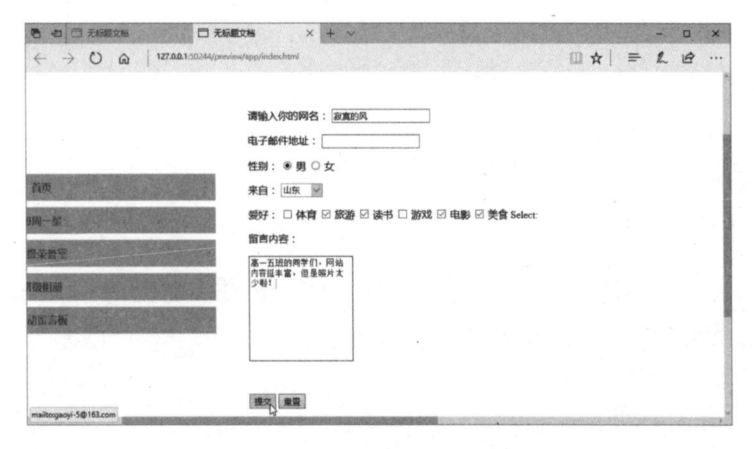

图 3.228　输入留言内容并提交

接收到“提交”命令后，系统会弹出如图 3.229 所示的警告信息对话框。单击“确定”按钮，表单内容就会发送给 gaoyi-5@163.com。注意，如果没有联网，可能会发送失败。

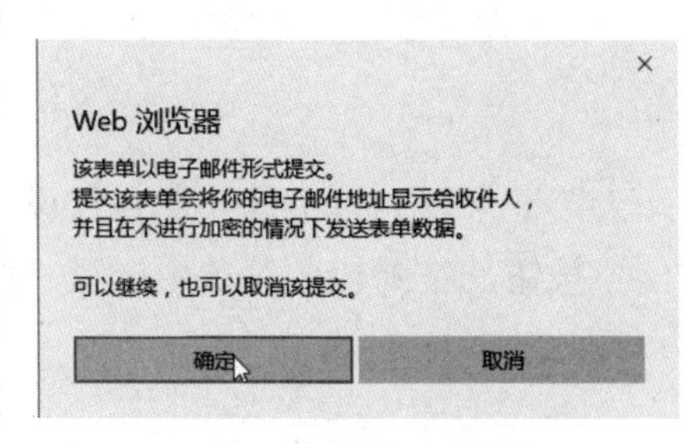

图 3.229　警告信息对话框

在实际的网站中，留言簿的内容通常并不是通过电子邮件来传递的，而是在后台数据库的支持下，存放到相应的数据库文件中。作为基础教程，本章中没有相关内容，大家可以通过学习数据库的相关知识，阅读 ASP 的相关书籍，完成相应的设置。

子项目 3　验证表单内容

留言簿是浏览者与网页所有者之间建立联系的桥梁，通过它可以大大缩短两者之间相互交流的距离，但在得到浏览者提供的信息的同时，也要防止无效信息和错误信息的输入。“验证表单”可以在一定程度上防止空信息和错误信息的发生。

首先，要确定有哪些表单对象需要验证。下面的操作将设定的“网名”“电子邮件地址”“留言内容”这 3 个项目是必填项。其中“电子邮件地址”需要验证输入的格式是否为合法格式，其余两者需要验证是否为空。然后，确定每一个需验证表单对象的名字，以免发生混淆。

选中需要输入“网名”的文本框，在“属性”面板中更改“Name”右边的名称为“name”，将它与其他的文本框区分出来，然后选中“Required”，表示此项必须输入。更改“网名”文本域名称，如图 3.230 所示。

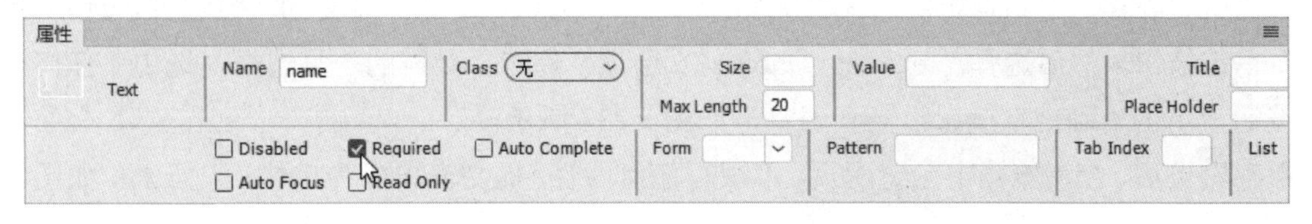

图 3.230　更改“网名”文本域名称

重复上述步骤，选中“电子邮件地址”文本框，将“属性”面板中“Name”右边的名称改为“email”，勾选“Required”复选框。更改“电子邮件地址”文本域名称，如图 3.231 所示。

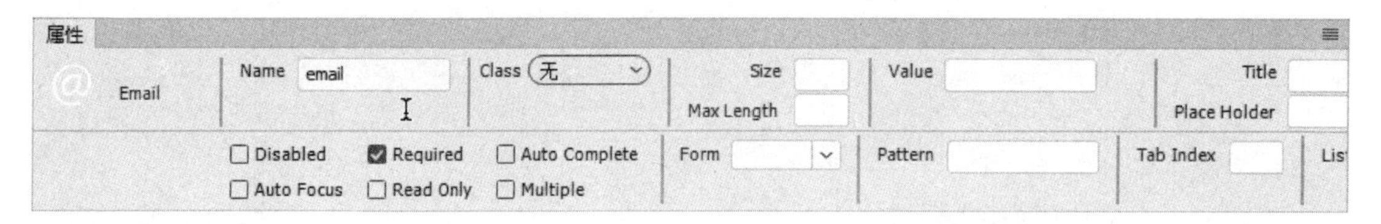

图 3.231　更改“电子邮件地址”文本域名称

重复上述步骤，选中“留言内容”多行文本框，将“属性”面板中“Name”右边的名称改为“liuyan”。更改“留言内容”文本域名称，如图 3.232 所示。

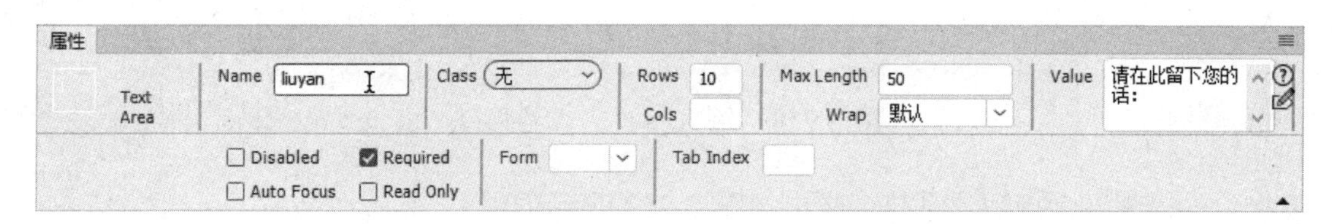

图 3.232　更改“留言内容”文本域名称

接下来就为以上的表单栏目设置检查表单。选中任意一个表单对象，单击“行为”面板中的“+”按钮，在弹出的菜单中选择“检查表单”选项，如图 3.233 所示。

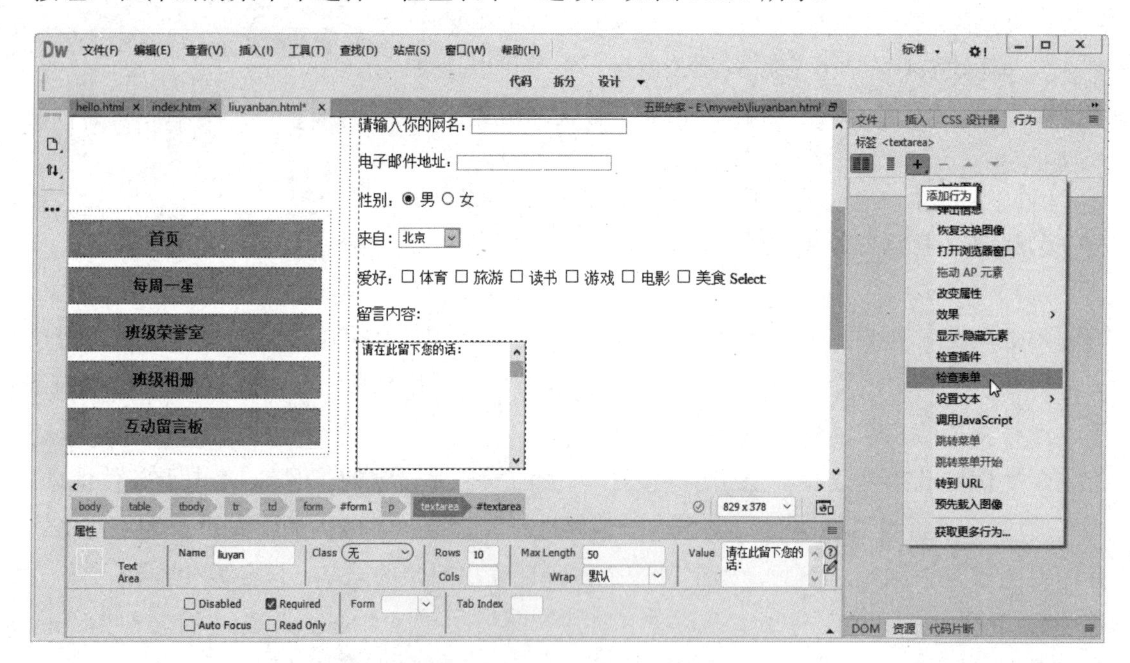

图 3.233　“检查表单”选项

在“检查表单”对话框中，选择“input ‘name’”选项，勾选“必需的”复选框，选中“任何东西”单选按钮。然后选择“textarea ‘liuyan’”选项，勾选“必需的”复选框，选中“任何东西”单选按钮，单击“确定”按钮。检查表单，如图 3.234 所示。

保存网页后，在浏览器中预览网页。不填写任何内容，提交表单后弹出错误提示框，如图 3.235 所示。

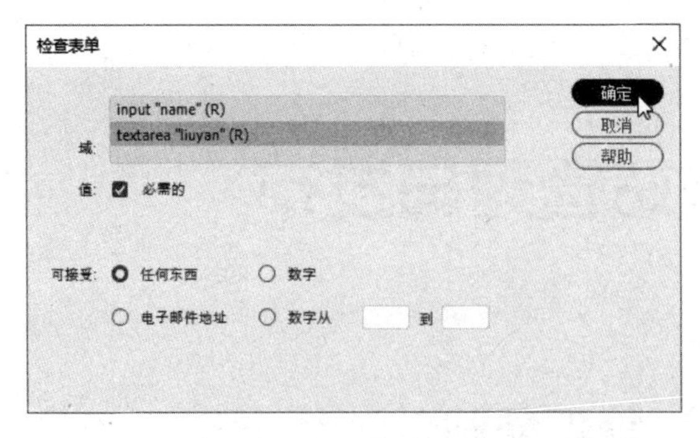

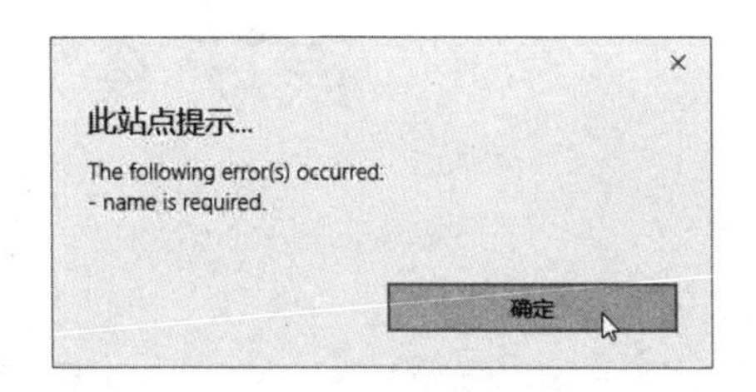

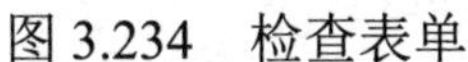

图 3.234　检查表单　　　　图 3.235　错误提示框

同时网页上也出现“这是必填字段”的提示，如图 3.236 所示。在必填项中填入信息，提交后则一切正常。

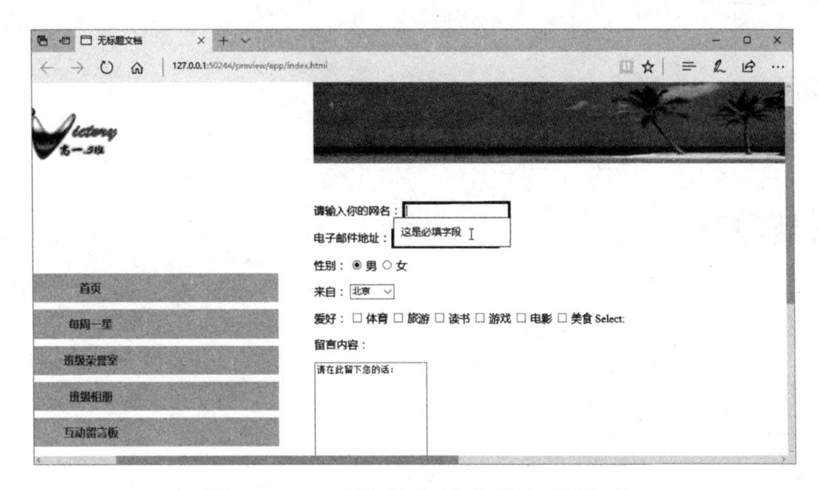

图 3.236　“这是必填字段”的提示

习题

1. 简答题

（1）常见的表单元素有哪些？

（2）如果在一个表单域中要使用两组单选按钮，如何操作？

（3）按钮有哪三种？各自有什么作用？

（4）为什么要验证表单的内容？

2. 操作题

（1）在网页“交流园地”中插入表单，将该网页制作成一个留言簿。

（2）将表单的提交方式设置为电子邮件方式，电子邮件地址为 ya@163.net。

（3）对表单提交信息进行验证，要求各项目不能为空，而且电子邮件地址必须符合相应格式。

模块 4　网站管理与发布

项目 1　管理网站

知识目标

1. 理解超链接的正确性的含义。
2. 了解网站域名的管理机构。

技能目标

1. 掌握检查超链接的正确性的方法。
2. 掌握网站域名的申请方法。
3. 掌握网站空间的申请方法。

项目描述

检查网页中的超链接是否正确；在相关机构申请网站的域名和存储空间，为下一个项目上传网页做好准备。

子项目 1　对网站中的文件进行操作

在网站的制作过程中，每建立一个网页或导入一个文件到网站中，都要涉及网页管理的内容。例如，将图片文件保存到“images”文件夹中，将视频、声音等相关文件保存到相应的文件夹中，这些操作在网站的制作过程中虽然只是举手之劳，但却可以避免网站根目录上的文件出现凌乱，从而保证网页的可读性和可维护性。

网站制作完毕，难免有多余的文件，或者要改变文件的位置，这都需要对文件进行整理。

在 Dreamweaver 中打开站点，不要打开网页，也就是保证它们都不在编辑状态下。在窗口右边的“文件”选项卡中可以完成对文件的改名、复制、移动、删除等操作，这和在 Windows 资源管理器中进行的操作非常相似。

（1）文件的删除

将光标移动到想要删除的文件上，右击，在弹出的快捷菜单中选择“编辑”→“删除”选项，如图 4.1 所示。

图 4.1 “编辑”→“删除”选项

（2）文件的改名

将光标移动到想要改名的文件上，右击，在弹出的快捷菜单中选择“重命名”选项。这时文件名处于待编辑状态，输入新的文件名即可。也可以用鼠标间断地单击文件名两次（不是双击），使文件名处于待编辑状态再输入新的文件名。

（3）文件的复制

将光标移动到想要复制的文件上，右击，在弹出的快捷菜单中选择“复制”选项或直接单击工具栏上的“复制”按钮，打开目标文件夹，单击工具栏上的“粘贴”按钮即可。

（4）文件的移动

将光标移动到想要移动的文件上，右击，在弹出的快捷菜单中选择“剪切”选项或直接单击工具栏上的“剪切”按钮打开目标文件夹，单击工具栏上的“粘贴”按钮即可。

子项目 2 管理网页文件的链接

在管理网页文件的工作中，还要检查网页中是否有无效的超链接，或者超链接有效，但链接的目标有误，这一点非常重要。

在网站的制作过程中，最容易发生的错误就是超链接的错误。发生超链接错误的原因有很多。例如，建立超链接时误操作可能发生超链接错误；网页或其他文件的名字发生更改可能发生超链接错误；删除无效的网页文件后也可能发生超链接错误。

在网页页面上的文字或者图片发生的错误可以直观地发现，及时进行更改。但超链接的错误是隐性的，无法直接从网页上看出来，只能在浏览器中通过单击超链接进行检验。如果真的这样做，那将是一项非常复杂、枯燥的工作，而且也没必要。Dreamweaver 提供了一项功能，可以轻松地完成对超链接的检查。

单击菜单栏上的“站点”按钮，在下拉列表中选择“站点选项”→“检查站点范围的链接”选项，如图 4.2 所示。

图 4.2　“站点选项”→“检查站点范围的链接”选项

此时，“链接检查器”选项卡被打开，网站中出现“断掉的链接”项目中有问题的内容，如图 4.3 所示。如果有网页链接错误，打开网页更改错误的链接就可以了。

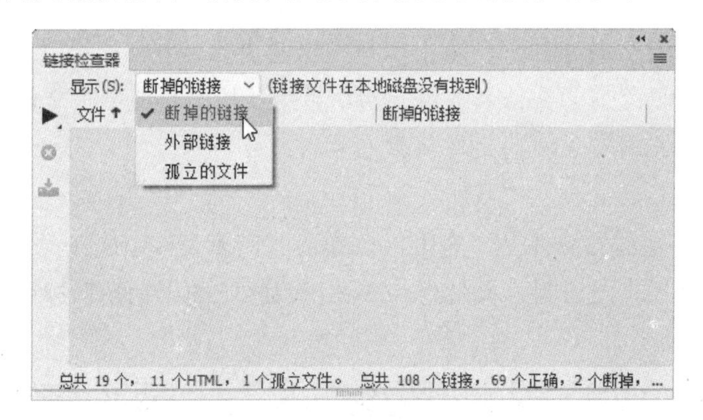

图 4.3　“断掉的链接”项目

更改网页中的错误并保存，然后重新检查。可以直接单击“窗口”按钮，在弹出的菜单中选择“结果”→“链接检查器”选项，如图 4.4 所示。

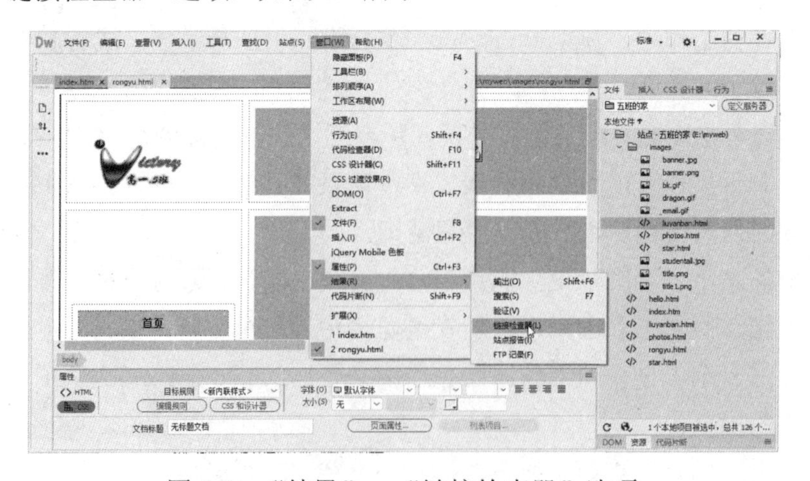

图 4.4　“结果”→“链接检查器”选项

在“链接检查器”选项卡中，单击“检查链接”按钮，重新检查链接，如图 4.5 所示。

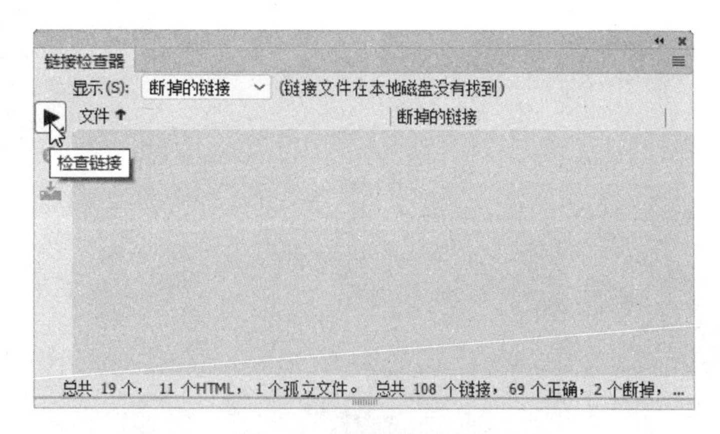

图 4.5 重新检查链接

单击“显示”按钮，在下拉列表中分别选择“断掉的链接”“外部链接”“孤立的文件”选项，相应的文件描述显示在窗口中。注意，在不联网的情况下，外部链接会出现大量报错。不联网时的外部链接如图 4.6 所示。

图 4.6 不联网时的外部链接

打开存在错误超链接的网页，对错误的超链接进行修改，然后重复刚才的操作步骤，直到没有错误超链接为止。

子项目 3 注册域名

相关知识：域名注册机构

域名类似于互联网上的门牌号码，是用于识别和定位互联网上计算机的层次结构式字符标识，与该计算机的互联网协议（IP）地址相对应。但相对于 IP 地址而言，它更便于使用者理解和记忆。域名属于互联网上的基础服务，基于域名可以提供 WWW、EMAIL、FTP 等应用服务。

域名注册分为国际域名注册和国内域名注册两种。国内域名注册由中国互联网络信息中心（CNNIC）授权其代理进行；国际域名注册通过互联网络信息中心（INTERNIC）授权其代理进行。中国互联网络信息中心的主页如图 4.7 所示。

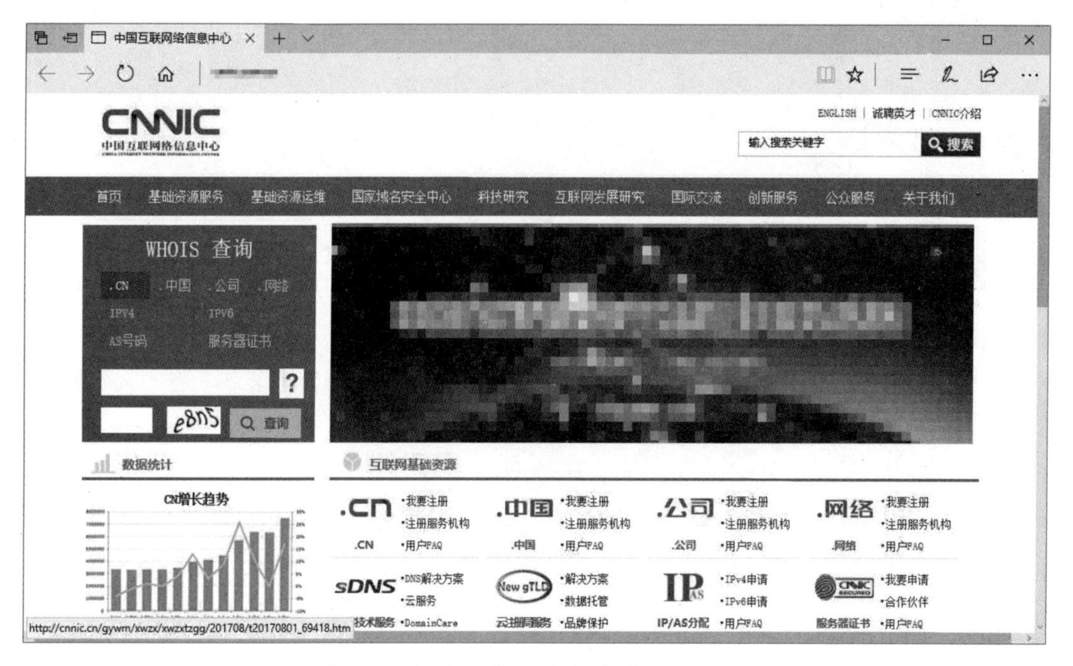

图 4.7　中国互联网络信息中心的主页

中国互联网络信息中心（CNNIC）是 CN 域名的管理机构，负责运行和管理相应的 CN 域名系统，维护中央数据库。注册服务机构按照公平原则和先申请先注册原则受理 CN 域名的注册申请，并根据国家有关法律、法规完成 CN 域名的注册。而注册代理机构则负责在注册服务机构授权范围内接收域名的注册申请。注册服务机构的结构图如图 4.8 所示。

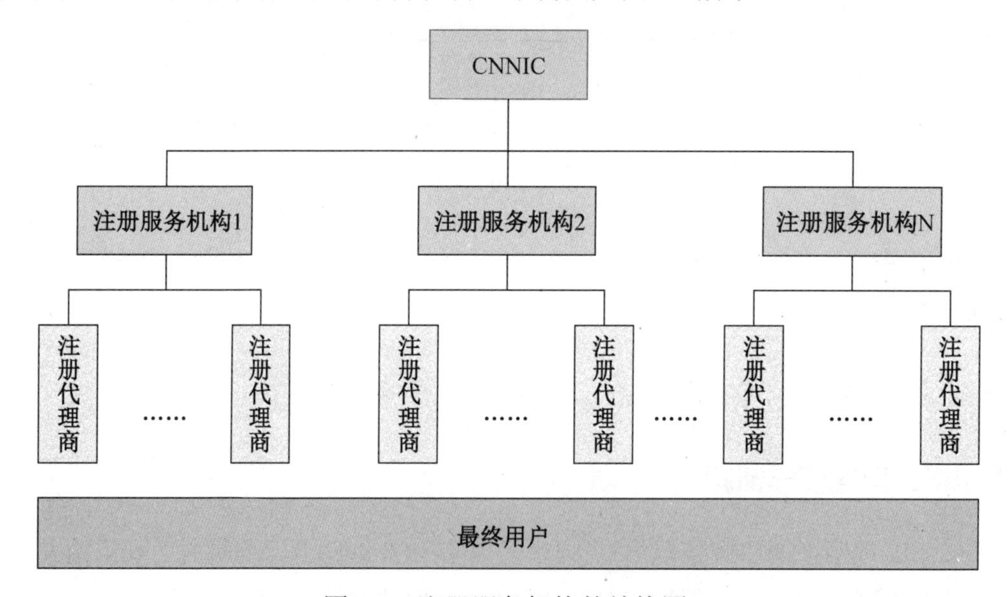

图 4.8　注册服务机构的结构图

项目实施步骤

下面以注册一个域名为例，简述注册域名的步骤。

首先，在 IE 浏览器中输入网址，将网页在浏览器中打开，如图 4.9 所示。

图 4.9　将网页在浏览器中打开

单击“域名服务”按钮，在下拉菜单中选择“.英文域名”选项，如图 4.10 所示。

图 4.10　“.英文域名”选项

如果要想完成域名注册，必须先注册成为该网站的会员。单击“会员注册”按钮，进行会员注册。这个注册仅仅是成为东方网景网的用户，所以是免费的。

如图 4.11 所示，在会员注册页面上输入姓名、电子邮件地址、登录密码等，单击“确定”按钮。此时，系统开始检查账号是否符合规定、是否重名等。

在账号通过检查以后，需要输入个人资料，其中带“*”号的必须填写，其他的项目可以有选择地填写。填写完毕，单击“注册”按钮，如图 4.12 所示。

注册完毕，弹出注册成功页面，如图 4.13 所示。

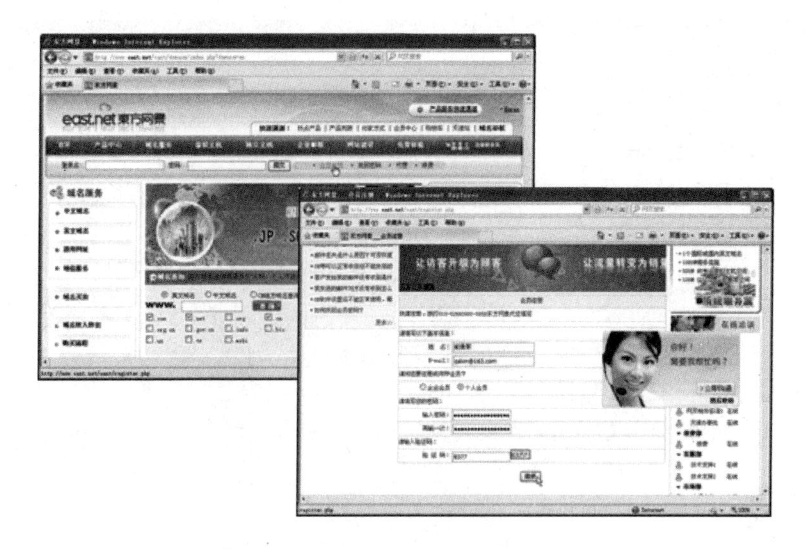

图 4.11　输入注册账号

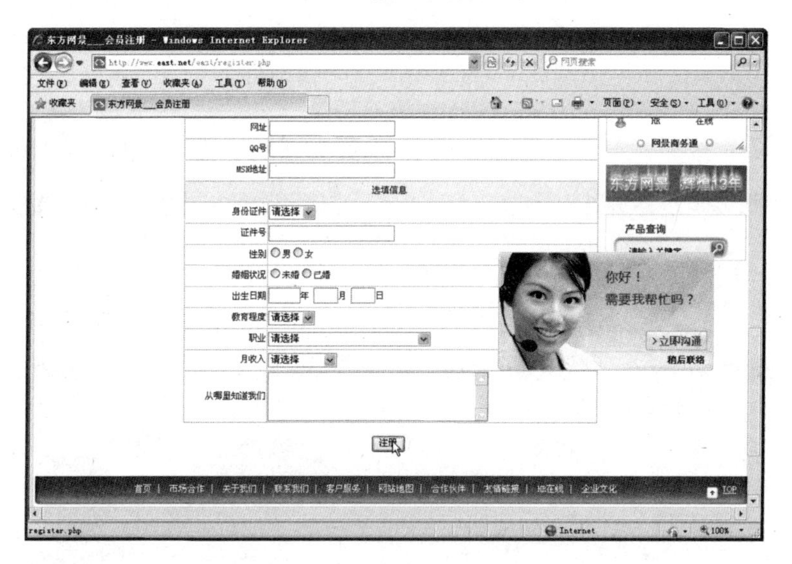

图 4.12　输入个人资料

图 4.13　注册成功页面

如图 4.14 所示为重新进入域名注册界面的情况，可以发现登录成功后，网页上出现用户名及账户上的金额。注意，账户上的金额不够交费金额是不能完成注册的，此时需要到该网站的所在机构交费，进而对账户进行充值。单击“英文域名”单选按钮，在 WWW 文本框中输入“qdgao15”，勾选“.com”复选框，单击“查询”按钮。

图 4.14 重新进入域名注册界面

如果该域名没有被他人注册过，将出现如图 4.15 所示的窗口。在该窗口中单击“加入购物车”按钮，对本次域名注册给予确认。

图 4.15 域名没有被他人注册过的窗口

在弹出的窗口中，可以看到刚才所注册域名的相关信息，包括价格等。单击“结算”按钮可以完成购买账号的过程，单击“清空”按钮可以取消刚才的操作。单击“结算”按钮的操作如图 4.16 所示。

这时，系统将查看账户上的金额，在扣除相应金额后的 24 小时内，域名将开通。

注册域名后，需要每年向注册服务机构交纳域名运行管理费用。年域名续费截止日和申请日相同。对于未完成续费的域名，将暂停服务。暂停服务 15 日仍未完成续费的域名，将被删除。另外，如果注册信息发生变化，应当及时通知域名注册服务机构加以变更，同时注意保存注册服务机构提供给用户的用于更改信息的密码和用于转移注册服务机构的密码。

图 4.16　单击“结算”按钮 的操作

子项目 4　选择存放网站的服务商

相关知识：虚拟主机与主机托管

要将网站存放在互联网上，除了需要注册域名，还要选择一个合适的服务商。目前，各服务商提供两种方式来存放网站文件，一种是虚拟主机，一种是主机托管。

虚拟主机是使用特殊的软、硬件技术，把一台主机分成一台台虚拟的主机，每台虚拟主机都具有独立的域名和共享的 IP 地址。虚拟主机属于企业在网络营销中比较简单的应用，适合个人或初级建站的中小型企事业单位。这种建站方式适用于发布简单的信息。

主机托管是将自己的服务器放在通信部门的专用托管服务器机房，利用数据中心的线路、端口、机房设备为信息平台建立自己的宣传基地和窗口。主机托管可为对运行环境有专门要求的高级网络运营提供托管服务，还可为用户提供实时带宽监测与报告。托管用户具有设备的拥有权和配置权，并可根据用户的需求为用户预留足够的发展空间。对于企业，一般采用主机托管，不但节约成本，还可以使用户根据需要灵活选择数据中心提供的线路、端口及增值服务，而且不会因为共享主机而引起主机负载过重，导致服务器性能下降。

项目实施步骤

下面以注册一个虚拟主机服务为例，介绍虚拟主机的注册步骤。

在 IE 浏览器中输入东方网景网的网址，将网页在浏览器中打开。输入用户名和密码，登录到网站，如图 4.17 所示。

图 4.17　登录网站

然后，单击网页顶端的“虚拟主机”按钮，在下拉菜单中选择“虚拟主机”选项，如图 4.18 所示。

图 4.18　“虚拟主机”选项

在网页“虚拟主机”中可以看到，有多种形式的虚拟主机服务。选择其中一种，单击“立即购买”按钮，如图 4.19 所示。

在弹出的“虚拟主机”对话框中，可以看到提供虚拟主机服务的硬件信息，输入 FTP 账号、密码，以及域名，单击“确定”按钮，如图 4.20 所示。

该项购买交易已经被放入购物车。在屏幕左侧单击“结算”按钮，系统将查看账户上的金额，在扣除相应金额后的 24 小时内，服务将开通，如图 4.21 所示。

虚拟主机服务开通之后，通过使用 FTP 账号和密码可以将网站上传到服务器提供的空间上，输入登记的域名就可以将网页打开。

图 4.19　选择一种虚拟主机服务

图 4.20　“虚拟主机”对话框

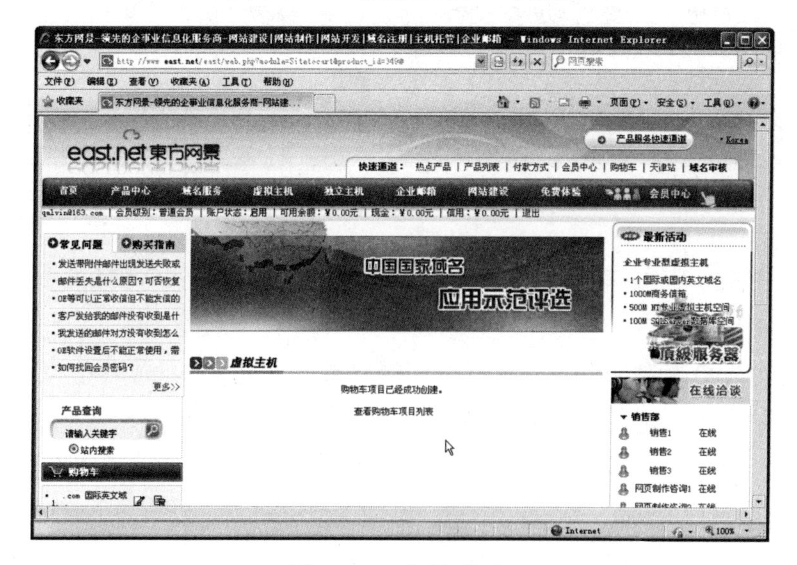

图 4.21　交易成功

子项目 5　申请免费网页空间

对于学生来说，支付域名费用、选择虚拟主机，甚至主机托管都是不现实的。不过不用担心，提供免费主页空间的服务器有很多，用户只需向其提出申请，在得到答复后，按照说明上传主页即可。主页的域名和空间都不用自己操心，美中不足的是网站的空间有限，提供的服务一般，域名更不能随心所欲地确定。

由于多数服务器在申请额满后会停止申请，所以无法向大家提供这些服务器的准确网址。在百度上可以搜集提供免费空间的网站，从中查找一个合适的网站进行注册。使用百度搜索“免费网页空间”的结果，如图 4.22 所示。注意，在这些搜索结果中寻找合适的空间时，要认真鉴别信息的真伪，不要选择写着“广告”字样的网站。

图 4.22　使用百度搜索“免费网页空间”的结果

值得注意的是，现在提供 FTP 空间的网站比较少。如果你的英文好，可以去国外的服务器申请，参照翻译软件，成功注册应该不是问题。当然，你也可以将主页上传到学校的服务器上。

申请免费空间最大的问题是网络安全。在申请过程中一定注意不要泄露个人信息，特别是和银行卡有关的信息。养成良好的上网习惯、具备防范意识是在 Internet 上自由浏览的前提。

习题

1．简答题

（1）网站管理包括哪两方面的内容？

（2）除了自己建立服务器，目前提供网页空间的方式主要有哪两种？

（3）既然有免费网页空间，为什么还有人申请虚拟主机或主机托管服务？

2．操作题

（1）打开在上一章习题中编辑过的网站，对网站中的文件进行管理，删除无用的文件，将相关文件放入相应的文件夹。

（2）检查各个网页中超链接的正确性。

（3）在 Internet 上搜索关于免费主页空间的信息，登录其中的一个网站，注册并申请一个免费主页空间。

项目2　上传网站

知识目标

1. 了解 Web 服务器 IIS 的作用。
2. 掌握上传网站的几种方法。
3. 了解 FTP 软件的作用。

技能目标

1. 掌握配置 IIS 服务器的方法。
2. 掌握在 Dreamweaver 中上传网页的方法。
3. 掌握使用 FTP 软件上传网站的方法。

项目描述

制作网页的最终目的是将网页发布到 Internet 上，让需要的人浏览。所以上传网页是网页制作中的最后一步，也是最重要的一步。

在本项目中，首先设置 Web 服务器，然后将网站发布在本机上，浏览网页的实际结果，对有问题的网页进行修改。

最后，将制作的网页上传到服务器上并进行浏览。

子项目1　设置 Web 服务器 IIS

相关知识：Web 服务器概述

网页中有一些特殊的效果只有在 Web 服务器的支持下才能很好地实现，换句话说，只有在 Web 服务器的帮助下，我们才能完成对网页调试的整个过程。所以，学习安装、调试个人 Web 服务器还是非常有必要的。

Web 服务器的构建需要两个必不可少的基础平台，即网络硬件平台和网络软件平台。只有完成这两个平台的建设，才可以建设 Web 服务器。

① 网络硬件平台的搭建。通常采用局域网互联技术，建设 Web 服务器所需的局域网，然后再将局域网与 Internet 相连，从而为实现 Web 服务器与 Internet 相连提供硬件基础。

② 网络软件平台的搭建。由于网页信息均通过 HTML 格式进行 Web 发布，所以想要搭建的 Web 软件平台必须以 TCP/IP 协议为基础，并提供和支持 HTTP 传输协议。

项目实施步骤

IIS 即 Internet 信息服务，在 Windows 的多个版本中都集成了这个软件，Windows 10 也不例外。使用 IIS，可以将制作的网站发布到本机上，然后可以像访问 Internet 上的网站一样，对制作的网页进行访问，对于验证网页具有非常重要的参考价值。另外，把计算机的 IP 地址告诉局域网中的用户，其他人就可以通过在浏览器中输入该计算机的 IP 地址对网站进行访问，整个过程和在 Internet 上是一样的。

在 Windows 中，IIS 不是默认安装的，所以在使用之前必须先进行安装。单击“开始”按钮，在弹出的菜单中选择“设置”选项，如图 4.23 所示。

在“Windows 设置”中，单击“应用”按钮，打开应用的设置，如图 4.24 所示。

图 4.23　“开始”菜单的“设置选项”

图 4.24　“应用”按钮

“设置”窗口图 4.25 所示，在左侧选择“应用和功能”选项，在右侧选择“程序和功能”选项。

图 4.25　“设置”窗口

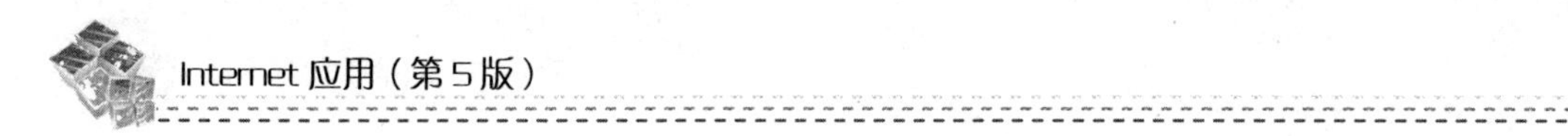

在“程序和功能”窗口中，选择“启用或关闭 Windows 功能”选项，如图 4.26 所示。

图 4.26　“程序和功能”窗口

在“Windows 功能”窗口中，勾选“Internet Information Services 可承载的 Web 核心”复选框，即 IIS。单击“确定”按钮，如图 4.27 所示。

图 4.27　“Windows 功能”窗口

此时，开始安装 IIS，如图 4.28 所示。

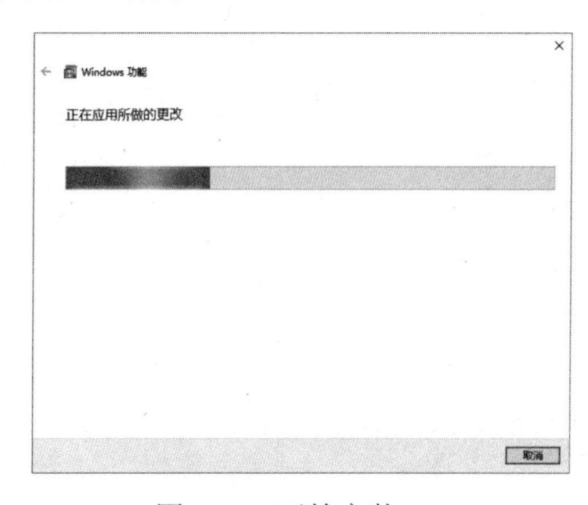

图 4.28　开始安装 IIS

安装完毕，单击“关闭”按钮，如图 4.29 所示。

图 4.29　安装完毕

在返回的“程序和功能”窗口中，选择“控制面板主页”选项，如图 4.30 所示。

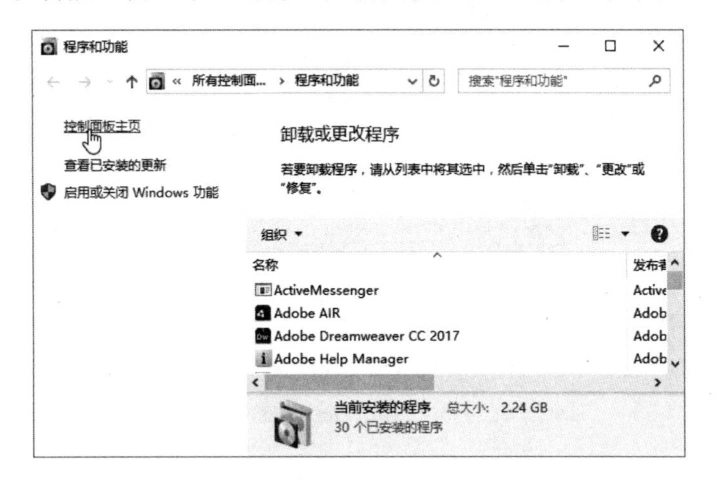

图 4.30　“控制面板主页”选项

在弹出的“所有控制面板项”窗口中，控制面板中的项是按类别显示的，非常不好查找。单击“查看方式”按钮，选择“大图标”选项，如图 4.31 所示。

图 4.31　“所有控制面板项”窗口

在“所有控制面板项”窗口中，选择“管理工具”选项，如图 4.32 所示。

图 4.32 “管理工具”选项

在弹出的窗口中，双击“Internet Information Services（IIS）管理器”选项，如图 4.33 所示。

图 4.33 “Internet Information Services（IIS）管理器”选项

弹出“Internet Information Services（IIS）管理器”窗口，选择右侧的“查看网站”选项，如图 4.34 所示。

图 4.34 “Internet Information Services（IIS）管理器”窗口

此时，可以发现 IIS 默认打开了一个网站，这个网站有一个欢迎页面。接下来要把制作的网站设置成 IIS 的默认网站。在窗口右侧选择“添加网站”选项，如图 4.35 所示。

在弹出的“添加网站”对话框中，输入网站名称和网站的物理路径，该路径也可以通过单击次对话框右侧的“…”按钮找到。最后单击“确定”按钮，如图 4.36 所示。

图 4.35　“添加网站”选项

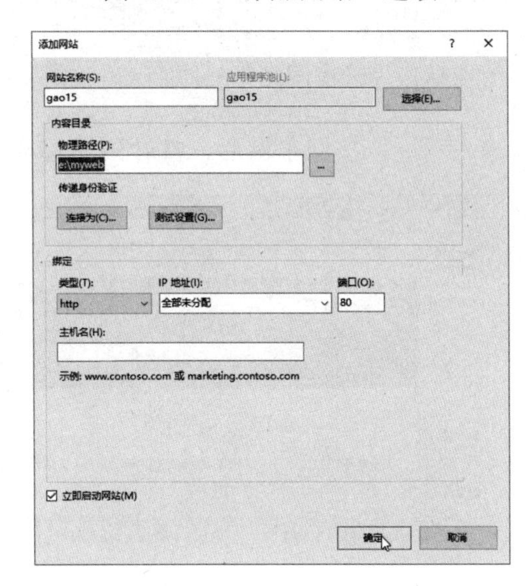

图 4.36　“添加网站”对话框

此时，在 IIS 中共有两个网站，其中第一个默认网站是启动的，刚刚加入的网站并没有启动。选中默认的网站，右击，在弹出的快捷菜单中，选择“管理网站”→“停止”选项，该网站即停止运行，如图 4.37 所示。

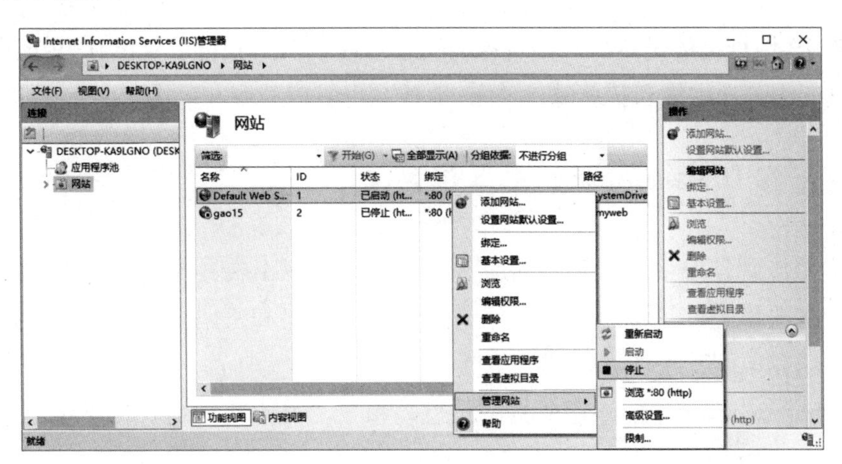

图 4.37　“管理网站”→“停止”选项

接着选中刚添加的网站，右击，在弹出的快捷菜单中，选择“管理网站”→“启动”选项，该网站开始运行，如图 4.38 所示。

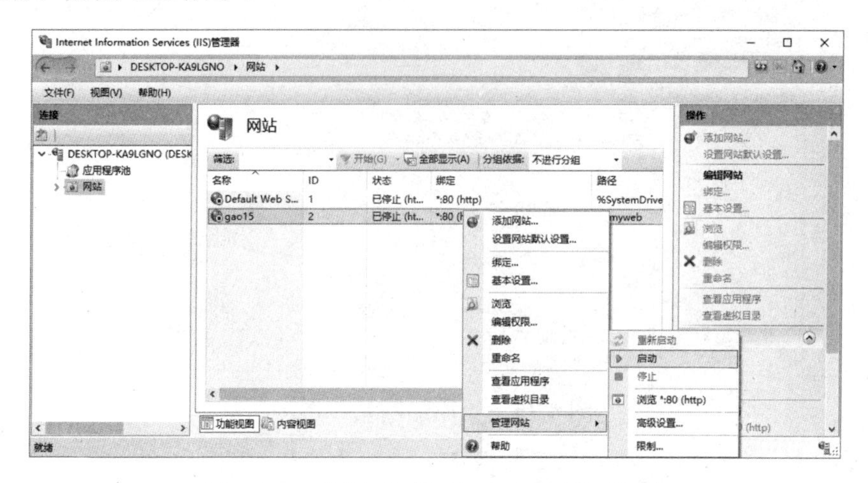

图 4.38　“管理网站”→“启动”选项

打开浏览器，在地址栏中输入网址，按回车键后，打开网站首页，如图 4.39 所示。

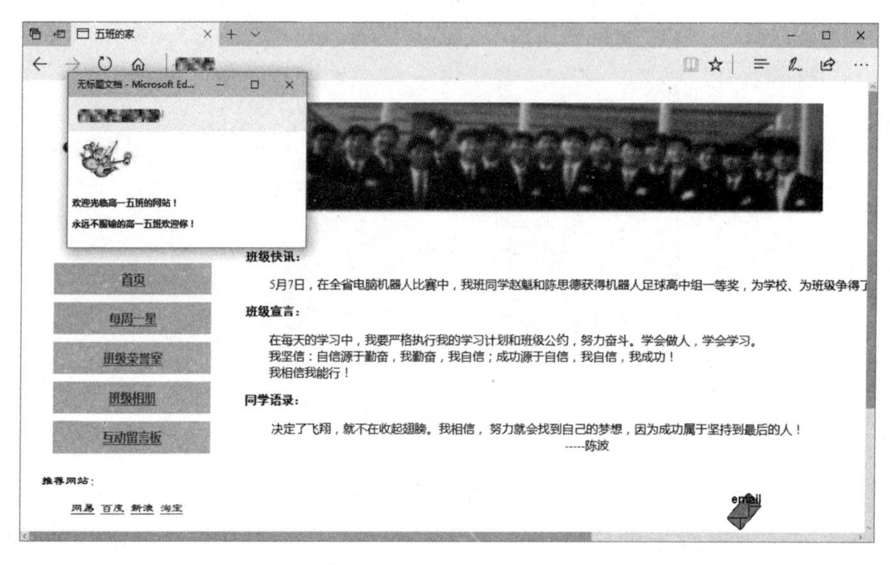

图 4.39　打开网站首页

IP 地址栏的 IP 地址指的是本机，如果计算机接入局域网，就可以查出其 IP 地址。然后其他局域网中的计算机在浏览器中输入该计算机的 IP 地址，也可以看到和如图 4.39 一样的内容。

子项目 2　在 Dreamweaver 中上传网页

可以将网页上传到预先申请好空间的服务器上，也可以上传到学校的服务器上。无论上传到哪个服务器上，都要事先知道该服务器管理员提供的用户名和密码，否则上传请求将被服务器拒绝，所以需要事先完成配置工作。

首先，在 Dreamweaver 中配置服务器的信息。单击“站点”按钮，在下拉菜单中选择“管理站点”选项，如图 4.40 所示。

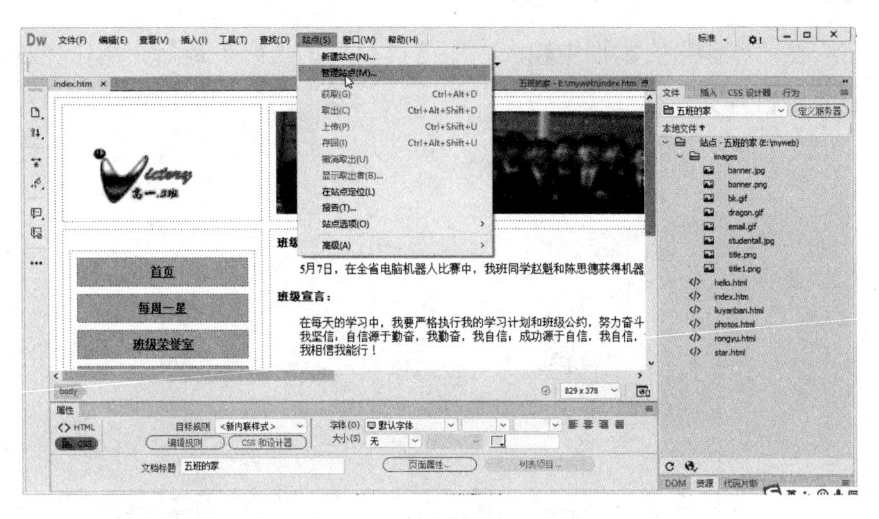

图 4.40　“管理站点”选项

在“管理站点”对话框中，选中需要编辑的站点，单击“编辑当前选定的站点”按钮，如图 4.41 所示。

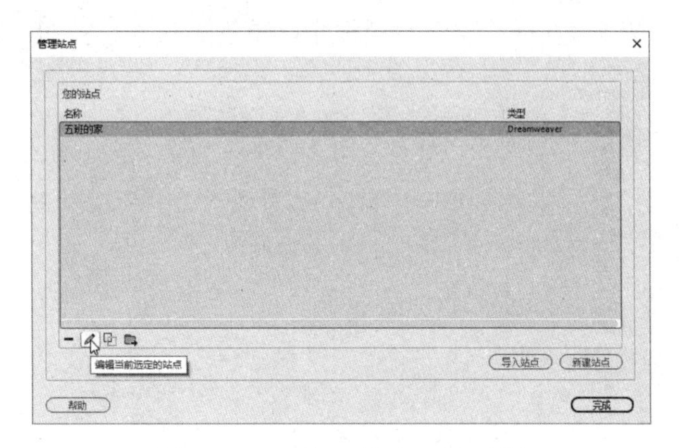

图 4.41　“管理站点”对话框

在弹出的“站点设置对象 五班的家”对话框中，选择“服务器”选项，单击“添加新服务器”按钮，如图 4.42 所示。

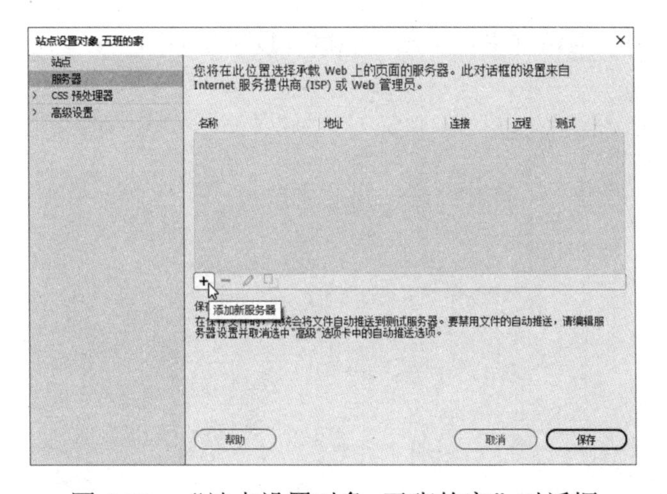

图 4.42　“站点设置对象 五班的家”对话框

在对话框的“FTP 地址”文本框中输入服务器的 IP 地址；在“用户名”文本框中输入由服务

器提供的用户名；在“密码”文本框中输入由服务器提供的密码。最后，单击“保存”按钮。输入信息并保存如图 4.43 所示。

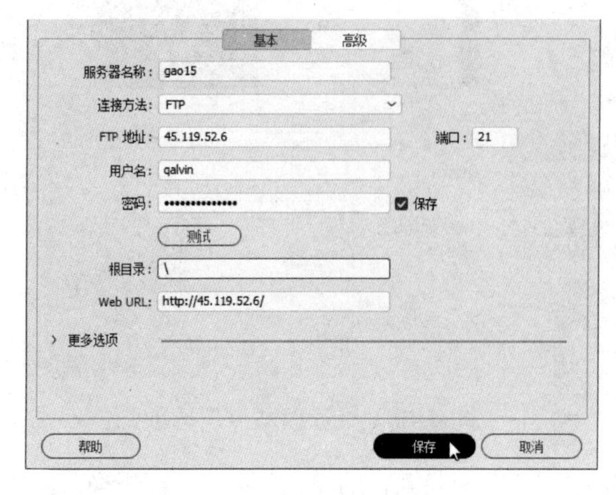

图 4.43　输入信息并保存

在返回的“站点设置对象 五班的家”对话框中，单击“保存”按钮，如图 4.44 所示。

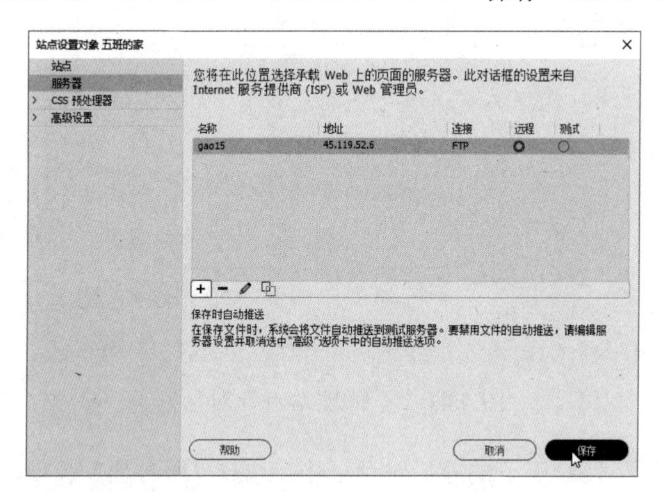

图 4.44　“站点设置对象 五班的家”对话框

在返回的“管理站点”对话框中，单击“完成”按钮，如图 4.45 所示。

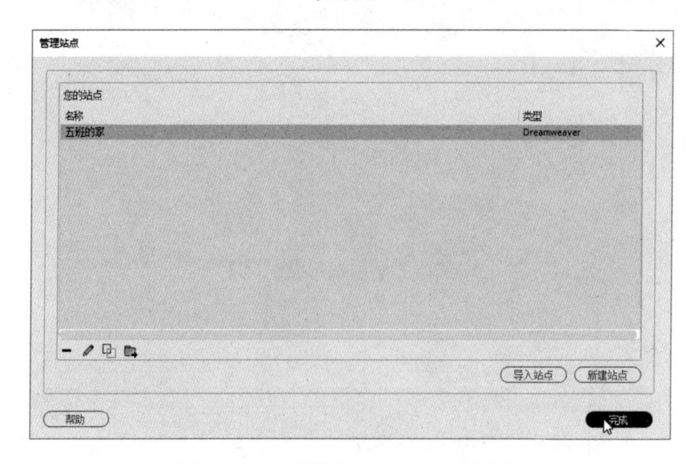

图 4.45　“管理站点”对话框

完成配置后，就可以上传网页了。在“文件”面板中，单击“上传”按钮，如图 4.46 所示。

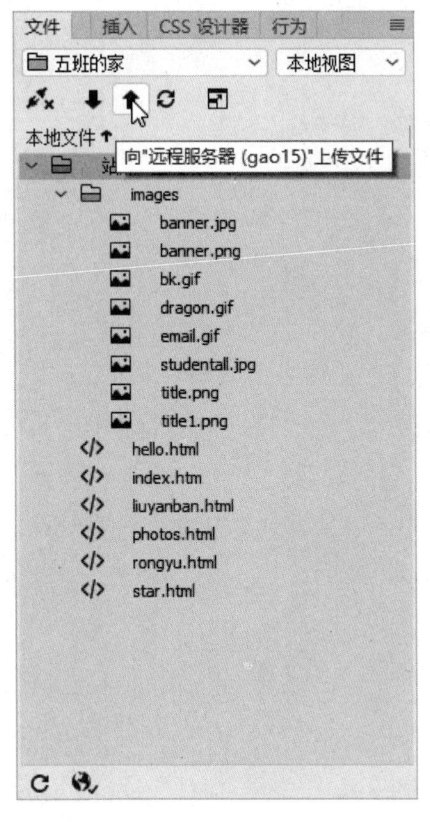

图 4.46　“上传”按钮

Dreamweaver 开始查找主机并连接，如图 4.47 所示。

由于没有选择要上传的文件，所以 Dreamweaver 会询问是否上传整个站点，单击“确定”按钮，如图 4.48 所示。如果在单击“上传”按钮前，选择了要上传的文件，那么这个对话框就不会出现了。

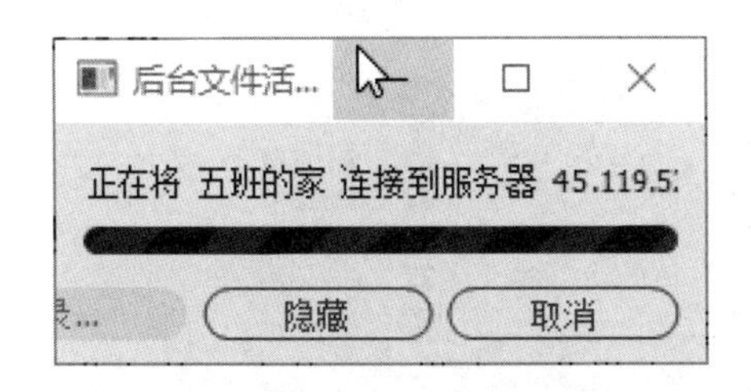

图 4.47　查找主机并连接

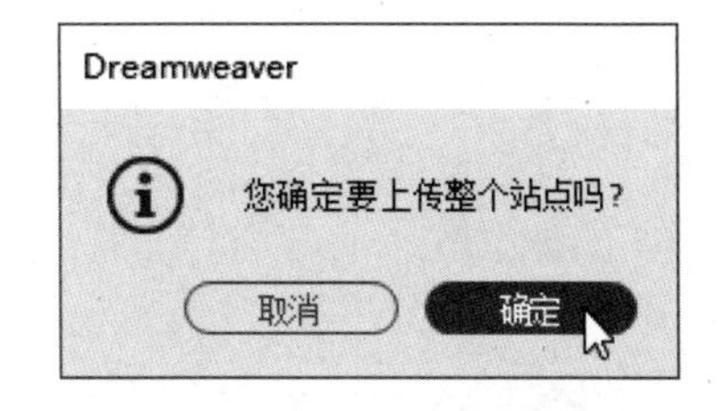

图 4.48　没有选择要上传文件的对话框

此时，开始上传文件。正在上传的文件前会出现一个向上的箭头，如图 4.49 所示。

单击“文件活动”按钮，如图 4.50 所示，在弹出“后台文件活动”窗口中，显示出“上传文件的详细清单”，如图 4.51 所示。

单击右上角的“展开”按钮，可以同时看到本地文件夹的网页和已经上传到服务器上的网页，如图 4.52 所示。浏览上传的网页如图 4.53 所示。

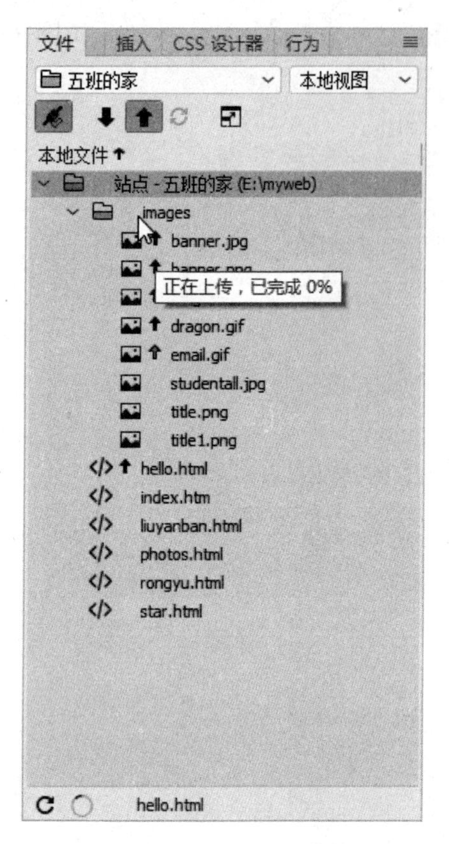

图 4.49　正在上传的文件

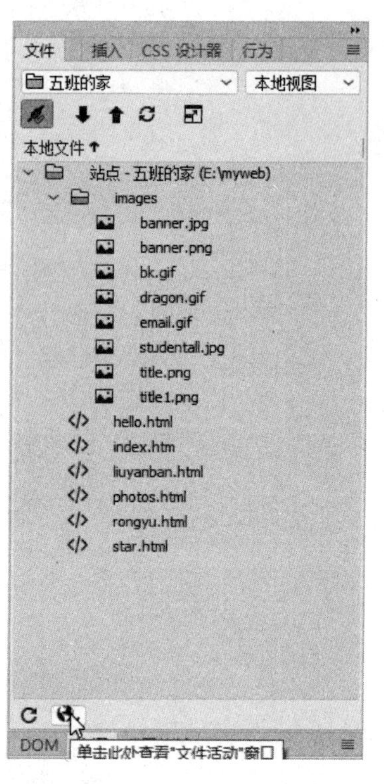

图 4.50　“文件活动”按钮

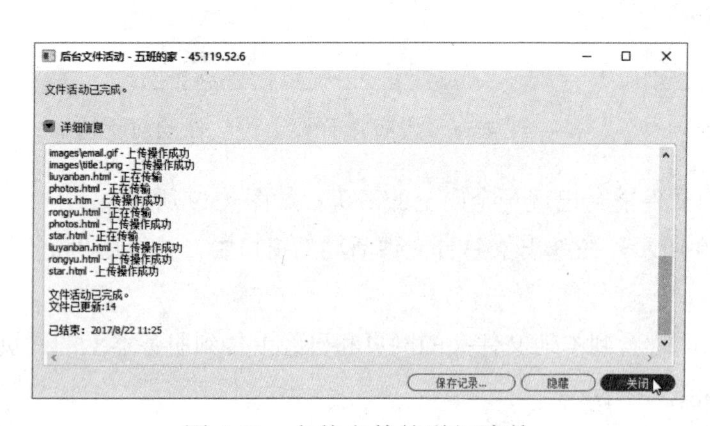

图 4.51　上传文件的详细清单

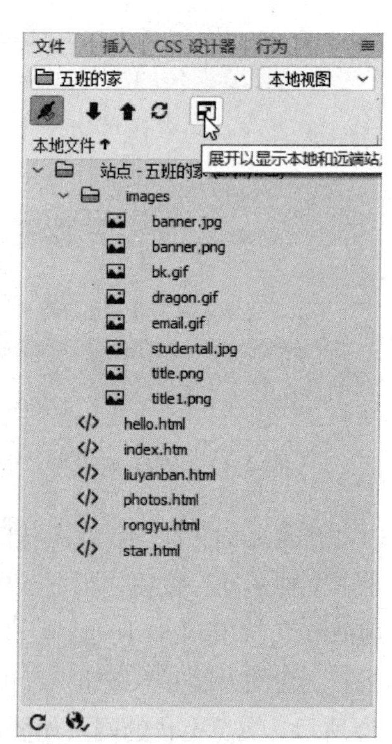

图 4.52　展开以显示的内容

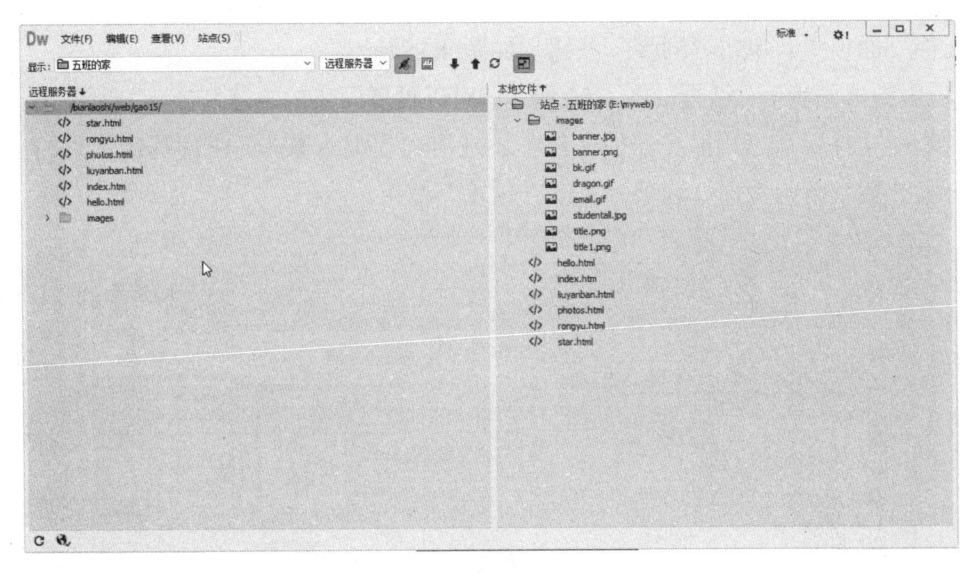

图 4.53　浏览上传的网页

文件上传完毕，在浏览器中输入服务器提供的网址，打开上传的网页，如图 4.54 所示。如果对网页的内容不满意，可以重新打开 Dreamweaver 进行修改，然后重新上传。

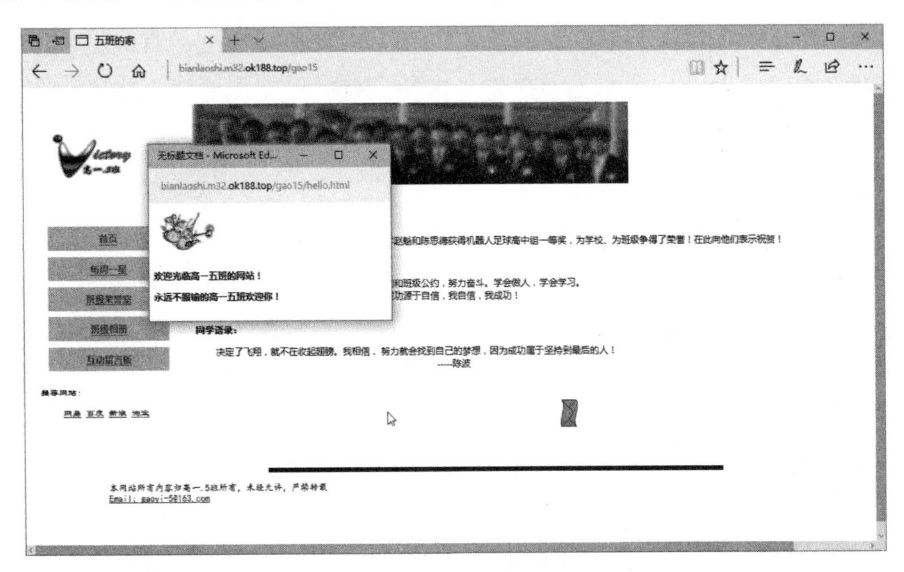

图 4.54　打开上传的网页

子项目 3　更新网站中的文件

为保证网站的实效性，网站在上传以后还要进行日常的维护，包括网页内容的更改、网页文件的更新与删除，以及其他文件的导入与删除等。所有这些操作，都不必连接到 Internet 上进行，在本机上操作就可以了，在完成修改以后重新上传网页即可。

由于日常维护网站仅仅对网站中的内容进行小修改，所以不必将所有文件都重新上传。Dreamweaver 提供了“同步”命令，该命令会自动检查本地计算机上网站的内容与 Internet 上网站的内容是否一致，然后用完成时间较近的文件覆盖 Internet 上之前存在的同名文件，上传 Internet 上缺少的文件，并将无用的文件删除。

在“文件”面板中，单击“同步”按钮，如图 4.55 所示。

“与远程服务器同步”对话框如图 4.56 所示，可以设置同步的内容和方向。所谓同步的方向是指用本地较新的文件覆盖远程服务器的文件，还是用远程服务器上的文件覆盖本地的文件，一般选择“获得和放置较新的文件”选项。单击“预览”按钮。

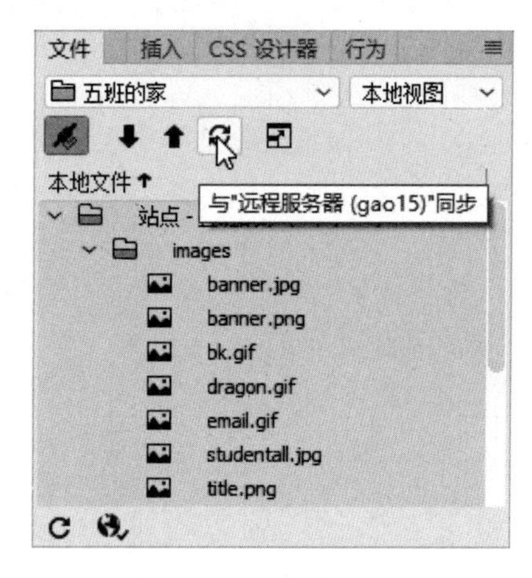

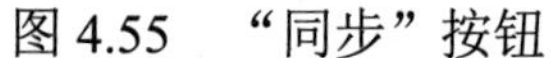

图 4.55　“同步”按钮

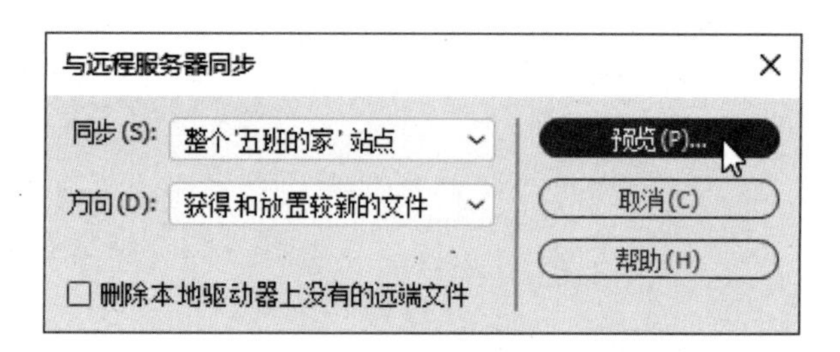

图 4.56　“与远程服务器同步”对话框

此时，Dreamweaver 开始自动更新，如图 4.57 所示。如果本地文件有改动，会弹出一个将被更新的文件的对话框，在对话框中单击“确定”按钮，就可以完成更新；如果没有本地文件与服务器上的文件不一致的情况，Dreamweaver 会弹出没有必要更新的警告框。

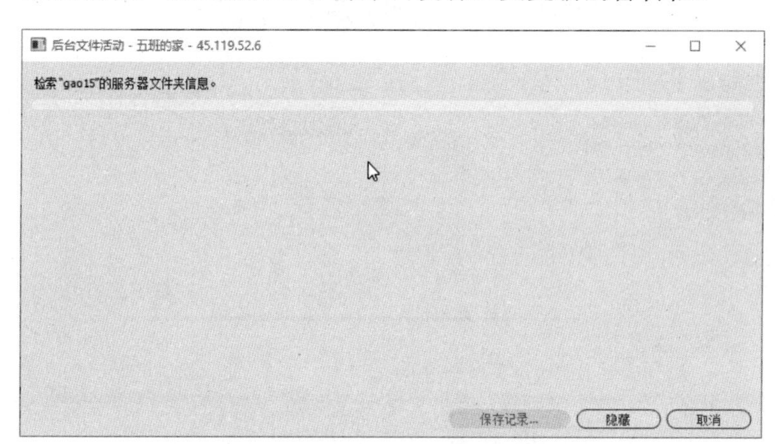

图 4.57　Dreamweaver 开始自动更新

更新完成，会有更新文件的说明，如图 4.58 所示。

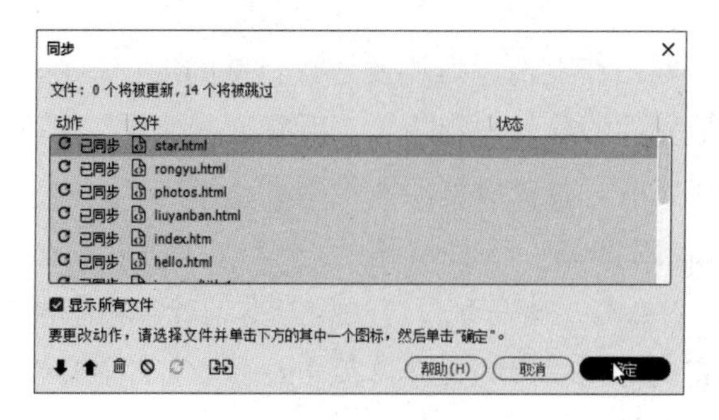

图 4.58　更新文件的说明

子项目4 使用FTP软件上传网页

使用Dreamweaver可以直接将制作完成的网页上传到Internet服务器上，但有一定的局限性。例如，它们的上传功能都不支持续传，当由于网络原因而导致上传网页的操作被意外终止时，下次上传还需要将计算机上的网站文件与Internet服务器上的网站文件进行比较，会浪费一定的时间和资源，而且在上传网页的过程中，不能直观地看到服务器上的文件以及文件夹的情况。

下面以使用FlashFXP为例，介绍使用FTP软件上传网页的方法。FlashFXP是一款比较优秀的FTP软件，使用它不仅可以将Internet上的文件下载到计算机上，还可以将网页文件上传到Internet中的服务器上。

在桌面上双击FlashFXP图标，就可以启动该软件。在上传网页前，应该先将存放网页的Internet服务器的相关信息配置一下。

单击“站点”按钮，在下拉菜单中选择“站点管理器”选项，如图4.59所示。

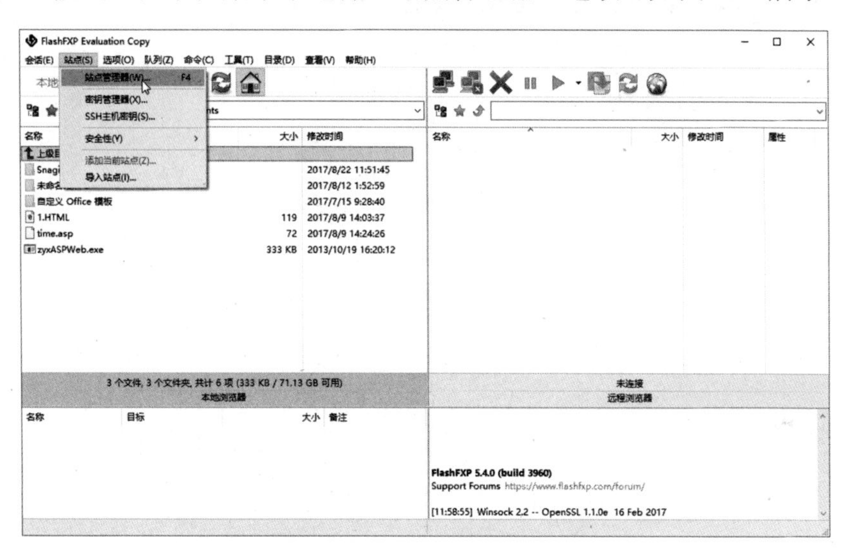

图4.59 “站点管理器”选项

在“站点管理器”窗口中，单击“新建站点”按钮，如图4.60所示。

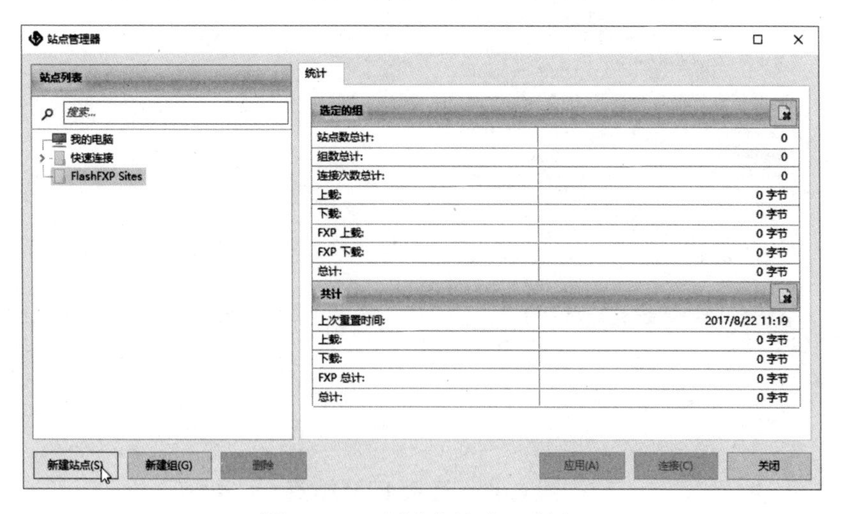

图4.60 “新建站点”按钮

在“新建站点”对话框中，输入站点名称“我爱我班”，单击“确定”按钮，如图 4.61 所示。

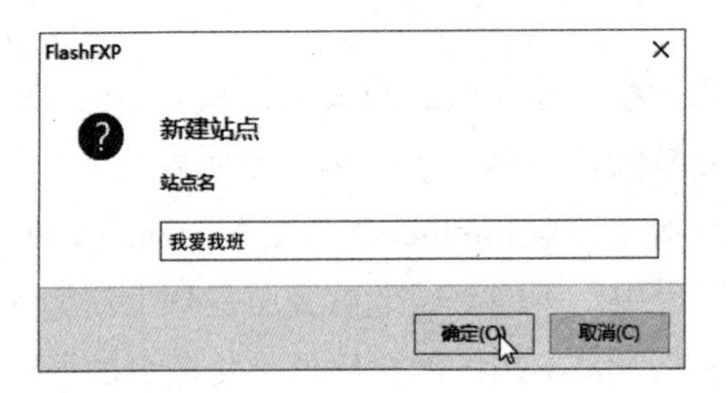

图 4.61 “新建站点”对话框

在“站点管理器”窗口中，输入 FTP 服务器的地址以及用户名和密码等，“远程路径”是存放在远程服务器上的位置，“本地路径”是当前网站存放在硬盘上的位置。填写了本地路径，软件会自动将文件夹打开，非常方便。填写完毕，单击“应用”按钮，完成配置。最后单击“关闭”按钮，返回软件主窗口。输入 FTP 的相关信息，如图 4.62 所示。

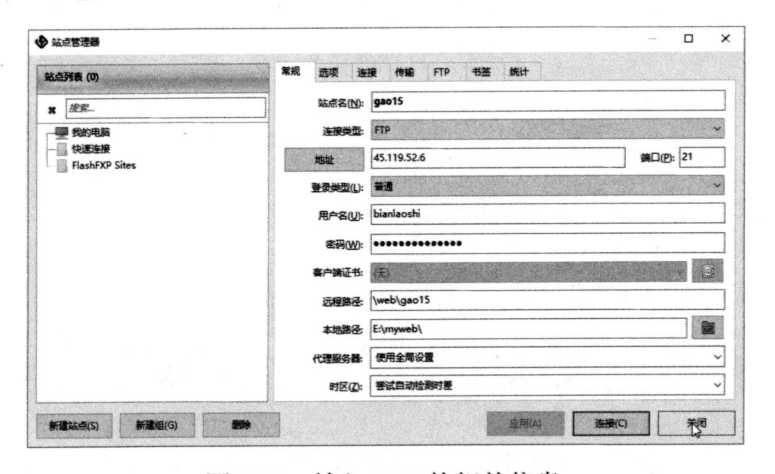

图 4.62 输入 FTP 的相关信息

在返回的软件主窗口中，单击工具栏上的“连接”按钮，在下拉菜单中选择 FTP 站点连接名称“gao15”选项。连接 FTP 站点，如图 4.63 所示。

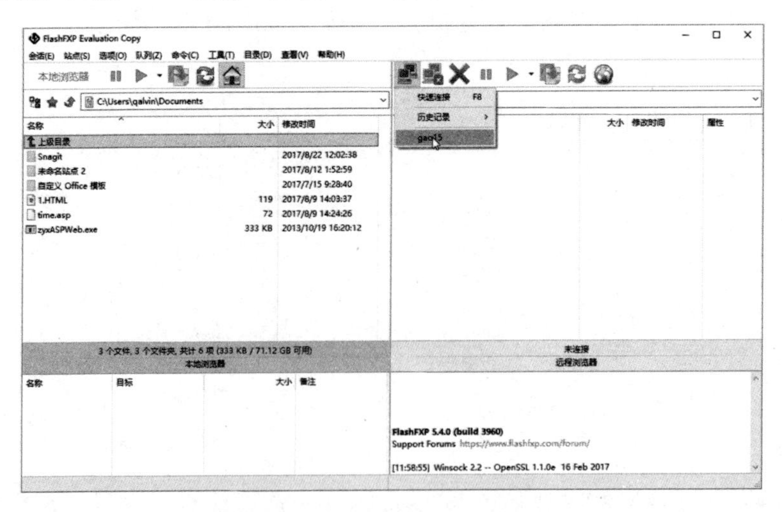

图 4.63 连接 FTP 站点

该站点在验证用户名和密码以后，会显示连接成功的信息。此时，窗口左侧为本地硬盘上的文件，右侧为 FTP 服务器上的文件，将左边窗口中的文件拖曳到右侧窗口就是上传文件；而将右侧窗口中的文件拖曳到左侧窗口就是下载文件。连接成功，如图 4.64 所示。

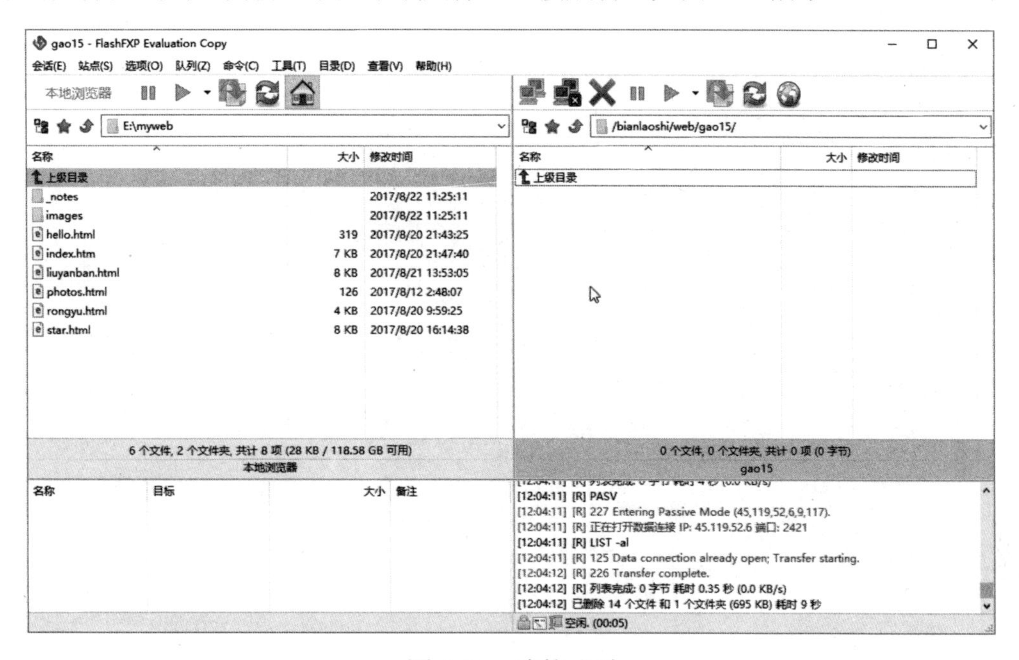

图 4.64　连接成功

如图 4.65 所示，选中网站中所有的文件和文件夹，拖动鼠标，将网站文件拖动到右侧的窗口中，松开鼠标，网页文件开始上传。在左下角的区域可以看到文件依次上传的情景，如图 4.66 所示。

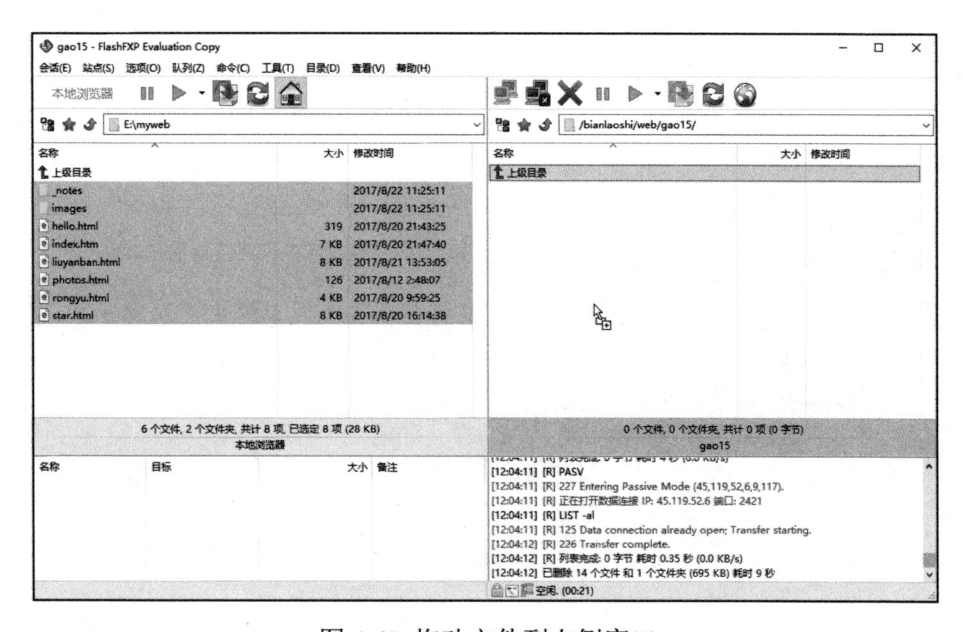

图 4.65　拖动文件到右侧窗口

文件上传完毕，如图 4.67 所示。关闭 FlashFXP。在浏览器中输入网址，便可以看到上传的文件了。

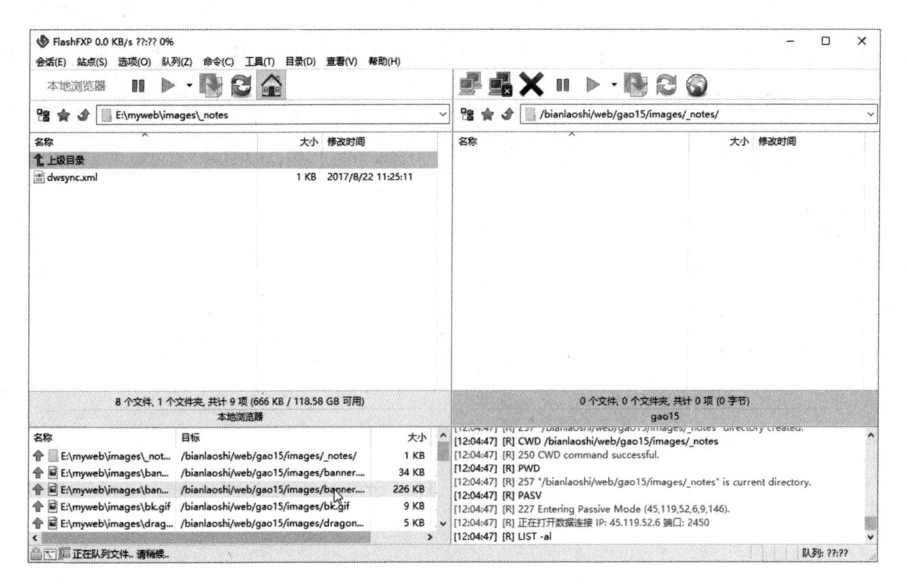

图 4.66　文件依次上传

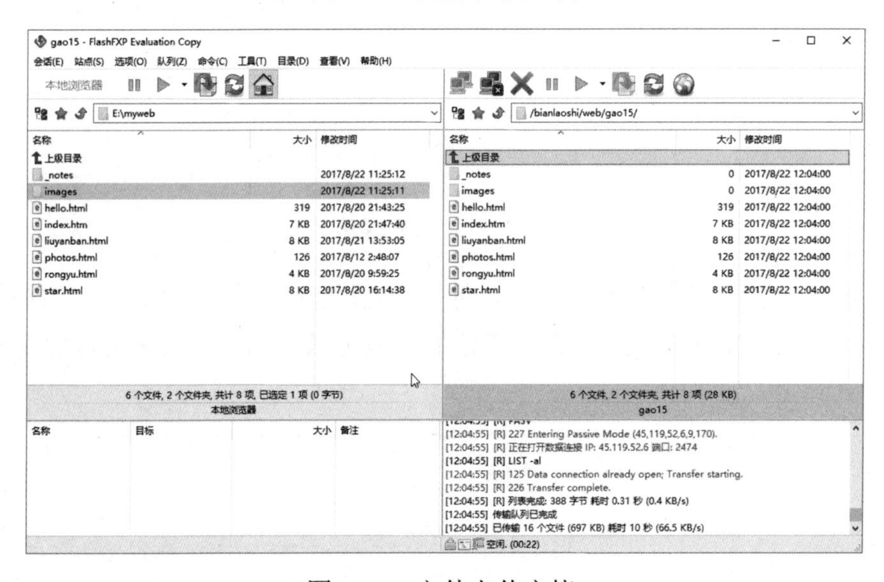

图 4.67　文件上传完毕

如果网页在上传的过程中出现问题，致使网页无法正确上传到 Internet 上时，下一次启动 FlashFXP，弹出“还原队列”窗口，如图 4.68 所示，单击“加载”按钮将任务载入到程序中。

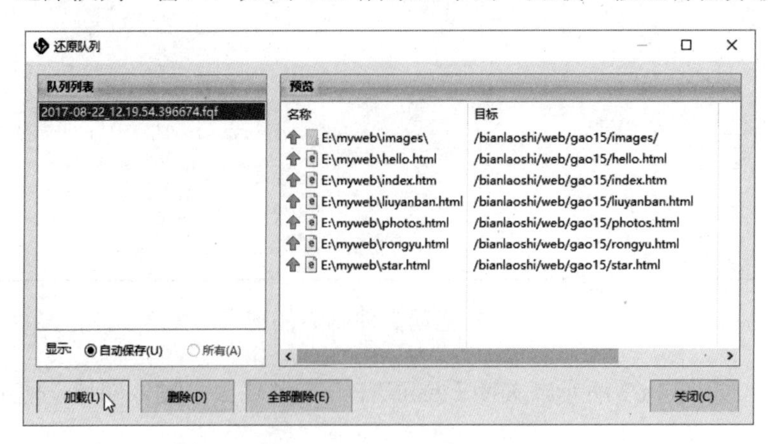

图 4.68　“还原队列”窗口

然后在窗口左下角上传任务栏中右击，在弹出的快捷菜单中选择“传输队列”选项，文件即开始续传，如图 4.69 和图 4.70 所示。

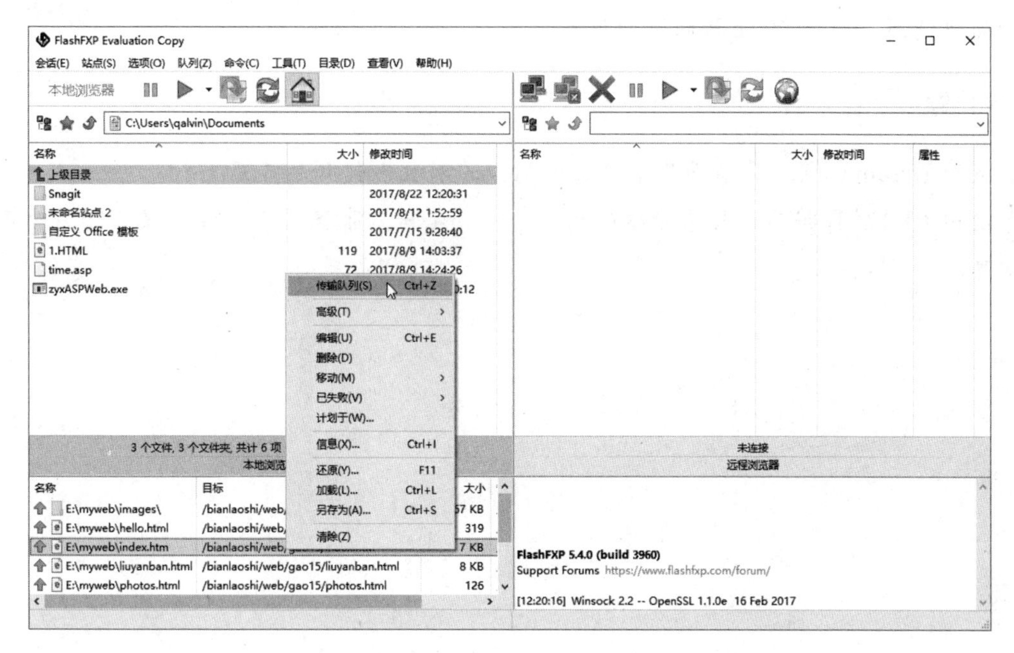

图 4.69　“传输队列”选项

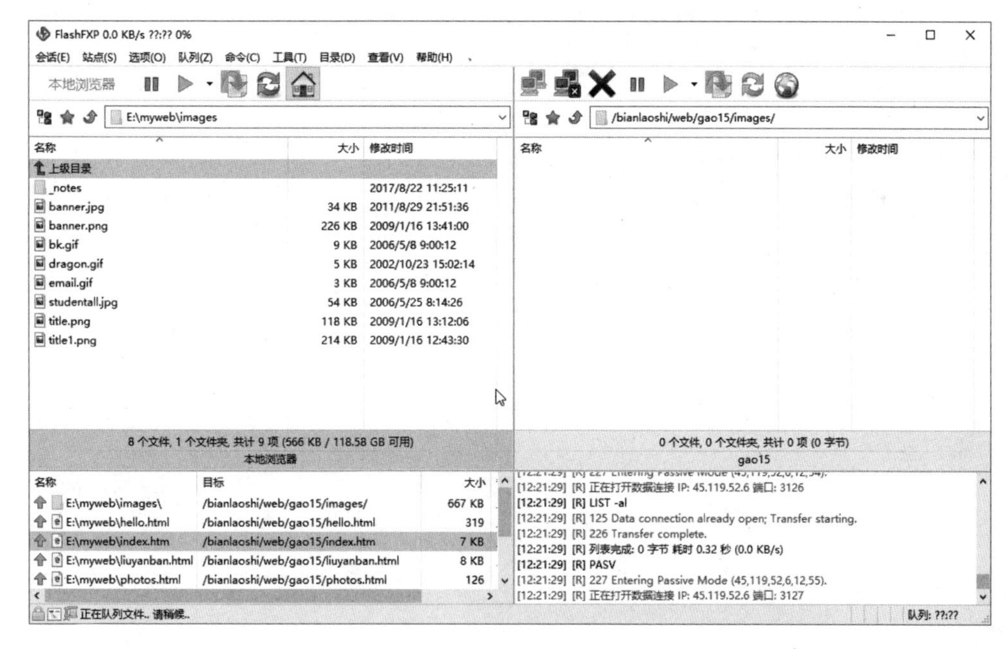

图 4.70　文件开始续传

习题

1. 简答题

（1）Web 服务需要哪两个平台的支持？

（2）在使用 Dreamweaver 上传网页以前为什么要配置服务器信息？

（3）简述使用 Dreamweaver 上传网页的步骤。

（4）使用 Dreamweaver 上传网页有什么局限性?

（5）简述使用 FlashFXP 上传网页的步骤。

2．操作题

（1）使用 Dreamweaver 将前面几章习题中制作的网页上传到服务器上。

（2）使用 FTP 软件将前面几章习题中制作的网页上传到服务器上，注意服务器关于覆盖文件的提示信息。

反侵权盗版声明